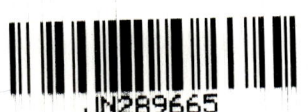

ポプラディア情報館

POPLARDIA INFORMATION LIBRARY

RICE

米

こめ

監修　石谷孝佑

ポプラ社

RICE

監《かん》修《しゅう》のことば

人類《じんるい》が生きていくためにもっともたいせつで、なくてはならないものは、みなさんが毎日食べている食料《しょくりょう》です。大きな地球の上で、人類《じんるい》はそれぞれの土地に住みつき、発展《はってん》してきました。そのためには、その土地で毎年安定して収穫《しゅうかく》ができ、毎日食べられる食料《しょくりょう》をみつける必要《ひつよう》がありました。さらに、その食料《しょくりょう》を貯蔵《ちょぞう》することができれば、食料《しょくりょう》をもとめて土地を移動《いどう》する必要《ひつよう》もありません。

このようにして、それぞれの土地で根づいた作物が、稲《いね》、麦《むぎ》、とうもろこし、雑穀《ざっこく》などの穀類《こくるい》や、さつまいも、じゃがいも、タロいも、ヤムいも、キャッサバなどのいも類《るい》であり、一部では、羊や牛などの家畜《かちく》が飼《か》われるようになりました。これらの作物や家畜《かちく》が、地球の各地《かくち》で人々の命をささえる主食になっていきました。

日本は、海にかこまれ、雨が多く、水にめぐまれていたので、水稲《すいとう》の栽培《さいばい》が古くからおこなわれ、お米が私《わたくし》たちの主食になっていきました。お米を長く保存《ほぞん》するために乾燥《かんそう》させたり、たいたごはんを乾燥《かんそう》して保存食《ほぞんしょく》にしたり、カビを生やしたごはんからお酒をつくることなどが、日常生活《にちじょうせいかつ》のくふうの中から生まれました。また、海や川・湖《みずうみ》や山でとれるさまざまな食料《しょくりょう》をおかずにしてごはんを食べる豊《ゆた》かな食文化がつくられていきました。このようなお米を中心にした豊《ゆた》かな食生活と生活文化は、たくさんの人々の長いあいだの

努力《どりょく》と知恵《ちえ》によってつくられてきたものです。

これまでの日本の稲作《いなさく》は、雑草《ざっそう》との戦《たたか》い、寒さとの戦《たたか》い、ききんや戦《いくさ》にそなえるための貯蔵《ちょぞう》・輸送法《ゆそうほう》の開発《かいはつ》、少しでも多くのお米を収穫《しゅうかく》するための努《ど》力《りょく》と知恵《ちえ》、そして現代《げんだい》も、おいしいお米をつくるために最先端《さいせんたん》の研究《けんきゅう》がおこなわれるなど、多くの人々の数かぎりない努力《どりょく》の積《つ》み重ねによってつくられてきました。

この本では、お米をつくる（第1章）ところからはじめ、とれたお米がどのように流通し消費《しょうひ》されるのか（第2章）、お米の生産《せいさん》が自然環境《しぜんかんきょう》とどのように調和《ちょうわ》しているのか（第3章）、お米をおいしく食べるさまざまなくふう（第4章）、稲作《いなさく》と深くかかわりのある日本の生活文化（第5章）、そして、最後《さいご》に日本の歴史《れきし》と米づくり（第6章）についてお話をします。

世界に目をむけると、20世紀《せいき》は1970年代の「緑の革命《かくめい》」により食料生産《しょくりょうせいさん》が飛躍的《ひやくてき》にのびましたが、人口も大幅《おおはば》に増加《ぞうか》したために、現在《げんざい》でも深刻《しんこく》な食料《しょくりょう》危機《きき》が心配されています。21世紀《せいき》、地球全体の平和と安定をもとめて、食料《しょくりょう》の安定確保《かくほ》、貧困《ひんこん》の解消《かいしょう》、自然環境《しぜんかんきょう》の維持《いじ》など、さまざまな課題《かだい》の解決《かいけつ》にむけ、国々のいっそうの協力《きょうりょく》と私《わたくし》たちひとりひとりの意識《いしき》をかえる努力《どりょく》が必要《ひつよう》になっています。

石谷《いしたに》 孝佑《たかすけ》

RICE

米《こめ》

目次
TABLE OF CONTENTS

1章 米をつくる

1章 米をつくる

目次
TABLE OF CONTENTS

2章 米と流通

3章 米と環境

目次
TABLE OF CONTENTS

4章 米を食べる

4章 米を食べる …… 137ページ

5章 米と文化

5章 米と文化 …… 169ページ

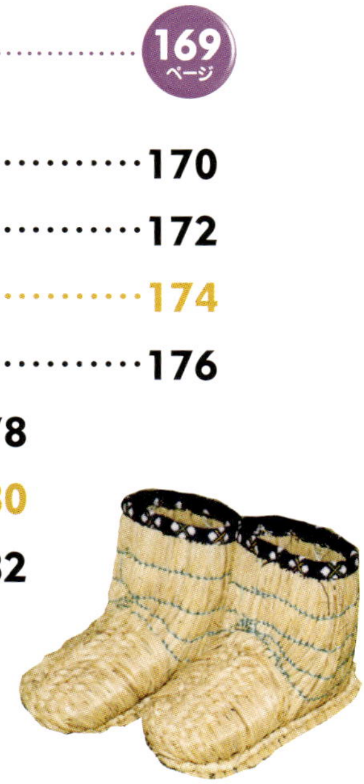

6章 米と歴史《れきし》

米に関《かん》する資料《しりょう》のページ

この本の特色《とくしょく》とつかい方

- この本では米をさまざまな角度から理解《りかい》するために、テーマ別に6章をたて、教科や学年にこだわらず、体系的《たいけいてき》に学習できるように心がけています。
- 教科書では取り上げていない発展的《はってんてき》な内容も多くふくまれていますが、小学校中学年からでも理解《りかい》できるよう、やさしくていねいに説明《せつめい》しています。
- 巻末《かんまつ》には資料編《しりょうへん》として「米の施設《しせつ》・ホームページ」の紹介《しょうかい》をしています。本文と合わせて調べ学習に利用《りよう》していただくことができます。
- さくいんには、重要《じゅうよう》だと思われる語句《ごく》を選《えら》び、50音順《おんじゅん》（あいうえお順《じゅん》）にならべてあります。調べたいことや知りたいことがらが、どのページで説《せつ》明《めい》されているかわからないときは、さくいんを引いてみましょう。

傾斜地《けいしゃち》につくられた棚田《たなだ》。作業効率《こうりつ》がわるいこともあり、利用《りよう》されていないものも多いが、今も手作業で米づくりがおこなわれている。（岐阜《ぎふ》県・郡上《ぐじょう》市）

米づくりの１年、お米の流通《りゅうつう》、
歴史《れきし》や文化……。
わたしたちが食べている米には
ふしぎがいっぱい！

米の世界へようこそ

コンバインによる収穫《しゅうかく》。日本では1980年以降《いこう》機械化《きかいか》が進み、労働《ろうどう》時間が大幅《おおはば》にへった。

長方形に整備《せいび》された水田。すべての区画に農道、用水路、排水路《はいすいろ》がつき、作業効率《こうりつ》を高くするくふうがされている。日本の平野部の水田は1960年以降《いこう》、このように整備《せいび》されていった。（秋田《あきた》県・能代《のしろ》平野）

日本の米づくり

世界の米づくり

米づくりは日本だけでなく、アジアを中心に世界中でおこなわれています。
水田で育てる水稲《すいとう》、水をはらない田畑で育てる陸稲《りくとう》、水中で育つ浮《う》きイネなど、
気候《きこう》や風土がちがえば、米づくりもさまざま。
ここでは世界の米づくりのようすをみてみましょう。

インドネシアの米づくり

インドネシアでは、バリ島やスラウェシ島での伝統《でんとう》的《てき》な米づくりが知られています。気候《きこう》は雨季《うき》と乾季《かんき》にはっきりと分かれますが、かんがい施設《しせつ》が充実《じゅうじつ》しているので、イネの栽培《さいばい》は1年中可能《かのう》です。1年に2度収穫《しゅうかく》する二期作、さらには三期作もおこなわれています。かんがい施設《しせつ》は農民の治水農区《ちすいのうく》組合（スバック）によって維持管理《いじかんり》されています。インドネシア全体をみると、1960年代の「緑の革命《かくめい》」（102ページ参照《さんしょう》）により、1995年には生産量《せいさんりょう》は4倍になっています。一方では化学肥料《かがくひりょう》の大量《たいりょう》使用によって土がわるくなるなどの問題《もんだい》がおきています。

▼バリ島の棚田《たなだ》。すべての水田に同じ量《りょう》の水がいきわたるよう、棚田《たなだ》には水路がはりめぐらされている。（写真：田渕俊雄）

今ものこる伝《でん》統《とう》的《てき》な米づくり

二期作をおこなっているので、青々と生長している水田と収穫期《しゅうかくき》をむかえた黄金色《こがねいろ》の水田が同時にみられる。

古代から独特《どくとく》の稲作《いなさく》文化が受《う》け継《つ》がれているインドネシア・スラウェシ島のタナ・トラジャ地方。腰《こし》までつかって田植えをしている。

フィリピンの米づくり

フィリピンのルソン島、コルディリエーラ山脈《さんみゃく》のイフガオでは世界文化遺産《いさん》に登録《とうろく》された棚田《たなだ》、「ライステラス」が、とくに知られています。フィリピンは気候《きこう》が温暖《おんだん》で米づくりに適《てき》していますが、栽培《さいばい》面積《めんせき》を今以上《いじょう》に広げることがむずかしいので、面積《めんせき》当たりの収穫量《しゅうかくりょう》をふやす必要《ひつよう》があります。しかし農村部には貧《まず》しい人が多く、かんがい設備《せつび》をつくるのがむずかしいこと、工業化で農地がへっていることなどにより、生産量《せいさんりょう》はのびなやんでいます。

▼急な斜面《しゃめん》につくられたライステラス。毎年、収穫後《しゅうかくご》には半年かけてあぜ塗《ぬ》りなどの補修《ほしゅう》がおこなわれ、1000年以上《いじょう》維持《いじ》されてきた。牛ものぼることができないため、すべて手作業になる。

（写真：田渕俊雄）

山岳《さんがく》地帯《ちたい》に連《つら》なる棚田《たなだ》

谷間の斜面《しゃめん》一面に広がる水田。水田のはばはせまいところで2m、広いところでも20mほどしかない。上部に水源《すいげん》となる森林地帯《ちたい》が保護《ほご》されており、そこから流れてきた水を上の田から下の田へと流していく。

東南アジア
チェンマイ
タイ東北部
ピーマイ
チャオプラヤ川
（メナム川）
メコン川
タイ
アユタヤ
バンコク

タイの米づくり

タイには山岳地帯《さんがくちたい》、高原、低地《ていち》のデルタ（三角州《さんかくす》）とさまざまな地形があり、それぞれの場所で古くから水《すい》稲栽培《とうさいばい》がおこなわれています。とくにチャオプラヤ（メナム）川の中《ちゅう》・下流域《かりゅういき》、メコン川の流域《りゅういき》は稲作《いなさく》がさかんで、かんがい整備率《せいびりつ》も90%をこえ、二期作が普及《ふきゅう》しています。しかし、タイの東北部はかんがい設備《せつび》がととのっておらず、収穫量《しゅうかくりょう》が雨量《うりょう》に左右されます。生産性《せいさんせい》を高めるため、水田の区画整理《せいり》などが進められていますが、近年は、農村から都市への人口の移動《いどう》が起きており、栽培面積《さいばいめんせき》がへっています。

アジアを代表する稲作地帯《いなさくちたい》

タイ・チェンマイの田植えのようす。栽培《さいばい》されている品種《ひんしゅ》はインディカ米《まい》のもち米《こめ》が4割以上《わりいじょう》をしめる。

メコン川の恵《めぐ》みをうけたタイ・ピーマイの水田。イネ刈《か》りは今も手作業でおこなわれることが多い。

水とともにのびる浮《う》きイネ

タイのほか、バングラデシュ、インド、ベトナム、インドネシアなどの低湿地帯《ていしっちたい》では、雨季《うき》になると地域《ちいき》全体に大量《たいりょう》の水が流れこみ、水位《すいい》は数mにもなります。そのためこれらの地域《ちいき》では、水位《すいい》の上昇《じょうしょう》に合わせて茎《くき》がのびる「浮《う》きイネ」というイネが栽培《さいばい》されます。浮《う》きイネの栽培《さいばい》は茎《くき》の生長に養分《ようぶん》がつかわれ、実が少ないので収穫量《しゅうかくりょう》は多くありませんが、自然《しぜん》に合った農法《のうほう》として、今も一部の地域《ちいき》でおこなわれています。

▲タイ・アユタヤ郊外《こうがい》に広がる浮《う》きイネ。農作業や交通には小舟《こぶね》をつかう。

▲水面から出た浮《う》きイネの稲穂《いなほ》。水位《すいい》は2mほど。

▲世界最長《さいちょう》の浮《う》きイネ。草たけは5m20cm。

（写真：浅野紘臣）

浮《う》きイネのしくみ

水位《すいい》に合わせて茎《くき》がのびていき、水中にしずんでしまうことはありません。
水位《すいい》が上がらないときは、
通常《つうじょう》のイネと同じように
生長します。

11月
稲穂《いなほ》がでる。
5月
乾《かわ》いた水田に種《たね》もみをまく。
乾季《かんき》
6月～11月　雨季《うき》
12月
水田の水かさがふえるにつれて、イネの茎《くき》ものびていく。
乾季《かんき》になると、水がひき収穫《しゅうかく》をむかえる。

中国《ちゅうごく》の米づくり

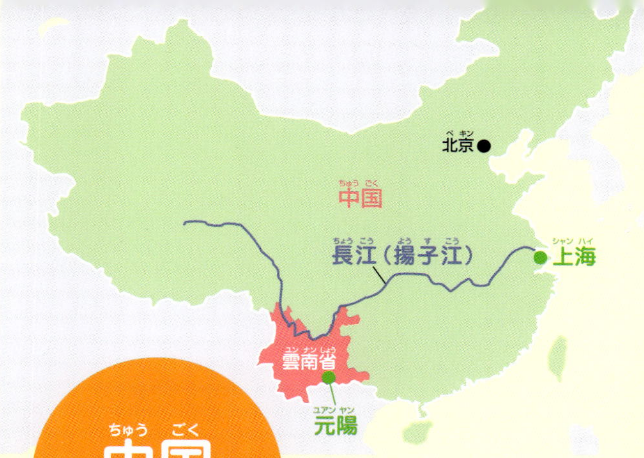

稲作発祥《いなさくはっしょう》の地で米づくりの歴史《れきし》は古く、6000年前からおこなわれています。広い国土をもち、気候《きこう》も稲作《いなさく》に適《てき》していることから、世界最大《さいだい》の米生産《せいさん》国《こく》で、主な生産地《せいさんち》は中国《ちゅうごく》南部の長江《ちょうこう》（揚子江《ようすこう》）流《りゅう》域《いき》です。中国《ちゅうごく》の水田の9割以上《わりいじょう》が、かんがいされた水田で通常《つうじょう》二期作がおこなわれます。近年、水田の区画整理が進んでいますが、急速な工業化による水不足《みずぶそく》、水質悪化《すいしつあっか》などの問題も起きています。

世界最《さい》大《だい》の米生《せい》産《さん》国《こく》

▼長江《ちょうこう》（揚子江《ようすこう》）流域《りゅういき》の郊外《こうがい》の水田では、区画が整理され、機械化《きかいか》も進む。収穫量《しゅうかくりょう》の多いハイブリッド米《まい》が栽培《さいばい》されることが多い。

▲雲南省元陽《ユンナンしょうユアンヤン》。山の斜面《しゃめん》一面に棚田《たなだ》がつらなる。水田でコイなどを育てるので、１年中水がはられている。（写真：田渕俊雄）

雲南省《ユンナンしょう》の丘陵地《きゅうりょうち》には、手入れのゆき届《とど》いた棚田《たなだ》が広がる。ジャポニカ米《まい》、インディカ米《まい》、陸稲《りくとう》、野生種《やせいしゅ》のイネなど、さまざまな種類《しゅるい》のイネが栽《さい》培《ばい》され、稲作《いなさく》中心の暮《く》らしがいとなまれている。

アフリカの米づくり

かんがい設備《せつび》がととのっているところが少ないため、山林を伐採《ばっさい》したあとを焼《や》きはらったあとに陸稲《りくとう》を育てたり、川の流域《りゅういき》の氾濫原《はんらんげん》や湿地《しっち》を利用《りよう》して米づくりをおこなっています。直接種《ちょくせつたね》もみをまき、あとは生長にしたがい草取りをして収穫《しゅうかく》するという、自然《しぜん》にゆだねた稲作《いなさく》が多く、収穫量《しゅうかくりょう》は多くありません。かんがいの水も自然《しぜん》にゆだねているため、雨量《うりょう》が少ないと、年によってイネが育たないこともあります。人口の増加《ぞうか》とともに米を食べる人が急増《きゅうぞう》しているため、水田をつくり、収穫量《しゅうかくりょう》が多いアジアイネやネリカ米《まい》（103ページ参照《さんしょう》）を育てるなどの努力《どりょく》がおこなわれています。

▼イネのあいだに生えた雑草《ざっそう》を手作業でとりのぞく農民。コートジボワールの南部、マン地方では水田による稲作《いなさく》がさかんで、国をあげて米の自給《じきゅう》にとりくんでいる。

自然《しぜん》にゆだねた米づくり

マダガスカルでは水田による水稲《すいとう》の栽《さい》培《ばい》がおこなわれている。ほとんどの農作業は手作業でおこなわれている。水田のあいだにそびえたつ木はバオバブ。

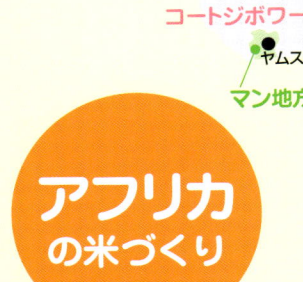

大《だい》規《き》模《ぼ》化《か》が進んだ米づくり

ヨーロッパの米づくり

主にイタリアやスペインで生産《せいさん》され、とくにイタリアのポー川の周辺《しゅうへん》ではかんがい水路がはりめぐらされ米づくりがさかんです。平均的《へいきんてき》な農家の栽培《さいばい》面積《めんせき》は日本とくらべるとずっと大きく、飛行機《ひこうき》から直接種《ちょくせつたね》もみをまき、収穫《しゅうかく》もコンバインでおこなうなど、農作業の大規模化《だいきぼか》が進んでいます。

フランス南部・カマルグ地方の水田。地中海にそそぐローヌ川のデルタ地帯《ちたい》の湿地《しっち》に広がり、中世より稲作《いなさく》がおこなわれてきた。（国立環境研究所、EICネット）

▲イタリア北部、巨大《きょだい》なコンバインがイネを収穫《しゅうかく》していく。1枚《まい》の水田が4ヘクタールもある。イタリアでは主に中粒《ちゅうりゅう》のジャポニカ種《しゅ》がつくられており、生産量《せいさんりょう》の60%近くが、EU諸国《しょこく》に輸出《ゆしゅつ》されている。（河北新報社）

南アメリカの米づくり

アルゼンチンやブラジルなど、米を食べる国が少なくありません。とくに、リオグランデドスル州は南アメリカ一の水田地帯《ちたい》として知られ、主にインディカ米《まい》が栽培《さいばい》されていますが、輸出用《ゆしゅつよう》に日本向けの品種《ひんしゅ》も栽培《さいばい》されています。

巨《きょ》大《だい》農場でつくる米

リオグランデドスル州の農場の水田で育つササニシキの改良品種《かいりょうひんしゅ》。かんがい施《し》設《せつ》が整備《せいび》され、育種研究施設《いくしゅけんきゅうしせつ》などもある。この農場は8000ヘクタールもの広さがあり、従業員《じゅうぎょういん》は300人にもおよぶ。この地方にはこのような農場がいくつもある。（河北新報社）

アメリカの米づくり

効率的《こうりつてき》な大規模《だいきぼ》稲作《いなさく》

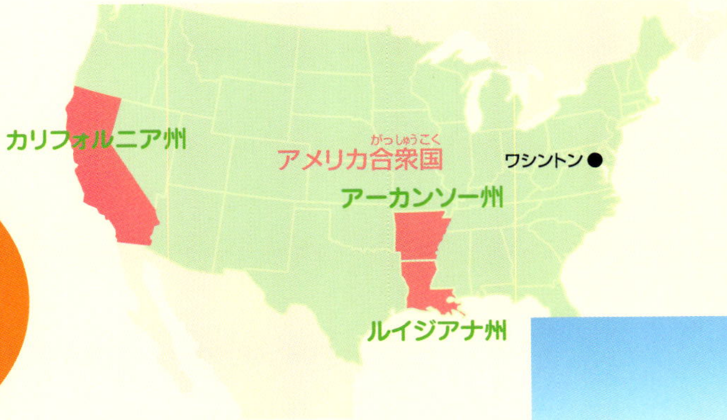

主な産地《さんち》はカリフォルニア州、アーカンソー州、ルイジアナ州ですが、輸出用《ゆしゅつよう》の生産《せいさん》が大部分です。水田は非常《ひじょう》に大規模《だいきぼ》で、機械《きかい》が入りやすいように整備《せいび》されています。また、飛行機《ひこうき》による種《たね》まき、肥料散布《ひりょうさんぷ》など、徹底《てってい》した効率化《こうりつか》がはかられています。ひとつの農場の水田面積《めんせき》が100ヘクタール以上《いじょう》の農家も多く、日本の農家の100倍以上《いじょう》にもなります。近年は、健康《けんこう》によい食べ物としてアメリカ国内の米の消費《しょうひ》がふえ、安全性《あんぜんせい》を考えた無農薬栽培《むのうやくさいばい》などもおこなわれていますが、地下水の不足《ふそく》など、かんがい用の水の確保《かくほ》が問題《もんだい》となっています。

▼カリフォルニア州の広大な水田。夏は雨がほとんど降《ふ》らないので、かんがい用水はロッキー山脈《さんみゃく》からの雪どけ水がつかわれている。

巨大《きょだい》なコンバインによる収穫《しゅうかく》。

オーストラリアの米づくり

砂《さ》漠《ばく》の中の水田

主な産地《さんち》はニューサウスウェールズ州です。この地域《ちいき》は降水量《こうすいりょう》が少なく、砂漠《さばく》のような土地でしたが、東部の山脈《さんみゃく》に降《ふ》る雨を利用《りよう》したダムや水路などのかんがい施設《しせつ》がつくられ水田が生まれました。飛行機《ひこうき》やトラクターで種《たね》もみをまき大型《おおがた》ハーベスターで収穫《しゅうかく》します。平均的《へいきんてき》な農家の稲作《いなさく》の栽培《さいばい》面積《めんせき》は70ヘクタールほどで、日本の農家の約70倍です。輸出先《ゆしゅつさき》の国に合わせた米の品種《ひんしゅ》が大規模《だいきぼ》に栽培《さいばい》されています。

▲乾燥地《かんそうち》での稲作《いなさく》をささえる巨大《きょだい》な蒸発池《じょうはついけ》。大量《たいりょう》に水田に水を流したことによって地下水の水位《すいい》が上がった。この地下水は塩分《えんぶん》を多くふくんでいるため、周辺《しゅうへん》の果樹園《かじゅえん》や牧草地《ぼくそうち》などで塩害《えんがい》が生じた。そこで水位《すいい》を下げるため、地下水をくみ上げ蒸発《じょうはつ》池《いけ》に運び蒸発《じょうはつ》させ処分《しょぶん》している。

(写真：田渕俊雄)

◀ 空からみたニューサウスウェールズ州の水田。手前の曲線を描《えが》いているあぜは、水田の地形にあわせてつくられたもので、等高線《とうこうせん》あぜとよばれる。中央の区画の直線のあぜは、水田を平《たい》らにしてつくったもので、農作業の効率《こうりつ》がよい。(写真：田渕俊雄)

乾燥地帯《かんそうちたい》につくられた巨大《きょだい》な水田。水田の長辺《ちょうへん》は約《やく》500mになる。(写真：田渕俊雄)

わたしたちの食べている米は？

日本のイネには、500以上《いじょう》の品種《ひんしゅ》があります。
そのうち、店で売られていて、みんながふつうに食べている米は200品種《ひんしゅ》ほど。
下の地図は、各都道府県《かくとどうふけん》の代表的《だいひょうてき》な品種《ひんしゅ》です。みんなの住んでいる地域《ちいき》では、
どんな米がつくられているのか、調べてみましょう。

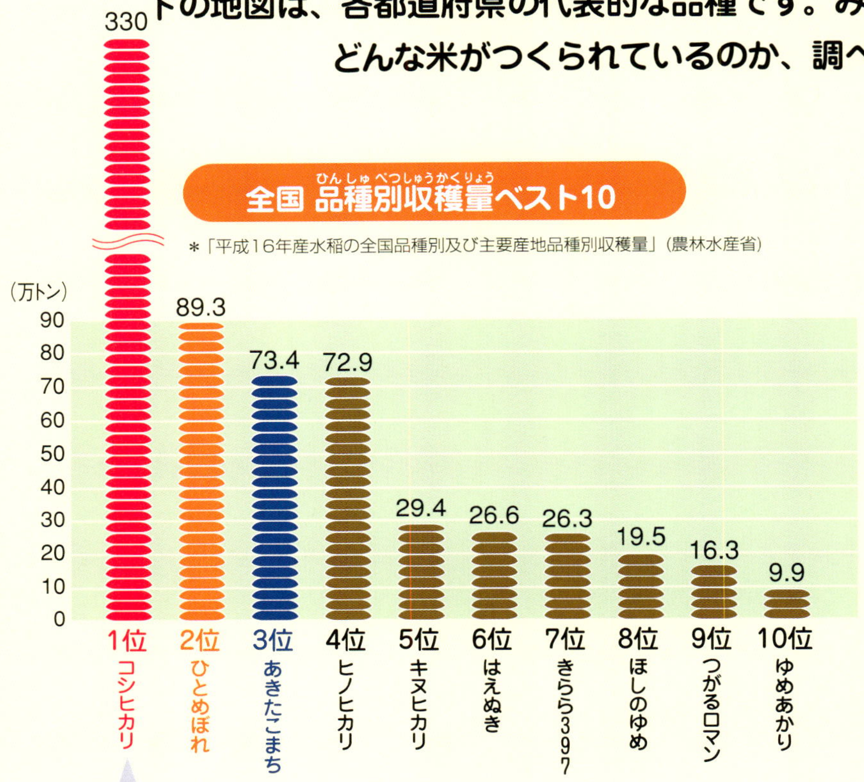

全国 品種別収穫量《ひんしゅべつしゅうかくりょう》ベスト10
＊「平成16年産水稲の全国品種別及び主要産地品種別収穫量」（農林水産省）
（万トン）
90
80
70
60
50
40
30
20
10
0
330
89.3
73.4
72.9
29.4
26.6
26.3
19.5
16.3
9.9
1位 コシヒカリ
2位 ひとめぼれ
3位 あきたこまち
4位 ヒノヒカリ
5位 キヌヒカリ
6位 はえぬき
7位 きらら397
8位 ほしのゆめ
9位 つがるロマン
10位 ゆめあかり

「コシヒカリ」が一番の人気だね。1956年に誕生《たんじょう》したコシヒカリは、ねばりがありおいしいことから、今では日本の米の代表となっているんだよ。じつは、「ひとめぼれ」「あきたこまち」「ヒノヒカリ」なども、コシヒカリから生まれた品種《ひんしゅ》なんだよ。

全国 米の品種《ひんしゅ》マップ

＊「平成16年産水稲うるち米主要品種の作付状況（都道府県別）」（農林水産省）より作成
＊各県の品種は作付面積の多い順に上位3位まで取り上げています。
＊作付面積が1割に満たない品種は省略しています。

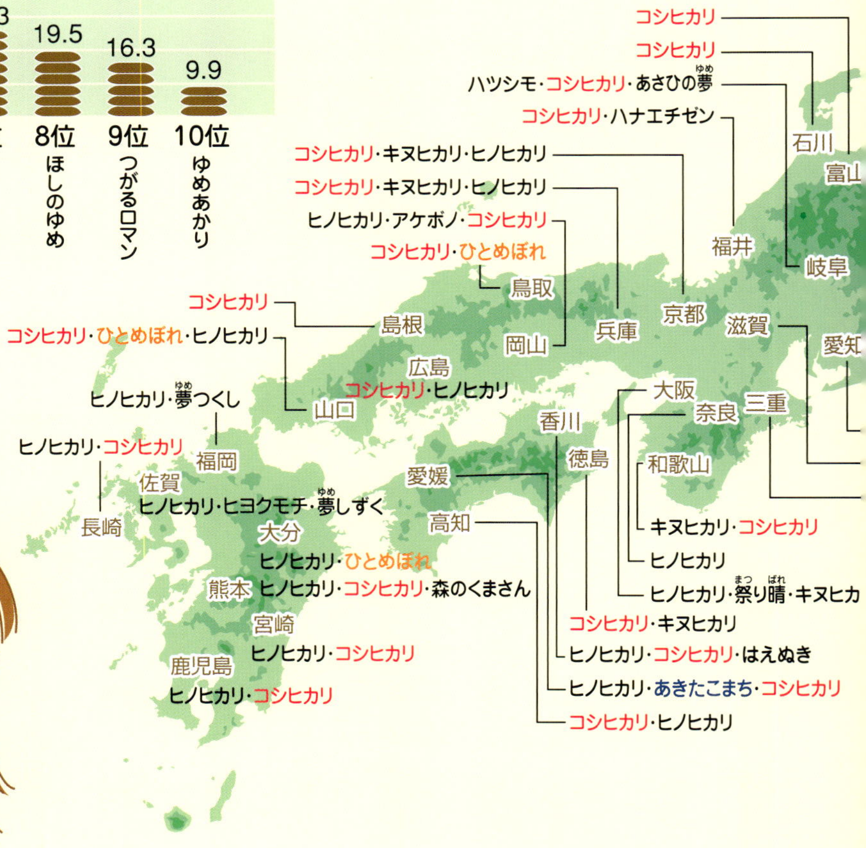

コシヒカリ
コシヒカリ
ハツシモ・コシヒカリ・あさひの夢《ゆめ》
コシヒカリ・ハナエチゼン
石川
富山
コシヒカリ・キヌヒカリ・ヒノヒカリ
コシヒカリ・キヌヒカリ・ヒノヒカリ
ヒノヒカリ・アケボノ・コシヒカリ
コシヒカリ・ひとめぼれ
福井
岐阜
鳥取
コシヒカリ
島根
京都
滋賀
コシヒカリ・ひとめぼれ・ヒノヒカリ
岡山
兵庫
愛知
広島
コシヒカリ・ヒノヒカリ
ヒノヒカリ・夢《ゆめ》つくし
山口
大阪
奈良
三重
香川
ヒノヒカリ・コシヒカリ
福岡
徳島
和歌山
佐賀
ヒノヒカリ・ヒヨクモチ・夢《ゆめ》しずく
愛媛
長崎
高知
キヌヒカリ・コシヒカリ
大分
ヒノヒカリ・ひとめぼれ
ヒノヒカリ
熊本
ヒノヒカリ・コシヒカリ・森のくまさん
ヒノヒカリ・祭《まつ》り晴《ばれ》・キヌヒカ
宮崎
コシヒカリ・キヌヒカリ
ヒノヒカリ・コシヒカリ
ヒノヒカリ・コシヒカリ・はえぬき
鹿児島
ヒノヒカリ・コシヒカリ
ヒノヒカリ・あきたこまち・コシヒカリ
コシヒカリ・ヒノヒカリ

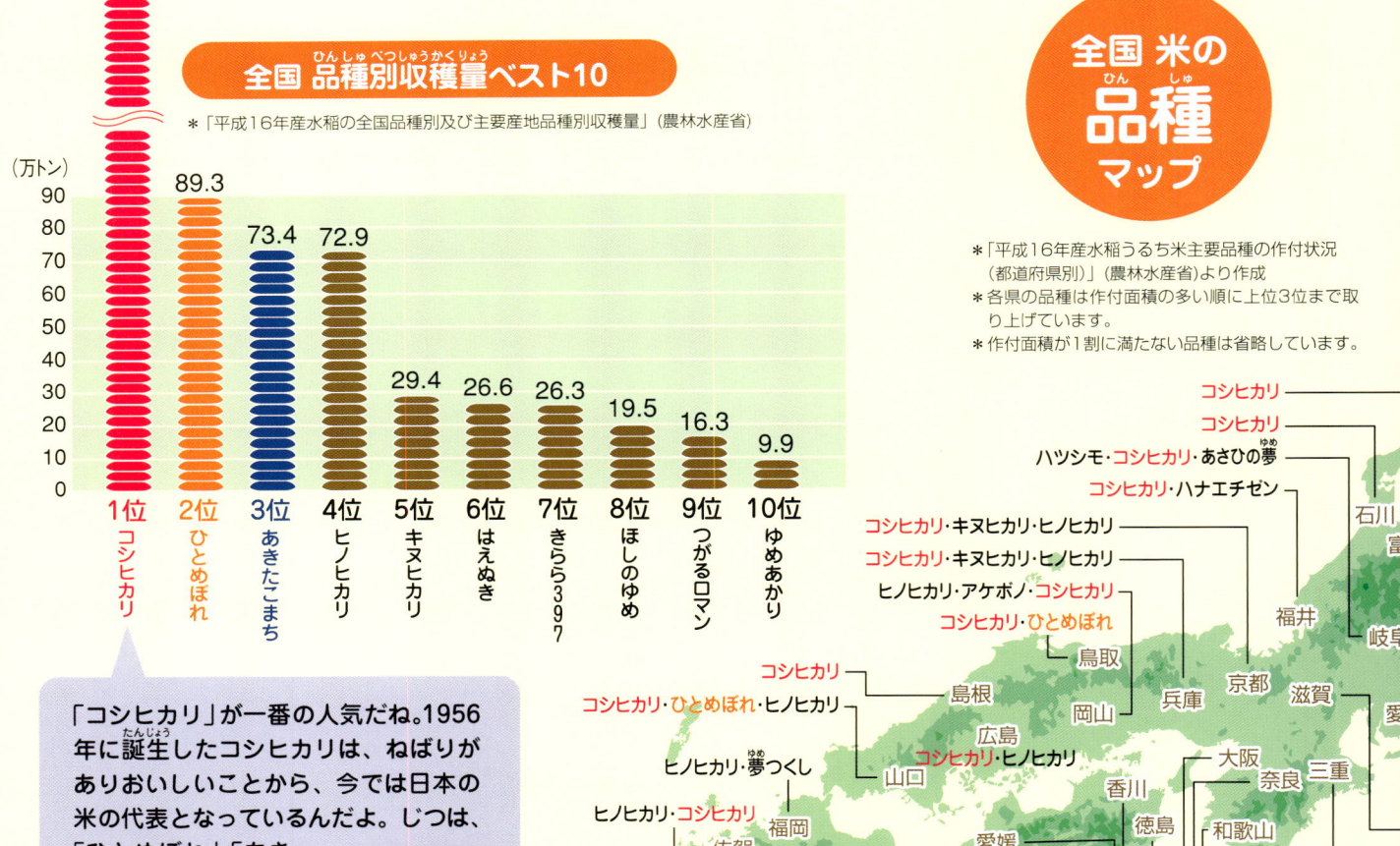

北海道
きらら397・ほしのゆめ・ななつぼし
青森 つがるロマン・ゆめあかり・むつほまれ
秋田 あきたこまち・ひとめぼれ
岩手 ひとめぼれ・あきたこまち
山形 はえぬき・ひとめぼれ・ササニシキ
宮城 ひとめぼれ・ササニシキ
新潟 コシヒカリ
福島 コシヒカリ・ひとめぼれ
コシヒカリ・あきたこまち・美山錦《みやまにしき》
栃木 コシヒカリ・あさひの夢《ゆめ》
群馬 ゴロピカリ・あさひの夢《ゆめ》・コシヒカリ
茨城 コシヒカリ・あきたこまち
長野
埼玉 コシヒカリ・キヌヒカリ
東京 コシヒカリ・キヌヒカリ・アキニシキ
山梨
千葉 コシヒカリ・ふさおとめ・あきたこまち
神奈川 キヌヒカリ・祭《まつ》り晴《ばれ》
静岡
コシヒカリ
コシヒカリ・あいちのかおり・キヌヒカリ
あいちのかおり・コシヒカリ・祭《まつ》り晴《ばれ》
コシヒカリ・キヌヒカリ、日本晴《にほんばれ》
コシヒカリ・キヌヒカリ・ヤマヒカリ
沖縄
ひとめぼれ・チヨニシキ

北海道《ほっかいどう》は寒いので米づくりにはむいていなかったけど、今では寒さに強く、おいしい品《ひん》種《しゅ》「きらら397」「ゆきひかり」が生まれ、米の生産量《せいさんりょう》は全国１位《い》だよ。

KiRARA397
新米
きらら397

きらら397

北海道《ほっかいどう》で397番目につくられた品種《ひんしゅ》で、きらきらとした美しい米というところからこの名前がついた。北海道《ほっかいどう》を代表する米。

全国、ほとんどの県で「コシヒカリ」がつくられているね。

こしひかり
新潟産魚沼
新米

コシヒカリ

日本を代表する米。とくに新潟《にいがた》県の魚沼産《うおぬまさん》コシヒカリは人気がある。

秋田県 あきたこまち
新米

あきたこまち

秋田《あきた》ゆかりの美人、小野小《おののこ》町《まち》からこの名前がついた。

伊佐の
ひのひかり
期間限定

ヒノヒカリ

あたたかい地域《ちいき》に適《てき》し、九州《きゅうしゅう》地方で急速にふえている品種《ひんしゅ》。

西日本では「ヒノヒカリ」が多く栽培《さいばい》されているね。ヒノヒカリは「コシヒカリ」と「黄金晴《こがねばれ》」を交雑《こうざつ》した品種《ひんしゅ》で、ねばり気があって味もよく、収穫《しゅうかく》も安定しているんだ。

沖縄《おきなわ》では水が少なく、土が米づくりに適《てき》していないので、あまり米づくりはさかんではないよ。

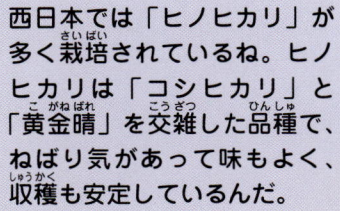

こんなにいろいろ！
米のつかいみち

米はごはんとしてだけでなく、だんごや和菓子《わがし》、お酒、パンなど、
さまざまなものに利用《りよう》されています。どのように加工《かこう》され、
どのように利用《りよう》されているのかみてみましょう！

日本の米の主な利用法《りようほう》

もみ

収穫後《しゅうかくご》、まだ何も加工《かこう》していない状態《じょうたい》の米。もみすり機《き》にかけて、もみがらと玄米《げんまい》に分ける。

玄米《げんまい》

もみがらを取りのぞいた状態《じょうたい》の米。精白米《せいはくまい》にくらべて味や食感はよくないが、玄米《げんまい》の表面部分やはい芽《が》部分には栄養分《えいようぶん》が多くふくまれる。

もみがら

米の一番外側《そとがわ》をおおっている殻《から》の部分。肥料《ひりょう》やまくらなどのつめものとして利用《りよう》される。

精米《せいまい》

玄米《げんまい》の表面のぬかやはい芽《が》を取りのぞく。

- **精白米《せいはくまい》**
  精米《せいまい》をした米。ふだん食べる白い状態《じょうたい》の米。
- **はい芽《が》**
  はい芽《が》にはビタミンB_1、ビタミンE、ミネラルなどがふくまれ栄養価《えいようか》が高い。
  - 焙煎《ばいせん》 → 栄養剤《えいようざい》、サプリメント
  - しぼる → はい芽《が》油
- **はい芽精米《がせいまい》**
  精米《せいまい》するときにはい芽《が》をのこした米。
- **ぬか**
  玄米《げんまい》の外皮の部分。ぬかの割合《わりあい》は、玄米《げんまい》の重さの8～10％ほどだが、多くのミネラルがふくまれている。
  - しぼる → 米ぬか油、サラダ油
  - → 家畜《かちく》の飼料《しりょう》、ペットフード
  - 漬《つ》けこむ → ぬか漬《づ》け
    水と食塩《しょくえん》を加《くわ》えたぬかに野菜《やさい》などを漬《つ》けこむ。
  - → 化粧品《けしょうひん》、シャンプー

たく

- 玄米《げんまい》ごはん

くだく

- 発酵《はっこう》させる → 玄米《げんまい》パン

焙煎《ばいせん》

弱火でゆっくり煎《い》って、香《かお》りをひきだす。

- 玄米茶《げんまいちゃ》

玄米《げんまい》パン

玄米《げんまい》を粉状《こなじょう》にして小麦粉《こむぎこ》とまぜ、発酵《はっこう》させる。ほかに玄米《げんまい》粉《こ》のクッキーなどもある。

米ぬかの成分《せいぶん》をまぜた化粧品《けしょうひん》

米ぬかは保湿性《ほしつせい》が高く肌《はだ》によいことから、昔から洗顔《せんがん》などに利用《りよう》されてきた。

- たく
  - ごはん　ふだんわたしたちが食べている白いごはん。
  - 調理後《ちょうりご》、冷凍《れいとう》・乾燥《かんそう》
    - 加工米飯《かこうべいはん》
      容器《ようき》に密閉《みっぺい》されたレトルト米飯《べいはん》や無菌《むきん》ごはん、缶詰《かんづ》めのかゆ、冷凍《れいとう》ピラフ、乾燥《かんそう》ごはんなど。
  - 熟成《じゅくせい》、発酵《はっこう》させる
    - ふなずし、ますずし、はたずし
- 蒸《む》す 煮《に》る
  - 発酵《はっこう》させる
    こうじ菌《きん》、酵母《こうぼ》などを加《くわ》える。
    - 酒類《さけるい》　あま酒、清酒《せいしゅ》、焼酎《しょうちゅう》、泡盛《あわもり》など
    - 調味料《ちょうみりょう》　みそ、しょうゆ、みりん、米酢《こめず》など。
    - 漬《つ》けこむ
      - みそ漬《づ》け、かす漬《づ》け、べったら漬《づ》け
  - つく
    - もち
    - 焼《や》く
      - せんべい、あられ、おかき、スナック
- くだいて粉《こな》にする
  - もち米《ごめ》
    - 白玉粉《しらたまこ》、もち粉《こ》、寒梅粉《かんばいこ》、道明寺粉《どうみょうじこ》、上南粉《じょうなんこ》 ― だんご、大福《だいふく》もち、桜《さくら》もち、おこし
  - うるち米《まい》
    - 上新粉《じょうしんこ》、上南粉《じょうなんこ》 ― 和菓子《わがし》、だんご、かしわもち
  - 発酵《はっこう》させる
    - ライスワイン、ライスビール
- 特殊《とくしゅ》な加工《かこう》をほどこす
  - 無洗米《むせんまい》
    特別《とくべつ》な精米機《せいまいき》をつかって、ふつうの精米《せいまい》ではのこってしまう表面の肌《はだ》ぬかをとりのぞいた米。洗《あら》わずにたける。
  - ビタミン強化米《きょうかまい》
    精米《せいまい》によってうしなわれる栄養分《えいようぶん》をおぎない栄養価《えいようか》を高めたお米。

レトルト米飯《べいはん》

調理したあと密閉《みっぺい》して高温殺菌《さっきん》する。常温《じょうおん》で長期保存《ほぞん》ができ、ちょっと加熱《かねつ》するだけで食べられる。

ふなずし

魚とごはんをいっしょに漬《つ》ける。乳酸菌《にゅうさんきん》により発酵《はっこう》し、保存《ほぞん》食《しょく》になる。

米酢《こめず》

蒸《む》した米に米こうじ、酵母《こうぼ》を加《くわ》えて発酵《はっこう》させたあとに、酢酸菌《さくさんきん》を加《くわ》えて2、3か月すると酢《す》ができあがる。

道明寺粉《どうみょうじこ》

加熱《かねつ》してから粉《こな》にひくものや、生《なま》の米をそのまま粉《こな》にひくものなど、粉《こな》のつくり方にはいろいろな製法《せいほう》がある。道明寺粉《どうみょうじこ》はもち米《ごめ》を蒸《む》してから乾燥《かんそう》し、あらくくだいてつくる。

ライスワイン

乳酸菌《にゅうさんきん》とワイン酵母《こうぼ》で発酵《はっこう》させる。

米粉《こめこ》からつくったパンとシフォンケーキ

ふつうパンは小麦粉《こむぎこ》からつくられるが、研究が進み、米粉《こめこ》からもパンがつくれるようになった。もちもちとした食感と米の甘《あま》い味わいが特徴《とくちょう》。

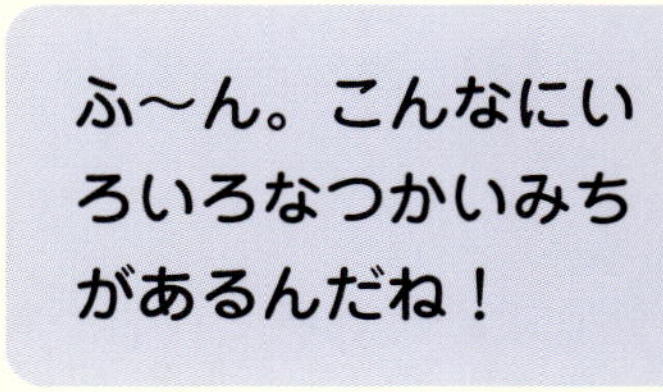

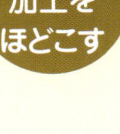

米づくりの今、昔

弥生《やよい》時代に日本に米づくりが伝わって以来《いらい》、米づくりは進化《しんか》しつづけてきました。
昔と今、大きくかわったところをくらべてみましょう。

水田

昔 湿地《しっち》や川沿《かわぞ》いなど水が近くにある場所に田がつくられました。新田の開発が進んでいくと、ため池や用水路がつくられ、水の管理《かんり》は村人が共同《きょうどう》でおこないました。

今 作業効率《こうりつ》を高めるため、ひとつひとつの水田を広くし、用水路や排水路《はいすいろ》が整備《せいび》されています。ポンプなどで田に水を入れ、地中には排水用《はいすいよう》の管《くだ》を埋《う》め、水の調節《ちょうせつ》をおこないます。

イネ（米）

今 収穫量《しゅうかくりょう》が多い、たおれにくい、おいしい、病気に強い、寒さに強い、これらを目標《もくひょう》に品種改良《ひんしゅかいりょう》がくりかえされ、さまざまな品種《ひんしゅ》が誕生《たんじょう》しました。現在《げんざい》は、コシヒカリと、コシヒカリから生まれた品種《ひんしゅ》が主流です。

昔 はじめて日本にやってきたイネは、イネの原《げん》生種《せいしゅ》といわれる赤米《あかまい》、黒米《くろまい》などでした。荒《あ》れ地《ち》でも育ち、病気にも強く、とても強い生命力をもっています。ただし、現在《げんざい》のイネにくらべて収穫量《しゅうかくりょう》は半分以下《いか》で、収穫期《しゅうかくき》になるとひとりでにもみが落ちます。

田おこし

昔 くわやすき、牛や馬をつかって、田おこしをしました。かたい土をほりおこす、とても体力をつかう作業でした。

今 トラクターをつかって、機械《きかい》の力で田おこしをします。

苗《なえ》づくり

昔 苗《なえ》を育てるために、土を水でやわらかくこねた水田（苗代《なわしろ》）に種《たね》もみをまき、少し生長したところで、水田に植えつけました。

今 自動種《たね》まき機《き》で、苗《なえ》を育てる専用《せんよう》の育苗箱《いくびょうばこ》に種《たね》もみをまき、ビニルハウスで温度を調節《ちょうせつ》しながら育て、1か月ほどしたら水田に植えつけます。

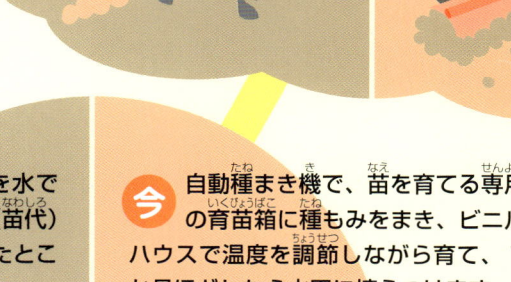

田植え

昔　今から30～40年ほど前までは、隣《となり》近所の人たちが協力《きょうりょく》して、大勢《おおぜい》で1本1本、苗《なえ》を植えました。

今　苗《なえ》の入った育苗箱《いくびょうばこ》を田植え機《き》にセットすると、機械《きかい》によって規則《きそく》正しく植えられていきます。

雑草《ざっそう》や病害虫《びょうがいちゅう》の対策《たいさく》

昔　雑草《ざっそう》を１本１本ぬく作業はたいへんつらいものでした。病害虫《びょうがいちゅう》が発生すると不作《ふさく》となり、たびたびききんにおそわれました。

今　除草剤《じょそうざい》や殺菌剤《さっきんざい》、殺《さっ》虫剤《ちゅうざい》をまき雑草《ざっそう》や病《びょう》害虫《がいちゅう》をふせぎます。最近《さいきん》は、環境《かんきょう》への悪影響《あくえいきょう》から農薬《のうやく》をひかえめに使用する農家がふえ、アイガモ農法《のうほう》（60ページ参照《さんしょう》）などの新しい方法《ほうほう》が考えだされています。

肥料《ひりょう》

昔　草木を灰《はい》にしたもの、家畜《かちく》のふん尿《にょう》を発酵《はっこう》させたたい肥《ひ》を肥料《ひりょう》にしました。江戸《えど》時代になると、イワシを日干《ひぼ》しにした干鰯《ほしか》という肥《ひ》料《りょう》、明治《めいじ》時代になると化学肥料《かがくひりょう》が登場します。

今　イネの生育に必要《ひつよう》な栄養素《えいようそ》が配合された化学肥料《かがくひりょう》が多くの農家でつかわれています。ただし、つかいすぎると環境《かんきょう》に悪影響《あくえいきょう》をあたえることから、たい肥《ひ》などをもちいる農家もふえています。

収穫《しゅうかく》、脱穀《だっこく》

昔　弥生《やよい》時代は稲穂《いなほ》を石包丁《いしぼうちょう》で刈《か》り取り、鉄製《てつせい》の農具が普及《ふきゅう》すると、ひと株《かぶ》ひと株《かぶ》をかまで刈《か》り取りました。脱穀《だっこく》は、千《せん》歯《ば》こきなどさまざま農具が開発されましたが、基本的《きほんてき》には手作業でおこなわれました。

今　コンバインで刈《か》り取りから脱穀《だっこく》まで自動《じどう》的《てき》におこなわれます。脱穀《だっこく》後《ご》のわらは切りきざまれて田にまかれます。

お米Q&A

お米にまつわる
さまざまな疑問《ぎもん》にこたえるよ！
くわしいことは
各《かく》ページをみてね。

お米のふしぎを探《さぐ》りに出発《しゅっぱつ》だ！

Q お米っていったいなに？

A お米は、イネという植物の種《たね》だよ。

106ページ

Q 昔は、お米がお金のかわりだったってホント？

A 本当だよ。江戸《えど》時代の終わりまでは税金《ぜいきん》も米でおさめ、武士《ぶし》の給料《きゅうりょう》は米ではらわれたんだ。

192ページ～202ページ

Q イネ1株《かぶ》からどれくらいの米ができるの？

A 品種《ひんしゅ》や環境《かんきょう》によってちがうけど、だいたい2000～3000粒《つぶ》、たくとお茶わん1杯《ばい》分くらいのごはんだね。

116ページ～117ページ

Q 日本人っていつごろからごはんを食べているのかなあ？

A 弥生《やよい》時代のはじめごろからと考えられているよ。

186ページ

Q おいしいごはんの食べ方を教えて！

A かめばかむほど、おいしくなるよ。

147ページ

Q せんべいやお酒って、お米からできてるってホント？

A 本当だよ。米には、ほかにもいろんな加工品《かこうひん》があるよ。

20ページ～21ページ　90ページ　154ページ～159ページ

Q わたしもお米をつくってみたい！

A イネを手軽に育てる方法《ほうほう》、本《ほん》格的《かくてき》に育てる方法《ほうほう》を教えるよ。

132ページ～136ページ

Q 外国でもごはんを食べているのかなあ？

A もちろん食べているよ。世界にはいろいろなお米の種《しゅ》類《るい》や食べ方があるんだよ。

160ページ～168ページ

Q お米ってとれたときからまっ白なの？

A ちがうよ。最初《さいしょ》は黄色っぽいんだ。もみがらという殻《から》をとりのぞいて、表面のぬかを落とすと、白くなるんだよ。

80ページ～83ページ

Q ごはん1杯《ばい》とパン1枚《まい》どっちが栄養《えいよう》があるの？

A ごはんだよ。炭水化物《たんすいかぶつ》を中心に、いろんな栄養素《えいようそ》がバランスよくふくまれているよ。

138ページ～141ページ

Q お米ってどこで買えるの？

A お米屋さんのほか、スーパーマーケットやコンビニなど、どこでも買えるよ。最近《さいきん》は農家の人から直接《ちょくせつ》買うこともできるよ。

84ページ～89ページ

1章 米をつくる

毎日の食生活に欠《か》かせない米。
米は、どこで、どのようにつくられているのでしょうか。
この章では、日本の米づくりや
稲作《いなさく》農家の暮《く》らしについてみてみましょう。

田植え後、イネのようすをみまわり、生長のわるい苗《なえ》を植え直す作業。

米づくりがさかんな日本

あなたは、水田で米がつくられているようすをみたことがありますか？
また、日本の米どころはどんなところか、知っていますか？
ここでは、日本の米づくりについて調べてみましょう。

▼山あいの谷間をぬうようにしてつづく魚沼《うおぬま》地方の水田（新潟県《にいがたけん》魚沼市《うおぬまし》）。

新潟県《にいがたけん》

▼小さな水田が多数あることから、「千枚田《せんまいだ》」ともよばれる美しい棚田《たなだ》（石川県《いしかわけん》輪島市《わじまし》）。

石川県《いしかわけん》

全国でつくられている米

日本には、穀物《こくもつ》や野菜《やさい》などの作物をつくっている耕地《こうち》が約《やく》469万2000ヘクタールありますが、そのうちの半分以上《いじょう》をしめる約《やく》255万6000ヘクタールが、米をつくっている水田です(2005年農林水産省《のうりんすいさんしょう》調べ)。

イネは、もともと水の豊《ゆた》かな高温多湿《こうおんたしつ》の地域《ちいき》でよく育つ植物です。日本の夏は高温多湿《こうおんたしつ》で、イネが育ちやすい風土《ふうど》であるため、イネは古くから各地《かくち》で栽培《さいばい》されてきました。今では、北は北海道《ほっかいどう》から南は沖縄《おきなわ》県まで、日本全国で、それぞれの土地の特色《とくしょく》に合った米づくりがおこなわれています。

福岡県《ふくおかけん》

◀村の大半をしめる傾斜地《けいしゃち》を利用《りよう》してつくられた、石《いし》積《づ》みの棚田《たなだ》（福岡《ふくおか》県八女《やめ》市）。

各都道府県《かくとどうふけん》の米の収穫量《しゅうかくりょう》

「平成17年産水陸稲の収穫量(都道府県別)」2005年(農林水産省)

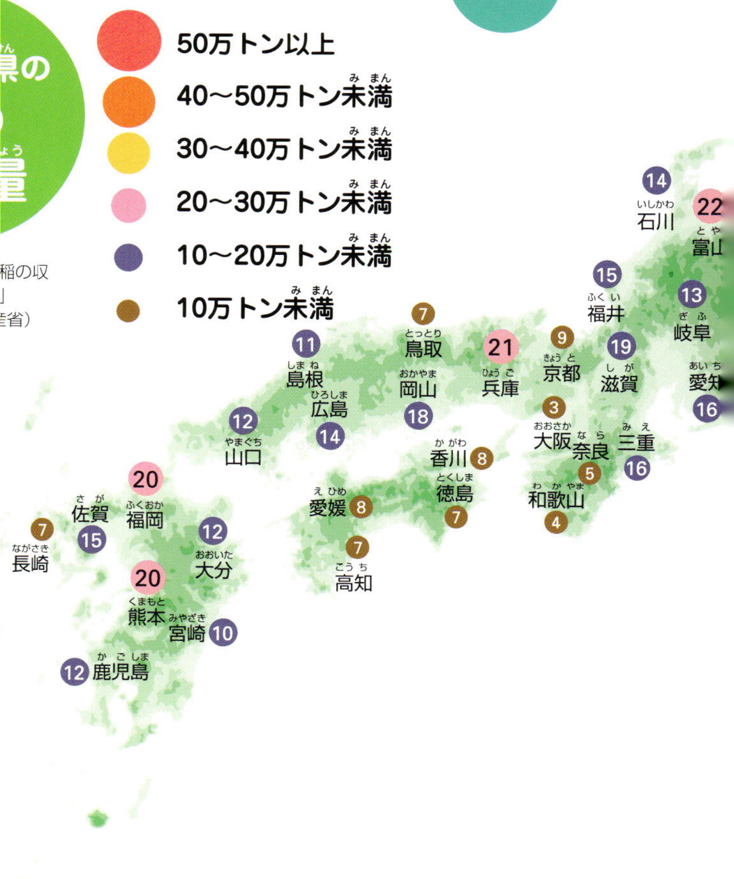

50万トン以上
40〜50万トン未満《みまん》
30〜40万トン未満《みまん》
20〜30万トン未満《みまん》
10〜20万トン未満《みまん》
10万トン未満《みまん》
14 石川《いしかわ》
22 富山
15 福井《ふくい》
13 岐阜《ぎふ》
7 鳥取《とっとり》
21 兵庫《ひょうご》
9 京都《きょうと》
19 滋賀《しが》
11 島根《しまね》
岡山《おかやま》 18
広島《ひろしま》 14
12 山口《やまぐち》
3 大阪《おおさか》
奈良《なら》 5
三重《みえ》 16
16
香川《かがわ》 8
徳島《とくしま》 7
和歌山《わかやま》 4
愛媛《えひめ》 8
7 高知《こうち》
20 福岡《ふくおか》
佐賀《さが》 15
7 長崎《ながさき》
12 大分《おおいた》
20 熊本《くまもと》
宮崎《みやざき》 10
12 鹿児島《かごしま》

0.3
沖縄《おきなわ》

▼庄内平野《しょうない》は、日本を代表する稲作地帯《いなさくちたい》として知られる（山形県《やまがた》酒田市《さかた》）。

▶上川盆地《かみかわぼんち》には、北海道《ほっかいどう》の広い土地を利用《りよう》して基盤整備《きばんせいび》された水田が広がっている（北海道旭川市《ほっかいどうあさひかわ》）。

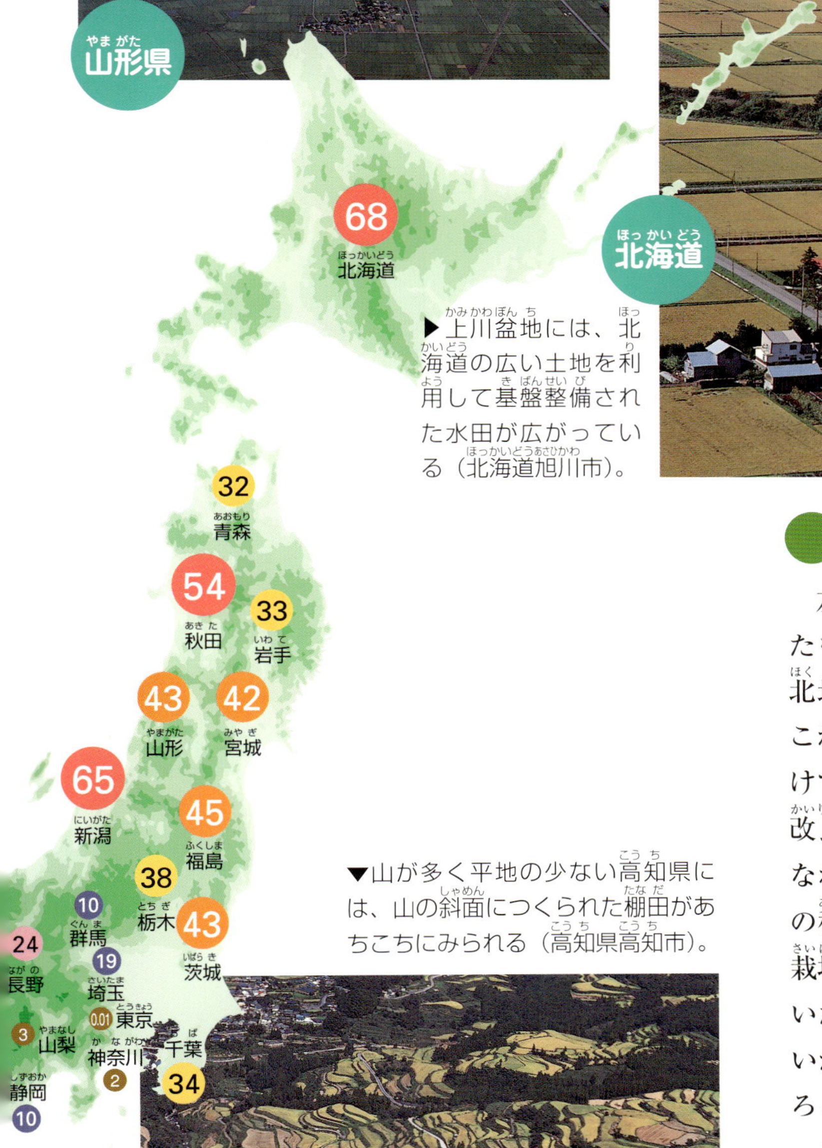

▼山が多く平地の少ない高知県《こうち》には、山の斜面《しゃめん》につくられた棚田《たなだ》があちこちにみられる（高知県《こうち》高知市《こうち》）。

日本の主な米どころ

左の地図は、各都道府県《かくとどうふけん》の米の収穫量《しゅうかくりょう》をしめしたものです。この地図から、収穫量《しゅうかくりょう》が多いのは、東北《とうほく》地方や北海道《ほっかいどう》であることがわかります。しかし、これらの地域《ちいき》で、最初《さいしょ》から多くの米がとれていたわけではありません。長い年月をかけて、イネの品種《ひんしゅ》改良《かいりょう》（50、51ページ参照《さんしょう》）や栽培技術《さいばいぎじゅつ》の研究《けんきゅう》がおこなわれた結果《けっか》、収穫量《しゅうかくりょう》が多くなったのです。秋田《あきた》県の秋田《あきた》平野や、山形《やまがた》県の庄内《しょうない》平野では、その土地で栽培《さいばい》しやすい品種《ひんしゅ》がつくられ、もともとめぐまれていた平野部の肥《ひ》よくな土地や豊《ゆた》かな水を米づくりにいかせるようになり、今では日本を代表する米どころとなっています。

また、新潟《にいがた》県は、昔は“鳥《とり》またぎ米《まい》（鳥も食べないまずい米）しかとれない”といわれていましたが、栽培方法《さいばいほうほう》のくふうを積《つ》み重《かさ》ね、魚沼《うおぬま》地方の山間地などで、昼と夜の気温差《きおんさ》をいかして味のよい米ができるようになり、今では、人気の高い品種《ひんしゅ》コシヒカリの産地《さんち》として知られるようになりました。米づくりは、それぞれの地域《ちいき》で研究やくふうが重《かさ》ねられ、しだいに発展《はってん》してきたのです。

米づくりの1年

稲作《いなさく》農家は、米をつくるためにどのような作業をしているのでしょうか。
田植えや収穫《しゅうかく》作業のほかにも、米づくりにはさまざまな細《こま》かい作業があります。
ここでは、米づくりの1年間の流れを追っていきましょう。

▶夏に1日だけ咲《さ》く
イネの花。

▲すくすくと育つ
イネの葉。

米づくりカレンダー

イネは、1年に1回花を咲《さ》かせて実をつける1年草です。1年間を通して温暖《おんだん》な沖縄《おきなわ》県や鹿児島《かごしま》県などでは、1年に2回米がとれる地域《ちいき》もありますが、日本のほとんどの地方では、春に種《たね》をまいて、水田に苗《なえ》を植え、夏のあいだはイネを育て、秋に米を収穫《しゅうかく》するというように、4〜7か月かけて米づくりをしています。地方や農家によってすこしずつちがいはありますが、稲作《いなさく》農家では、イネの生長に合わせて、下のような作業を1年のあいだにおこないます。

春

育苗箱《いくびょうばこ》での苗《なえ》づくり

3月

- 種《たね》もみをまく 31ページ

4月

- 苗《なえ》を育てる 32ページ
- 田の準備《じゅんび》
  - 34ページ 田おこしをする
  - 35ページ 土づくりをする
  - 35ページ 代《しろ》かきをする

夏

5月

- 田植え 35ページ

6月 **7月**

- イネの世話《せわ》をする
  - 38ページ 雑草《ざっそう》をとる
  - 39ページ 病害虫《びょうがいちゅう》をふせぐ

▼種《たね》まきの準備《じゅんび》として、種《たね》もみを消毒《しょうどく》する。

▲自動種《たね》まき機《き》で育苗箱《いくびょうばこ》に種《たね》をまく。

▲田植え後、イネの生長のようすを見まわる。

「イネ」から「米」へ

▼夏の終わり、実ができはじめる。

▼刈《か》り取り間近の黄金《こがね》色の稲穂《いなほ》。

46ページ

秋

冬

8月　9月　10月　11月　12月　1月　2月

水の管理《かんり》をする

42ページ

▲イネの生長に合わせて田の水量《すいりょう》を調整する。

収穫《しゅうかく》

44ページ

▲コンバインで刈《か》り取りと脱穀《だっこく》をおこなう。

出荷《しゅっか》

46ページ

▲収穫《しゅうかく》した米を乾燥《かんそう》、精米《せいまい》して出荷《しゅっか》の準備《じゅんび》をする。

農閑期《のうかんき》

▲農作業が終わり、雪がつもった田。

※イネの生長や農作業の時期は、地域《ちいき》や年によってことなります。

米づくり1 種《たね》もみをまく

**春に種《たね》もみをまいてから、
秋に米を収穫《しゅうかく》して出荷《しゅっか》するまでの農作業のようすや、
農家でおこなわれているさまざまなくふうについてみていきましょう。**

▲これがイネの種《たね》となるもみ。

種《たね》もみの準備《じゅんび》

米づくりは、春にイネの種《たね》となる「もみ」を準備《じゅんび》することからはじまります。もみとは、もみがらがついた状態《じょうたい》の実をさします。とくに、種《たね》にするもみのことを「種《たね》もみ」とよびます。

多くの農家では、その年に育てる品種《ひんしゅ》の種《たね》もみを、各都道府県《かくとどうふけん》にある「種子《しゅし》センター」で購入《こうにゅう》します。種子《しゅし》センターでは、いろいろな品種《ひんしゅ》がまざらないようにべつべつに栽培《さいばい》して収穫《しゅうかく》し、品質《ひんしつ》のよいもみだけを選別《せんべつ》し、種《たね》もみとして管理《かんり》しています。

購入《こうにゅう》した種《たね》もみは、まず、消毒液《しょうどくえき》につけて消毒《しょうどく》をします。これは、苗《なえ》が育つあいだにイネが病気になるのをふせぐためです。

よく育つ種《たね》もみをえらぶ

農家によっては、種子《しゅし》センターで購入《こうにゅう》する種《たね》もみ以外《いがい》に、自分の田で収穫《しゅうかく》したもみを取っておき、翌年《よくねん》の種《たね》もみにしています。この場合には、「塩水選《えんすいせん》」という方法《ほうほう》で、中身の入っていないもみを取りのぞき、よく育つ種《たね》もみだけをえらんでつかいます。

塩水選《えんすいせん》の方法《ほうほう》

1 大きなバケツやたるに塩水《しおみず》をつくり、種《たね》もみを入れる。塩水《しおみず》の濃度《のうど》は、生卵《なまたまご》を浮《う》かべたときに、生卵《なまたまご》の頭が水面よりも上にでるくらいがよい。

2 塩水《しおみず》は真水《まみず》よりものを浮《う》かせる力（浮力《ふりょく》）が強いため、中身が入っていない軽い種《たね》もみが浮《う》いてくる。浮《う》いてきた種《たね》もみを取りのぞき、しずんだ種《たね》もみだけを選《えら》ぶ。

米づくり名人 武藤《むとう》さんのくふう

山梨《やまなし》県の武藤傳太郎《むとうでんたろう》さんは、「全国《ぜんこく》・米食味分析鑑《こめしょくみぶんせきかん》定《てい》コンクール」で6年連続《れんぞく》金賞《きんしょう》を受賞《じゅしょう》した経験《けいけん》をもつ、米づくりの名人です。武藤《むとう》さんの米づくりを紹介《しょうかい》していきましょう。

種《たね》もみの温湯消毒《おんとうしょうどく》

武藤《むとう》さんは、種子《しゅし》センターで種《たね》もみを入手すると、消毒液《しょうどくえき》をつかわずに、お湯で「温湯消毒《おんとうしょうどく》」をします。

まず種《たね》もみを65℃のお湯に7分間ひたし、そのあと、流水につけて冷《ひ》やします。このようにすると、種《たね》もみをだめにすることなく、ほとんどの雑菌《ざっきん》を死《し》滅《めつ》させることができるそうです。

▲種《たね》もみをお湯につけて消毒《しょうどく》する、温湯消毒《おんとうしょうどく》のようす。

「芽《め》だし」をする

つぎに、消毒《しょうどく》した種《たね》もみを、32℃のお湯に8〜12時間つけます。冬のあいだに芽《め》をださずにねむっていた種《たね》もみは、十分な水分と酸素《さんそ》、適度《てきど》な温度を得《え》ると発芽《はつが》します。この発芽《はつが》をうながす作業のことを、「芽《め》だし」といいます。

種《たね》もみをまく

種《たね》もみが水分を十分に吸収《きゅうしゅう》してふくらみ、芽《め》が1mmくらいでたときが、種《たね》まきをするのにちょうどよいタイミングです。自動種《たね》まき機《き》をつかって、「育苗箱《いくびょうばこ》」に種《たね》まきをします。育苗箱《いくびょうばこ》とは、イネの苗《なえ》を育てるための箱です。あとで田植えをするときに、どんなメーカーの田植え機《き》にもセットできるよう、30×60cmに大きさが決められています。

田に直接《ちょくせつ》種《たね》をまかないのはなぜ?

多くの野菜《やさい》や穀類《こくるい》は、畑にそのまま種《たね》をまいて育てますが、イネの場合は、育苗箱《いくびょうばこ》で苗《なえ》を生長させてから、苗《なえ》を水田に植えかえる「田植え」をおこないます。これは、より多くの米を収穫《しゅうかく》するためのくふうです。

田に直接種《ちょくせつたね》もみをまくと、鳥に食べられてしまったり、生命力の強い雑草《ざっそう》に養分《ようぶん》がうばわれたりして、生長がさまたげられてしまいます。育苗箱《いくびょうばこ》である程度《ていど》の大きさまで育ててから田にうつせば、苗《なえ》は鳥や雑草《ざっそう》に負けずに、生長しやすくなるのです。

田植え機《き》が普及《ふきゅう》した現在《げんざい》では、育苗箱《いくびょうばこ》で苗《なえ》を育ててから田植えをするほうが効率《こうりつ》がよいという理由もあります。田植え機《き》でまっすぐに苗《なえ》を植えれば、苗《なえ》にむらなく日があたり、生長に差がでにくい上に、コンバインでの刈《か》り取り作業もおこないやすくなります。

種《たね》まき機《き》のしくみ

空《から》の育苗箱《いくびょうばこ》を自動種《たね》まき機《き》にセットすると、ベルトコンベアで育苗箱《いくびょうばこ》が自動的《てき》に移動《いどう》し、一定量《いっていりょう》の種《たね》もみがまかれます。自動種《たね》まき機《き》をつかうと、1時間に、育苗箱約《いくびょうばこやく》150枚《まい》分の種《たね》まきができます。

1

肥料《ひりょう》をまぜた土が育苗《いくびょう》箱《ばこ》に入れられ、一定《いってい》の深さにそろえられる。

2

土の入った育苗箱《いくびょうばこ》の上に水がまかれる。

3

一定量《いっていりょう》の種《たね》もみが、土の上にまかれる。

4

種《たね》もみの上に、うすく土がかぶせられる。

5

種《たね》がまかれた育苗箱《いくびょうばこ》を、育苗機《いくびょうき》(32ページ参照《さんしょう》)にうつす。

米づくり2 苗《なえ》づくり

**種《たね》もみを育苗箱《いくびょうばこ》にまき終えたら、田植えができるようになるまで苗《なえ》づくりをします。
米づくりの中で、苗《なえ》づくりはとてもたいせつな作業です。
苗《なえ》のよしあしが、作物の出来ぐあいに大きく影響《えいきょう》します。**

苗《なえ》の生長をうながす

種《たね》もみをまいた育苗箱《いくびょうばこ》は、育苗機《いくびょうき》に移《うつ》します。育《いく》苗機《びょうき》は、ヒーターのついた棚式《たなしき》の倉庫《そうこ》のようなものです。育苗箱《いくびょうばこ》を入れた棚《たな》を保温《ほおん》シートでおおい、温度を一定にたもつことによって、苗《なえ》をいっせいに生長させることができるのです。育苗箱《いくびょうばこ》を育苗機《いくびょうき》に入れ、温度を30℃にたもつと、3日後には、育《いく》苗箱《びょうばこ》の土の中から白い芽《め》がいっせいにでてきます。

育苗機《いくびょうき》で保温し、
生長がうながされ
たイネの芽《め》。

ビニルハウスで育てる

苗《なえ》が1cmくらいになるまで育ったら、ビニルハウスに移《うつ》します。ビニルハウスをあけたりしめたりして温度を調整し、水をあたえながら、約《やく》1か月育てると、苗《なえ》は7〜8cmくらいまで生長します。

苗《なえ》が1cmくらい
まで育ったら、
育苗箱《いくびょうばこ》をビニル
ハウスにうつす。

▲種《たね》まきから1週間後の苗《なえ》。芽《め》が大きくなるとともに、根も育つ。

▲ビニルハウスにうつし、生長した苗《なえ》。太陽の光を浴《あ》びると、葉が青々としてくる。

▲ビニルハウスの中でいっせいに生長するイネの苗《なえ》は、緑のじゅうたんのよう。

米づくり名人 武藤《むとう》さんのくふう

じょうぶな苗《なえ》にするために

じょうぶな苗《なえ》を育てるために、武藤《むとう》さんは、苗《なえ》づくりのとちゅう、2、3回に分けて「苗踏《なえふ》み」という方法《ほうほう》を実践《じっせん》しています。武藤《むとう》さんは、大事に守りすぎるよりも、すこし刺激《しげき》をあたえることによって、苗《なえ》がより強くじょうぶになると考えています。

これは、一般的《いっぱんてき》におこなわれている方法《ほうほう》ではありませんが、通常《つうじょう》の苗《なえ》と踏《ふ》んだ苗《なえ》をくらべると、踏《ふ》んだ苗《なえ》のほうがじょうぶに育ち、おいしい米をみのらせるそうです。

▼「苗踏《なえふ》み」のようす。育苗箱《いくびょうばこ》の上に板を置《お》き、その上から苗《なえ》を踏《ふ》む。

▲踏《ふ》まれた苗《なえ》はたおれているが、しだいに根をはって元気に育ちはじめる。

よい苗《なえ》とわるい苗《なえ》

▶ずんぐりと太い苗《なえ》は根がはり、じょうぶで寒さに強い。

◀ひょろりと細く、背《せ》が高い苗《なえ》は根が少なく、寒さに弱く、すぐにたおれてしまう。

苗《なえ》を育ててくれる育苗《いくびょう》センター

苗《なえ》を育てる作業は、以前《いぜん》は農家が各自《かくじ》でおこなっていましたが、最近《さいきん》は、共同《きょうどう》で、効率《こうりつ》よく米づくりをおこなうために、ＪＡ《ジェーエー》（農業協同組合《のうぎょうきょうどうくみあい》・56ページ参照《さんしょう》）が運営《うんえい》する「育苗《いくびょう》センター」に苗《なえ》をあずけ、かわりに苗《なえ》を育ててもらう農家がふえています。

また、農作業の手間をはぶくために、種《たね》もみを買ったり、育苗《いくびょう》せずに、育苗箱《いくびょうばこ》ごと苗《なえ》を購入《こうにゅう》している農家もあります。

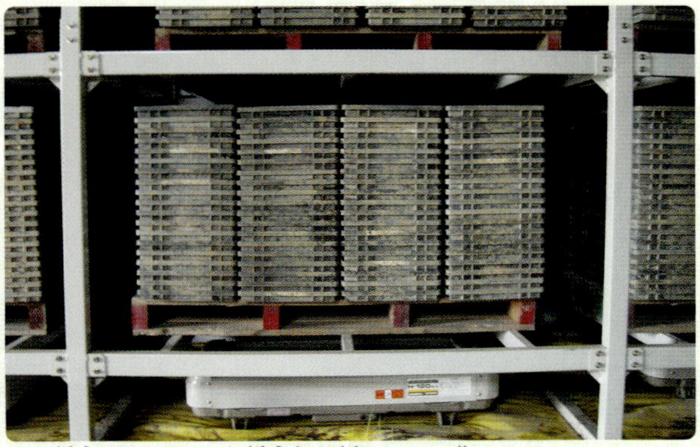

▲育苗《いくびょう》センターの育苗機《いくびょうき》。棚《たな》の下に置《お》いてあるヒーターであたたかくして、苗《なえ》の生長をうながす。

米づくり③ 土づくりと田植え

**田植えができる状態《じょうたい》まで苗《なえ》を育てると同時に、田では田植えのための準備《じゅんび》をおこないます。
田の土を掘《ほ》りおこしたり、肥料《ひりょう》をまいたりして、
苗《なえ》を植えるための土づくりをはじめます。**

「田おこし」をする

「田おこし」は、冬のあいだ、つかっていなかった田を掘《ほ》りおこし、かたくなった土をほぐしてやわらかくすることです。

昭和《しょうわ》の中ごろまでの田おこしは、人の力でくわやすきをつかったり、牛や馬の力を利用《りよう》しておこなうたいへんな作業で、1日に10アール程度《ていど》しかたがやせませんでした。現在《げんざい》は、トラクター（36ページ参照《さんしょう》）をつかい、1日で150アールもの田をたがやすことができるようになりました。苗《なえ》がよく根づくよう、12～15cmの深さまで掘《ほ》りおこします。

▲トラクターによる田おこし。雑草《ざっそう》がはえ、かたくなった土を掘《ほ》りおこしていく。

イネがよく育つ土はどんな土？

イネは、田の土や水から必要《ひつよう》な栄養分《えいようぶん》を取り入れて育ちます。土のよしあしはイネの生長を左右するたいせつな条件《じょうけん》です。イネにとってよい土とは、どんな土なのでしょうか。

イネがよく育つ土とは、肥料《ひりょう》と養分《ようぶん》をたくわえる力のある土です。適度《てきど》に酸素《さんそ》がふくまれ、水はけがよい土は、ほどよく栄養分《えいようぶん》をたもつことができ、イネにバランスよく栄養分《えいようぶん》をあたえることができます。また、微生物《びせいぶつ》のえさとなる有機物《ゆうきぶつ》が豊富《ほうふ》で、窒素《ちっそ》、リン酸《さん》、カリといった栄養分《えいようぶん》がバランスよくふくまれていることもたいせつです。

地域《ちいき》や場所によって、土にふくまれる成分《せいぶん》や性質《せいしつ》がちがうので、足りない栄養分《えいようぶん》をおぎなうために肥料《ひりょう》をまき、イネが育ちやすい土になるように手を加《くわ》えます。

微生物《びせいぶつ》
イネにとって有害《ゆうがい》な病原菌《びょうげんきん》をおさえる。

窒素《ちっそ》
苗《なえ》の生長を助ける。

リン酸《さん》
茎《くき》をふやして、実りをよくする。

カリ
茎《くき》や葉をじょうぶにする。

土づくりをする

田おこしをするときに、田に肥料《ひりょう》をまぜて、イネが育ちやすい土をつくります。苗《なえ》を植える前にまく肥料《ひりょう》のことを「元肥《もとごえ》」といいます。元肥《もとごえ》には、たい肥《ひ》（落ち葉やわら、家畜《かちく》のふんなどを発酵《はっこう》させてつくる有機肥料《ゆうきひりょう》）や化学肥料《かがくひりょう》がつかわれます（62、63ページ参照《さんしょう》）。

▲肥料《ひりょう》をまくようす。トラクターをつかって、田全体にむらなく肥料《ひりょう》をまく。

「代《しろ》かき」をする

「代《しろ》かき」は、田おこしをした田に水を引き入れ、トラクターなどで土をより細《こま》かくくだき、水とまぜる作業です。田の土をよくこねて平らにすることによって、水を入れたときの水の深さや水はけのむらをなくし、田植えのとき、同じ深さで苗《なえ》を植えることができるようにします。また、雑草《ざっそう》が生えるのをふせぐという意味《いみ》もあります。

▲トラクターをつかった代《しろ》かきのようす。田の土をよくこねて平らにする。

田植えをする

育苗箱《いくびょうばこ》の苗《なえ》の葉の数が3〜5枚《まい》になり、高さが12〜13cm程度《ていど》になったら、いよいよ田植えです。まずは、苗《なえ》をビニルハウスから育苗箱《いくびょうばこ》ごと田へはこび、田植え機《き》（37ページ参照《さんしょう》）にセットします。そして、田植え機《き》に乗って田に入り、苗《なえ》を等間隔《とうかんかく》に、つぎつぎと植えていきます。

以前《いぜん》は、田植えは手作業でおこなわれていたため、家族総出《かぞくそうで》か、近所の人たちとの共同《きょうどう》でおこなう大変《たいへん》な作業でした。1970年代からは田植え機《き》が広くつかわれるようになり、およそ1日で120アールの田植えができるようになりました。

▲田植え機《き》で苗《なえ》を植える。苗《なえ》がつぎつぎと田に植えられていく。

▶田植えがすんだばかりの田。水をはった田に苗《なえ》が整《せい》然《ぜん》とならんでいる。

農業機械《きかい》
大《だい》解《かい》剖《ぼう》
1

トラクターと田植え機《き》は、主に米づくりのはじめのころの作業につかわれる農業機械《きかい》です。どんなしくみになっているのか、みてみましょう。

トラクター

　トラクターは、さまざまな作業機械《きかい》を取りつけて引っぱり、農作業をおこなうことのできる動力車《どうりょくしゃ》です。日本では、1930年代(昭和初期《しょうわしょき》)から、「耕《こう》うん機《き》」として開発が進められ、普及《ふきゅう》しました。現在《げんざい》では、田おこしをはじめ、施肥《せひ》(肥《ひ》料《りょう》をまく)、代《しろ》かきなどの作業にもトラクターがつかわれています。

トラクター

凹凸《おうとつ》のある小さな前輪《ぜんりん》と大きな後輪《こうりん》によって、でこぼこでやわらかい地面の上でも、走りやすいようになっている。

作業機械《きかい》

耕《こう》うん用、施肥《せひ》用、代《しろ》かき用、種《たね》まき用、あぜぬり用などさまざまな作業機械《きかい》があり、用途《ようと》によってつけかえられる。

YANMAR
EcoTra EF342V
AS CAB

▲耕《こう》うん用の作業機械《きかい》を取りつけたトラクター。

いろいろなつかいみち

耕《こう》うん用
ロータリー
土を掘りおこす

耕《こう》うん用の作業機械《きかい》をつけたトラクター。「ロータリー」とよばれる刃《は》が高速回転することによって、土が掘《ほ》りおこされる。

施肥《せひ》用
肥料《ひりょう》をまく

施肥《せひ》用の作業機械《きかい》をつけたトラクター。大型《おおがた》の容《よう》器《き》の中でまぜられた肥料《ひりょう》が後部からふきだすしくみになっている。

代《しろ》かき用
土をまぜてならす

代《しろ》かき用の作業機械《きかい》をつけたトラクター。回転する刃《は》によって水とまぜられた土が、作業機械《きかい》の後部でならされる。

田植え機《き》

田植え機《き》は、育苗箱《いくびょうばこ》で育てたイネの苗《なえ》を田に植えるための農業機械《きかい》です。かつては、田植えは、家族《かぞく》総出《そうで》でひと株《かぶ》ひと株《かぶ》手で植えていく、たいへんな作業でしたが、1970年代に田植え機《き》が実用化《じつようか》されたことにより、それまで田植えについやされていた労力《ろうりょく》や時間が大幅《おおはば》にへりました。

補給用《ほきゅうよう》の苗《なえ》

育苗箱《いくびょうばこ》で育てた苗《なえ》を箱ごと積《つ》んでおき、苗《なえ》のせ台の苗《なえ》がなくなったら補給《ほきゅう》する。

苗《なえ》のせ台

育苗箱《いくびょうばこ》で育てた苗《なえ》をのせる。写真の機種《きしゅ》は育苗箱《いくびょうばこ》を6列並《なら》べられる「6条《じょう》植え」。大きな田植え機《き》では、10列並《なら》べられるものもある。

植えつけづめ

苗《なえ》の植えつけをする部分。1回でつまみだす苗《なえ》の量《りょう》、植える深さなど、細《こま》かく調整することができる。

車輪《しゃりん》

凹凸《おうとつ》のある大小の車輪《しゃりん》によって、水田の中でも安定して進むことができる。

植えつけのようす

植えつけづめが回転しながら苗《なえ》をひと株《かぶ》分(3〜4本)ずつつまみだし、田に植えつけていく。

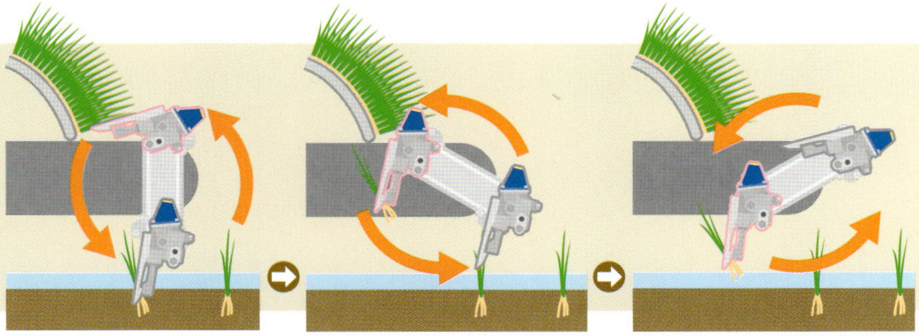

実用化《じつようか》が進む 最新型《さいしんがた》の田植えロボット

田植えロボットは、GPS《ジーピーエス》（全地球測位《ぜんちきゅうそくい》システム）など最先端《さいせんたん》の技術《ぎじゅつ》を駆使《くし》して、人が乗らずに、自動で田植えができるようにしたハイテク田植え機《き》です。

GPS《ジーピーエス》とは、人工衛星《えいせい》から送られる電波を受信《じゅしん》して、自分の位置《いち》を確認《かくにん》するシステムです。田植えロボットは、GPS衛星《ジーピーエスえいせい》から送られてくるデータをもとに、コンピュータによって自動的《じどうてき》に進路《しんろ》などを調整《ちょうせい》します。将来《しょうらい》は、田植えだけでなく、肥料《ひりょう》や農薬をまくためにもつかえるよう改良《かいりょう》が進められています。

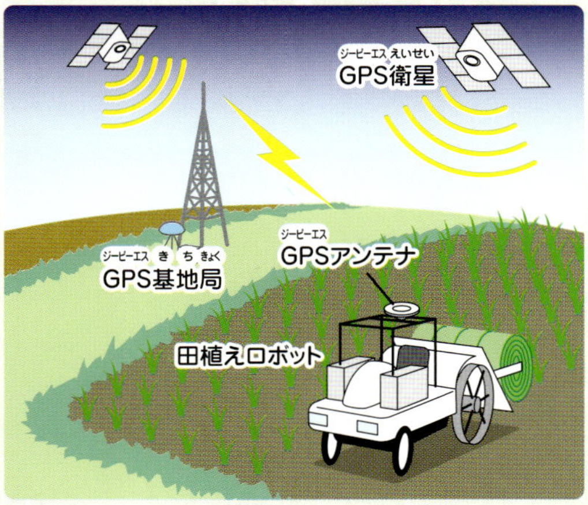

米づくり4 イネを守る

田植えを終えたあとは、イネを雑草《ざっそう》や病気、害虫《がいちゅう》などから守り、元気に育つように世話《せわ》をするのが、農家の主な仕事になります。イネの変化《へんか》をみのがさないように、たいせつにみまもりながら育てます。

雑草《ざっそう》から守る

水田に生える雑草《ざっそう》には、繁殖力《はんしょくりょく》がおうせいなヒエやコナギ、水田や水辺《みずべ》に自生《じせい》するオモダカ、マツバイ（131ページ参照《さんしょう》）などがあります。これらの雑草《ざっそう》は、ふえすぎると水田からイネのための栄養分《えいようぶん》を吸《す》い取ってしまうため、手でぬくか、除草剤《じょそうざい》をつかってふせぎます。

昔は、長時間腰《こし》をまげたままで雑草《ざっそう》を取る作業が、たいへんな重労働《じゅうろうどう》でした。しかし、1950年代後半から除草剤《じょそうざい》がつかわれるようになり、作業にかかる手間や時間が大きくへりました。

除草剤《じょそうざい》には雑草《ざっそう》の発芽《はつが》をおさえるものなど、さまざまな種類《しゅるい》がありますが、雑草《ざっそう》をふせぐのにもっとも効果《こうか》のある時期に、必要最低限《ひつようさいていげん》の分量《ぶんりょう》だけが散布《さんぷ》されます。

ヒエ

▶生育がはやく、すぐに大きくなり、イネの生長をさまたげる。ヒエの生育初期《しょき》は水中で育ちにくいため、田植え直後に深水《ふかみず》（42ページ参照《さんしょう》）にすることによって枯《か》らすことができる。

▶雑草《ざっそう》を手で取りのぞくようす。田の雑草《ざっそう》をすべて手で取りのぞくのは、とてもたいへんな作業。

農薬《のうやく》って何？

農薬《のうやく》とは、農作物の生長をさまたげる雑草《ざっそう》や病気、害虫《がいちゅう》などをふせぐためにつかわれる薬剤《やくざい》のことです。米づくりでは、主に「除草剤《じょそうざい》」と「殺虫剤《さっちゅうざい》」がつかわれています。

除草剤《じょそうざい》には、雑草《ざっそう》が発芽《はつが》しないようにするものや、作物には影響《えいきょう》せず、ヒエなどの特定《とくてい》の雑草《ざっそう》だけをおさえるものなど、さまざまな種類《しゅるい》があります。

一方、殺虫剤《さっちゅうざい》には、薬剤《やくざい》が直接害虫《ちょくせつがいちゅう》について殺虫《さっちゅう》するものや、薬剤《やくざい》の付着《ふちゃく》した作物を食べることによって、害虫《がいちゅう》を死滅《しめつ》させるものなどがあります。

1950年代後半から、農薬《のうやく》が普及《ふきゅう》し便利《べんり》にもちいられるようになりましたが、一方では、毒性《どくせい》の強いものについて環境《かんきょう》や人へのわるい影響《えいきょう》が指摘《してき》され、世界的《せかいてき》に大きな問題となりました。現在《げんざい》は、毒性《どくせい》ののこらない農薬《のうやく》、特定《とくてい》の虫にだけ効果《こうか》のあるものなど、国によって安全性《あんぜんせい》がみとめられているものが使用《しよう》されています。しかし、この問題をきっかけに、農薬《のうやく》をつかわない農法《のうほう》があらためてみなおされるようになり、近年は、無農薬《むのうやく》・減農薬《げんのうやく》でイネを育てる農家がふえています（58〜63ページ参照《さんしょう》）。

病気から守る

イネの病気には、葉や穂首《ほくび》にはん点ができる「いもち病」、葉が白く枯《か》れる「白葉枯病《しらはがれびょう》」などがあります。これらの病気は、病原菌《びょうげんきん》により伝染《でんせん》する病気です。対処《たいしょ》がおくれると、イネが全滅《ぜんめつ》してしまい、まったく収穫《しゅうかく》がなくなることもあります。

また、発芽《はつが》するときに温度が高すぎると発生しやすくなる「苗立枯病《なえたちがれびょう》」や、窒素肥料《ちっそひりょう》のあたえすぎが原因《げんいん》となる「紋枯病《もんがれびょう》」など、育てかたが原因《げんいん》で発生する病気もあります。農家では、できるだけ病気の原因《げんいん》をつくらないよう気を配りながら、種《たね》もみの消毒《しょうどく》や予防《よぼう》用の農薬《のうやく》を散布《さんぷ》します。

葉《は》いもち病

▼夏でも気温が低《ひく》く、湿度《しつど》の高い年に発生しやすい。発生すると、葉に褐色《かっしょく》のはん点ができ、しだいに広がり葉を枯《か》らしていく。

穂首《ほくび》いもち病

▲穂首《ほくび》の部分が褐色《かっしょく》に変色《へんしょく》する。穂《ほ》に発生するいもち病は深刻《しんこく》で、まったく収穫《しゅうかく》がなくなってしまうこともある。

害虫《がいちゅう》から守る

イネの害虫《がいちゅう》には、茎《くき》などから栄養分《えいようぶん》を吸《す》い取るウンカ、根や葉を食べるイネミズゾウムシ、茎《くき》の中に入りこんでイネを変色《へんしょく》させてしまうニカメイチュウなどがいます。害虫《がいちゅう》は、イネの汁《しる》を吸《す》ったり、根や茎《くき》を食べたりして直接害《ちょくせつがい》をあたえるだけでなく、病原菌《びょうげんきん》をはこんで、イネのあいだに病気を広めてしまうこともあります。農家では、害虫《がいちゅう》が発生しやすい出穂《しゅっすい》前などに殺虫剤《さっちゅうざい》を散布《さんぷ》して、害虫《がいちゅう》をふせぎます。

ヒメトビウンカ

▶毎年、日本の南西から飛《と》んでくる飛来害虫《ひらいがいちゅう》で、大量《たいりょう》発生《はっせい》し、茎《くき》から汁《しる》を吸《す》い取ってイネを枯《か》らす。

イネミズゾウムシ

◀幼虫《ようちゅう》はイネの根を食べて株《かぶ》ごと枯《か》らし、成虫《せいちゅう》になると葉を食い荒《あ》らす。

鳥から守る

おいしい米は、鳥にとってもごちそうです。穂《ほ》ができはじめるころには、スズメなどの鳥にイネの実が食べられないよう、人にみたてたかかしを立てたり、田をおおうように防鳥《ぼうちょう》ネットをはったりして、鳥の被害《ひがい》をふせぎます。

▶鳥を追いはらうために立てられるかかし。日本ならではの風情《ふぜい》をつくりだしている。

水田のかんがいシステム

水田は、どうして水をためておくことができるのでしょうか。
どのようにして、水を入れたり、ぬいたりするのでしょうか。
ここでは、水田のつくりやかんがいのしくみについてみてみましょう。

水田のかんがい

作物を育てるために水田などの農地に水をそそぐことを「かんがい」といいます。大量《たいりょう》の水を必要《ひつよう》とする米づくりでは、かんがいが欠《か》かせません。日本では、昔から、川や池の水をうまく利用《りよう》したかんがいがおこなわれています。

かんがいによる水の流れをみてみましょう。川の水は、まず「用水路《ようすいろ》」に引き入れられます。この用《よう》水路《すいろ》の水が、「取水口《しゅすいこう》」から水田に入れられます。水田は、周囲《しゅうい》が「あぜ」でかためられ、土の下の方に「鋤床層《すきどこそう》」とよばれる粘土質《ねんどしつ》の水を通しにくい層《そう》があり、プールのように水をためることができます。

一方、「鋤床層《すきどこそう》」の上にある「作土層《さくどそう》」は、やわらかく掘《ほ》りおこされた、イネが根をはる部分です。この層《そう》に、ためられた川の水がいきわたります。川の水には、山や平地を流れるあいだにたくさんの栄《えい》養分《ようぶん》がとけこんでいて、イネはこの栄養分《えいようぶん》たっぷりの水を根から吸収《きゅうしゅう》し、生長します。

イネは分げつ（112ページ参照《さんしょう》）が終わるころや、実が十分にみのったころには、あまり水を必要《ひつよう》としなくなります。ためておいた水をぬきたいときには、「排水口《はいすいこう》」をあけ、「排水路《はいすいろ》」に水を流します。

水田の構造《こうぞう》

水田の水の量《りょう》をふやしたいときには、用水路《ようすいろ》から水を引き入れ、へらしたいときには、排水路《はいすいろ》へ水を流し、水量《すいりょう》を調整します。

取水口《しゅすいこう》
用水路《ようすいろ》の水を水田に引き入れる入口。水口《みなくち》ともよばれる。あぜの一部を切ってつくられている。
用水路《ようすいろ》
水田に川や池の水を引き入れるための水路《すいろ》。おおいをかぶせたり、地下にパイプをうめて水を通す用水路《ようすいろ》もある。このような地下の水《すい》路《ろ》を暗渠《あんきょ》という。

最新《さいしん》のかんがいシステム

最近《さいきん》では、地下に用水路《ようすいろ》やかんがい用のパイプを通し、水量《すいりょう》をコンピュータで管理《かんり》できるように整備《せいび》された水田もあります。

大規模《だいきぼ》な水田では、こうした最新《さいしん》のかんがいシステムを取り入れることによって、効率的《こうりつてき》に水の量《りょう》を調整することができます。また、自由に水量《すいりょう》が調整でき、水はけがよくなるため、米づくりのあいまに、ムギやダイズなど輪《りん》作《さく》（125ページ参照《さんしょう》）をすることも可《か》能《のう》になります。

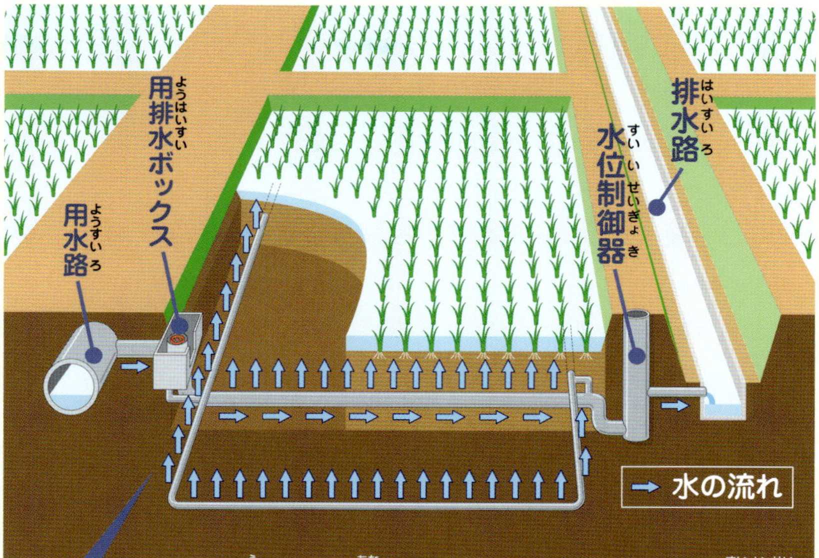
用水路《ようすいろ》
用排水《ようはいすい》ボックス
排水路《はいすいろ》
水位制御器《すいいせいぎょき》
水の流れ
地下パイプライン（暗渠《あんきょ》）

水田の下に埋《う》められた穴《あな》のあいたパイプの中を水が通る。水位制《すいいせい》御器《ぎょき》によって、水が足りないときには自動的《じどうてき》に水が補給《ほきゅう》され、水が多すぎるときには、用排水《ようはいすい》ボックスから水が流れでる。

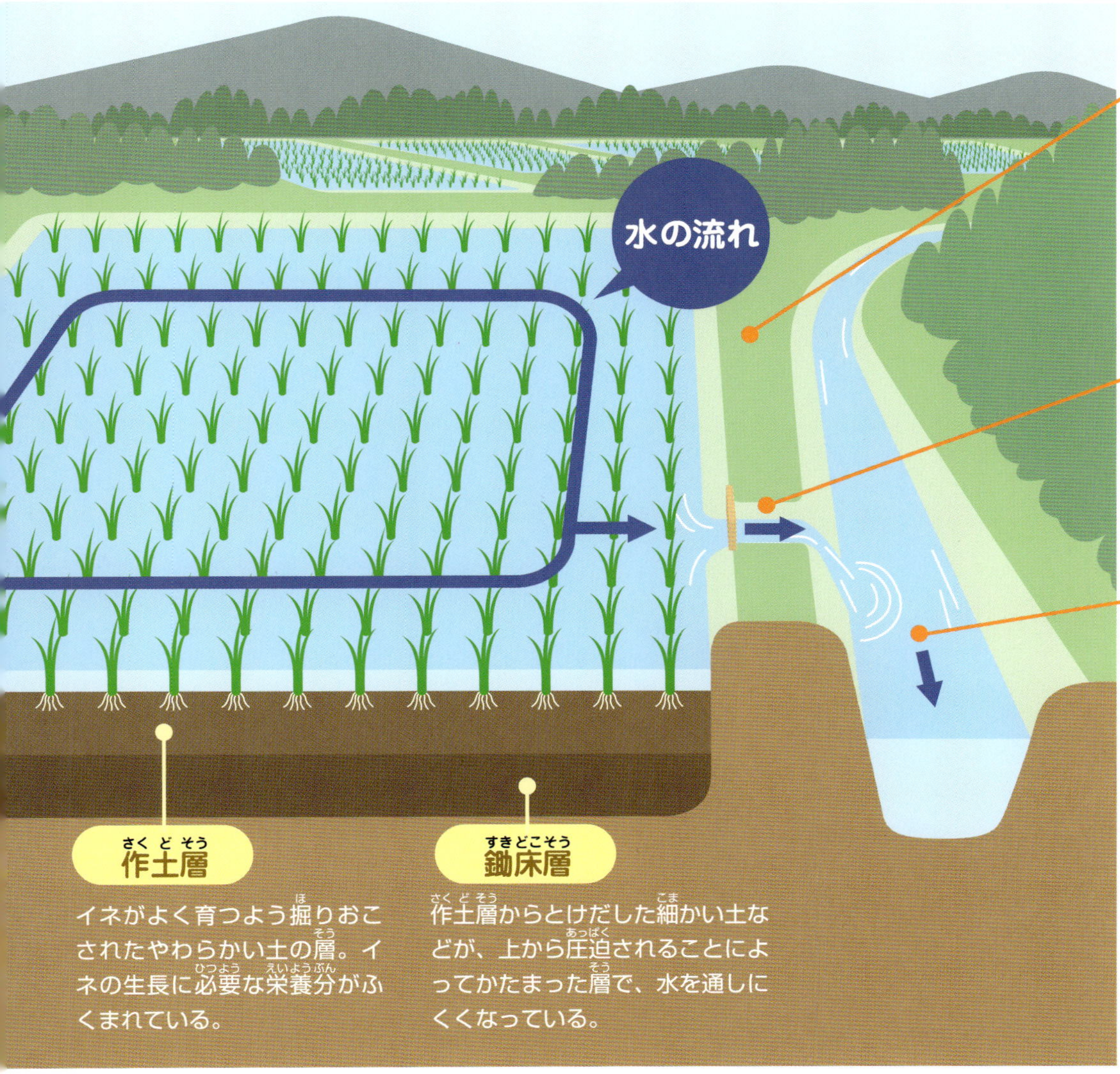
水の流れ

作土層《さくどそう》

イネがよく育つよう掘《ほ》りおこされたやわらかい土の層《そう》。イネの生長に必要《ひつよう》な栄養分《えいようぶん》がふくまれている。

鋤床層《すきどこそう》

作土層《さくどそう》からとけだした細《こま》かい土などが、上から圧迫《あっぱく》されることによってかたまった層《そう》で、水を通しにくくなっている。

あぜ

水田を囲《かこ》むように土をもりあげて、かためた部分。水田から水がもれるのをふせぐほか、農作業をするときの通路《つうろ》になる。

排水口《はいすいこう》

水田の水を排水路《はいすいろ》に流す出口。あぜの一部を切ってつくられている。

排水路《はいすいろ》

水田の水を流す水路《すいろ》。川へと流れこむ。暗渠《あんきょ》になっている場合もある。

米づくり 5 水田の水の管《かん》理《り》

田植えをしてから収穫《しゅうかく》までのあいだは、水田の水の管理《かんり》がたいせつな仕事です。水を深くしたり、浅《あさ》くしたり、水をぬいて田を乾《かわ》かしたりと、イネの生長に合わせて、こまめに水の量《りょう》を調整します。

イネの生長に欠《か》かせない水

イネは、栄養分《えいようぶん》がとけこんだ水田の水を根から吸《きゅう》収《しゅう》し、葉から蒸散《じょうさん》させながら生長します。十分に生長するためには、たくさんの水が必要《ひつよう》です。1kgの米を収穫《しゅうかく》するためには、約《やく》5,000ℓもの水が必要《ひつよう》といわれています。

また、水には寒さからイネを守る役割《やくわり》もあります。水中は、空気中とくらべると温度が伝《つた》わりにくく、水温はゆるやかに変化《へんか》します。寒いときでも、水の温度は急激《きゅうげき》には下がらないので、水の量をふやして水深《すいしん》を深くすることによって、寒さからイネを守ることができます。

さらに、水には、イネに害《がい》をあたえる雑草《ざっそう》をふせぐはたらきもあります。イネの生長をさまたげる雑《ざっ》草《そう》の多くは、水によって空気がしゃ断され、酸素《さんそ》が少なくなった水田の地中では根が育ちにくく、枯《か》れてしまうのです。

このように、水田の水は、イネにとってさまざまな役割《やくわり》をもっています。農家の人たちは、イネが水を必要《ひつよう》としているときには水をふやし、必要《ひつよう》がなくなったらへらすというように、イネの生長のようすをよくみながら、水の量を調整し、じょうぶなイネを育てます。

イネの生長と水量《すいりょう》の管理《かんり》

寒い日には、用水路《ようすいろ》から水を引き入れて水量《すいりょう》をふやし、収穫期《しゅうかくき》など、水が必要《ひつよう》なくなったときには、排水路《はいすいろ》に水を流して水《すい》量《りょう》をへらします。

田植え直後

深水《ふかみず》

水田に植えられた苗《なえ》は、約《やく》1週間で土の中に新しい根をはる。この期間は多くの水が必《ひつ》要《よう》なため、水量《すいりょう》をふやす。深水《ふかみず》にすることによって、雑草《ざっそう》もふせぐ。

田植え後6〜7日

浅水《あさみず》

苗《なえ》が根づいたら、水を浅《あさ》くする。浅水《あさみず》にすると、水温が上がり、イネの代謝《たいしゃ》が活発になるため、分げつ（112ページ参照《さんしょう》）がうながされる。

田植え後に除草剤《じょそうざい》をまくとき

深水《ふかみず》

田植え後に除草剤《じょそうざい》を散《さん》布《ぷ》する場合は、水田全体に除草剤《じょそうざい》をいきわたらせ、薬剤《やくざい》の効果《こうか》を高めるために、水を深くしてから散布《さんぷ》する。

田植えから1〜4週間

水の補給《ほきゅう》

分げつが進む時期には、イネが多くの水を必要《ひつよう》とするため、水の蒸発《じょうはつ》のぐあい、土へのしみこみ方をみながら、水量《すいりょう》が一定になるよう補給《ほきゅう》をくりかえす。

米づくり名人 武藤《むとう》さんのくふう

ミネラル豊富《ほうふ》なわき水を利用《りよう》した米づくり

　武藤《むとう》さんの住む山梨《やまなし》県富士吉田《ふじよしだ》市は、富士《ふじ》山のふもとに位置《いち》しています。武藤《むとう》さんは、豊富《ほうふ》なわき水を水田に引き入れて米づくりをしています。わき水には、山の土からとけだしたミネラルなどの栄養分《えいようぶん》が多くふくまれています。しかし、イネの生長にとっては水温が低《ひく》すぎるため、武藤《むとう》さんは、イネの生育に適《てき》した水温に近づけるために、気温と水温の差が少《すく》ない夕方に、水田に水を入れています。

　水の管理《かんり》のしかたは、地域《ちいき》の気候条件《きこうじょうけん》によってことなります。気温の低《ひく》い山あいなどでは、つめたい水をいったんため池にためてあたためてから、田に引き入れています。また、九州《きゅうしゅう》地方などあたたかい地域《ちいき》では、水温がイネにとって高くなりすぎないよう、「かけ流し」といって、水を引き入れたままにする場合もあります。

▲夕方、水田のようすをみまわる武藤《むとう》さん。ポンプ小屋で、水の量《りょう》の調整をおこなう。

▶ポンプをあけると、いきおいよく水が水田に流れこむ。

田植えから4~5週間 最高分げつ期

中干《ぼ》し

分げつが終わるころに水をぬき、ひび割《わ》れができるまで土を乾《かわ》かす。これにより、イネの根がじょうぶになり、土の中にたまった窒素《ちっそ》をぬくことができる。

7月

田植えから5週目以降《いこう》~収穫《しゅうかく》前

間断《かんだん》かん水

茎《くき》の数が十分にそろったら、それ以上《いじょう》分げつしないように、水を入れるのをやめ、3、4日してやや土が乾《かわ》いたらふたたび水を入れ、これをくりかえす。

穂《ほ》ばらみ期

深水《ふかみず》

茎《くき》の中に穂《ほ》ができはじめる穂《ほ》ばらみ期に、冷《れい》夏《か》などで気温が低《ひく》い場合には、寒さに弱い幼《よう》穂《すい》（113ページ参照《さんしょう》）を低温《ていおん》から守るために、水を深くする。

8月

出穂《しゅっすい》後~登熟《とうじゅく》期

間断《かんだん》かん水

穂《ほ》がでたあとは、穂《ほ》の実りをよくするとともに、刈《か》り取りにそなえ、コンバインなどの機械《きかい》を入れやすくするために、水をじょじょにへらして土を乾《かわ》かしていく。

9月

登熟《とうじゅく》後

落水《らくすい》

茎《くき》や葉から栄養分《えいようぶん》が稲《いな》穂《ほ》にいきわたると、水は必要《ひつよう》でなくなるため、水をとめ、田を乾《かわ》かす。実が黄金《こがね》色に色づいて穂《ほ》がたれ下がると、収穫《しゅうかく》の時期となる。

米づくり⑥ 収穫《しゅうかく》

**9～10月、穂《ほ》が十分にみのると、その重みで稲穂《いなほ》が頭をたれはじめます。
緑色だった田が黄金《こがね》色に染《そ》まりはじめたら、いよいよ収穫《しゅうかく》です。
コンバインやバインダーという機械《きかい》をつかって、イネの刈《か》り取りをします。**

いよいよイネ刈《か》り

　穂《ほ》が出はじめてから40～60日が過《す》ぎ、葉や茎《くき》が黄色く枯《か》れてきたら、刈《か》り取りができる合図です。農家では、イネや土が乾《かわ》き、刈《か》り取りがしやすいよう、よく晴れた日を選《えら》んでイネ刈《か》りをします。

　昔は、どこの農家でも、腰《こし》をかがめ、かまでひと株《かぶ》ひと株《かぶ》イネを刈《か》り取り、手でたばね、脱穀《だっこく》し、もみを袋《ふくろ》につめるという作業をすべて手作業でおこなっていました（201ページ参照《さんしょう》）。この作業を軽くするために、手押《てお》しでイネを刈《か》り取りながらたばねることができる、バインダーとよばれる農業機械《きかい》がつかわれるようになりました。さらに、1965年にコンバインが開発され、コンバインに乗ったまま、手作業だったころのおよそ10倍以上《いじょう》のはやさで、刈《か》り取りから脱穀《だっこく》、もみとわらの選別《せんべつ》までを一気におこなうことができるようになっています。

▼稲穂《いなほ》が頭をたれ黄金《こがね》色にかわったら、いよいよイネ刈《か》り。

1 まずは、水田のはしの方のイネをかまで刈《か》り取り、コンバインが入れるようにする。

2 コンバインで軽快《けいかい》にイネを刈《か》っていく。

3 コンバインのタンクにためられたもみを、運搬《うんぱん》用のトラックに移《うつ》す。

農業機械《きかい》大解剖《だいかいぼう》2

イネの刈《か》り取りには、コンバインやバインダーという農業機械《きかい》をつかいます。どのようなしくみになっているのか、みてみましょう。

コンバイン

　コンバインは、田の中を移動《いどう》しながら、刈《か》り取り、脱穀《だっこく》、もみとわらの選《せん》別《べつ》をおこなうことのできる農業機械《きかい》です。1965（昭和《しょうわ》40）年ごろに開発され、一気に普及《ふきゅう》しました。現在《げんざい》では、全国で約《やく》100万台のコンバインが普及《ふきゅう》しています。

▼突起《とっき》のついた「こぎ胴《どう》」がぐるぐると回転することによって、イネからもみをたたき落とす（脱穀《だっこく》）。脱穀《だっこく》されたもみは、「こぎ胴《どう》」の下にあるタンクにためられる。

脱穀《だっこく》

コンバインの内部《ないぶ》に送られたイネは、回転する「こぎ胴《どう》」によって脱穀《だっこく》される。

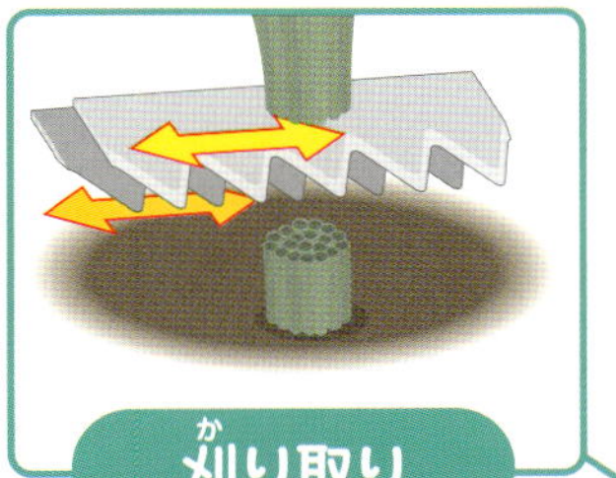

刈《か》り取り

左右に動く2枚《まい》の刃《は》によって、イネが根元から刈《か》り取られ、「つめ」によってコンバインの中に送られていく。

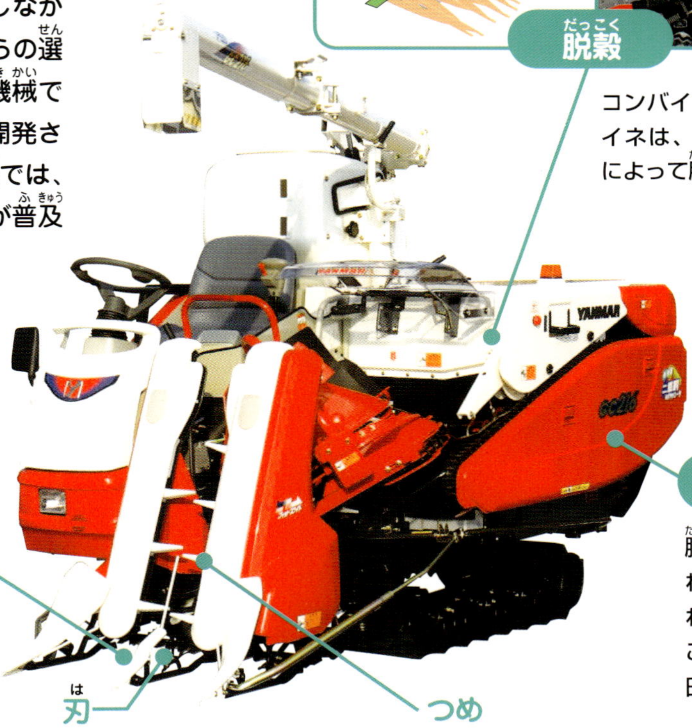
刃《は》
つめ

わらの断裁《だんさい》

脱穀《だっこく》され、のこったわらは、切りきざまれて田にまかれる。このわらは、翌年《よくねん》の田の肥料《ひりょう》になる。

バインダー

バインダーは、イネを刈《か》り取り、たばねることができる歩行型《ほこうがた》の刈《か》り取り機《き》です。小型《こがた》でこまわりがきくため、コンバインが入らない山間部や、小規模《しょうきぼ》な田でつかわれています。たばねた稲《いな》穂《ほ》は、はさや棒《ぼう》などにかけ、天日《てんぴ》で乾《かん》燥《そう》させます（47ページ参照《さんしょう》）。

結束《けっそく》
ひもでイネをたばねる
刈《か》り取り

米づくり7 イネから米へ

刈《か》り取りと脱穀《だっこく》をおこない、収穫《しゅうかく》されたもみは、乾燥《かんそう》させたあと、もみすりをして精米《せいまい》されます。
農作物としての「イネ」が、「米」という食品になって、流通《りゅうつう》しはじめます。

米を乾燥《かんそう》させる

脱穀《だっこく》したばかりのもみは、水分を23～25％ふくんでいます。水分が多いと、もみすり（80ページ参照《さんしょう》）をしにくい上に、保管《ほかん》しているあいだにカビがはえたり、虫がわいたりするため、水分《すいぶん》が15％程度《ていど》になるまで、12時間かけて、もみをゆっくり乾燥《かんそう》させます。

もみの乾燥《かんそう》は、農家が個人《こじん》で所有している米専用《せんよう》の乾燥機《かんそうき》や、JA《ジェーエー》（農業協同組合《のうぎょうきょうどうくみあい》、56ページ参照《さんしょう》）が運営《うんえい》している「ライスセンター」でおこなわれます。乾燥《かんそう》、貯蔵調製《ちょぞうちょうせい》がまとめて一度にできる「カントリーエレベーター」という大型《おおがた》の施設《しせつ》（48、49ページ参照《さんしょう》）を利用《りよう》しているところもあります。

▼コンバインで脱穀《だっこく》され、トラックに移されはこばれてきたもみが、乾燥機《かんそうき》に入れられる。

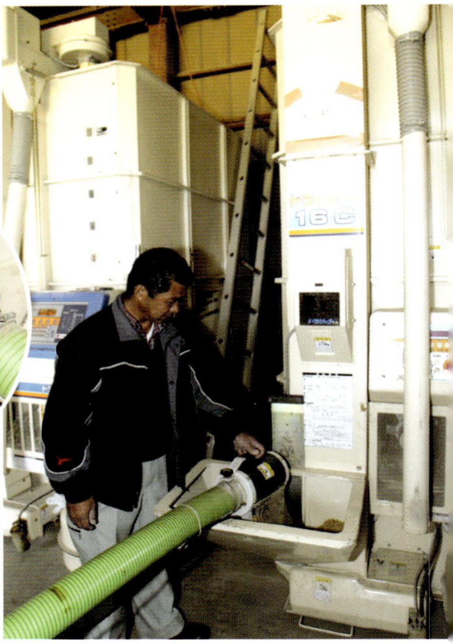

▼米の乾燥機《かんそうき》。

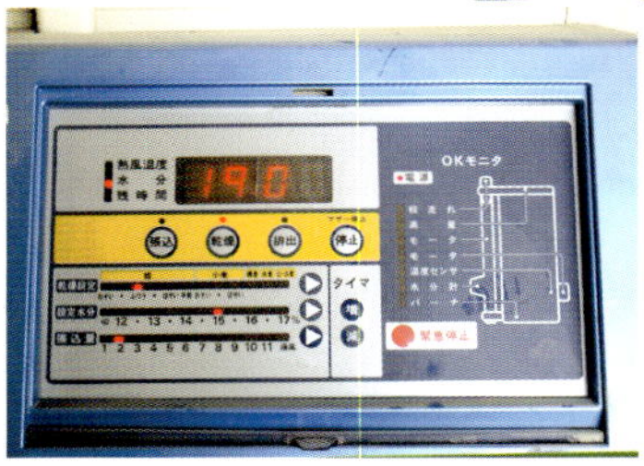

◀設定《せってい》した水分《すいぶん》になると自動的《じどうてき》に機械《きかい》が停止《ていし》するようにコンピュータで制御《せいぎょ》されている。

米づくり名人 武藤《むとう》さんのくふう

収穫《しゅうかく》への感謝《かんしゃ》をこめて

およそ半年間、丹精《たんせい》こめて育ててきたイネの収穫《しゅうかく》が終わり、イネが米となる瞬間《しゅんかん》は、米づくりの中でもっとも喜《よろこ》びを感じるときです。武藤《むとう》さんは、無事《ぶじ》に農作業を終えたことへの感謝《かんしゃ》をこめて、乾燥《かんそう》、精米《せいまい》し、袋《ふくろ》につめた新米《しんまい》を地元の神社に奉納《ほうのう》しています。武藤《むとう》さんは、こうした区切りの行事をとてもたいせつにしています。奉納《ほうのう》を終え、新たな気持ちで次の年の米づくりの準備《じゅんび》をはじめます。

▲収穫《しゅうかく》した米を地元の神社に奉納《ほうのう》する武藤《むとう》さん。

収穫《しゅうかく》した米の行き先

収穫《しゅうかく》したばかりの米は、もみがらにつつまれた「もみ」の状態《じょうたい》です。もみは、乾《かん》燥《そう》させたあと、もみからもみがらを取りのぞく「もみすり」をおこない、「玄米《げんまい》」にします。さらに、玄米《げんまい》からぬかやはい芽《が》を取りのぞく「精米《せいまい》(80、81ページ参照《さんしょう》)」をおこなうと、ふだんわたしたちが食べている「白米」になります。

収穫《しゅうかく》後《ご》のもみの乾燥《かんそう》、もみすり、精米《せいまい》の作業は、農家が個人《こじん》でおこなう場合もありますが、多くの農家がJA《ジェーエー》を利用《りよう》しています。JA《ジェーエー》のライスセンターやカントリーエレベーターでは、各《かく》農家から集められたもみの乾燥《かんそう》やもみすりをおこない、玄米《げんまい》の状態《じょうたい》で農産物検査《のうさんぶつけんさ》をおこないます。そして、出荷《しゅっか》までのあいだ、品質《ひんしつ》を管理《かんり》しながら、倉庫《そうこ》で保管《ほかん》をします。

米が出荷《しゅっか》されるまで

1 JA《ジェーエー》のライスセンターなどに農家からもみがはこびこまれ、乾燥《かんそう》、もみすりがおこなわれる。

2 農産物検査《のうさんぶつけんさ》がおこなわれ、品位《ひんい》（米の等級《とうきゅう》）、産年《さんねん》、銘柄《めいがら》などが証明《しょうめい》される。検査《けんさ》の内容《ないよう》は米袋《こめぶくろ》に表示《ひょうじ》（89ページ参照《さんしょう》）される。

3 玄米《げんまい》の状態《じょうたい》で倉庫《そうこ》で保管《ほかん》されたのち、卸《おろし》売《う》り業者（精米《せいまい》工場）や小売店に出荷《しゅっか》される。

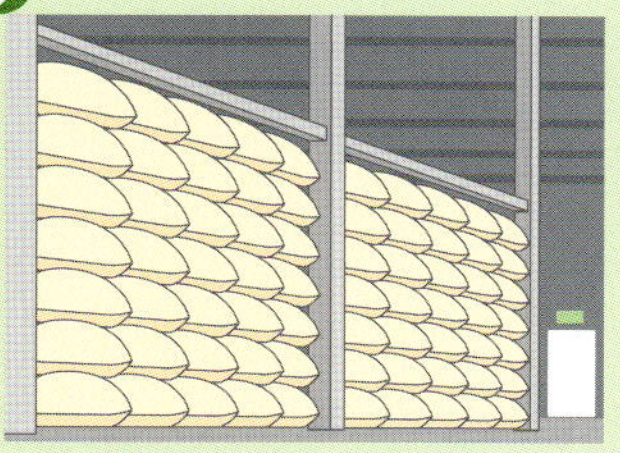

昔ながらの天日干《てんぴぼ》し

イネ刈《か》りをしたあと、稲穂《いなほ》をたばねて田に干《ほ》し、太陽のもとで乾燥《かんそう》させる方法《ほうほう》を天日干《てんぴぼ》しといいます。地域《ちいき》によって、「はさがけ」「棒《ぼう》がけ」などさまざまな干《ほ》し方があり、それがその地方特有《とくゆう》の秋の風景《ふうけい》でもありました。

天日干《てんぴぼ》しは、手間や時間がかかるため、現在《げんざい》ではおこなう農家が少なくなっていますが、天日《てんぴ》で時間をかけて乾燥《かんそう》した米は、ひび割《わ》れしにくく、おいしくたき上がるといわれ、好《この》んで買う人もいます。最近《さいきん》は、天日干《てんぴぼ》しで乾燥《かんそう》させた米は、「天日干《てんぴぼ》し米《まい》」などとして販売《はんばい》されています。

▼丸太を組んでつくったはさにイネのたばをかける、「はさがけ」などとよばれる干《ほ》し方。日本海側《にほんかいがわ》の地域《ちいき》に多い。

▶1本の棒《ぼう》に、イネをまきつけるように重ねていく、「棒《ぼう》がけ」などとよばれる干《ほ》し方。太平洋側《たいへいようがわ》の地域《ちいき》に多い。

カントリーエレベーターのしくみ

主にJA《ジェーエー》によって運営《うんえい》されているカントリーエレベーターは、大量《たいりょう》の米の乾燥《かんそう》、貯蔵《ちょぞう》、もみすりを効率《こうりつ》よくおこなうことのできる農業施設《しせつ》です。どんなしくみになっているのか、みてみましょう。

カントリーエレベーターってどんな施設《しせつ》？

カントリーエレベーターは、大型《おおがた》の乾燥機《かんそうき》、貯蔵《ちょぞう》サイロとよばれるタワー状《じょう》の貯蔵庫《ちょぞうこ》、選別機《せんべつき》などからなる施設《しせつ》です。それぞれの設備《せつび》がエレベーター状《じょう》の搬送機《はんそうき》でつながれていることから、「カントリーエレベーター」とよばれています。

カントリーエレベーターは、日本では1970（昭和《しょうわ》45）年ごろから広く利用《りよう》されるようになりました。それぞれの施設間《しせつかん》の米の移動《いどう》やもみの水分、貯蔵《ちょぞう》温度などが、コンピュータによって管理《かんり》される点や、標準的《ひょうじゅんてき》な施設《しせつ》で約《やく》2000トンもの米が、品質《ひんしつ》をたもちやすいもみのまま貯蔵《ちょぞう》できる点が大きな特徴《とくちょう》です。JA《ジェーエー》によって運営《うんえい》され、もみの集荷《しゅうか》から乾燥《かんそう》、貯蔵《ちょぞう》、また、もみすり後の出荷《しゅっか》までが、効率的《こうりつてき》におこなわれています。

◀米の乾燥《かんそう》から貯蔵《ちょぞう》、出荷《しゅっか》までを効率《こうりつ》よくおこなう、カントリーエレベーター。

米が流れていくしくみ

4 貯蔵《ちょぞう》

乾燥《かんそう》されたもみは、エレベーターで貯蔵《ちょぞう》サイロにはこばれ、流しこまれる。ここで、出荷《しゅっか》するまでのあいだ貯蔵《ちょぞう》される。もみのまま貯蔵《ちょぞう》するので、新米《しんまい》の品質《ひんしつ》を長くたもつことができる。

5 もみすり

出荷《しゅっか》に必要《ひつよう》な量《りょう》だけもみすり(80ページ参照《さんしょう》)をおこない、玄米《げんまい》の状態《じょうたい》にする。

6 出荷《しゅっか》

重さをはかり、袋《ふくろ》につめて、精米《せいまい》工場や卸売《おろしう》り業者、小売店などに出荷《しゅっか》する。

3 乾燥《かんそう》

もみを約《やく》15%の水分量《すいぶんりょう》になるまで乾燥《かんそう》させる。温風がふく乾燥機《かんそうき》の中をもみが上から下へと落ち、水分をとばすしくみになっている。急速に乾燥《かんそう》させると米がひび割《わ》れ、味が落ちてしまうため、40℃以下《いか》の低温《ていおん》でくりかえし乾燥《かんそう》させる。

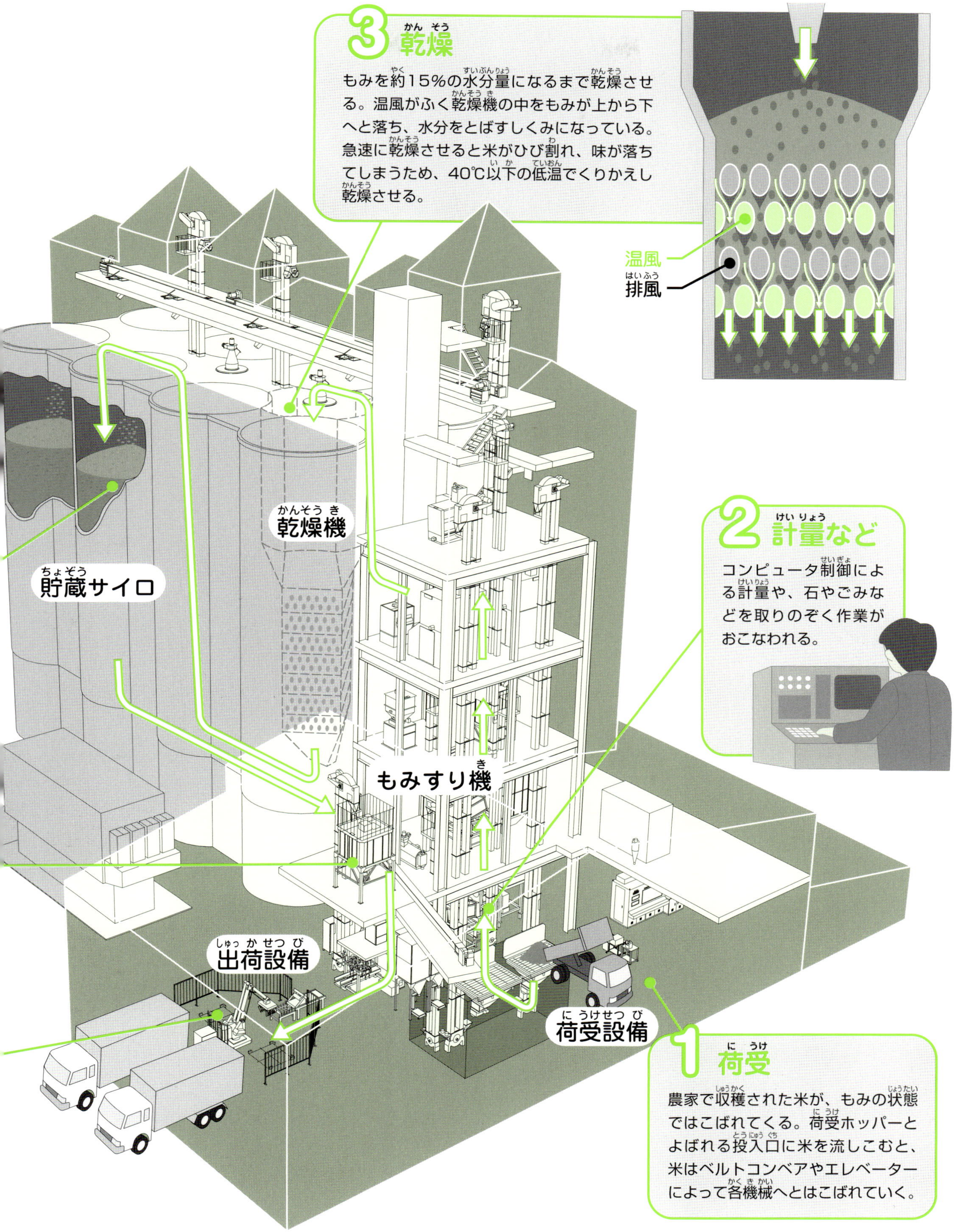
温風
排風《はいふう》
乾燥機《かんそうき》
貯蔵《ちょぞう》サイロ
もみすり機《き》
出荷設備《しゅっかせつび》
荷受設備《にうけせつび》

2 計量《けいりょう》など

コンピュータ制御《せいぎょ》による計量《けいりょう》や、石やごみなどを取りのぞく作業がおこなわれる。

1 荷受《にうけ》

農家で収穫《しゅうかく》された米が、もみの状態《じょうたい》ではこばれてくる。荷受《にうけ》ホッパーとよばれる投入口《とうにゅうぐち》に米を流しこむと、米はベルトコンベアやエレベーターによって各機械《かくきかい》へとはこばれていく。

イネの品《ひん》種《しゅ》改《かい》良《りょう》

米の収穫量《しゅうかくりょう》を多くするために、また、病気や冷害《れいがい》に強い米をつくるために、国や地域《ちいき》の農業研究機関《けんきゅうきかん》が中心になり、品種改良《ひんしゅかいりょう》が進められてきました。ここでは、その方法《ほうほう》や成果《せいか》についてみてみましょう。

品《ひん》種《しゅ》改《かい》良《りょう》ってなに？

「品種改良《ひんしゅかいりょう》」とは、作物や家畜《かちく》の遺伝的性質《いでんてきせいしつ》を改《かい》良《りょう》し、目的《もくてき》に合った品種《ひんしゅ》をつくりだすことです。

イネの場合、本格的《ほんかくてき》に品種改良《ひんしゅかいりょう》がはじめられたのは明治《めいじ》時代で、昭和《しょうわ》になると、さかんに研究《けんきゅう》されるようになりました。まずしく食料《しょくりょう》も十分ではなかった当時、品種改良《ひんしゅかいりょう》の主な目的《もくてき》は、たくさん収穫《しゅうかく》できるイネをつくりだすことでした。そのため、病気にかかりにくい品種《ひんしゅ》、冷害《れいがい》に強い品種《ひんしゅ》、台風がきてもたおれにくい品種《ひんしゅ》など、収穫量《しゅうかくりょう》を上げるためのさまざまな品種《ひんしゅ》がつくられました。

品《ひん》種《しゅ》改《かい》良《りょう》の方《ほう》法《ほう》

イネの品種改良《ひんしゅかいりょう》の代表的《だいひょうてき》な方法《ほうほう》は、目的《もくてき》とする性質《せいしつ》をもつイネどうしをかけ合わせて、その子孫《しそん》の中からすぐれた性質《せいしつ》のイネをえらびだす「交雑育種《こうざついくしゅ》法《ほう》」という方法《ほうほう》です。

交雑育種法《こうざついくしゅほう》による品種改良《ひんしゅかいりょう》では、かけ合わせをして2、3年は、せっかくできたよい性質《せいしつ》がかわってしまうことがあります。最終的《さいしゅうてき》に新しい品種《ひんしゅ》が誕生《たんじょう》するまでには、約《やく》10〜12年もかかります。時間を短《たん》縮《しゅく》するために、放射線《ほうしゃせん》をあてたり薬剤《やくざい》をつかったりして、かわった遺伝子《いでんし》のイネをつくる方法《ほうほう》や（突然《とつぜん》変異育種法《へんいいくしゅほう》）、花粉《かふん》の入ったやくを取りだして培養《ばいよう》する方法《ほうほう》（やく培養法《ばいようほう》）などもおこなわれています。近年では、ある性質《せいしつ》に関係《かんけい》している遺伝子《いでんし》をイネに組みこんで、かえたい性質《せいしつ》だけかえる「遺伝子組《いでんしく》みかえ」の技術《ぎじゅつ》も、さかんに研究《けんきゅう》されています。

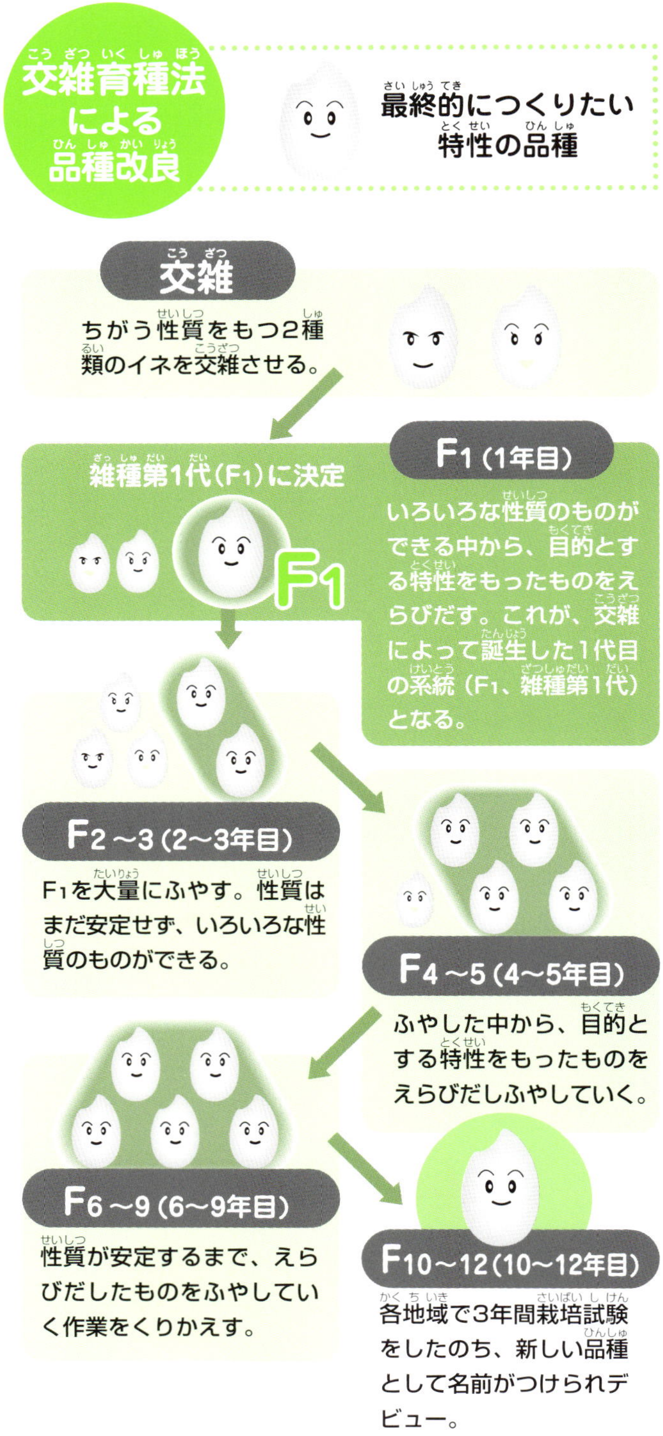
交雑育種法《こうざついくしゅほう》による品種改良《ひんしゅかいりょう》
最終的《さいしゅうてき》につくりたい特性《とくせい》の品種《ひんしゅ》
交雑《こうざつ》
ちがう性質《せいしつ》をもつ2種《しゅ》類《るい》のイネを交雑《こうざつ》させる。
雑種第《ざっしゅだい》1代《だい》（F_1）に決定
F_1
F_1（1年目）
いろいろな性質《せいしつ》のものができる中から、目的《もくてき》とする特性《とくせい》をもったものをえらびだす。これが、交雑《こうざつ》によって誕生《たんじょう》した1代目の系統《けいとう》（F_1、雑種第《ざつしゅだい》1代《だい》）となる。
$F_{2\sim3}$（2〜3年目）
F_1を大量《たいりょう》にふやす。性質《せいしつ》はまだ安定せず、いろいろな性《せい》質《しつ》のものができる。
$F_{4\sim5}$（4〜5年目）
ふやした中から、目的《もくてき》とする特性《とくせい》をもったものをえらびだしふやしていく。
$F_{6\sim9}$（6〜9年目）
性質《せいしつ》が安定するまで、えらびだしたものをふやしていく作業をくりかえす。
$F_{10\sim12}$（10〜12年目）
各地域《かくちいき》で3年間栽培試験《さいばいしけん》をしたのち、新しい品種《ひんしゅ》として名前がつけられデビュー。

品種《ひんしゅ》改良《かいりょう》がかえる米づくり

下のグラフは、各都道府県《かくとどうふけん》の10アールあたりの平《へい》均収穫量《きんしゅうかくりょう》を、3つの時代に分けてしめしたものです。このグラフから、明治《めいじ》から平成《へいせい》までの約《やく》100年間で、どの都道府県《とどうふけん》も収穫量《しゅうかくりょう》が大きくふえていることがわかります。とくに東北《とうほく》・北海道《ほっかいどう》ののびはいちじるしく、たとえば秋田《あきた》県では、明治《めいじ》時代に171kgと全国でも少なかった収穫量《しゅうかくりょう》が、平成《へいせい》には584kgまでふえ、全国第《だい》1位《い》となっています。

このように米づくりが発展《はってん》したのは、農家や農業研究機関《けんきゅうきかん》をはじめ、米づくりにたずさわってきた人たちの、たゆまぬ努力《どりょく》とくふうの成果《せいか》です。品種改《ひんしゅかい》良《りょう》、栽培技術《さいばいぎじゅつ》の向上、農業機械《きかい》の発達《はったつ》など、発展《はってん》の背景《はいけい》にはさまざまな理由がありますが、寒さに強い品種《ひんしゅ》など、品種改良《ひんしゅかいりょう》によるさまざまな品種《ひんしゅ》の誕生《たんじょう》が、日本の米づくりを大きく変化《へんか》させたといえるでしょう。

▶品種改良《ひんしゅかいりょう》のようす。もととなるイネの穂《ほ》に、特性《とくせい》のちがう品種《ひんしゅ》の花《か》粉《ふん》をつけ、交雑《こうざつ》をおこなっている。

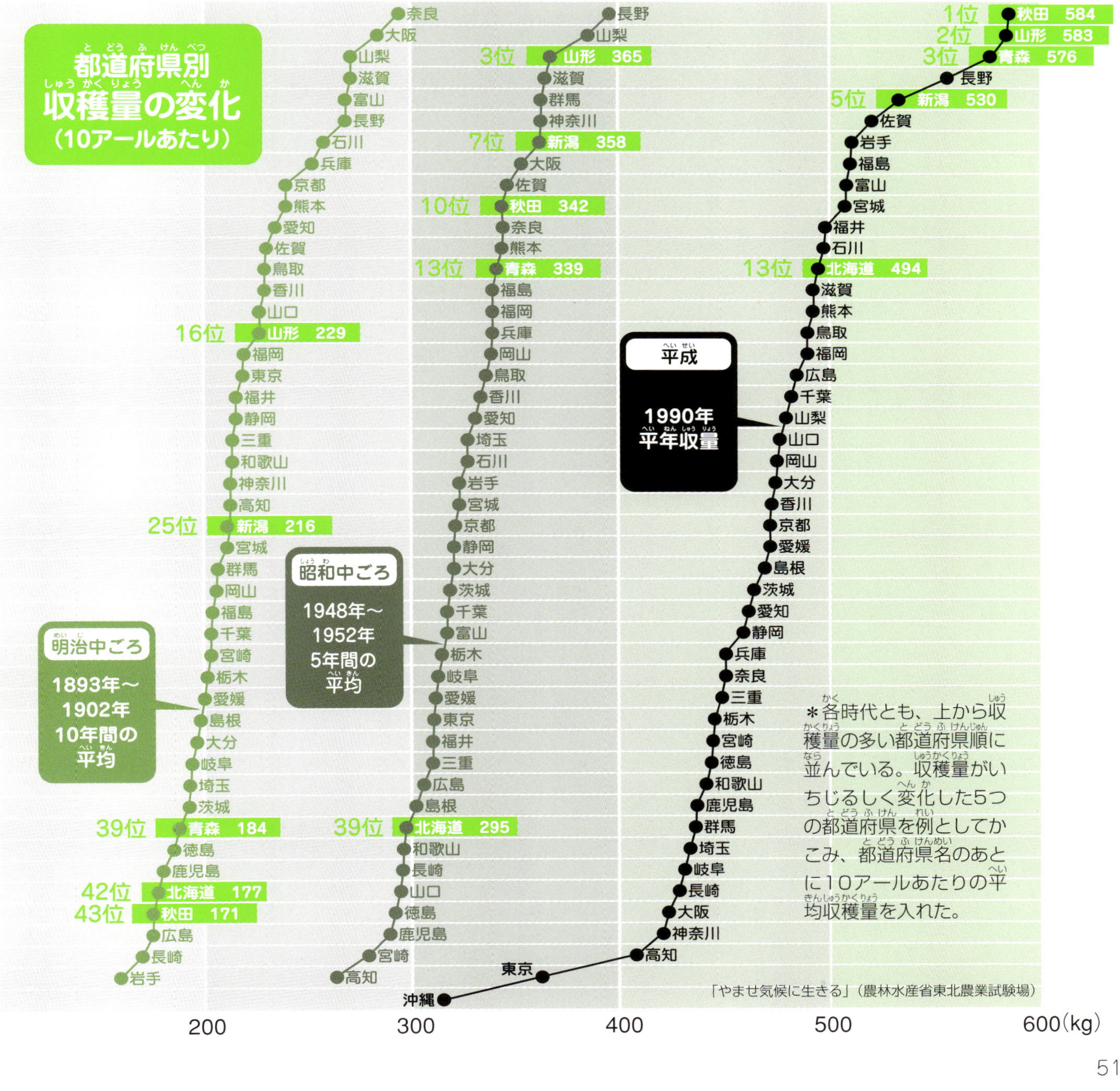
都道府県別《とどうふけんべつ》
収穫量《しゅうかくりょう》の変化《へんか》
（10アールあたり）
明治《めいじ》中ごろ
1893年〜1902年 10年間の平均《へいきん》
奈良
大阪
山梨
滋賀
富山
長野
石川
兵庫
京都
熊本
愛知
佐賀
鳥取
香川
山口
16位 山形 229
福岡
東京
福井
静岡
三重
和歌山
神奈川
高知
25位 新潟 216
宮城
群馬
岡山
福島
千葉
宮崎
栃木
愛媛
島根
大分
岐阜
埼玉
茨城
39位 青森 184
徳島
鹿児島
42位 北海道 177
43位 秋田 171
広島
長崎
岩手
昭和《しょうわ》中ごろ
1948年〜1952年 5年間の平均《へいきん》
長野
山梨
3位 山形 365
滋賀
群馬
神奈川
7位 新潟 358
大阪
佐賀
10位 秋田 342
奈良
熊本
13位 青森 339
福島
福岡
兵庫
岡山
鳥取
香川
愛知
埼玉
石川
岩手
宮城
京都
静岡
大分
茨城
千葉
富山
栃木
岐阜
愛媛
東京
福井
三重
広島
島根
39位 北海道 295
和歌山
長崎
山口
徳島
鹿児島
宮崎
高知
平成《へいせい》
1990年 平年収量《へいねんしゅうりょう》
1位 秋田 584
2位 山形 583
3位 青森 576
長野
5位 新潟 530
佐賀
岩手
福島
富山
宮城
福井
石川
13位 北海道 494
滋賀
熊本
鳥取
福岡
広島
千葉
山梨
山口
岡山
大分
香川
京都
愛媛
島根
茨城
愛知
静岡
兵庫
奈良
三重
栃木
宮崎
徳島
和歌山
鹿児島
群馬
埼玉
岐阜
長崎
大阪
神奈川
高知
東京
沖縄
＊各《かく》時代とも、上から収《しゅう》穫量《かくりょう》の多い都道府県順《とどうふけんじゅん》に並《なら》んでいる。収穫量《しゅうかくりょう》がいちじるしく変化《へんか》した5つの都道府県《とどうふけん》を例《れい》としてかこみ、都道府県名《とどうふけんめい》のあとに10アールあたりの平《へい》均収穫量《きんしゅうかくりょう》を入れた。
「やませ気候に生きる」（農林水産省東北農業試験場）
200
300
400
500
600(kg)

さまざまな品種《ひんしゅ》

品種改良《ひんしゅかいりょう》がさかんにおこなわれた結果《けっか》、たくさんの品種《ひんしゅ》のイネが誕生《たんじょう》しました。
現在《げんざい》、日本には約《やく》400種類《しゅるい》の品種《ひんしゅ》があるといわれています。
現在《げんざい》では、量《りょう》やおいしさだけでなく、さまざまな目的《もくてき》に合わせた品種《ひんしゅ》がつくられています。

量《りょう》から質《しつ》へ

1960年代後半に入り、多くの米を安定して収穫《しゅうかく》できる品種《ひんしゅ》をつくりだすという目的《もくてき》は、ほぼ達成《たっせい》されました。一方で、米が以前《いぜん》より食べられなくなるという食生活の変化《へんか》をうけて、品種改良《ひんしゅかいりょう》は、量《りょう》よりも質《しつ》のよい品種《ひんしゅ》をつくることに重点が置《お》かれるようになりました。

そんな中、おいしい米として人気を得《え》た品種《ひんしゅ》が「コシヒカリ」です。コシヒカリは、やわらかくてねばりがあり、日本人の味覚《みかく》に合っています。その後もさらにおいしい米をもとめて、コシヒカリをもとに各地《かくち》で品種改良《ひんしゅかいりょう》がおこなわれた結果《けっか》、コシヒカリの子どもや孫《まご》にあたる品種《ひんしゅ》が多数誕生《たんじょう》しました。

現在《げんざい》、コシヒカリについで収穫量《しゅうかくりょう》が多い「ひとめぼれ」「あきたこまち」「ヒノヒカリ」などは、すべてコシヒカリ系《けい》の品種《ひんしゅ》です。これらコシヒカリの子どもをもとに、さらに「はえぬき」「ゆめあかり」といった品種《ひんしゅ》が誕生《たんじょう》しています。現在《げんざい》、市場《しじょう》にでまわっている品種《ひんしゅ》の約《やく》7割《わり》は、コシヒカリ系《けい》の品種《ひんしゅ》となっています。

一方、寒さのため、コシヒカリ系《けい》の育ちにくい北《ほっ》海道《かいどう》では、独自《どくじ》の品種改良《ひんしゅかいりょう》が進められ、「きらら397」「ほしのゆめ」といった品種《ひんしゅ》が定着しています。

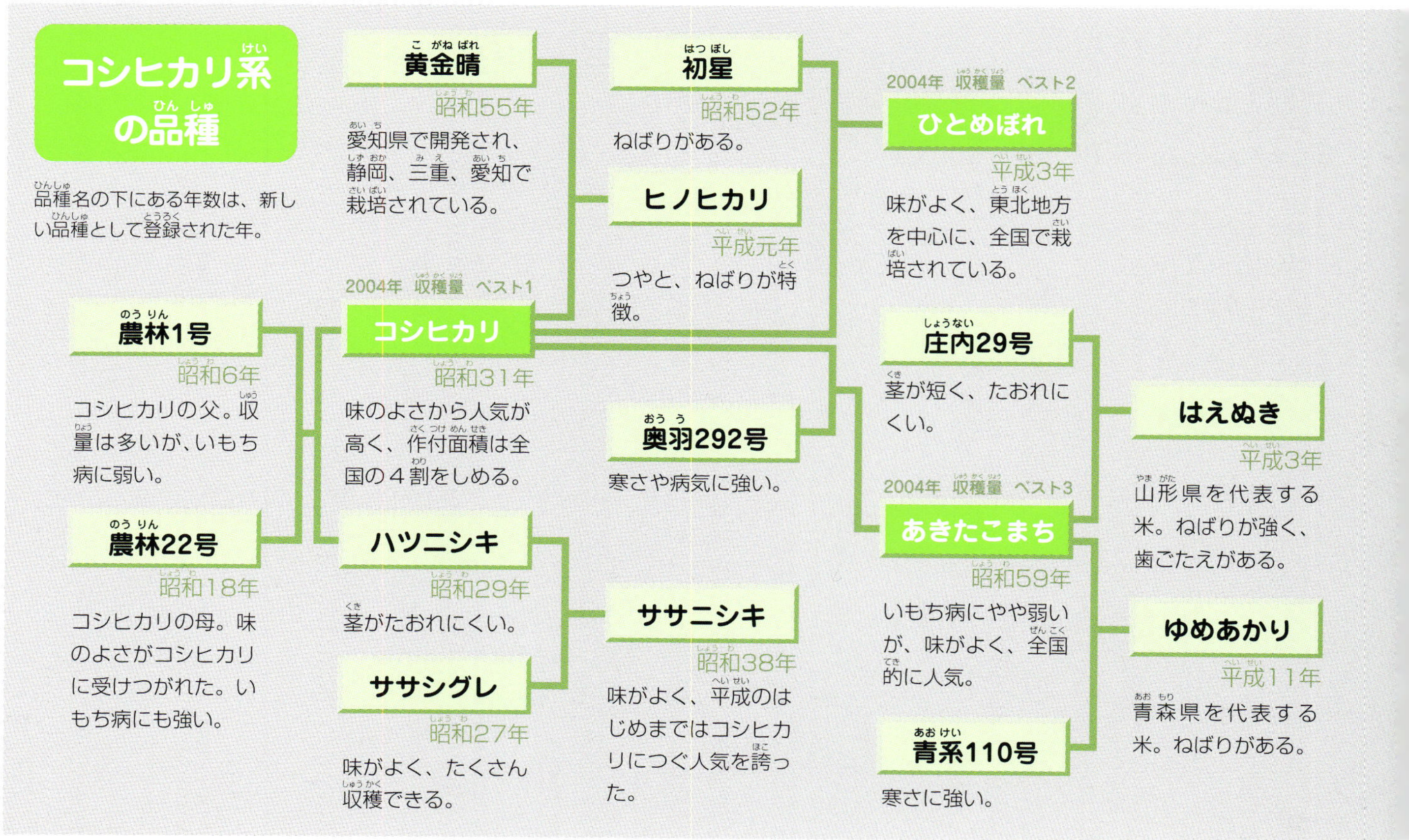

コシヒカリ系《けい》の品種《ひんしゅ》
品種《ひんしゅ》名の下にある年数は、新しい品種《ひんしゅ》として登録《とうろく》された年。
黄金晴《こがねばれ》
昭和《しょうわ》55年
愛知《あいち》県で開発され、静岡《しずおか》、三重《みえ》、愛知《あいち》で栽培《さいばい》されている。
初星《はつぼし》
昭和《しょうわ》52年
ねばりがある。
ヒノヒカリ
平成《へいせい》元年
つやと、ねばりが特《とく》徴《ちょう》。
2004年 収穫量《しゅうかくりょう》 ベスト2
ひとめぼれ
平成《へいせい》3年
味がよく、東北《とうほく》地方を中心に、全国で栽《さい》培《ばい》されている。
2004年 収穫量《しゅうかくりょう》 ベスト1
コシヒカリ
昭和《しょうわ》31年
味のよさから人気が高く、作付面積《さくつけめんせき》は全国の４割《わり》をしめる。
農林《のうりん》1号
昭和《しょうわ》6年
コシヒカリの父。収《しゅう》量《りょう》は多いが、いもち病に弱い。
農林《のうりん》22号
昭和《しょうわ》18年
コシヒカリの母。味のよさがコシヒカリに受けつがれた。いもち病にも強い。
奥羽《おうう》292号
寒さや病気に強い。
庄内《しょうない》29号
茎《くき》が短く、たおれにくい。
はえぬき
平成《へいせい》3年
山形《やまがた》県を代表する米。ねばりが強く、歯ごたえがある。
2004年 収穫量《しゅうかくりょう》 ベスト3
あきたこまち
昭和《しょうわ》59年
いもち病にやや弱いが、味がよく、全国《ぜんこく》的《てき》に人気。
ゆめあかり
平成《へいせい》11年
青森《あおもり》県を代表する米。ねばりがある。
青系《あおけい》110号
寒さに強い。
ハツニシキ
昭和《しょうわ》29年
茎《くき》がたおれにくい。
ササシグレ
昭和《しょうわ》27年
味がよく、たくさん収穫《しゅうかく》できる。
ササニシキ
昭和《しょうわ》38年
味がよく、平成《へいせい》のはじめまではコシヒカリにつぐ人気を誇《ほこ》った。

新しい品種《ひんしゅ》

おいしさだけでなく、新しい目的《もくてき》で開発された品《ひん》種《しゅ》もあります。1989（平成元《へいせい》）年から1995年にかけて、農林水産省《のうりんすいさんしょう》が中心となり国家的《こっかてき》プロジェクトとして進められた「スーパーライス計画」では、栄《えい》養価《ようか》の高い米や、加工品《かこうひん》に向いている米、アレルギーのある人でも食べられる米など、いろいろな目的《もくてき》に合わせた新しい品種《ひんしゅ》がつくられました。これらの米は「新形質米《しんけいしつまい》」とよばれ、プロジェクトが終わった現在《げんざい》、さまざまな用途《ようと》に利用《りよう》されています。

くらべてみよう！

▶ふつうのはい芽精米《がせいまい》。白いところがはい芽《が》。

▲巨大《きょだい》はい芽米《がまい》のはい芽《が》。白いところが大きい。

いろいろな新形質米《しんけいしつまい》

新形質米《しんけいしつまい》	代表的《だいひょうてき》な品種《ひんしゅ》	特徴《とくちょう》
低《てい》アミロース米《まい》	ミルキークイーン	アミロース（デンプンの成分《せいぶん》の一種《いっしゅ》）が少ないため、たいたときにねばりが強く、つやがある。冷《さ》めてもかたくなりにくいので、弁当《べんとう》やおにぎり、加工米飯《かこうべいはん》に向いている。
低《てい》グルテリン米《まい》	春陽《しゅんよう》 エルジーシー-1	からだに摂取《せっしゅ》されるグルテリン（タンパク質《しつ》の一種《いっしゅ》）が少ない米。タンパク質《しつ》のとりすぎに注意しなければならない腎臓病《じんぞうびょう》の人でも、安心して食べられる。
巨大《きょだい》はい芽米《がまい》	はいみのり	はい芽《が》の部分がふつうのはい芽精米《がせいまい》の3～4倍《ばい》大きい米。はい芽《が》はイネが育つときに根や芽《め》になる部分で、ビタミンEやγ《ガンマ》-アミノ酪酸《らくさん》（通称《つうしょう》「ギャバ」）が豊富《ほうふ》。
有色素米《ゆうしきそまい》	ベニロマン 朝紫《あさむらさき》	赤米《あかまい》、黒米《くろまい》ともよばれ、玄米《げんまい》が赤や濃《こ》い紫色《むらさきいろ》をしている。鉄分《てつぶん》やカルシウムなどの栄養素《えいようそ》が豊富《ほうふ》にふくまれ、健康《けんこう》食品として人気が高い。
香《かお》り米《まい》	サリークイーン	たいたときに、独特《どくとく》のあまい香《かお》りがする。白米《はくまい》にすこしまぜてたくだけで、よい香《かお》りがする。カレーやピラフに合う。

北海道《ほっかいどう》の品種《ひんしゅ》

しまひかり
昭和《しょうわ》58年
いもち病に強いが、冷害《れいがい》に弱い。

キタアケ
昭和《しょうわ》59年
寒さに強い、早生種《わせしゅ》。

きらら397
昭和《しょうわ》63年
北海道《ほっかいどう》で誕生《たんじょう》した、最初《さいしょ》の銘柄米《めいがらまい》。

ほしのゆめ
平成《へいせい》8年
きらら397を改良《かいりょう》。白さとつやが特徴《とくちょう》。

F1

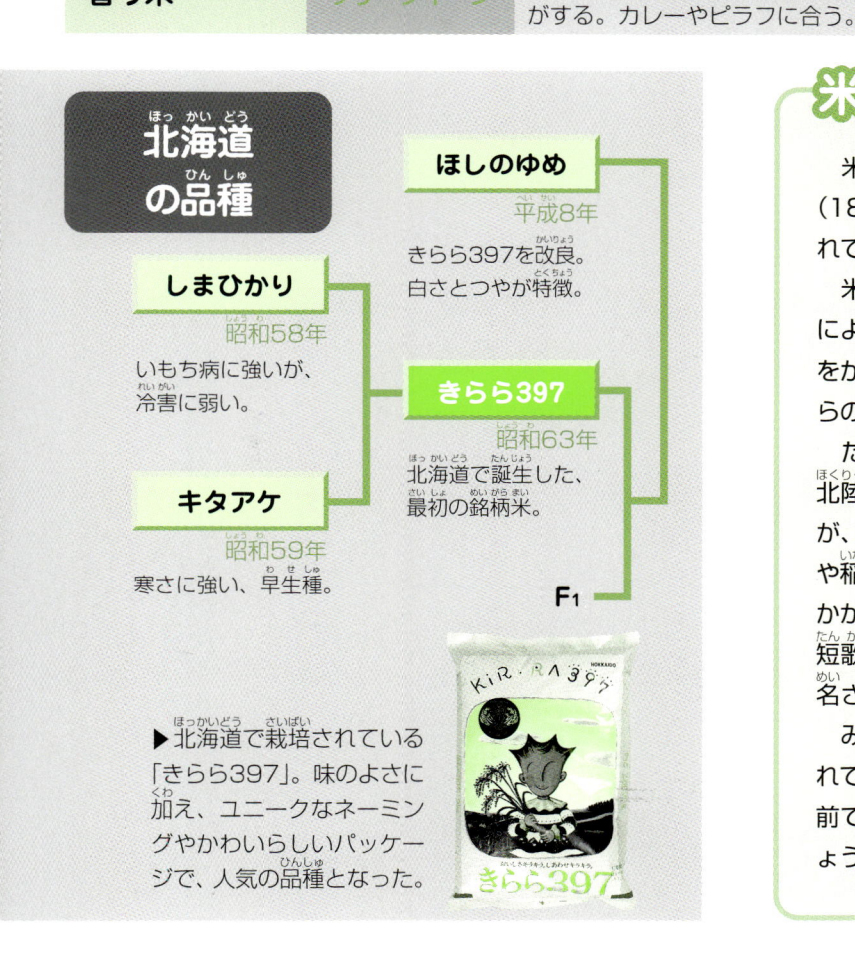

▶北海道《ほっかいどう》で栽培《さいばい》されている「きらら397」。味のよさに加《くわ》え、ユニークなネーミングやかわいらしいパッケージで、人気の品種《ひんしゅ》となった。

米の名前のひみつ

米の品種《ひんしゅ》には、じつにさまざまな名前があります（18、19ページ参照《さんしょう》）。名前は、どのように決められているのでしょうか。

米の名前は、研究者など品種改良《ひんしゅかいりょう》にかかわった人によってつけられることが多いようです。長い時間をかけて開発してきた品種《ひんしゅ》に、完成《かんせい》の喜《よろこ》びとこれからの願《ねが》いをこめて命名《めいめい》するのです。

たとえば、「コシヒカリ」は、越《こし》の国《くに》（越前国《えちぜんのくに》・北陸《ほくりく》地方の福井《ふくい》県）で誕生《たんじょう》した米で、開発をした人が、「木枯《こが》らしが吹《ふ》けば色なき越《こし》の国《くに》　せめて光れや稲越光《いなこしひかり》」（冬景色《ふゆげしき》の中で、コシヒカリが越前国《えちぜんのくに》をかがやかせる光となりますように、という意味）と短歌《たんか》を詠《よ》んだことにちなんで命《めい》名《めい》されました。

みなさんの住む地域《ちいき》でつくられている品種《ひんしゅ》は、なんという名前で、どんな意味があるのでしょうか。調べてみましょう。

進化するイネ

「遺伝子組《いでんしく》みかえ」という言葉をニュースなどで耳にしたことがありますか。
遺伝子組《いでんしく》みかえは、品種改良《ひんしゅかいりょう》などを目的《もくてき》におこなわれている最先端《さいせんたん》の技術《ぎじゅつ》です。
この技術《ぎじゅつ》を利用《りよう》して、環境《かんきょう》や人の役にたつ作物の研究《けんきゅう》や開発が進められています。

「遺伝子組《いでんしく》みかえ」ってなに？

「遺伝子組《いでんしく》みかえ」とは、ある生物から目的《もくてき》に合った遺伝子《いでんし》を取りだし、ほかの生物に組みこんで、新しい遺伝情報《いでんじょうほう》をもつ生物をつくりだす技術《ぎじゅつ》です。

遺伝子組《いでんしく》みかえによる品種改良《ひんしゅかいりょう》が、これまでおこなわれてきた交雑《こうざつ》などによる品種改良《ひんしゅかいりょう》（50ページ参照《さんしょう》）と大きくちがう点は、遺伝情報《いでんじょうほう》を直接《ちょくせつ》かえるため、時間をかけずに確実《かくじつ》な結果《けっか》がだせるという点です。また、遺伝子組《いでんしく》みかえでは、べつの生物の遺伝子《いでんし》を組みこむことができるため、従来《じゅうらい》の近縁《きんえん》の生物どうしの交雑《こうざつ》ではできなかった品《ひん》種改良《しゅかいりょう》もおこなえるようになりました。遺伝子組《いでんしく》みかえ技術《ぎじゅつ》を利用《りよう》すれば、たとえば、寒冷地《かんれいち》や乾燥地《かんそうち》など、これまでイネを育てることができなかった土地での栽《さい》培《ばい》も可能《かのう》になると期待されています。

その一方で、まだ未知《みち》な部分も多く、環境《かんきょう》やヒトのからだへの悪影響《あくえいきょう》が心配されています。現在《げんざい》は、遺伝子組《いでんしく》みかえによる作物や、それらの作物を利用《りよう》した食品は、国によって慎重《しんちょう》に審査《しんさ》され、安全性《あんぜんせい》が確認《かくにん》されたものだけが流通《りゅうつう》・販売《はんばい》されるしくみになっています。

現在《げんざい》、日本で承認《しょうにん》されている作物は、ダイズ、トウモロコシなど6作物61品種《ひんしゅ》です（2005年4月現在《げんざい》）。イネはまだ実用化《じつようか》されていませんが、食べると花粉《かふん》症《しょう》の症状《しょうじょう》がおこりにくくなる米や、栄養価《えいようか》の高い飼料《しりょう》用のイネなどの研究が進められています。

遺伝子《いでんし》組《く》みかえによる品種改良《ひんしゅかいりょう》

おいしくて寒さに強いイネをつくりたい！

交雑育種法《こうざついくしゅほう》による品種改良《ひんしゅかいりょう》

おいしい品種《ひんしゅ》Aと、寒さに強い品種《ひんしゅ》Bを、人の手によって受粉《じゅふん》させる（交雑《こうざつ》）。

おいしい
イネ
品種《ひんしゅ》A
寒さに強い
イネ
品種《ひんしゅ》B

何年もかかる上に、偶然《ぐうぜん》にまかせる部分が大きく、かならずしも目的《もくてき》に合った性質《せいしつ》の品種《ひんしゅ》ができるとはかぎらない。

遺伝子組《いでんしく》みかえによる品種改良《ひんしゅかいりょう》

おいしい品種《ひんしゅ》Aの遺《い》伝子《でんし》に、寒さに強い遺伝子《いでんし》を組みこむ（遺伝子組《いでんしく》みかえ）。

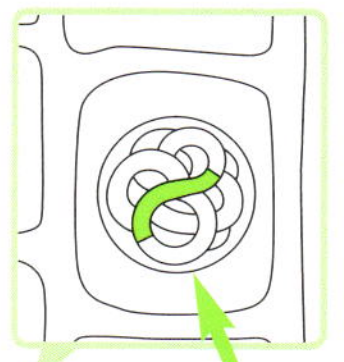

おいしい
イネ
品種《ひんしゅ》A
寒さに強い
遺伝子《いでんし》
イネや他の生物の遺伝子《いでんし》を組《く》みこむ。

直接遺伝子《ちょくせついでんし》を組《く》みこむため、短時間で確実《かくじつ》な結果《けっか》をだすことができる。

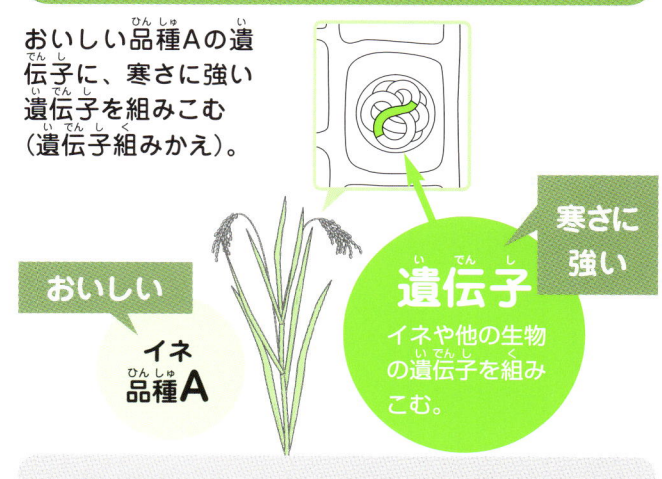

イネゲノムの研究《けんきゅう》

遺伝子《いでんし》組《く》みかえをふくめ、これからのイネの進化について考えるときに、キーワードとなるのが「イネゲノム」です。

イネにかぎらず、生物は細胞《さいぼう》によって構成《こうせい》されています。細胞《さいぼう》のひとつひとつには「核《かく》」があり、核《かく》の中に遺《い》伝子情報《でんしじょうほう》をたもつ「DNA《ディーエヌエー》（デオキシリボ核酸《かくさん》）」があります。

DNA《ディーエヌエー》は2本の長いひも状《じょう》の物質《ぶっしつ》がらせん状《じょう》にねじれた構造《こうぞう》でできていて、ここに、生物の遺伝情報《いでんじょうほう》が暗号でたくわえられています。この、生物のもっている遺伝情報《いでんじょうほう》をさして「ゲノム」とよびます。ゲノムは、生物の設計図《せっけいず》であり、ゲノムを解読《かいどく》することが、病気の治療《ちりょう》や作物などの改良《かいりょう》に役だつといわれています。

DNA《ディーエヌエー》は、A（アデニン）、G（グアニン）、C（シトシン）、T（チミン）という4種類《しゅるい》の塩基《えんき》（弱《じゃく》アルカリ性《せい》の化学物質《かがくぶっしつ》）が組み合わさってできています。イネの場合、染色体《せんしょくたい》(細胞《さいぼう》が分裂《ぶんれつ》するときにあらわれる物質《ぶっしつ》で、DNA《ディーエヌエー》を主成分《しゅせいぶん》とする)は12本あり、3億《おく》7000万個《こ》の塩基《えんき》で構成《こうせい》されています。この塩基《えんき》の並《なら》び順《じゅん》を解読《かいどく》していくのです。

イネゲノムの研究《けんきゅう》は、1991（平成《へいせい》3）年、日本を中心とする国際的《こくさいてき》なプロジェクトによってはじめられ、2004年12月、ついにすべての塩基《えんき》の並《なら》び順《じゅん》が解読《かいどく》されました。現在《げんざい》は、塩基《えんき》の並《なら》び順《じゅん》によって決まるはたらきをあきらかにする研究《けんきゅう》などがおこなわれています。

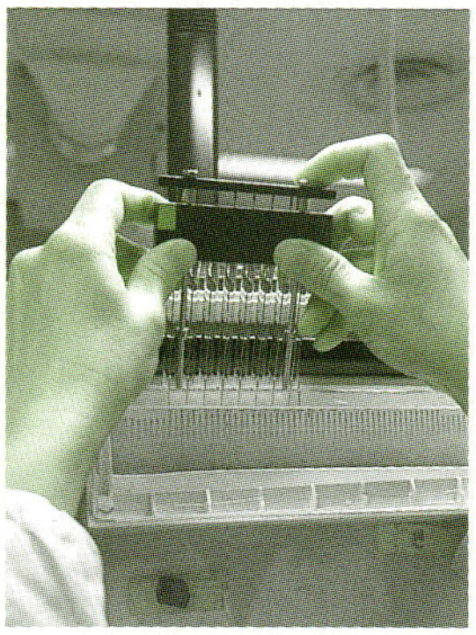

▲イネゲノムの解析《かいせき》作業のようす。

遺伝子《いでんし》の正体《しょうたい》

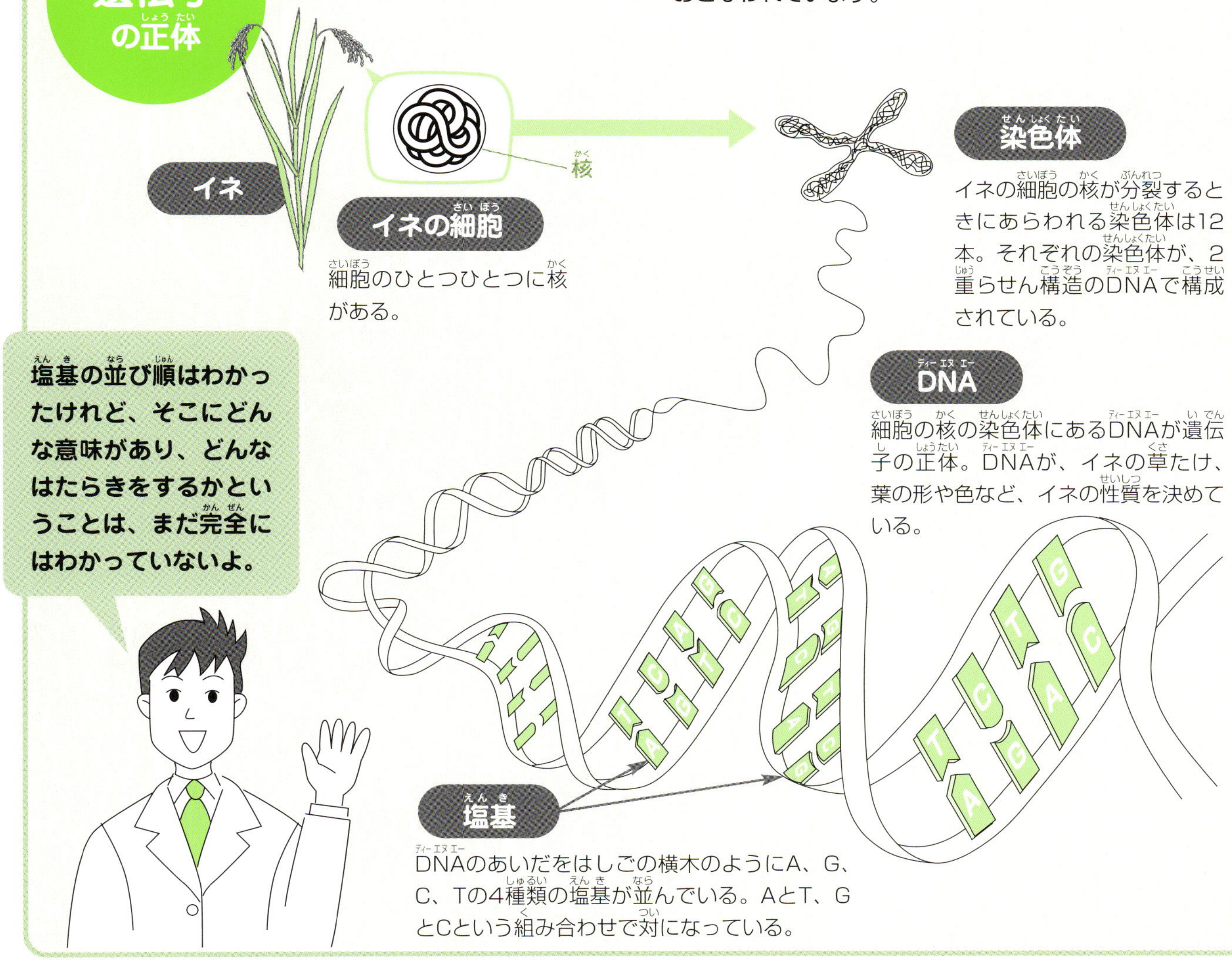
イネ
イネの細胞《さいぼう》
細胞《さいぼう》のひとつひとつに核《かく》がある。
核《かく》
染色体《せんしょくたい》
イネの細胞《さいぼう》の核《かく》が分裂《ぶんれつ》するときにあらわれる染色体《せんしょくたい》は12本。それぞれの染色体《せんしょくたい》が、2重《じゅう》らせん構造《こうぞう》のDNA《ディーエヌエー》で構成《こうせい》されている。
DNA《ディーエヌエー》
細胞《さいぼう》の核《かく》の染色体《せんしょくたい》にあるDNA《ディーエヌエー》が遺伝《いでん》子《し》の正体《しょうたい》。DNA《ディーエヌエー》が、イネの草《くさ》たけ、葉の形や色など、イネの性質《せいしつ》を決めている。
塩基《えんき》の並《なら》び順《じゅん》はわかったけれど、そこにどんな意味があり、どんなはたらきをするかということは、まだ完全《かんぜん》にはわかっていないよ。
塩基《えんき》
DNA《ディーエヌエー》のあいだをはしごの横木のようにA、G、C、Tの4種類《しゅるい》の塩基《えんき》が並《なら》んでいる。AとT、GとCという組《く》み合わせで対《つい》になっている。

米づくりをささえる人たち

米づくりは、農家の人たちだけでなく、JA《ジェーエー》（農業協同組合《のうぎょうきょうどうくみあい》）や研究機関《けんきゅうきかん》など、イネの開発《かいはつ》や流通《りゅうつう》にたずさわる人たちにささえられています。ここでは、JA《ジェーエー》と中央農業総合研究《ちゅうおうのうぎょうそうごうけんきゅう》センターの仕事をみてみましょう。

JA《ジェー エー》（農業協同組合《のうぎょうきょうどうくみあい》）ではたらく人たち

JA《ジェーエー》（農業協同組合《のうぎょうきょうどうくみあい》）は、全国の農家が組合員となってなりたっている組織《そしき》です。JA《ジェーエー》では、農家の人たちのために農業の経営《けいえい》のしかたや生産技術《せいさんぎじゅつ》の指導《しどう》をしたり、共同《きょうどう》で利用《りよう》する施設《しせつ》を運営《うんえい》したりしています。また、農家の人たちが安定した生活ができるように、お金を貸《か》したり、あずかったりする銀行《ぎんこう》のような事業もおこなっています。

JA《ジェーエー》の主な仕事

- ●農家で収穫《しゅうかく》した米を集め、保管《ほかん》したり、出荷《しゅっか》したりする。
- ●組合員に、農業経営《けいえい》や農作物の栽培《さいばい》に必要《ひつよう》な技術《ぎじゅつ》を指導《しどう》する。
- ●コンバインやトラクターなどの農業機械《きかい》を農家に安く貸《か》しだす。
- ●肥料《ひりょう》や農薬《のうやく》などをメーカーから買い入れ組合員に販売《はんばい》する。
- ●「育苗《いくびょう》センター」「カントリーエレベーター」など、農家が共同《きょうどう》で利用《りよう》する施設《しせつ》を運営《うんえい》する。
- ●組合員の生活をささえるために、お金を貸《か》したり、あずかったりする。

▶JA《ジェーエー》の土壌診断装置《どじょうしんだんそうち》。組合員の田畑の土を分析《ぶんせき》し、栽培《さいばい》技術《ぎじゅつ》の指導《しどう》に役だてている。

▼JA《ジェーエー》が開催《かいさい》するアグリスクール（農業教室）に参加《さんか》し、水田を見学する子どもたち。JA《ジェーエー》では、地域《ちいき》の人たちに農業について知ってもらうために、見学会、体験《たいけん》学習などの勉強会を開催《かいさい》している。

▶育苗《いくびょう》センターでの苗《なえ》づくり作業。育てられた苗《なえ》は、農家に販売《はんばい》される。

中央《ちゅうおう》農業《のうぎょう》総合《そうごう》研究《けんきゅう》センターではたらく人たち

国の稲作研究《いなさくけんきゅう》は、農林水産省《のうりんすいさんしょう》の農業研究《のうぎょうけんきゅう》センターを中心とする全国6か所の地域農《ちいきのう》業試験場《ぎょうしけんじょう》が連携《れんけい》しおこなってきましたが、2001（平成《へいせい》13）年の国立研究機関《こくりつけんきゅうきかん》の独立《どくりつ》行政法人化《ぎょうせいほうじんか》にともない、野菜《やさい》、果樹《かじゅ》、畜産《ちくさん》、草地《そうち》、家畜衛生《かちくえいせい》などの研究機関《けんきゅうきかん》といっしょになり、現在《げんざい》では、独立行政法人《どくりつぎょうせいほうじん》「農業《のうぎょう》・食品産業《しょくひんさんぎょう》技術研究《ぎじゅつけんきゅう》機構《きこう》（NARO）」という大きな組織《そしき》の一部になっています。

稲作研究《いなさくけんきゅう》は、NAROの中央農業総合研究《ちゅうおうのうぎょうそうごうけんきゅう》センター、作物研究所《さくもつけんきゅうしょ》（茨城《いばらき》県つくば市）を中心に、北海道《ほっかいどう》、東北《とうほく》、近畿《きんき》・中国《ちゅうごく》・四国《しこく》、九州《きゅうしゅう》・沖縄《おきなわ》の4か所の農業研究《のうぎょうけんきゅう》センターと中央農業総合研究《ちゅうおうのうぎょうそうごうけんきゅう》センターの北陸研究《ほくりくけんきゅう》センター、公立の農業試験場《のうぎょうしけんじょう》などが連携《れんけい》し、地域《ちいき》の米づくりをさらに発展《はってん》させるために、イネの品種育成《ひんしゅいくせい》や水田の作業管理《かんり》などの研究をおこなっています。

▼栽培《さいばい》されているいろいろな米を食べくらべ、味を確認《かくにん》する。

中央《ちゅうおう》と地域《ちいき》の農業研究《のうぎょうけんきゅう》センターの主な研究《けんきゅう》

- ●味がよく病害虫《びょうがいちゅう》に強い、栽培《さいばい》しやすいイネをつくりだす研究《けんきゅう》。
- ●病害虫《びょうがいちゅう》に強い性質《せいしつ》をもつ遺伝子《いでんし》を取りだし、イネの改良《かいりょう》にいかす研究《けんきゅう》。
- ●イネの害虫《がいちゅう》の生態《せいたい》や弱点を明らかにする研究《けんきゅう》。
- ●環境《かんきょう》にやさしい肥料《ひりょう》のつかい方の研究《けんきゅう》。
- ●もみを水田にじかにまいて栽培《さいばい》する作業や、機械《きかい》の開発《かいはつ》などの研究《けんきゅう》。

▼遺伝子組《いでんしく》みかえの実験室《じっけんしつ》。遺伝子《いでんし》を組みこむための準備《じゅんび》がおこなわれている。

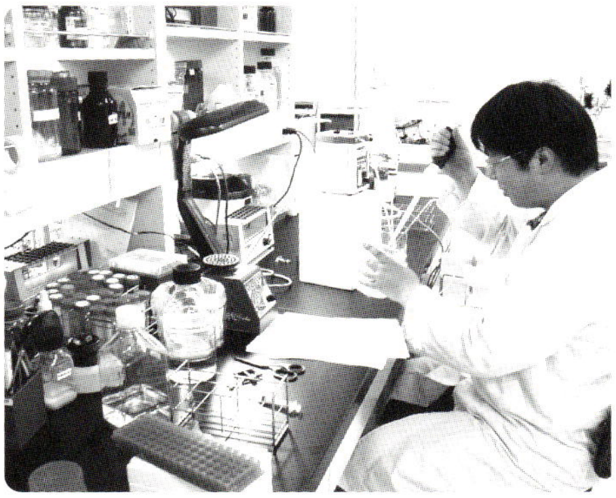

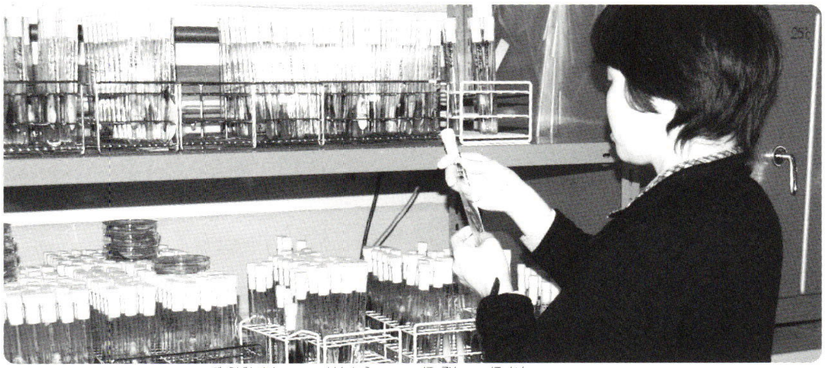

▲たくさんのイネの病原菌《びょうげんきん》が、研究用《けんきゅう》に保存《ほぞん》・保管《ほかん》されている。

品種改良《ひんしゅかいりょう》のために栽培《さいばい》されているイネ。北陸研究《ほくりくけんきゅう》センターでは、まだ品種《ひんしゅ》としての名前がなく番号でよばれているものをふくめて、5000種以上《しゅいじょう》のイネを育てている。

環境《かんきょう》にやさしい安全《あんぜん》な米づくり

近年では、消費者《しょうひしゃ》のあいだで食の安全がもとめられています。これからの米づくりのテーマは、環境《かんきょう》や人体に悪影響《あくえいきょう》をあたえずに、おいしい米をつくることです。

ふえる有機農業《ゆうきのうぎょう》

農薬《のうやく》とは、雑草《ざっそう》や病気、害虫《がいちゅう》から作物を守るためにつかわれる、殺虫剤《さっちゅうざい》や除草剤《じょそうざい》などの薬剤《やくざい》のことです（38ページ参照《さんしょう》）。また、化学肥料《かがくひりょう》とは、作物の生長に必要《ひつよう》な窒素《ちっそ》やリン酸《さん》、カリウムなどの栄養《えいよう》を化学的《かがくてき》に合成《ごうせい》した無機肥料《むきひりょう》をさします。1950年代後半から農薬《のうやく》や化学肥料《かがくひりょう》がつかわれるようになり、米づくりをはじめとする農業は大きく発展《はってん》しました。しかし、農薬《のうやく》や化学肥料《かがくひりょう》にたよりすぎた結果《けっか》、新たな問題が生じました。

化学肥料《かがくひりょう》は、たくさんつかいすぎると、土の中の養分《ようぶん》のバランスがくずれ、土をたがやしてくれるミミズや微生物《びせいぶつ》が死んでしまい、土がかたくなって作物の生育がわるくなります。また、化学肥料《かがくひりょう》は水にとけやすいので、周辺《しゅうへん》の川や湖《みずうみ》に流れこみ、水質《すいしつ》を悪化《あっか》させます。

農薬《のうやく》の使用は害虫《がいちゅう》だけでなく、周辺《しゅうへん》の動植物にも害《がい》をあたえ、多くの生物が姿《すがた》を消しました。農薬《のうやく》には国が定めた使用基準《きじゅん》がありますが、作物に残留《ざんりゅう》した農薬《のうやく》が、長年人の体内に蓄積《ちくせき》していくと、どのような影響《えいきょう》がでるかはまだわかっておらず、不安《ふあん》に思う人が少なくありません。

「農薬《のうやく》を使用していない安全なものを食べたい」という声の高まりにこたえ、農薬《のうやく》の使用回数をへらしたり、農薬《のうやく》や化学肥料《かがくひりょう》をつかわない有機《ゆうき》農業に取り組む農家がふえており、その数は農家の約《やく》2割《わり》にのぼっています。

有機《ゆうき》農業ってなに？

有機《ゆうき》農業の定義《ていぎ》はいろいろあり、はっきりとは決まっていませんが、通常《つうじょう》は化学肥料《かがくひりょう》をつかわず、家畜《かちく》のふんや魚粉《ぎょふん》、イネのわらなどを発酵熟成《はっこうじゅくせい》させたたい肥《ひ》を田畑に入れ、土づくりをしっかりとおこなう方法《ほうほう》をさします。

また、雑草《ざっそう》をふせぐ除草剤《じょそうざい》や害虫《がいちゅう》を駆除《くじょ》する殺虫剤《さっちゅうざい》は使用せず、アイガモに雑草《ざっそう》を食べてもらったり、害虫《がいちゅう》の天敵《てんてき》をよびよせたりと、さまざまな手段《しゅだん》をもちいます。

有機《ゆうき》農業の方法《ほうほう》はさまざまで、各《かく》農家の腕《うで》のみせどころとなっています。

▲農薬《のうやく》をつかわずに、あぜにハーブを植えた水田。ハーブは雑草《ざっそう》をふせぐと同時に、害虫《がいちゅう》がきらうにおいを放つ。

注目を集める循環型農業《じゅんかんがたのうぎょう》

農薬《のうやく》や化学肥料《かがくひりょう》をつかわない農法《のうほう》がみなおされる中で、近年注目されているのが、「循環型農業《じゅんかんがたのうぎょう》」です。循環型農業《じゅんかんがたのうぎょう》とは、江戸《えど》時代、人の排《はい》せつ物が肥《ひ》料《りょう》として利用《りよう》され、じょうずに資源《しげん》が循環《じゅんかん》していたのをみなおし、現代《げんだい》の農業にもそれを取り入れようというこころみです。

たとえば、稲作《いなさく》農家が米を収穫《しゅうかく》したあとのわらを、畜産《ちくさん》農家が牛や豚《ぶた》などの家畜《かちく》に食べさせ、牛や豚《ぶた》のふん尿《にょう》をくさらせてたい肥《ひ》をつくり、それを米づくりに利用《りよう》します。一方では、収穫《しゅうかく》した米や畜産物《ちくさんぶつ》を人間が消費《しょうひ》し、食べたあとにのこった生ごみは肥《ひ》料《りょう》にし、たい肥《ひ》や飼料《しりょう》として活用するというものです。

このように、農薬《のうやく》や化学肥料《かがくひりょう》の使用量《しようりょう》をできるだけおさえながら、ごみをへらすことができ、資源《しげん》をくりかえしつかうという、昔ながらの環境《かんきょう》にやさしい農業が一部で実践《じっせん》されています。

循環型《じゅんかんがた》
農業
のしくみ
わら、
もみがらなど
稲作《いなさく》農家
たい肥《ひ》
飼料《しりょう》
米などの農産物《のうさんぶつ》
ふん尿《にょう》
畜産農家《ちくさんのうか》
肥料
消費者《しょうひしゃ》
生ごみ
たい肥化《ひか》、飼料化《しりょうか》するための工場
畜産物《ちくさんぶつ》

有機栽培《ゆうきさいばい》の目印《めじるし》

有機《ゆうき》農業がさかんになると、店頭には「無農薬栽培《むのうやくさいばい》」「減農薬栽培《げんのうやくさいばい》」「有機食品《ゆうきしょくひん》」など、さまざまな表示《ひょうじ》が登場し、消費者《しょうひしゃ》が混乱《こんらん》しました。

そこで、化学合成農薬《かがくごうせいのうやく》と化学肥料《かがくひりょう》の両方を、通常《つうじょう》つかわれる量《りょう》の50%以上《いじょう》へらして栽培《さいばい》した農産物《のうさんぶつ》を「特《とく》別栽培農産物《べつさいばいのうさんぶつ》」と表示《ひょうじ》し、さらに使用状況《じょうきょう》の表示《ひょうじ》を義務《ぎむ》づけました。

また、これよりもきびしい条件《じょうけん》で栽《さい》培《ばい》したものは「有機農産物《ゆうきのうさんぶつ》」と表示《ひょうじ》され、植えつけ前2年以上《いじょう》、化学合《かがくごう》成農薬《せいのうやく》、化学肥料《かがくひりょう》、化学土壌改良材《かがくどじょうかいりょうざい》を使用しない田畑で栽培《さいばい》することが義務《ぎむ》づけられています。

これらの農産物《のうさんぶつ》には、消費者《しょうひしゃ》が店頭でひと目みてわかるよう、登録認《とうろくにん》定機関《ていきかん》により「有機JAS《ゆうきジャス》マーク」がつけられています。

▲有機JAS《ゆうきジャス》マーク

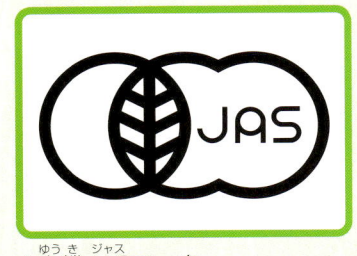

農家のさまざまな取り組み

農薬《のうやく》や化学肥料《かがくひりょう》にできるだけたよらず、おいしくて、環境《かんきょう》や人に害《がい》のない米をつくるために、全国の農家がさまざまなくふうをしています。

とくに、生態系《せいたいけい》など自然《しぜん》のはたらきをうまく利用《りよう》し、自然環境《しぜんかんきょう》を守りながら、からだにもよい米をつくる「自然農法《しぜんのうほう》」に取り組む農家が多くみられます。自然農法《しぜんのうほう》には、「アイガモ農法《のうほう》」や「不耕起栽培《ふこうきさいばい》」などがあります。

アイガモ農法《のうほう》　農薬《のうやく》のかわりにアイガモを利用《りよう》

アイガモ農法《のうほう》は、アイガモの生態《せいたい》をいかした自然農法《しぜんのうほう》のひとつです。アイガモのひなは、雑草《ざっそう》やイネの害虫《がいちゅう》をえさにしていますが、イネを食べることはありません。そこで、農薬《のうやく》をつかうかわりに、アイガモのひなを水田に放し、アイガモに雑草《ざっそう》や害虫《がいちゅう》を食べさせるのがこの農法《のうほう》です。

アイガモ農法《のうほう》には、ふんが有機肥料《ゆうきひりょう》になったり、アイガモが自由に泳ぎ回ることによって水がかき回され、田の土の中に適度《てきど》な酸素《さんそ》が補給《ほきゅう》されて、イネが育ちやすくなるというよい点もあります。

一方で、大規模化《だいきぼか》がむずかしく、また、イネを育てたあとのアイガモをどうするかといった問題《もんだい》もあり、なかなか普及《ふきゅう》していません。

▲水田の中を泳ぎまわるアイガモ。田植えから2週間くらいして、苗《なえ》がしっかり根づいたころ、アイガモのひなを水田に放す。

天敵《てんてき》などを利用《りよう》した自然農法《しぜんのうほう》

アイガモのほかに、コイやカブトエビも雑草《ざっそう》をふせぐ方《ほう》法《ほう》として利用《りよう》されています。これらが水田を動き回ることにより雑草《ざっそう》の根がかき回され、また、水がにごり太陽光がさえぎられるので、雑草《ざっそう》の生育がわるくなるのです。

レンゲの種《たね》を農閑期《のうかんき》に田にまいて栽培《さいばい》し、田おこし前に生長したレンゲを田にすきこむ、植物をつかった除草法《じょそうほう》もおこなわれています。すきこまれたレンゲが分解《ぶんかい》するときに酸《さん》が発生し、雑草《ざっそう》の発芽《はつが》をおさえるのです。

さらに、使用する殺虫剤《さっちゅうざい》の量《りょう》をへらし、害虫《がいちゅう》の天敵《てんてき》となるクモなどを殺《ころ》さないようにするといった、天敵《てんてき》を利用《りよう》した害虫駆除法《がいちゅうくじょほう》なども研究《けんきゅう》されています。

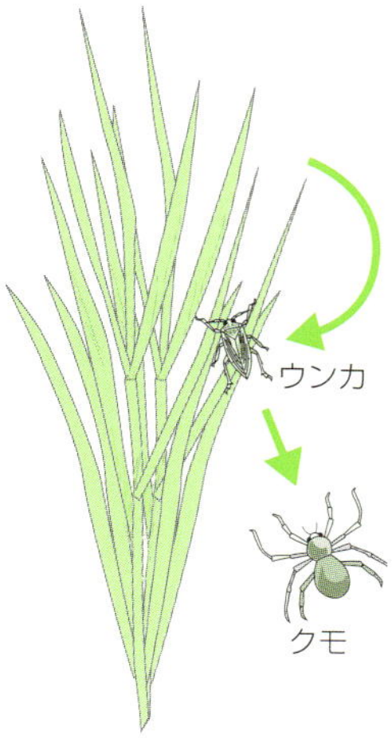

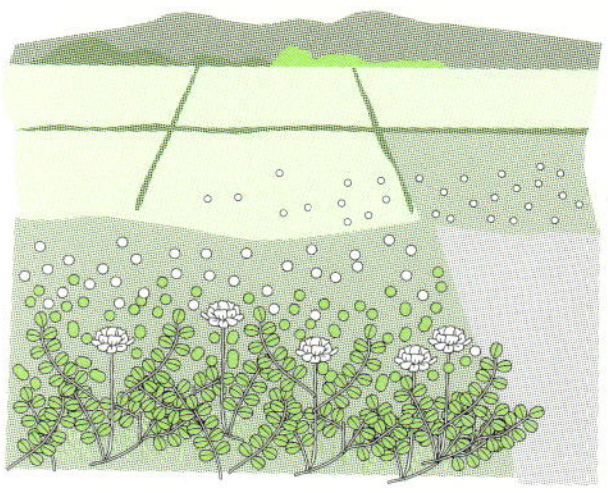

▲レンゲを田にすきこむ除草法《じょそうほう》。

◀ウンカの天敵《てんてき》であるクモを利用《りよう》した害虫防除法《がいちゅうぼうじょほう》。

不耕起《ふこうき》栽培《さいばい》

手間《てま》をかけずにじょうぶなイネを育てる

▲不耕起栽培《ふこうきさいばい》の水田。たがやさない田は一見荒《あ》れたようにみえるが、イネがしっかり根をはるので、たおれにくくじょうぶに育つ。

不耕起栽培《ふこうきさいばい》は、田をたがやさずにイネを育てる栽培方法《さいばいほうほう》です。

通常《つうじょう》の米づくりでは、田植えの前に田おこしや代《しろ》かきをして、土をやわらかくしますが、不耕起栽培《ふこうきさいばい》では、かたい土にそのまま苗《なえ》を植えます。こうすると、かたい土に負けないようにイネの根がしっかりとはり、じょうぶに育ちます。

かたい土の中では、雑草《ざっそう》の種子《しゅし》が発芽《はつが》しにくく、不耕起栽培《ふこうきさいばい》を何年かつづけるうちに自然《しぜん》と雑草《ざっそう》がへっていくため、除草剤《じょそうざい》をまく必要《ひつよう》がなくなります。田おこしや代《しろ》かきの手間《てま》や、これにつかう農業機械《きかい》の費《ひ》用《よう》がはぶけるというよさもあります。ただし、収穫量《しゅうかくりょう》が安定しないといった問題があります。

紙マルチ除草法《じょそうほう》

シートで土をおおい雑草《ざっそう》の発芽《はつが》・生長をおさえる

▲もみをつけた紙マルチシートを代《しろ》かき後の水田に敷《し》き、直《じか》まき栽培《さいばい》をする方法《ほうほう》もある。

紙マルチ除草法《じょそうほう》とは、苗《なえ》の部分以外《いがい》の田の表面を「紙マルチシート」でおおい、雑《ざっ》草《そう》の発芽《はつが》や生長をおさえる除草法《じょそうほう》です。紙マルチ専用《せんよう》の田植え機《き》をつかい、シートを敷《し》きながら、シートの穴《あな》の部分に苗《なえ》を植えつける方法《ほうほう》などが実用化《じつようか》されています。

紙マルチシートで田をおおうと、太陽の光がさえぎられ、シートの下の雑草《ざっそう》は発芽《はつが》しにくく、発芽《はつが》したとしても、シートにおさえられて生長ができません。シートは、田植え後2か月程度《ていど》で分解《ぶんかい》されて土になってしまうため、かたづけも必要《ひつよう》ありません。

米づくり名人 武藤《むとう》さんのくふう

土づくりに力を入れる

米づくり名人の武藤《むとう》さんは、
おいしくて、環境《かんきょう》や人に害《がい》のない米をつくるために、
さまざまなくふうをしている農家のひとりです。
武藤《むとう》さんがとくに力を入れているのは、土づくりです。

好気性《こうきせい》の微生物《びせいぶつ》をつかった肥料《ひりょう》づくり

昔から、「米は土で、麦《むぎ》は肥料《ひりょう》でとれ」といわれてきたほど、米づくりにとって土づくりはたいせつなものです。イネがよく育つ土は、有機物《ゆうきぶつ》と微生物《びせいぶつ》が豊富《ほうふ》にふくまれている土です。有機物《ゆうきぶつ》が微生物《びせいぶつ》によって分解《ぶんかい》され、イネの栄養分《えいようぶん》になり、また、有機物《ゆうきぶつ》が分解《ぶんかい》されるときに土がやわらかくなり、ほどよく水分のたもたれている、イネの育ちやすい環境《かんきょう》をつくりだします。

こうした環境《かんきょう》をつくるためには、落ち葉やわら、家《か》畜《ちく》のふん尿《にょう》といった有機物《ゆうきぶつ》を発酵《はっこう》させてつくる「たい肥《ひ》」という有機肥料《ゆうきひりょう》をつかうのが一般的《いっぱんてき》です。しかし、たい肥《ひ》はつくるのに時間がかかり、費用《ひよう》も高くなります。そこで武藤《むとう》さんは、もっと手軽に、しかも環境《かんきょう》への悪影響《あくえいきょう》がない方法《ほうほう》として、好気性《こうきせい》の微生物《びせいぶつ》（空気のあるところではたらく微生物《びせいぶつ》）をつかった有機肥料《ゆうきひりょう》づくりをしています。

武藤《むとう》さんの有機肥料《ゆうきひりょう》のつくり方

1 武藤《むとう》さんが利用《りよう》している微《び》生物《せいぶつ》は、自然《しぜん》の中に昔から存在《そんざい》する微生物《びせいぶつ》520種類《しゅるい》を集めた商品。まずは、微生物《びせいぶつ》をふくんだ粉末《ふんまつ》を水に入れる。

2 ぬかやもみがら、野菜《やさい》くずなどを、有機肥料《ゆうきひりょう》の材料《ざいりょう》として用意し、これに、**1** をまぜる。

3 微生物《びせいぶつ》が有機物《ゆうきぶつ》の分解《ぶんかい》をはじめると、材料《ざいりょう》が発酵《はっこう》してくる。ときどきかきまぜながら、さらに発酵《はっこう》をうながす。

4 1週間ほどたつと発酵《はっこう》が進み温度が約《やく》60℃まで上がる。これで有機《ゆうき》肥料《ひりょう》のできあがり。

土が元気であればイネは自然《しぜん》に育つ

武藤《むとう》さんは、農薬や化学肥料《かがくひりょう》にたよるより、イネをじょうぶにすることがたいせつだと考えています。有機肥料《ゆうきひりょう》をまいてつくられた元気な土でじょうぶに育ったイネは、雑草《ざっそう》にも負けないため、ほとんど草取りの必要《ひつよう》がありません。また、化学肥料《かがくひりょう》をつかった場合には、穂《ほ》ができる前に、不要《ふよう》な窒素《ちっそ》を抜《ぬ》く「中干《なかぼ》し（43ページ参照《さんしょう》）」をしなくてはなりませんが、武藤《むとう》さんの田では、中干《なかぼ》しをおこないません。有機肥料《ゆうきひりょう》をつかった土では、窒素《ちっそ》がたまらず、おいしい米がみのります。土づくりさえしっかりおこなえば、あとは手間《てま》をかけずにおいしい米ができるのです。

武藤《むとう》さんは、「米づくりは、土やイネに力をつけさえすれば、あとはむずかしいことは何もありません。わたしたち農家は、イネの生長の手伝《てつだ》いをしているだけです」といいます。

▼春、田おこしの前に、有機肥料《ゆうきひりょう》をまき土づくりをする。

◀除草剤《じょそうざい》をつかわないため、さまざまな植物がはえている武藤《むとう》さんの田。クモやトンボ、ホタル、ホウネンエビなどの生物が自然《しぜん》に発生し、豊《ゆた》かな生態系《せいたいけい》がつくられている。

おいしくて安全な米を手軽につくりたい！

有機栽培《ゆうきさいばい》や無農薬栽培《むのうやくさいばい》の米づくりは、一般的《いっぱんてき》に、手間《てま》や費用《ひよう》がかかるにもかかわらず、大きな収入《しゅうにゅう》にはつながらないので、気軽にはできないと多くの農家は考えています。しかし、武藤《むとう》さんは、好気性《こうきせい》の微生物《びせいぶつ》をつかった米づくりであれば、だれもが気軽にはじめられると考えています。

そのために、武藤《むとう》さんは、全国の農家の人たちに、見学会などをひらいて自分のもつ技術《ぎじゅつ》を伝《つた》えています。武藤《むとう》さんは、全国の農家が一丸《いちがん》となって米づくりをもり上げるとともに、消費者《しょうひしゃ》側《がわ》にも農業や米づくりについての知識《ちしき》を深めてもらえるようにつとめることが、これからの米づくりをよい方向にかえていくと考えています。

▲力強く根をはったイネ。台風でほかの田のイネがたおれたときも、武《む》藤《とう》さんの田のイネはたおれなかった。

機《き》械《かい》化《か》と省《しょう》力《りょく》化《か》

今日まで、手間や労力《ろうりょく》をへらし、よりたくさんの品質《ひんしつ》のよい米がつくれるよう、米づくりにたずさわる大勢《おおぜい》の人たちが、たゆまぬ努力《どりょく》をつづけてきました。その結果《けっか》、米づくりの機械化《きかいか》と省力化《しょうりょくか》がおどろくほど進みました。

便利《べんり》な農業機械《きかい》が広まる

米という漢字《かんじ》が「八」、「十」、「八」という文字の組み合わせでできていることから、昔は、「米づくりには八十八の手間《てま》がかかる」といわれていました。米づくりには、それほど大きな労力《ろうりょく》が必《ひつ》要《よう》だったのです。しかし、1960年ごろから、耕《こう》うん機《き》やトラクター、田植え機《き》、コンバインなどの農作業用の機械《きかい》の普及《ふきゅう》が進みました。現在《げんざい》は、米づくりにかかる時間が下のグラフのように短くなっただけでなく、農作業が重労働《じゅうろうどう》ではなくなり、機械《きかい》で効率《こうりつ》よく大規模《だいきぼ》な稲作《いなさく》ができるようになりました。

農家が所有する農業機械《きかい》の台数の変化《へんか》

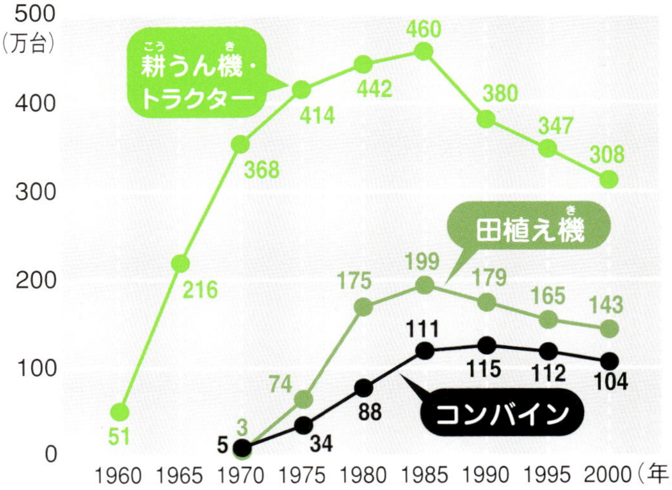

500
(万台)
400
300
200
100
0
耕《こう》うん機《き》・トラクター
51
216
368
414
442
460
380
347
308
田植え機《き》
3
74
175
199
179
165
143
5
34
88
111
115
112
104
コンバイン
1960
1965
1970
1975
1980
1985
1990
1995
2000（年）

※1985年までは、個人所有台数および農家の共有台数。1990年以降は、販売農家（66ページ参照）の数値。（農林水産省資料）

機《き》械《かい》化《か》による省《しょう》力《りょく》化《か》

米づくりにみる労働《ろうどう》時間の変化《へんか》

（水田10アールあたり）

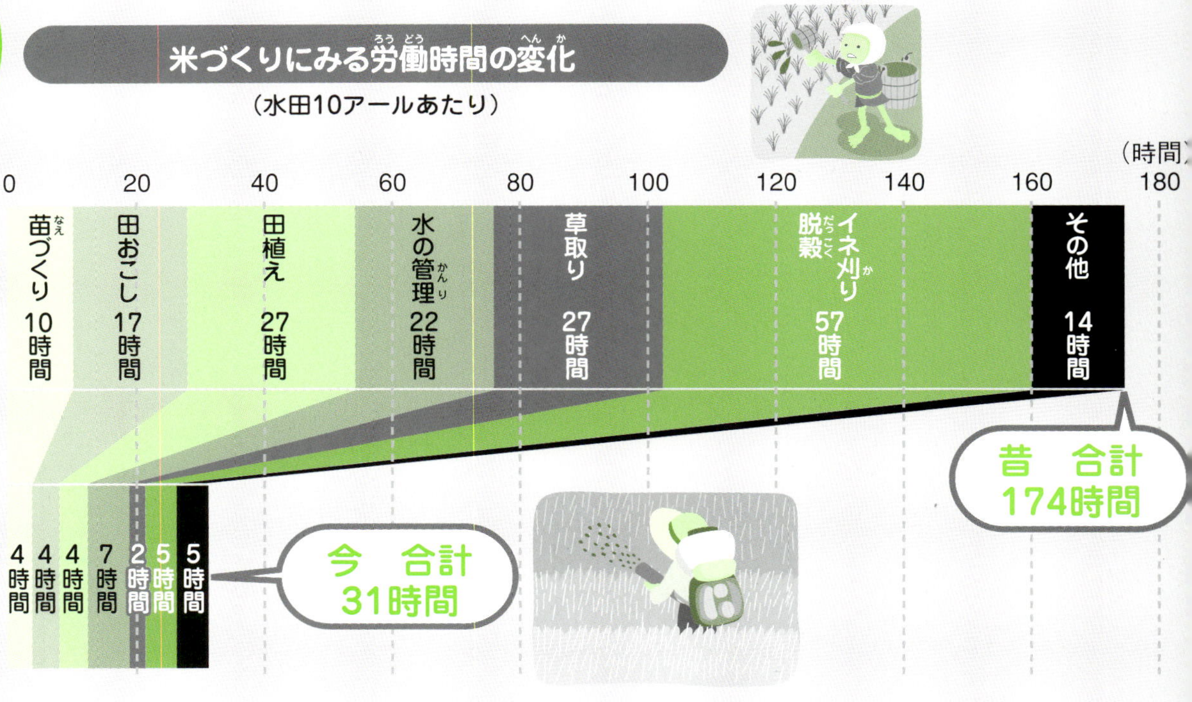

（時間）
0
20
40
60
80
100
120
140
160
180
1960年
（昭和《しょうわ》35年）
苗《なえ》づくり 10時間
田おこし 17時間
田植え 27時間
水の管理《かんり》 22時間
草取り 27時間
イネ刈《か》り 脱穀《だっこく》 57時間
その他 14時間
昔 合計 174時間
2004年
（平成《へいせい》16年）
4時間
4時間
4時間
7時間
2時間
5時間
5時間
今 合計 31時間

農林水産省資料

水田の基盤整備《きばんせいび》による農業の大規模化《だいきぼか》

田植え機《き》やコンバインなど、大型《おおがた》の機械《きかい》の普及《ふきゅう》に合わせて、細《こま》かく区切られた水田をまとめて、整った形の大きな田んぼにする基盤整備《きばんせいび》が、国と各市町村によって進められました。小さな田では、大型《おおがた》の農業機械《きかい》を効率《こうりつ》よくつかえませんが、大きな田であれば、農業機械《きかい》が効率《こうりつ》よくつかえます。こうした基盤整備《きばんせいび》による農業の大規模化《だいきぼか》は、現在《げんざい》でも国や市町村などが中心となっておこなわれています。

▲日本一の大規模稲作地帯《だいきぼいなさくちたい》といわれている八郎潟干拓地《はちろうがたかんたくち》（秋田県《あきたけん》大潟村《おおがたむら》）の水田。大潟村《おおがたむら》では、1人あたり15ヘクタールの水田をもち、農業機械《きかい》による効率的《こうりつてき》な米づくりがおこなわれている。

水田の基盤整備《きばんせいび》

基盤整備《きばんせいび》を進めることによって、農地は大規模《だいきぼ》になり、効率的《こうりつてき》な農作業が可能《かのう》になる。

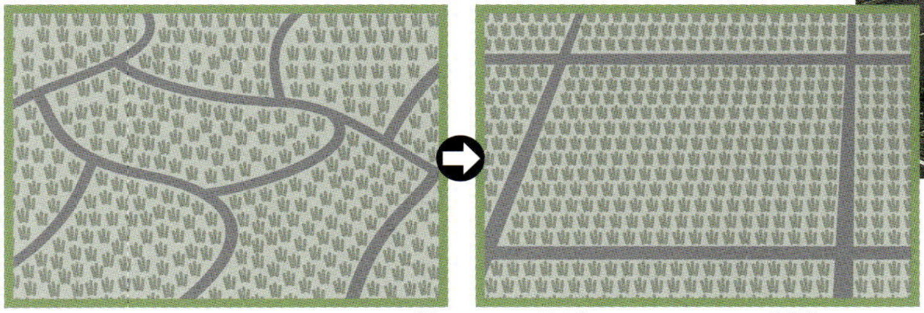

小さく形がふぞろいな水田では、大型《おおがた》農業機械《きかい》が入れず効率《こうりつ》がわるい。

広く整備《せいび》された水田は大型《おおがた》の農業機械《きかい》が効率的《こうりつてき》につかえる。

昔 1日30アール

牛や馬にすきをひかせた

田おこし

今 1日150アール

トラクターを使用して

昔の5倍

昔 1日10アール

手で1株《かぶ》1株《かぶ》植えた

田植え

今 1日120アール

田植え機《き》を使用して

昔の12倍

昔 1日10アール

かまで刈《か》り取ってたばねた

イネ刈《か》り

今 1日120アール

コンバインを使用して

昔の12倍

稲《いな》作《さく》農家の暮《く》らし

**機械化《きかいか》、省力化《しょうりょくか》が進んだとはいえ、稲作《いなさく》農家には課題《かだい》がたくさんあります。
人手やかかる時間のことを考えると、決してよい収入《しゅうにゅう》を得《え》られる仕事ではないからです。
今、稲作《いなさく》農家はどのように生計《せいけい》をたてているのでしょうか。**

稲作《いなさく》農家の収入《しゅうにゅう》と支出《ししゅつ》

稲作《いなさく》農家の主な収入《しゅうにゅう》は、米の売り上げです。平均《へいきん》して、1ヘクタールの水田で収穫《しゅうかく》した米が、200万円程度《ていど》の収入《しゅうにゅう》になります。一方、主な支出《ししゅつ》は、農作業につかう農業機械代《きかいだい》や、農薬《のうやく》・肥料代《ひりょうだい》など、米の生産《せいさん》にかかる費用《ひよう》です。とくに農業機械《きかい》は、毎年買うものではありませんが、とても高価《こうか》です。

日本の農業では、農家1戸《こ》あたりの耕地面積《こうちめんせき》がとてもせまいといわれています。たとえば、アメリカでは1戸《こ》あたり約《やく》178ヘクタールなのに対し、日本ではわずか1.24ヘクタールです。たとえば、高価《こうか》な農業機械《きかい》を、10ヘクタールの農地に1台購入《こうにゅう》するのと、1ヘクタールの農地に1台ずつ、10ヘクタール分購入《こうにゅう》するのとでは、せまい農地のほうが費用《ひよう》がかかることになります。そこで日本の稲作《いなさく》農家は、農業機械《きかい》を共同《きょうどう》で購入《こうにゅう》してつかうなどのくふうをしています。

農家の1年間の平均収入《へいきんしゅうにゅう》とその内訳《うちわけ》

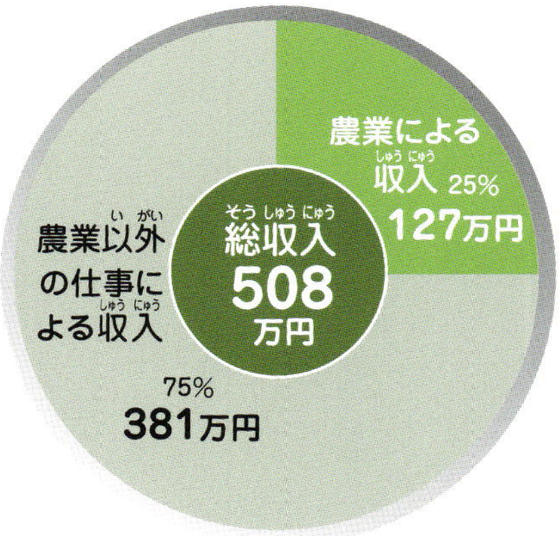

農業による収入《しゅうにゅう》 25%
127万円
総収入《そうしゅうにゅう》
508万円
農業以外《いがい》の仕事による収入《しゅうにゅう》
75%
381万円

農林水産統計（2005年）「農業経営統計調査・個別経営（販売農家）の経営収支」より
＊販売農家とは、経営耕地面積が30アール以上または農産物販売金額が年間50万円以上の農家をさす。かならずしも稲作農家だけをさすものではない。

1ヘクタールと1アール

1ヘクタールは100m×100m四方の面積《めんせき》。1アールはその100分の1。日本の農家の平均的《へいきんてき》な農地の面積《めんせき》はおよそこのくらい。アメリカはこの178倍ということになる。

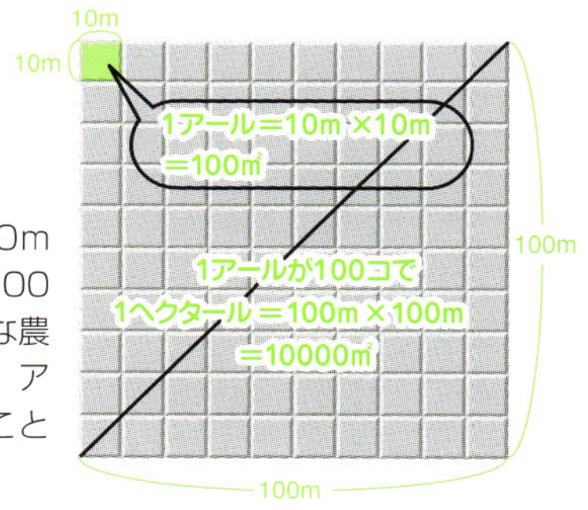

10m
10m
1アール＝10m ×10m
＝100㎡
100m
1アールが100コで
1ヘクタール＝100m×100m
＝10000㎡
100m

米づくりにかかる農業機械《きかい》の価格《かかく》

トラクター	田植え機《き》	コンバイン
300万円〜400万円	130万円〜230万円	110万円〜270万円

農業機械《きかい》の価格《かかく》のめやすは、個人経営《こじんけいえい》の農家で使用《しよう》されている機械《きかい》の平均《へいきん》。トラクターは4輪《りん》タイプ、30馬力《ばりき》のもの。田植え機《き》は5条植え、コンバインは2条刈《が》り。

2006年2月1日現在、井関農機調べ

米づくりにかかる費用《ひよう》の割合《わりあい》

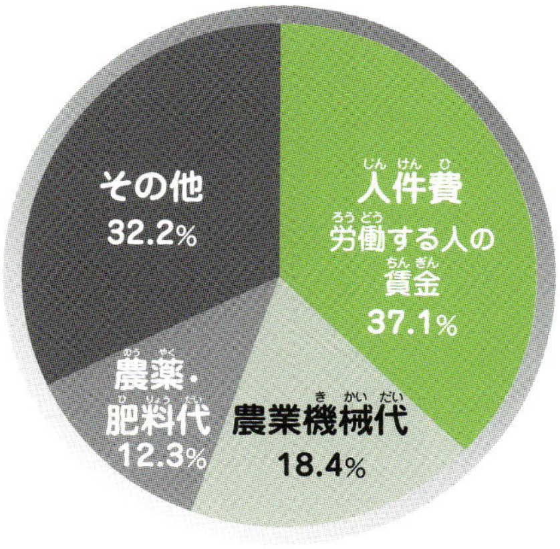

人件費《じんけんひ》
労働《ろうどう》する人の賃金《ちんぎん》
37.1%
農業機械代《きかいだい》
18.4%
農薬《のうやく》・肥料代《ひりょうだい》
12.3%
その他
32.2%

農林水産統計（2005年）「平成16年産の10アールあたりの米生産費」より

専業《せんぎょう》農家と兼業《けんぎょう》農家

日本の米づくりは、収穫《しゅうかく》が年に1回なので、収入《しゅうにゅう》を得《え》られる時期がかたよっています。また、天候《てんこう》など自然《しぜん》の条件《じょうけん》に左右されやすいので、収穫量《しゅうかくりょう》を予測《よそく》するのがむずかしいうえに、台風や冷害《れいがい》などによって大きな損害《そんがい》がでてしまうこともあります。

安定した収入《しゅうにゅう》を得《え》るために、日本の農業では、農業だけで収入《しゅうにゅう》を得《え》る専業《せんぎょう》農家より、農業をいとなみながら、農業以外《いがい》の仕事でも収入《しゅうにゅう》を得《え》る兼業《けんぎょう》農家がかなりの割合《わりあい》をしめています。

兼業《けんぎょう》農家では、米づくりのあいまに、地元の建設《けんせつ》作業などの仕事で収入《しゅうにゅう》を得《え》たり、家族の中で役割《やくわり》を分担《ぶんたん》して、夫が米や野菜《やさい》をつくり、妻《つま》はほかの仕事をするなどして生計《せいけい》をたてています。

専業《せんぎょう》農家と兼業《けんぎょう》農家の割合《わりあい》の変化《へんか》

第《だい》1種兼業《しゅけんぎょう》農家とは、農業の収入《しゅうにゅう》が兼業《けんぎょう》の収入《しゅうにゅう》より多い農家で、第《だい》2種兼業《しゅけんぎょう》農家とは、兼業《けんぎょう》の収入《しゅうにゅう》が農業の収入《しゅうにゅう》よりも多い農家です。農家全体の戸数《こすう》の減少《げんしょう》とともに専業《せんぎょう》農家が、そして兼業《けんぎょう》農家の中では第《だい》1種兼業《しゅけんぎょう》農家のほうが少なくなっています。

＊1985年から、第《だい》2種兼業農《しゅけんぎょうのう》家《か》の中から、「自給的《じきゅうてき》農家」を分けた。自給的《じきゅうてき》農家は、耕地面積《こうちめんせき》が30アール未満《みまん》、または過去《かこ》1年間の販売金額《はんばいきんがく》が50万円未満《みまん》の農家で、自家消費《じかしょうひ》を主な目的《もくてき》にしている。

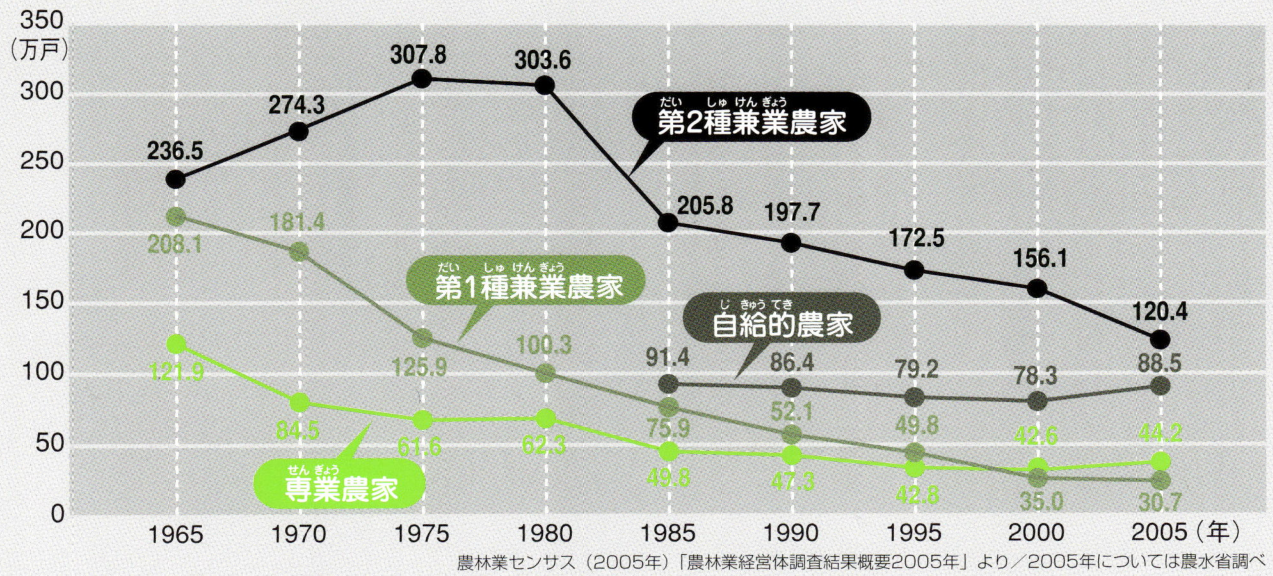

農林業センサス（2005年）「農林業経営体調査結果概要2005年」より／2005年については農水省調べ

なぜ専業《せんぎょう》農家が少ないのか

上のグラフをみるとわかるように、1970年ごろから第《だい》2種兼業《しゅけんぎょう》農家の割合《わりあい》が多くなり、専業《せんぎょう》農家と第《だい》1種兼業《しゅけんぎょう》農家はどんどん少なくなってきています。山地が多い日本の国土では、もともとせまい農地を最大限利用《さいだいげんりよう》して農業をおこなってきました。稲作《いなさく》をおこなっていない時期にコムギやダイズや野菜《やさい》をつくる二毛作《にもうさく》、三毛作《さんもうさく》がそれです。

ところが1960年ごろから、国民の食生活が変化《へんか》し、パンやめん類《るい》などの消費量《しょうひりょう》がふえ、米があまるという現象《げんしょう》がおこりはじめます。そこで政府《せいふ》は1970年ごろから「米生産調整《こめせいさんちょうせい》（減反《げんたん》）政策《せいさく》」をとり、水田を休ませてコムギなどをつくった農家に補助金《ほじょきん》をはらうことを決めました（208ページ参照《さんしょう》）。

しかし農家にとっては、安い輸入《ゆにゅう》のものにおされ、たいした収入《しゅうにゅう》にはならないコムギなどをつくるよりも、あまった人手で農業以外《いがい》の仕事をする兼業《けんぎょう》のほうが、収入《しゅうにゅう》をふやすことができたのです。こうして日本の農家の多くが、兼業化《けんぎょうか》への道をあゆむことになりました。

農家が抱《かか》える問題《もんだい》

米づくりは、これまでも、そしてこれからも、
わたしたちの食生活をささえるたいせつな産業《さんぎょう》のひとつです。
その米づくりをになう稲作《いなさく》農家が抱《かか》えている問題《もんだい》をみてみましょう。

米があまる時代

品種改良《ひんしゅかいりょう》が進み、農業機械《きかい》が広まったおかげで、日本では、1960年代ごろから、国民が食べるのにこまらない量《りょう》の米を生産《せいさん》することができるようになりました。その一方で、パンやめん類《るい》など、米以外《いがい》の穀物《こくもつ》の消費《しょうひ》がふえ、米がそれ以前《いぜん》より食べられなくなったため、せっかくつくった米があまるという事態《じたい》がおこりはじめました。

それまで、米の生産量《せいさんりょう》や値段《ねだん》は政府《せいふ》が決めていましたが、米あまりの対策《たいさく》として、政府《せいふ》は1970年ごろから「米生産調整《こめせいさんちょうせい》（減反《げんたん》）政策《せいさく》」によって、米の生産量《せいさんりょう》をへらすようになりました。この政策《せいさく》は、1995年の「食糧法《しょくりょうほう》」によって、米の価格《かかく》を市場《しじょう》が決めることができるようになるまでつづきました。このころから、米をつくらない田が増加《ぞうか》したのです。

後継者不足《こうけいしゃぶそく》と高齢化《こうれいか》

近年、もともと家が農家でも、米づくりをしないでほかの仕事につく人がふえ、稲作《いなさく》農家は深刻《しんこく》な後継者不足《こうけいしゃぶそく》と高齢化《こうれいか》になやんでいます。

1960年代後半、日本は高度経済成長《こうどけいざいせいちょう》の時代に入りました。工業をはじめとする産業《さんぎょう》は機械化《きかいか》・大《だい》規模化《きぼか》により発展《はってん》し、農業も機械化《きかいか》が進んだものの、米あまりによる減反政策《げんたんせいさく》など、さまざまな原因《げんいん》によって兼業《けんぎょう》農家がふえ、若《わか》い人や一家のあるじを都会や工場にとられてしまう結果《けっか》となりました。

こうして今、農業をおこなっている人の約《やく》3分の2が60歳以上《さいいじょう》と高齢化《こうれいか》しています。これらをおぎなうために農家は、たとえば人手による除草《じょそう》作業のかわりに農薬《のうやく》をつかい、田植えや刈《か》り取りには農業機械《きかい》にたよるなどの方法《ほうほう》をとってきました。

米の生産量《せいさんりょう》と消費量《しょうひりょう》の変化《へんか》

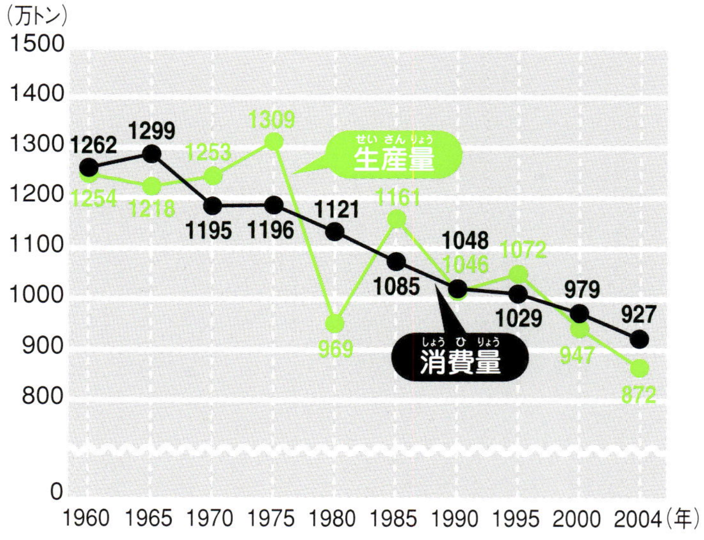

（万トン）
1500
1400
1300
1200
1100
1000
900
800
0
1960 1965 1970 1975 1980 1985 1990 1995 2000 2004（年）
生産量《せいさんりょう》
消費量《しょうひりょう》
1262 1299 1195 1196 1121 1085 1048 1029 979 927
1254 1218 1253 1309 969 1161 1046 1072 947 872

農林水産省作物統計および食料需給表（2005年）より

年齢別《ねんれいべつ》・農業を仕事にする人口《じんこう》のうつりかわり

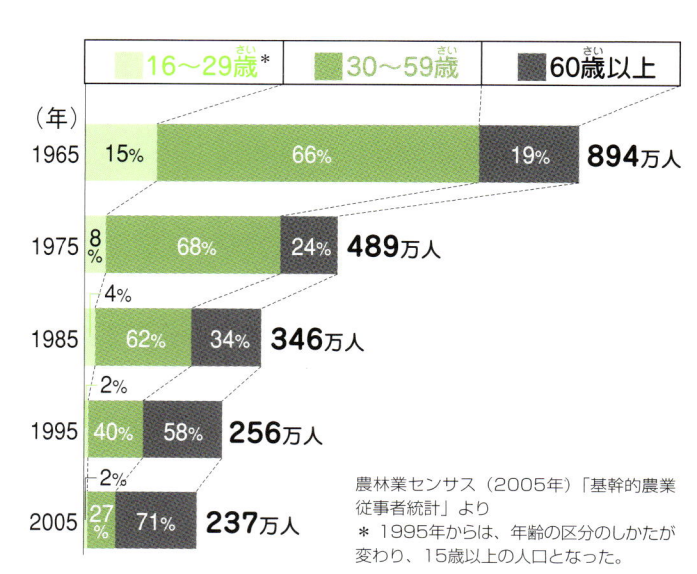

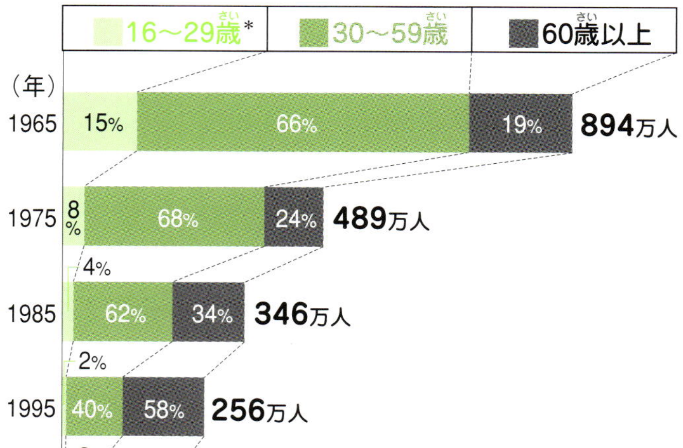

16～29歳《さい》*
30～59歳《さい》
60歳《さい》以上
（年）
1965 15% 66% 19% 894万人
1975 8% 68% 24% 489万人
1985 4% 62% 34% 346万人
1995 2% 40% 58% 256万人
2005 2% 27% 71% 237万人

農林業センサス（2005年）「基幹的農業従事者統計」より
＊ 1995年からは、年齢の区分のしかたが変わり、15歳以上の人口となった。

ふえる「耕作放棄地《こうさくほうきち》」

米をつくらない水田には、大きく分けて2種類《しゅるい》あります。「不作付地《ふさくつけち》」と「耕作放棄地《こうさくほうきち》」です。不作付地《ふさくつけち》とは、過去《かこ》1年間に何も作物をつくらなかったが、今後ふたたびつくる予定のある土地のことです。一方、耕《こう》作放棄地《さくほうきち》とは、過去《かこ》1年間以上耕作《いじょうこうさく》されておらず、今後も作物をつくる予定のない土地のことで、近年この耕作放棄地《こうさくほうきち》がふえつづけています。原因《げんいん》としては、兼業化《けんぎょうか》した農家では、ほかの産業《さんぎょう》に若《わか》い働《はたら》き手《て》をとられてしまい、後継者《こうけいしゃ》がいなくなったこと、その結果《けっか》、農業をおこなう人が高齢《こうれい》になったことがあげられます。人手がなくなった農家では、耕作《こうさく》を放棄《ほうき》せざるをえないといった現象《げんしょう》がおこっています。

▲写真の中の右の部分が、雑草《ざっそう》がのびほうだいの耕作放棄地《こうさくほうきち》。一度荒《あ》れてしまった田は、もとにもどすのがむずかしいため、なおさら利用《りよう》しなくなる、という悪循環《あくじゅんかん》におちいる。

さまざまなくふう

こうした問題《もんだい》を解決《かいけつ》するために、さまざまなくふうがおこなわれています。たとえば、共同《きょうどう》で農業機《き》械《かい》を購入《こうにゅう》し農作業をおこなう、などです。農業機械《きかい》は高価《こうか》(66ページ参照)で、個人《こじん》の農家では買いかえは容易《ようい》ではなく、今は、複数《ふくすう》の農家が共同《きょうどう》で経営《けいえい》をおこなうやりかたで問題《もんだい》を解決《かいけつ》しようとしています。同時に、農家のあとつぎ以外《いがい》の後継者《こうけいしゃ》をそだてようという動きや耕作放棄地《こうさくほうきち》をよみがえらせようというこころみもあります。

また、最近《さいきん》、食の安全に消費者《しょうひしゃ》の注目が集まるようになり、農家は、減農薬《げんのうやく》や無農薬《むのうやく》のおいしい米づくりをくふうしています。「食糧法《しょくりょうほう》」の施行《しこう》・改正《かいせい》により、米の販売《はんばい》も自由になったため、じまんの米をホームページで宣伝《せんでん》したり、直接消費者《ちょくせつしょうひしゃ》に販売《はんばい》したりもしています。

一方、農村での人手不足《ぶそく》とは反対に、都会では、農業に興味《きょうみ》をもつ人がでてきています。若《わか》い人に米づくりの魅力《みりょく》を知らせるために、米づくり体験《たいけん》ができる水田もふえています。

耕作放棄地《こうさくほうきち》の面積《めんせき》のうつりかわり

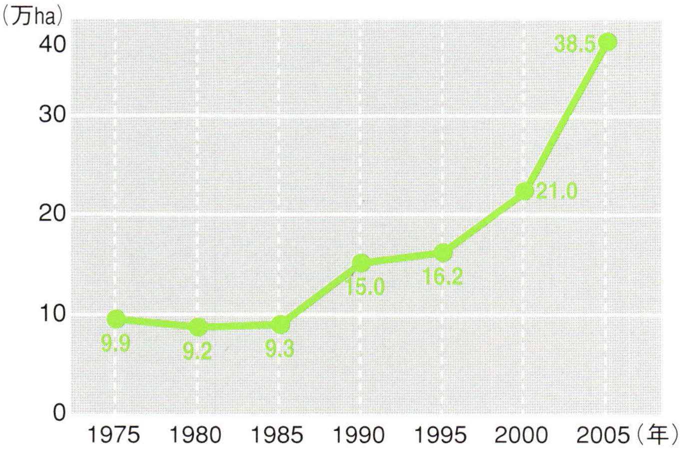

農林業センサス（2005年）「耕作放棄地面積の推移」より
／2005年については農水省調べ

耕地利用率《こうちりようりつ》と耕地面積《こうちめんせき》の減少《げんしょう》

耕地利用率《こうちりようりつ》とは、1年間に農作物をつくった耕地《こうち》ののべ面積《めんせき》を、耕《こう》地面積《ちめんせき》で割《わ》ったものです。1つの農地で同じ年に米やほかの農作物をつくって農地を2回以上利用《いじょうりよう》したり、時期をかさねて農作物をつくれば、利用率《りようりつ》は100パーセントをこえることになります。1960年代ごろまでは、日本の耕地利《こうちり》用率《ようりつ》は100パーセントを下まわることはありませんでしたが、1970年ごろから、耕地面積《こうちめんせき》とともに、耕地利用率《こうちりようりつ》もどんどん下がり、今もへりつづけています。(208ページ参照)

農業の大《だい》規《き》模《ぼ》化《か》

農業をおこなう人の高齢化《こうれいか》と後継者不足《こうけいしゃぶそく》というなやみを解決《かいけつ》するためには、農地を集めて大規模化《だいきぼか》し、効率《こうりつ》よく農作業をおこなうくふうも必要《ひつよう》です。今、日本では、国をあげて、農業規模《きぼ》の拡大《かくだい》に取り組んでいます。

農地をひとつに集めるために

1952（昭和《しょうわ》27）年に誕生《たんじょう》した「農地法《のうちほう》」では、農地は、耕作《こうさく》する人、つまり個人《こじん》の農家のみが所有《しょゆう》する権利《けんり》があるとされました。この法律《ほうりつ》は、農作業が機械化《きかいか》されていなかった時代には、農家を保護《ほご》し、日本の農業を発展《はってん》させるのにおおいに役だちました。しかし、工業が機械化《きかいか》・大規模効率化《だいきぼこうりつか》で発展《はってん》すると、農業は労働《ろうどう》のわりには収入《しゅうにゅう》の少ない仕事となり、その結果《けっか》、農業以外《いがい》の仕事でも収入《しゅうにゅう》を得《え》る兼《けん》業《ぎょう》農家をふやすことになりました。個人《こじん》が所有《しょゆう》する農地をひとつに集めて大規模化《だいきぼか》すれば、効率《こうりつ》よく生産力《せいさんりょく》をあげることができます。経済《けいざい》の発展《はってん》とともに、時代にあった新しい制度《せいど》が必要《ひつよう》になったのです。1962年に農地法《のうちほう》の最初《さいしょ》の改正《かいせい》がおこなわれ、いくつかの農家による共同経営《きょうどうけいえい》が可能《かのう》になりました。

大規模《だいきぼ》農業のさきがけ・農業生産法人《せいさんほうじん》

1962年の農地法改正《のうちほうかいせい》で「農業生産法人《せいさんほうじん》」とよばれる組織《そしき》がみとめられました。農業生産法人《せいさんほうじん》は、複数《ふくすう》の農家の共同経営《きょうどうけいえい》をしたり、たくさんの農家から土地を借《か》りて、従業員《じゅうぎょういん》をやとうという、ふつうの会社のような経営《けいえい》をおこなったりする組織《そしき》です。その後、数回の改正《かいせい》をへて、現在《げんざい》では「農地所有適格法人《てきかくほうじん》」とよばれています。また、2003年には、一部の地域《ちいき》が「農業特区《とっく》」に指定され、そこでは民間《みんかん》の企業《きぎょう》でも農地を借《か》りて米づくりに参《さん》加《か》できるようになりました。

もとめられる米づくり

一方では、1995年の「食糧法《しょくりょうほう》」の制定《せいてい》によって、安い外国産米《がいこくさんまい》の輸入《ゆにゅう》が原則自由化され、2004年の改正食糧法《かいせいしょくりょうほう》では、国内の米の価格《かかく》も、政府《せいふ》ではなく市場《しじょう》にまかせられるようになりました。こうした競争《きょうそう》に勝つためには、大規模《だいきぼ》な農地でおこなう効率《こうりつ》のよい米づくりとともに、消費者《しょうひしゃ》のニーズに合わせた、安全でおいしいこだわりの米づくりが大切になります。日本の農業は今、変革《へんかく》をせまられています。

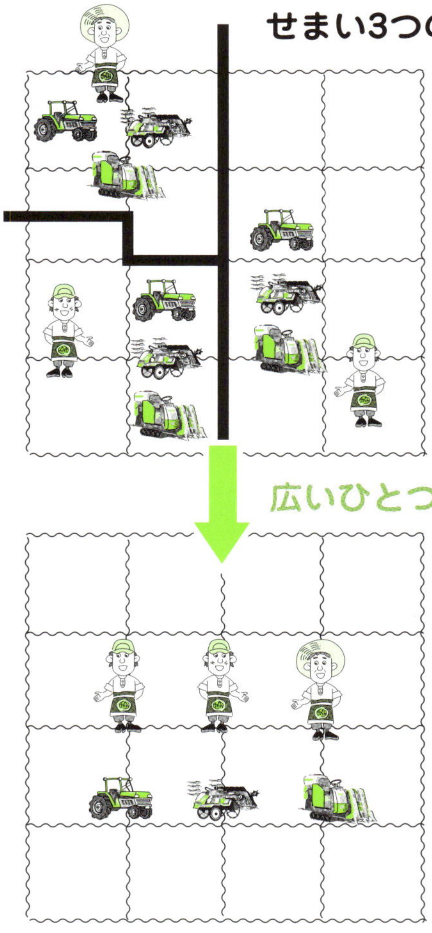

3人の農家が自分の農地で米をつくるために、トラクターと田植え機《き》とコンバインをそれぞれ1台ずつ持《も》っている。

同じような機《き》械《かい》が3台ずつ計9台必要《ひつよう》

3人は共同経営《きょうどうけいえい》をすることにし、農業生《せい》産法人《さんほうじん》を設立《せつりつ》した。農地は広くなり、トラクターと田植え機《き》とコンバイン各《かく》1台を共同《きょうどう》でつかうことにした。

機械《きかい》は3台だけで効率的《こうりつてき》に

農地所有適格法人《てきかくほうじん》での米づくり

農事組合法人《くみあいほうじん》
サカタニ農産《のうさん》
奥村《おくむら》さん

「農地《のうち》を貸《か》してくださる方とお米を買ってくださる方、両方に喜《よろこ》ばれる米づくりをめざしています。」という奥村《おくむら》さんは、富山《とやま》県砺波《となみ》平野で農業をいとなむ農業生《せい》産法人《さんほうじん》・サカタニ農産《のうさん》の代表者です。

サカタニ農産《のうさん》は、富山《とやま》県の砺波《となみ》平野で米づくりを中心に農業をいとなむ農事組合法人《くみあいほうじん》（農地所有適格法人《てきかくほうじん》の一種）です。現在《げんざい》の農地の広さは、関連《かんれん》会社3社あわせると約《やく》280ヘクタールとたいへん広く、395戸《こ》の農家から農地をあずかっています。経営者《けいえいしゃ》の奥村《おくむら》さんは、いずれひとつの村くらいの規模《きぼ》の農場にし、地域《ちいき》で食べる食べ物は地域《ちいき》で生産《せいさん》することをめざしたいと考えています。

作業を分担《ぶんたん》し、効率化《こうりつか》をはかる

作業を分担《ぶんたん》すれば、広い土地でも一度に作業ができ、また、高価《こうか》な農業機械《きかい》でも広い土地であればつかう回数も多いので、効率《こうりつ》がよい。

自然乾燥米
コシヒカリ

よい土をつくり おいしい米をつくる

土や肥料《ひりょう》をくふうするなど、消費者《しょうひしゃ》のニーズにこたえるおいしくて質《しつ》の高い米づくりを研究し、競争《きょうそう》に勝てる米をつくっている。

福野産
ふじりんご
ふじりんご
5kg 1ケース

米だけでなく 果樹《かじゅ》やダイズもつくる

人手が多い点をいかし、ダイズや野菜《やさい》、果樹《かじゅ》など米以《い》外《がい》の農産物《のうさんぶつ》も栽培《さいばい》するなど、複合的《ふくごうてき》な経営《けいえい》をおこなっている。養鶏《ようけい》や酪農《らくのう》などを手がけるところもある。

農作業をおこなう サラリーマン

従業員《じゅうぎょういん》はふつうのサラリーマンのように給料《きゅうりょう》をもらう。勤務《きんむ》時間が決まっていたり、週休2日制《せい》で有給休暇《ゆうきゅうきゅうか》や社《しゃ》会保険《かいほけん》、厚生年金《こうせいねんきん》などの保《ほ》障制度《しょうせいど》もある。働《はたら》く条件《じょうけん》が安定していることで、安心して仕事ができる。

加工《かこう》・販売《はんばい》も おこなう

生産《せいさん》だけでなく加工《かこう》や販売《はんばい》なども手がけ、多角的《たかくてき》な経《けい》営《えい》をおこなっている。みそやもちなどの加工品《かこうひん》をつくったり、ホームページをつくって宣伝《せんでん》し、消費者《しょうひしゃ》がインターネットなどで申しこめる通信販売《つうしんはんばい》をおこなったり、レストランなど大量《たいりょう》に米をつかう相手をさがしたり、さまざまなアイデアを考える。

農地の広さ別の農家の戸数《こすう》の推移《すいい》

日本の農家の耕地面積《こうちめんせき》は圧倒的《あっとうてき》に1ヘクタール以下《いか》のところが多い。しかし、近年、大規模化《だいきぼか》が進みつつあり、その割合《わりあい》にも少し変化《へんか》がみられる。

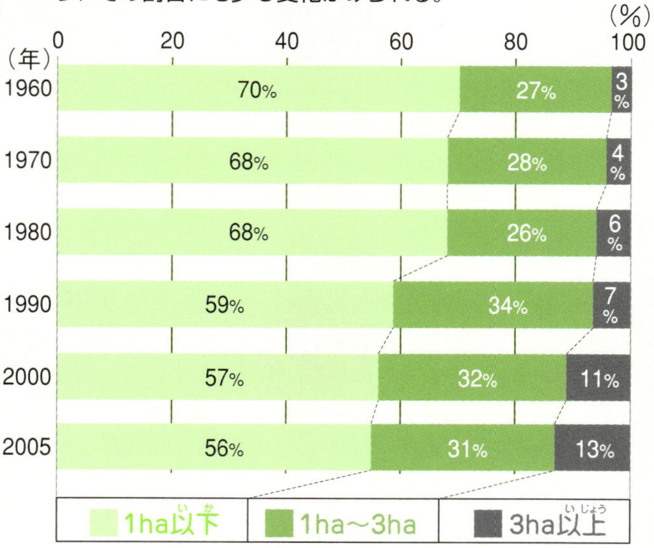
(%)
0
20
40
60
80
100
(年)
1960 70% 27% 3%
1970 68% 28% 4%
1980 68% 26% 6%
1990 59% 34% 7%
2000 57% 32% 11%
2005 56% 31% 13%
1ha以下《いか》
1ha～3ha
3ha以上《いじょう》

農林業センサス（2005年）より／2005年については農水省調べ

民間《みんかん》企業《きぎょう》が米づくりに参加《さんか》

2003年に、国から「農業特区《とっく》」の指定を受けた地《ち》域《いき》にかぎり、民間《みんかん》の企業《きぎょう》が農地を借《か》りることができるようになりました。外食産業《さんぎょう》をふくむ食品メーカーと建設《けんせつ》会社が中心になって米づくりに参加《さんか》しています。

レストランなどの外食産業《さんぎょう》では、店でだす料理《りょうり》に、自分の会社がもっている農地でつくった米をつかうなど、供給先《きょうきゅうさき》が決まっているため、生産量《せいさんりょう》にむだがありません。

建設業《けんせつぎょう》の米づくりの場合は、農地がある地元の会社が参加《さんか》していることが多く、農家が耕作《こうさく》できなくなった放棄地《ほうきち》をなんとかしようというきっかけからはじめた会社も少なくありません。

このように、さまざまな形で今、民間企業《みんかんきぎょう》が米づくりへの参加《さんか》をこころみています。

外食産業《さんぎょう》が米づくりに挑戦《ちょうせん》

居酒屋《いざかや》チェーン「和民《わたみ》」などの店舗《てんぽ》をもつワタミ株式会社では、店でだす料理《りょうり》につかう有機野菜《ゆうきやさい》を、主にグループ会社のワタミファームで栽培《さいばい》しています。ワタミファームは、2002年に農業生産法人《せいさんほうじん》として設立《せつりつ》された会社です。2003年に、民間《みんかん》の企業《きぎょう》も農業に参入《さんにゅう》してよいという「農業特区《とっく》」の制度《せいど》ができ、ワタミとワタミファームでは、さらに農場を広げて、おいしくて安全な野菜《やさい》や乳製品《にゅうせいひん》づくりにとり組んできました。

2004年には、大規模《だいきぼ》な稲作《いなさく》をおこなってきた農業生産法人《せいさんほうじん》・当麻《とうま》グリーンライフと提携《ていけい》し、有機米《ゆうきまい》などもつくることになりました。

自社の経営《けいえい》する飲食店という安定した供給先《きょうきゅうさき》があるので、生産量《せいさんりょう》も確《かく》保《ほ》できます。また、通信販売《つうしんはんばい》やスーパーへの卸売《おろしう》りなど、積極的な活動もおこなっています。

当麻《とうま》グリーンライフのイネ刈《か》りのようす

品種《ひんしゅ》は、コシヒカリ系《けい》の「ひとめぼれ」から生まれた「ななつぼし」。

ワタミファームの野菜畑《やさいばたけ》

ロメインレタスとリーフレタスを栽培《さいばい》している畑。

「和民《わたみ》」のメニュー

有機野菜《ゆうきやさい》がたっぷりのサラダ。

米づくりのこれから

農地所有適格法人《てきかくほうじん》や民間《みんかん》企業《きぎょう》の参加《さんか》などで、今、農業に活気《かっき》がもどりつつあります。一方では、山《さん》間部《かんぶ》の棚田《たなだ》のように大規模化《だいきぼか》がむずかしい土地をもち、人手不足《ぶそく》と高齢化《こうれいか》になやんでいる農家が多数あるのも現実《げんじつ》です。

しかし、最近《さいきん》、農家の出身ではないけれど、農業をやりたいという都会の人が急激《きゅうげき》にふえています。新しく農業をはじめる若《わか》い人たちは、農業は自分のアイデアしだいで、さまざまなチャンスが広がる、おもしろい仕事だと考えている人が多いようです。

ほかにも、週末《しゅうまつ》などに、仕事のかたわらに趣味《しゅみ》で農業をしたいという人もふえており、国の政策《せいさく》の中でも、こうした人々の農業への参加《さんか》を奨励《しょうれい》するため、さまざまな支援制度《しえんせいど》がもうけられています。

今、日本の農業は大きな変革期《へんかくき》をむかえ、さまざまな方向性《ほうこうせい》が模索《もさく》されています。企業《きぎょう》や個人《こじん》がそれぞれの参加《さんか》のしかたで、農業の将来《しょうらい》に可能性《かのうせい》をみいだしていこうとしているのです。

消費者《しょうひしゃ》の参加《さんか》する米づくり

農村での後継者不足《こうけいしゃぶそく》とは逆《ぎゃく》に、都市部では農業をやりたいと希望《きぼう》する人がふえています。生産者《せいさんしゃ》と消費者《しょうひしゃ》、両方のニーズをつなぐこころみのひとつに「棚田《たなだ》のオーナー制度《せいど》」があります。

棚田《たなだ》で農業を体験《たいけん》する

山間部《さんかんぶ》につくられた棚田《たなだ》（千枚田《せんまいだ》）は、日本の農村のいちばん美しい姿《すがた》ともいわれています。しかし、棚田《たなだ》は平地の水田とちがい、農業機械《きかい》を入れることができず、人手にたよって作業をするため、労力《ろうりょく》がかかります。

今、消費者《しょうひしゃ》の中でも、農業に興味《きょうみ》をもつ人たちに注目されているのが、この棚田《たなだ》のオーナー（持ち主）になって、農作業に参加《さんか》することです。生産者《せいさんしゃ》である農家にとっては、人手不足《ぶそく》をすこしでも解消《かいしょう》でき、消費者《しょうひしゃ》は米づくり体験《たいけん》を通して、棚田《たなだ》が日本の自然《しぜん》を守るうえでも重要《じゅうよう》な役割《やくわり》を果《は》たしていることを実感《じっかん》します。

また、こうした体験《たいけん》をきっかけに、農業を本格的《ほんかくてき》にはじめる人もいます。

●千葉《ちば》県鴨川《かもがわ》市・大山千枚田《おおやませんまいだ》の四季《しき》

▼早春の田植え。

▲秋のイネ刈《か》り

▲収穫祭《しゅうかくさい》でのもちつき

グリーンツーリズム

最近《さいきん》、「グリーンツーリズム」とよばれる活動がさかんです。グリーンツーリズムとは、都会や町にすむ人が、緑の豊《ゆた》かな農山漁村《のうさんぎょそん》に滞在《たいざい》して、農業体験《たいけん》をはじめとするその土地の自然《しぜん》や文化にふれ、地域《ちいき》の人々と交流《こうりゅう》することをいいます。

主催者《しゅさいしゃ》は、収穫《しゅうかく》した米でのもちつき大会や自然観察《しぜんかんさつ》会《かい》、工芸品《こうげいひん》の制作《せいさく》、日本古来《こらい》の行事や祭りなど、さまざまなもよおしにくふうをこらします。これまでは、主に市町村が主催《しゅさい》していましたが、最近《さいきん》では、都市と農村をつなぐ、こうしたこころみを自分たちで企画《きかく》して主催《しゅさい》するＮＰＯ法人《エヌピーオーほうじん》などがふえており、国も積極的《せっきょくてき》に支援《しえん》しています。

▲農業体験《たいけん》・脱穀《だっこく》のようす

▲正月のしめなわづくり

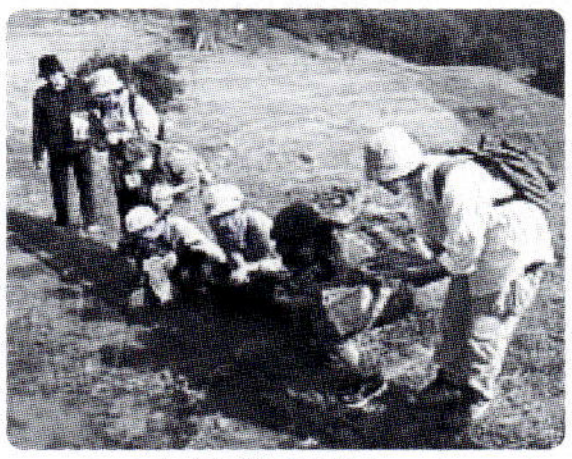

▲秋の自然観察会《しぜんかんさつかい》

▲わらの和紙で年賀状《ねんがじょう》づくり

写真提供：棚田倶楽部

農業をはじめる

農業は、農家のあとつぎでないとできないわけではありません。
就農準備校《しゅうのうじゅんびこう》や農地所有適格法人《てきかくほうじん》の設立《せつりつ》で、
農家の出身でない人でも農業をはじめることができるようになりました。

農家でなくても農業はできる

農家に生まれないと、農業をはじめるのはなかなかむずかしいことだと思っている人もいるかもしれません。しかし、今では一般《いっぱん》の人が農業をはじめるための、さまざまな情報《じょうほう》や支援制度《しえんせいど》があり、農業をめざす人は年々ふえています。また、本格的《ほんかくてき》に農家をめざす前に、まず実際《じっさい》の農業を体験《たいけん》できる「農業インターンシップ制度《せいど》」や「就農準備校《しゅうのうじゅんびこう》」などの実習制度《じっしゅうせいど》もあります。

最近《さいきん》では、農地所有適格法人《てきかくほうじん》のような、農業をおこなう会社に就職《しゅうしょく》して、農業の技術《ぎじゅつ》や経営《けいえい》の方法《ほうほう》などを学びながらはたらき、やがて独立《どくりつ》する人もたくさんいます。独立《どくりつ》するときにいちばんたいへんなのは、農地を借《か》りることです。全国にある国の機関《きかん》の「新規就農相談《しんきしゅうのうそうだん》センター」では、新しく農業をはじめる人のために、技術指導《ぎじゅつしどう》や資金援助《しきんえんじょ》、農地の借用《しゃくよう》などの相談《そうだん》にのってくれる窓口《まどぐち》をもうけています。

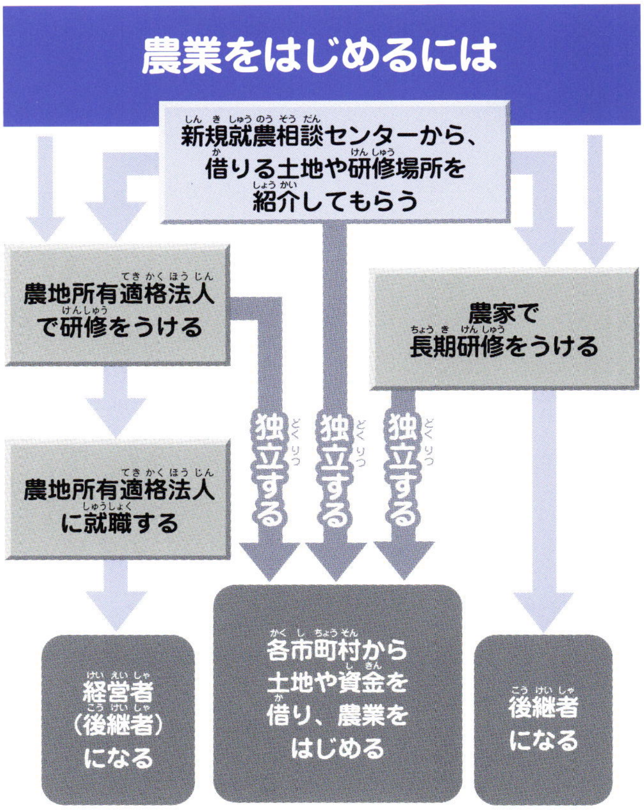

農業をはじめるには
新規就農相談《しんきしゅうのうそうだん》センターから、借《か》りる土地や研修《けんしゅう》場所を紹介《しょうかい》してもらう
農地所有適格法人《てきかくほうじん》で研修《けんしゅう》をうける
農地所有適格法人《てきかくほうじん》に就職《しゅうしょく》する
農家で長期研修《ちょうきけんしゅう》をうける
独立《どくりつ》する
独立《どくりつ》する
独立《どくりつ》する
経営者《けいえいしゃ》（後継者《こうけいしゃ》）になる
各市町村《かくしちょうそん》から土地や資金《しきん》を借《か》り、農業をはじめる
後継者《こうけいしゃ》になる

農家でない人で農業をはじめる人の数のうつりかわり

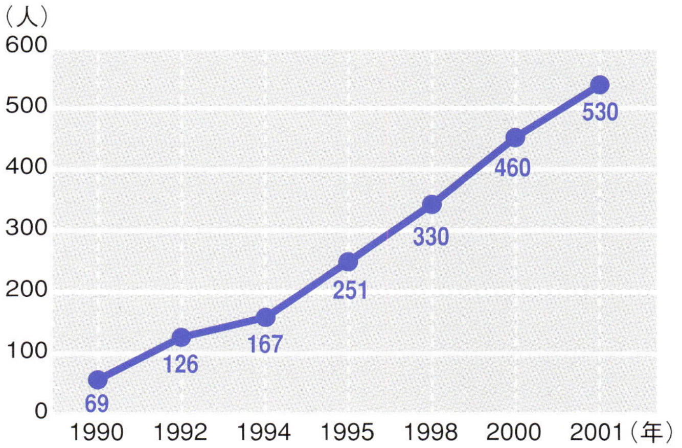

（人）
600
500
400
300
200
100
0
69
126
167
251
330
460
530
1990
1992
1994
1995
1998
2000
2001（年）

農林水産省統計（2004年）

先輩《せんぱい》に聞く

山崎《やまざき》農場をいとなむ
山崎勝久《やまざきかつひさ》さん
（34歳《さい》）

5年前に農業をはじめました。岡山《おかやま》県で、米と有機野菜《ゆうきやさい》をつくっています。独立《どくりつ》する前には、埼玉《さいたま》県の金子《かねこ》さんの農家で、1年間研修《けんしゅう》をさせてもらいました。独立《どくりつ》した年は、ちゃんとした作物ができるかどうか心配でした。また、最初《さいしょ》は販売先《はんばいさき》がなかなか思うようには決まらず、収入《しゅうにゅう》になるのかどうかも不安でした。だから、資金《しきん》の準備《じゅんび》は多いほどいいと思います。でも、自分のイメージどおりにおいしい作物ができたときの喜《よろこ》びは、なにものにもかえがたいです。これからも、おいしいお米づくりに挑戦《ちょうせん》していきたいです。

②章 米と流《りゅう》通《つう》

商品が生産者《せいさんしゃ》から消費者《しょうひしゃ》へとはこばれる流れのことを
「流通《りゅうつう》」といいます。
この章では、国内における米の流通《りゅうつう》のしくみや消費《しょうひ》、
外国との貿易《ぼうえき》についてみていきましょう。

ＪＡ《ジェーエー》（農業協同組合《のうぎょうきょうどうくみあい》）に出荷《しゅっか》される新米。

米が家庭に届《とど》くまで

農家で収穫《しゅうかく》された米は、どのようなルートをたどって
わたしたち消費者《しょうひしゃ》のもとまでやってくるのでしょうか。
つくる人と食べる人をつなぐ、米の流通《りゅうつう》ルートをみてみましょう。

米の流通《りゅうつう》ルート

農家でつくられた米は、大きく「民間流通米《みんかんりゅうつうまい》」と「政府米《せいふまい》」の2種類《しゅるい》のルートに分かれて、わたしたち消費者《しょうひしゃ》のもとに届《とど》きます。

民間流通米《みんかんりゅうつうまい》とは、自由に流通《りゅうつう》する米をさします。主に農家で収穫《しゅうかく》された米がJA《ジェーエー》（農業協同組合《のうぎょうきょうどうくみあい》）により集められ、JA《ジェーエー》や卸売《おろしう》り業者の精米《せいまい》工場で精米《せいまい》されたあと、スーパーや米穀店《べいこくてん》などの小売店に出荷《しゅっか》されます。民間流通米《みんかんりゅうつうまい》には、ほかに、農家が小売店や消費者《しょうひしゃ》に直接《ちょくせつ》米を売る、産地直送販売《さんちちょくそうはんばい》（84ページ参照《さんしょう》）もあります。

一方、政府米《せいふまい》は、米の不作《ふさく》や災害時《さいがいじ》にそなえてたくわえておく米で、政府備蓄米《せいふびちくまい》ともよばれます。政《せい》府米《ふまい》は、JA《ジェーエー》などを通して政府《せいふ》により買い上げられ、倉庫《そうこ》で保管《ほかん》されます。一定期間《きかん》がすぎると新しい米と交換《こうかん》され、保管《ほかん》されていた米は、古米《こまい》として卸売《おろしう》り業者などに出荷《しゅっか》されます。

このほかに、ミニマム・アクセス米《まい》（96、97ページ参照《さんしょう》）とよばれる輸入米《ゆにゅうまい》があります。この米は、政府《せいふ》が品質《ひんしつ》や安全性《あんぜんせい》の確認《かくにん》をおこなったのち、せんべいなどの加工《かこう》用や備蓄《びちく》用につかわれます。

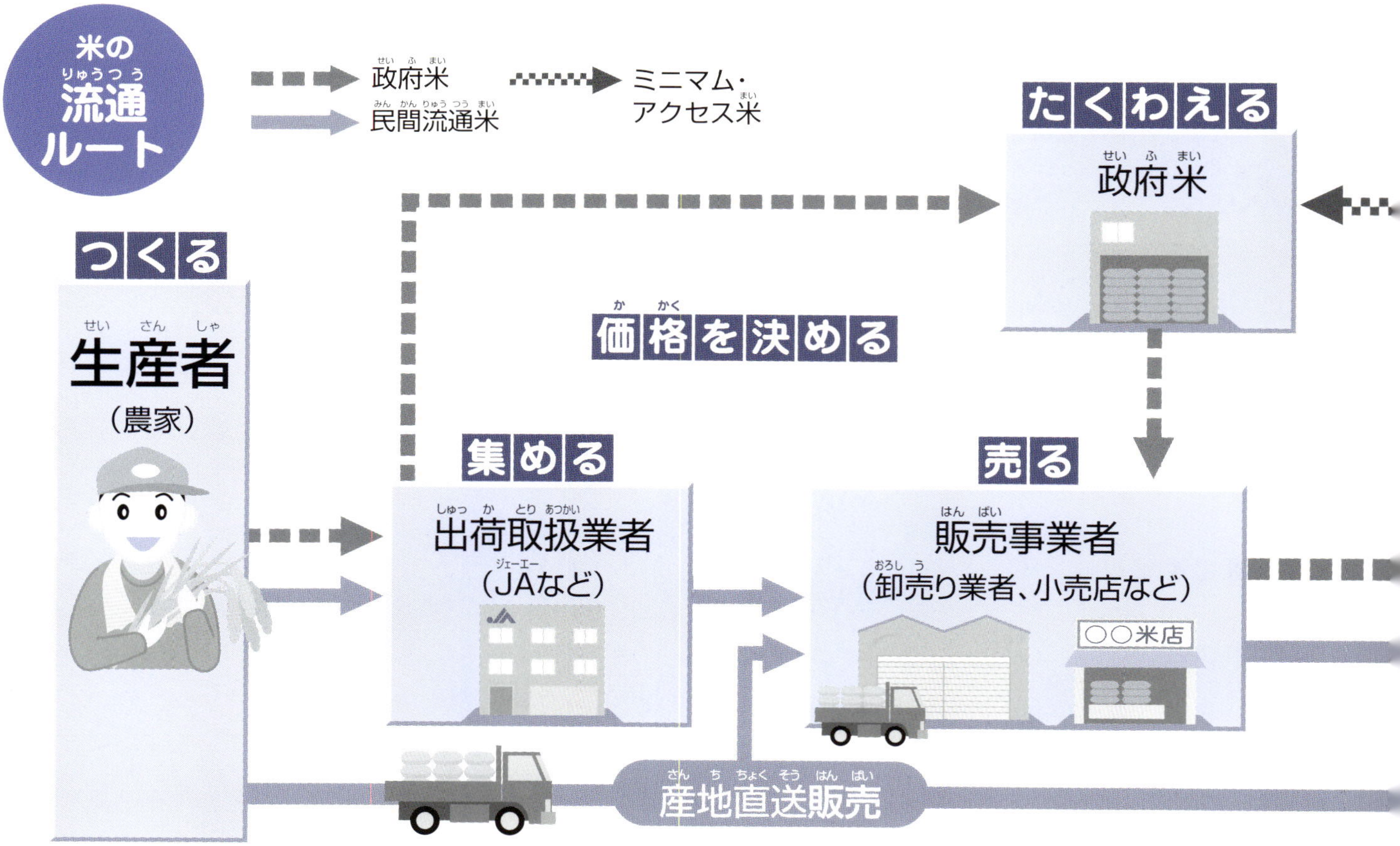

米の流通《りゅうつう》ルート
政府米《せいふまい》
民間流通米《みんかんりゅうつうまい》
ミニマム・アクセス米《まい》
たくわえる
政府米《せいふまい》
つくる
生産者《せいさんしゃ》
（農家）
価格《かかく》を決める
集める
出荷取扱業者《しゅっかとりあつかい》
（JA《ジェーエー》など）
売る
販売《はんばい》事業者
（卸売《おろしう》り業者、小売店など）
○○米店
産地直送販売《さんちちょくそうはんばい》

米の価格《かかく》が決まるしくみ

民間流通米《みんかんりゅうつうまい》は、主にJA《ジェーエー》などの米を売る側《がわ》と、卸《おろし》売《う》り業者や小売店などの米を買う側《がわ》とが取り引きすることによって、価格《かかく》が決められます。

ただし、民間流通米《みんかんりゅうつうまい》のうち、産地直送販売《さんちちょくそうはんばい》とよばれるルートでは、農家と小売店とが直接《ちょくせつ》話し合って価格《かかく》を決めています。インターネットなどで直接消《ちょくせつしょう》費者《ひしゃ》に販売《はんばい》する場合は、農家自身が価格《かかく》を決定します。これらの場合には、農家と消費者《しょうひしゃ》の間に、JA《ジェーエー》や卸《おろし》売《う》り業者などの流通業者が入らないため、農家の手元に入る収入《しゅうにゅう》が増《ふ》えます。現在《げんざい》では、農家からの直接販売《ちょくせつはんばい》が全体の流通量《りゅうつうりょう》の3分の1以上《いじょう》になっています（2011年）。

一方、政府米《せいふまい》は、一定期間がすぎて政府《せいふ》が卸《おろし》売《う》り業者などに米を売りわたすときに、「入札《にゅうさつ》」という方法《ほうほう》によって価格《かかく》が決められます。入札《にゅうさつ》とは、複数《ふくすう》の業者が買いたい金額《きんがく》を文書でしめし、もっとも高い金額《きんがく》をしめした業者との間で売買がおこなわれるものです。

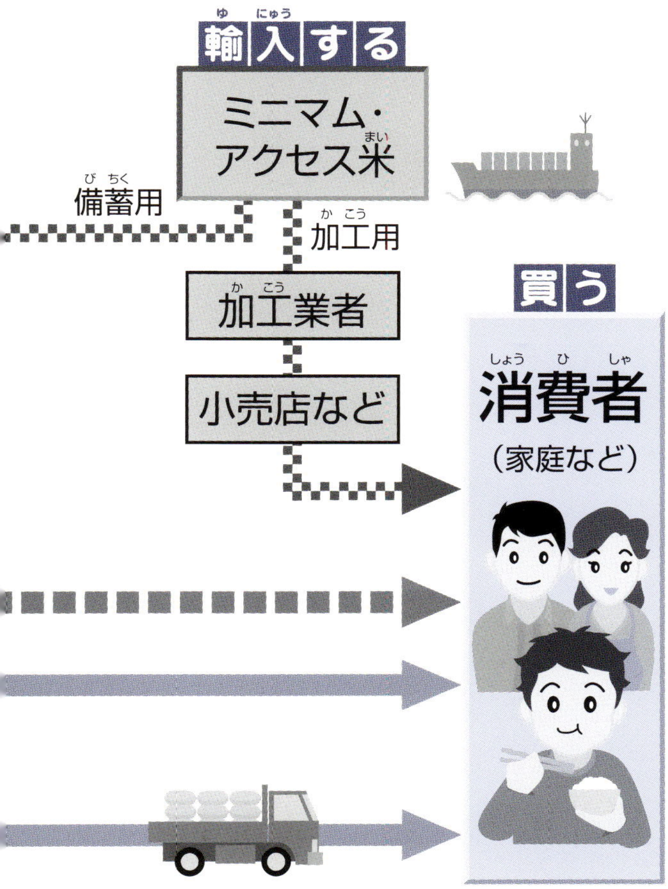

食糧管理制度《しょくりょうかんりせいど》から改正食糧法《かいせいしょくりょうほう》へ

米は、日本人の食生活をささえるたいせつな主食です。不足《ふそく》したり価格《かかく》が大きく変化《へんか》して、生産者《せいさんしゃ》や消費者《しょうひしゃ》がこまることのないようにするため、政府《せいふ》は、長いあいだ「食糧管理制度《しょくりょうかんりせいど》（食管制度《しょっかんせいど》）」というしくみによって、米の生産量《せいさんりょう》や流通《りゅうつう》、価格《かかく》を管理《かんり》してきました。

食糧管理制度《しょくりょうかんりせいど》は、1942（昭和《しょうわ》17）年に制定《せいてい》された「食糧管理法《しょくりょうかんりほう》」にもとづきはじめられた制度《せいど》です。当時は第《だい》2次《じ》世界大戦中《せかいたいせんちゅう》で、深刻《しんこく》な食料不足《しょくりょうぶそく》の時代でした。そのため、政府《せいふ》は収穫《しゅうかく》された米をいったんすべて買い上げ、国民《こくみん》に少しずつ配給《はいきゅう》しました。戦後《せんご》、この制度《せいど》は、時代の変化《へんか》に合わせてみなおされてきましたが、基本的《きほんてき》には、あくまで政府《せいふ》が流通《りゅうつう》全体を管理《かんり》し、米の生産《せいさん》、流通《りゅうつう》、販売《はんばい》を政府《せいふ》の計画にそって進める、というものでした。

1960年代後半に入ると、新しい品種《ひんしゅ》や栽培技術《さいばいぎじゅつ》の発達《はったつ》などにより、米の生産量《せいさんりょう》が急速にふえました。その一方で、食生活の多様化《たようか》などにより、米は以前《いぜん》より食べられなくなり、米があまるという現象《げんしょう》がみられるようになりました。

このような状況《じょうきょう》のもとでは、これまでの制度《せいど》がうまくはたらかないことがわかり、1994（平成《へいせい》6）年、政《せい》府《ふ》は食糧管理法《しょくりょうかんりほう》を廃止《はいし》し、「食糧法《しょくりょうほう》（主要食糧《しゅようしょくりょう》の需《じゅ》給《きゅう》及《およ》び価格《かかく》の安定に関《かん》する法律《ほうりつ》）」を制定《せいてい》、翌年《よくとし》、施《し》行《こう》しました。これによって、米の流通《りゅうつう》は民間《みんかん》での取り引きが中心になり、政府《せいふ》は備蓄《びちく》と価格《かかく》の安定のための供給計画《きょうきゅうけいかく》を立てるだけになりました。さらに、2004年の改正食糧法《かいせいしょくりょうほう》では、米の価格《かかく》も市場《しじょう》（売る側《がわ》と買う側《がわ》の取り引き）にまかせられるようになりました。

これによって、わたしたちは、いろいろな店や人からさまざまな方法《ほうほう》を選《えら》んで米が買えるようになりました。米をつくる側《がわ》や売る側《がわ》は、多くの人に買ってもらえるよう、くふうをして競争《きょうそう》するようになりました。今では、生産者《せいさんしゃ》や消費者《しょうひしゃ》の意識《いしき》がかわり、インターネットを活用した産地直送販売《さんちちょくそうはんばい》など、新しい販売《はんばい》の形が定着しはじめています。

米をたくわえる

日本では、一般的《いっぱんてき》には、米が収穫《しゅうかく》できるのは１年に１回です。
そのため、不作《ふさく》の年などは、次の年に食べる米が足《た》りなくなる可能性《かのうせい》があります。
そのようなことが起こらないよう、政府《せいふ》は日本各地《かくち》の倉庫《そうこ》に米をたくわえています。

いつでもおいしい米が食べられるように

米は、気温、雨量《うりょう》、日照《にっしょう》時間、台風《たいふう》など気象《きしょう》の影響《えいきょう》を受けて、取れる量《りょう》が毎年変化《へんか》します。冷害《れいがい》などによる不作《ふさく》で米が取れないときでも、人々が安心して米を手に入れられるよう、政府《せいふ》は、つねに米をたくわえています。これを「政府備蓄米《せいふびちくまい》」といいます。

秋に新米《しんまい》が取れると、政府《せいふ》はJA《ジェーエー》や農家から米を買い上げ、政府備蓄米《せいふびちくまい》にします。そして、毎年6月末《まつ》に玄米《げんまい》の状態《じょうたい》で100万トン程度《ていど》のたくわえがあるよう、年間を通して調整し、1年後の買いかえのとき、古米《こまい》として市場《しじょう》に出荷《しゅっか》します。

また政府《せいふ》は、災害《さいがい》が起こったときのために、お湯があればあたたかいごはんが食べられる、「乾燥米飯《かんそうべいはん》」（154ページ参照《さんしょう》）もたくわえています。

保管《ほかん》のポイントは温度の管理《かんり》

米をたくわえるときには温度の管理《かんり》が重要《じゅうよう》になります。米は、刈《か》り取られてもみや玄米《げんまい》の状態《じょうたい》になってからも生きて呼吸《こきゅう》をしています。湿気《しっけ》や暑さが苦《にが》手《て》なので、梅雨《つゆ》や夏に常温《じょうおん》で保存《ほぞん》すると、味や香《かお》りがわるくなってしまいます。

下のグラフは、玄米《げんまい》を常温《じょうおん》と低温《ていおん》で保管《ほかん》した場合の、発芽率《はつがりつ》の変化《へんか》を比較《ひかく》したものです。発芽率《はつがりつ》とは芽《め》がでる割合《わりあい》のことで、割合《わりあい》が高いほど、米の生命力がたもたれていることをあらわします。

常温《じょうおん》の場合には、発芽率《はつがりつ》は保管《ほかん》後1年目の梅雨《つゆ》から夏にかけて下がり、2年目の同時期《どうじき》には、急激《きゅうげき》に下がっています。一方、低温《ていおん》の場合には、2年たってもほとんど発芽率《はつがりつ》がかわりません。低温《ていおん》での保管《ほかん》で、新米《しんまい》とかわらないおいしさがたもてるのです。

米の保管《ほかん》温度による発芽率《はつがりつ》の変化《へんか》

旧食糧庁資料

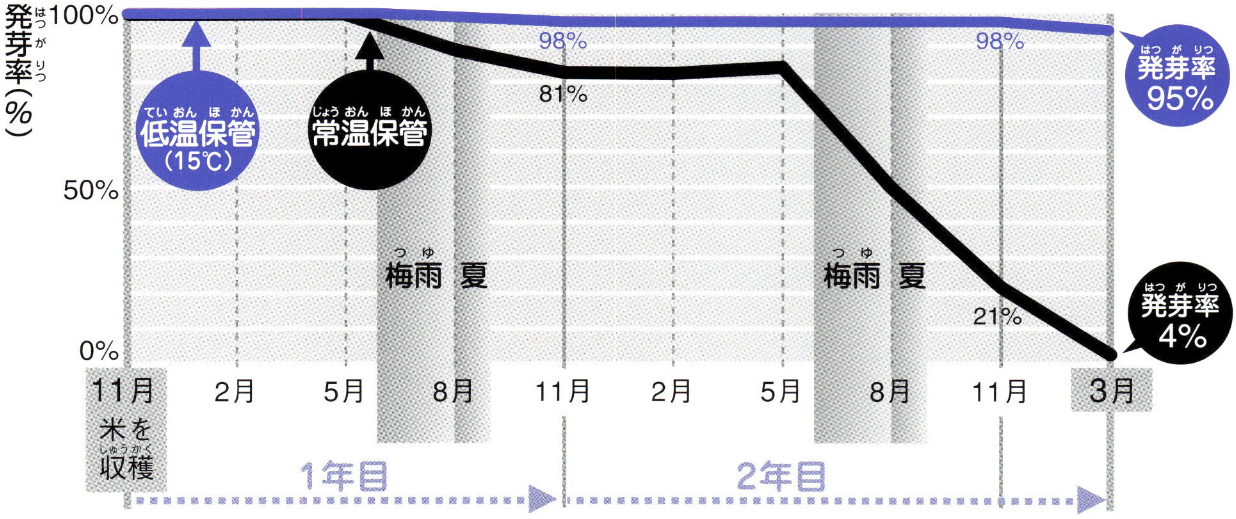

発芽率《はつがりつ》（%）
100%
50%
0%
低温保管《ていおんほかん》
（15℃）
常温保管《じょうおんほかん》
98%
81%
98%
21%
発芽率《はつがりつ》
95%
発芽率《はつがりつ》
4%
梅雨《つゆ》 夏
梅雨《つゆ》 夏
11月
2月
5月
8月
11月
2月
5月
8月
11月
3月
米を
収穫《しゅうかく》
1年目
2年目

最先端《さいせんたん》の低温倉庫《ていおんそうこ》

政府備蓄米《せいふびちくまい》は、全国にある政府《せいふ》の倉庫《そうこ》で保管《ほかん》されています。中でも、東京《とうきょう》都江東《こうとう》区の深川《ふかがわ》にある倉庫《そうこ》は、世界でも最先端《さいせんたん》の設備《せつび》をそなえた低温倉庫《ていおんそうこ》です。

広さは約《やく》3万7000㎡（東京ドームのグラウンド約《やく》3個《こ》分）あり、倉庫《そうこ》全体の温度や湿度《しつど》などを高性能《こうせいのう》のコンピュータで管理《かんり》しています。この倉庫《そうこ》では、東京《とうきょう》都民《とみん》の約《やく》1か月分の消費量《しょうひりょう》とほぼ同じ、約《やく》6万トンの米を保管《ほかん》することができます。

▼東京《とうきょう》・深川《ふかがわ》にある政府備蓄米《せいふびちくまい》の低温倉庫《ていおんそうこ》。

◀米袋《こめぶくろ》にさしてある穀温《こくおん》計《けい》（穀物《こくもつ》の温度をはかる温度計）のセンサーで、米袋《こめぶくろ》の中の米の温度を管理《かんり》している。

深川《ふかがわ》にある低温倉庫《ていおんそうこ》の中。倉庫《そうこ》内はつねに湿度《しつど》が約《やく》70%、米の温度が15℃以下《いか》になるよう調整されている。

昔ながらの低温倉庫《ていおんそうこ》「山居倉庫《さんきょそうこ》」

日よけの役割《やくわり》をもつケヤキ並木《なみき》。

壁《かべ》は湿気《しっけ》を調整しやすい土やしっくいでできている。

屋根は二重構造《にじゅうこうぞう》。

山形《やまがた》県酒田《さかた》市にある「山居倉庫《さんきょそうこ》」は、1893（明《めい》治《じ》26）年に庄内米《しょうないまい》の取引所《とりひきじょ》の一部として建《た》てられた、米の保管倉庫《ほかんそうこ》です。100年以上《いじょう》も前につくられた倉《そう》庫《こ》ですが、昔の人の知恵《ちえ》で、建物《たてもの》の構造《こうぞう》や自然《しぜん》がうまく利用《りよう》され、米の保管《ほかん》に適《てき》した温度や湿度《しつど》をたもつことのできる倉庫《そうこ》となっています。

写真をみると、屋根が二重構造《にじゅうこうぞう》で、外側《そとがわ》と内側《うちがわ》の屋根のあいだにすきまがあることがわかります。この空間によって、外の気温が倉庫《そうこ》内につたわりにくくなり、暑い夏でも中の温度が急激《きゅうげき》に上がらないようになっています。建物《たてもの》のまわりに植えられたケヤキは、日よけの役割《やくわり》をはたしています。また、土やしっくいでつくられた壁《かべ》が、湿気《しっけ》をふせいでいます。

精米《せいまい》のしくみ

わたしたちがふだん食べている白いごはんは、白米です。
収穫《しゅうかく》した米からもみがらを取りのぞくと玄米《げんまい》になり、
玄米《げんまい》からうす茶色のぬか層《そう》やはい芽《が》を取りのぞくと白米になります。

米粒《こめつぶ》の構造《こうぞう》

米は、わたしたちがふだん食べているごはんであり、植物のイネの種子《しゅし》でもあります。もみの状態《じょうたい》の米粒《こめつぶ》の内部をみると、イネの芽《め》や根になる「はい芽《が》（はい）」と、苗《なえ》が生長するときの栄養分《えいようぶん》になる「はい乳《にゅう》」を「ぬか層《そう》（種皮《しゅひ》）」がつつみ、さらにそのまわりを「もみがら」がおおっています。

わたしたちが白米として食べているのは、はい乳《にゅう》の部分です。もみを白米にするためには、「もみすり」をして、もみがらを取りのぞき、玄米《げんまい》にします。そして、玄米《げんまい》を「精米《せいまい》」してぬか層《そう》やはい芽《が》を取りのぞくと、白米になります。

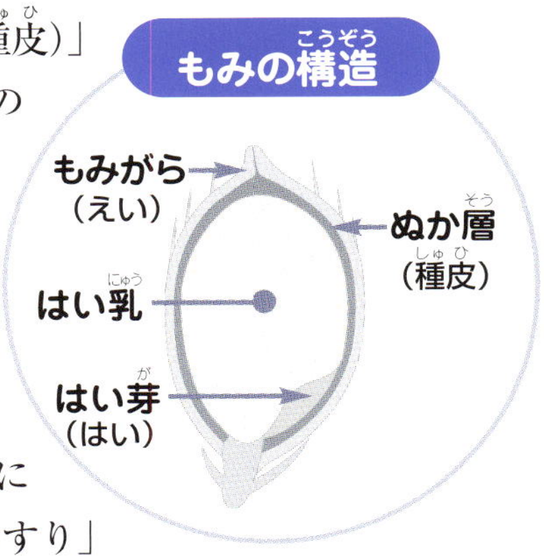

もみの構造《こうぞう》
もみがら
（えい）
ぬか層《そう》
（種皮《しゅひ》）
はい乳《にゅう》
はい芽《が》
（はい）

もみから白米へ
もみ
もみすり
玄米《げんまい》
精米《せいまい》
はい芽《が》精米《せいまい》
白米

もみからもみがらを取りのぞいて、玄米《げんまい》にすること。

玄米《げんまい》の表面にあるうす茶色のぬか層《そう》やはい芽《が》を取りのぞいて、白米にすること。はい芽《が》をのこして、ぬか層《そう》だけ取りのぞくように精米《せいまい》すると、はい芽《が》精米《せいまい》（141ページ参照《さんしょう》）になる。

精米《せいまい》ができる場所

米穀店《べいこくてん》やスーパーマーケット、コンビニエンスストアなどで売られている白米は、農家の精米機《せいまいき》やJA《ジェーエー》（農業協同組合《のうぎょうきょうどうくみあい》）などの精米《せいまい》工場で精米《せいまい》し、出荷《しゅっか》されたものです。玄米《げんまい》の状態《じょうたい》で売られている米を米穀店《べいこくてん》などで買って、その場で精米《せいまい》してもらったり、コイン精米所《せいまいじょ》や家庭用精米機《せいまいき》をつかって精米《せいまい》したりすることもできます。

米は、玄米《げんまい》の状態《じょうたい》では、ぬか層《そう》に守られ味や香《かお》りがたもたれますが、いったん白米にしてしまうと、肌《はだ》ぬか（82ページ参照《さんしょう》）とよばれる米粒《こめつぶ》のまわりについている細《こま》かいぬかがいたみやすく、とくに夏場の常温《じょうおん》では、保存中《ほぞんちゅう》に味や香《かお》りが急速におちてしまいます。そのため、白米は、精米《せいまい》したての米を買い、夏場は家庭の冷蔵庫《れいぞうこ》で保存《ほぞん》すると、おいしさを長くたもつことができます。

クリーン精米屋
無人精米所
営業中

▲街中《まちなか》にある無人《むじん》のコイン精米所《せいまいじょ》。お金を入れると精米機《せいまいき》が動き、玄米《げんまい》を精米《せいまい》できるしくみになっている。

▼スーパーの米売り場の精米機《せいまいき》。購入《こうにゅう》した玄米《げんまい》をその場で精米《せいまい》できる。

精米《せいまい》の方法《ほうほう》

精米方法《せいまいほうほう》には、大きく分けて摩擦式《まさつしき》と研削式《けんさくしき》があります。摩擦式《まさつしき》は、玄米《げんまい》を金属《きんぞく》にこすりつけるなどして表面のぬか層《そう》に小さな傷《きず》をつけ、玄米《げんまい》どうしをこすり合わせると、傷《きず》の部分からぬか層《そう》がはがれ落ちていくというものです。研削式《けんさくしき》は、回転《かいてん》する砥石《といし》のようなもので表面をけずり取る方法《ほうほう》です。大きな精米《せいまい》工場で精米《せいまい》する場合は、摩擦式《まさつしき》と研削式《けんさくしき》の精米《せいまい》機《き》を組み合わせて精米《せいまい》します。

2種類《しゅるい》の精米方法《せいまいほうほう》

玄米《げんまい》の表面に金属《きんぞく》などで小さな傷《きず》をつけておき、玄米《げんまい》どうしをこすり合わせることによってぬか層《そう》を取りのぞく方法《ほうほう》。

玄米《げんまい》の表面を回転《かいてん》する砥石《といし》のようなものでくりかえしこすり、ぬか層《そう》をけずり落とす方《ほう》法《ほう》。

精米《せいまい》工場の荷受《にうけ》から出荷《しゅっか》まで

精米《せいまい》工場に玄米《げんまい》がはこばれ（荷受《にうけ》）、精米《せいまい》されて出荷《しゅっか》されるまでの流れをみてみましょう。

荷受《にうけ》

JA《ジェーエー》(農業協同組合《のうぎょうきょうどうくみあい》)などから玄米《げんまい》がはこばれてくる。

ごみ取り

玄米《げんまい》にまざっている石やごみを取りのぞく。

精米《せいまい》

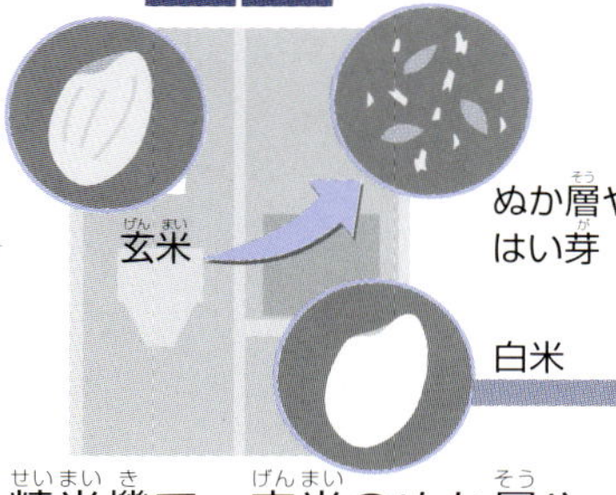

精米機《せいまいき》で、玄米《げんまい》のぬか層《そう》やはい芽《が》を取りのぞく。

選別《せんべつ》

くだけた米や色のある米を取りのぞく。これらは、せんべいなどの加工《かこう》用になる。

計量《けいりょう》 包装《ほうそう》

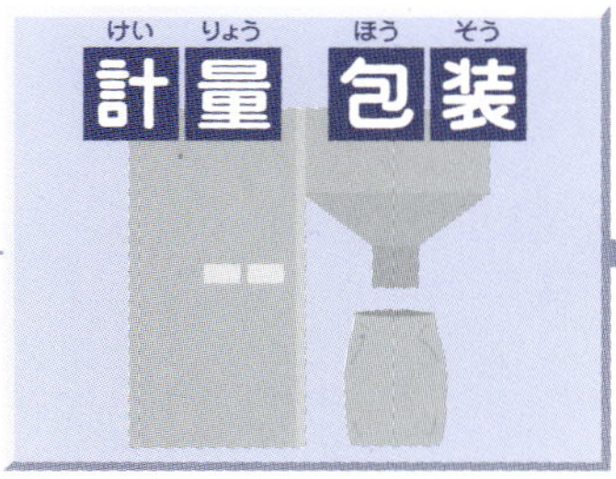

自動計量包装機《じどうけいりょうほうそうき》で重さをはかり、米を袋《ふくろ》づめする。

出荷《しゅっか》

袋《ふくろ》につめた米をトラックに積《つ》みこみ、出荷《しゅっか》する。

米の味をよくするブレンド米《まい》

精米《せいまい》工場では、玄米《げんまい》を精米《せいまい》したあと、何種類《なんしゅるい》かの米をまぜ合わせて、「ブレンド米《まい》」をつくることがあります。

米は、品種《ひんしゅ》、産地《さんち》、生産《せいさん》した年などによって味がちがいますが、まぜることによって、価格《かかく》を安くするとともに、味を均一《きんいつ》にすることができます。また、相性《あいしょう》のよい品種《ひんしゅ》をまぜ合わせると、おたがいのよいところが引きたてられたり、たりないところがおぎなわれたりして、1種類《しゅるい》だけのときよりも、味がよくなることもあります。

無《む》洗《せん》米《まい》ができるまで

無洗米《むせんまい》は、とぎ洗《あら》いをしないでたくことができる白米です。
とぎ汁《じる》がでないので生活排水《せいかつはいすい》の原因《げんいん》とならず、
また、手間をかけずにごはんがたけるため、年々人気が高まっています。

無《む》洗《せん》米《まい》ってなに？

通常《つうじょう》、精米《せいまい》（80、81ページ参照《さんしょう》）してぬか層《そう》を取りのぞいた白米の表面には、「肌《はだ》ぬか」とよばれる細《こま》かくねばりのあるぬかがのこっています。肌《はだ》ぬかは、ごはんの味を落とし、古くなるといやなにおいの原因《げんいん》にもなるため、米はとぎ洗《あら》いをして、肌《はだ》ぬかを洗《あら》い流してから炊飯《すいはん》します。

無洗米《むせんまい》は、この肌《はだ》ぬかを、下にしめしたようないろいろな方法《ほうほう》で、あらかじめ取りのぞいてから販売《はんばい》されています。そのため、家庭ではとぎ洗《あら》いをせずに、水をそそいで、そのままたくことができます。

無洗米《むせんまい》の年間生産量《せいさんりょう》の変化《へんか》

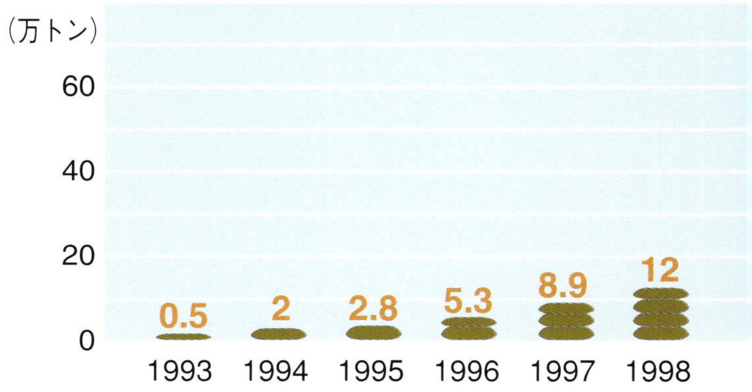

無《む》洗《せん》米《まい》をつくるしくみ

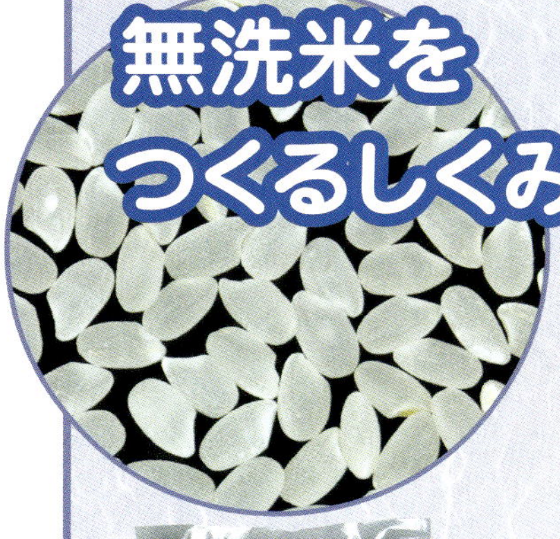

精米《せいまい》のあとにのこった肌《はだ》ぬかを取りのぞくためには、いくつかの方法《ほうほう》があります。代表的《だいひょうてき》な方法《ほうほう》をみてみましょう。

ぬかでぬかをとる方法《ほう　ほう》

BG精米製法《せいまいせいほう》

白米の表面についている肌《はだ》ぬかにはねばりがあり、物にくっつく性質《せいしつ》をもっています。この性質《せいしつ》を利用《りよう》して、白米の表面の肌《はだ》ぬかを別《べつ》の肌《はだ》ぬかにくっつけて取る方法《ほうほう》がBG精米製法《せいまいせいほう》です。BGとは、「ぬか」のブラン（Bran）と「けずる」のグラインド（Grind）の頭文字《かしらもじ》を取ったものです。

1 精米《せいまい》した白米の表面には、ねばりのある肌《はだ》ぬかがついている。

2 別《べつ》の肌《はだ》ぬかで白米の表面をこすると、表面についた肌《はだ》ぬかが付着《ふちゃく》して取れる。

3 米のおいしさをのこしたまま、きれいに肌《はだ》ぬかが取れる。

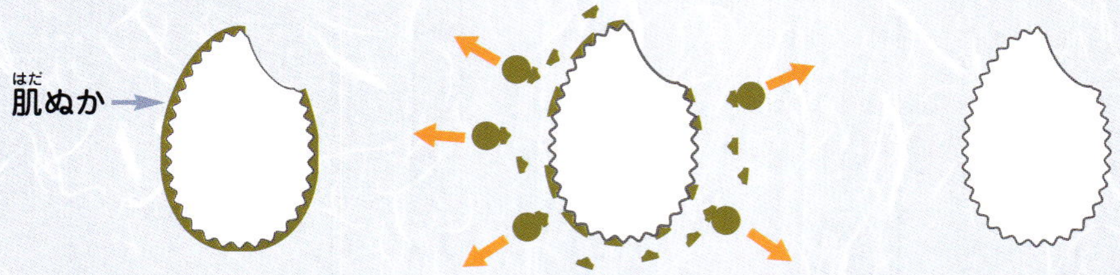

▲さまざまな品種《ひんしゅ》の無《む》洗米《せんまい》が販売《はんばい》されている。

需要《じゅよう》がふえている無洗米《むせんまい》

無洗米《むせんまい》は、1991（平成《へいせい》3）年ごろから販売《はんばい》されはじめました。発売から2、3年目の1993年の生産量《せいさんりょう》は、年間5000トン程度《ていど》でしたが、年々生産量《せいさんりょう》がふえつづけ、2004年には53万トンまでのびています。

無洗米《むせんまい》は、とぎ洗《あら》いの手間がはぶける便利《べんり》さなどから、レストランや弁当屋《べんとうや》のごはん、学校給食《がっこうきゅうしょく》などにも利用《りよう》されはじめています。無洗米《むせんまい》を販売《はんばい》する小売店もふえており、現在《げんざい》では、米の全消費量《ぜんしょうひりょう》の約《やく》1割《わり》を無洗米《むせんまい》がしめているといわれています。

着実《ちゃくじつ》に生産量《せいさんりょう》がふえている
18.9
27.3
42.8
50.5
52.3
53.0
1999
2000
2001
2002
2003
2004（年）

「無洗米生産量推移」2005年（全国無洗米協会）

タピオカでぬかをとる方法《ほうほう》

NTWP加工法《かこうほう》

タピオカは、キャッサバという熱《ねっ》帯《たい》地方でとれるイモからつくられる、デンプンの粒《つぶ》です。白米に水を少し加《くわ》え、肌《はだ》ぬかがやわらかくなったところにタピオカを入れて、タピオカのねばりの性質《せいしつ》を利用《りよう》して肌《はだ》ぬかを付着《ふちゃく》させて取りのぞきます。

水でぬかをとる方法《ほうほう》

水洗《みずあら》い乾燥法《かんそうほう》

肌《はだ》ぬかを水でさっと洗《あら》い落とし、乾燥《かんそう》させる方法《ほうほう》です。

無洗米《むせんまい》のよいところ

無洗米《むせんまい》は、とぎ洗《あら》いをせずにそのままたける、あつかいやすい米です。家庭での日常《にちじょう》の炊飯《すいはん》をはじめ、キャンプでの炊飯《すいはん》や、災害時《さいがいじ》の炊《た》きだしにも、手軽に利用《りよう》することができます。

また、米をとぎ洗《あら》いする場合には、とぎ方によっては、とぎ汁《じる》といっしょに米のうまみや栄養分《えいようぶん》まで洗《あら》い流してしまうこともありますが、とぎ汁《じる》を流さない無洗米《むせんまい》は、そうした心配がありません。

とぎ汁《じる》がでないので、生活排水《せいかつはいすい》がへるというよさもあります。肌《はだ》ぬかには、窒素《ちっそ》やリンなどがふくまれています。これらが生活排水《せいかつはいすい》として川や海に流されると、それを栄養分《えいようぶん》にプランクトンがふえ、赤潮《あかしお》*の原因《げんいん》となります。そのため、生活排水《せいかつはいすい》は通常《つうじょう》、下《げ》水《すい》に流され、汚水処理場《おすいしょりじょう》で浄化《じょうか》されますが、とぎ汁《じる》は、かんたんにはもとの水質《すいしつ》にもどりません。

たとえば、米3カップをとぎ洗《あら》いしたときにでるとぎ汁《じる》（約《やく》2ℓ）を、魚がすめるきれいな水にもどすためには、ふろ4杯《はい》分（約《やく》1200ℓ）もの水が必要《ひつよう》です。それでも窒素《ちっそ》やリンは完全《かんぜん》には浄化《じょうか》されません。一方、とぎ汁《じる》がでない無洗米《むせんまい》をつかえば、水を汚《よご》すことがなく、節水《せっすい》もでき、環境保全《かんきょうほぜん》に役だつのです。

＊**赤潮《あかしお》**　海水中のプランクトン（水中を浮遊《ふゆう》している微生物《びせいぶつ》）が異常《いじょう》にふえ、海面が赤く変色《へんしょく》してみえる現象《げんしょう》。窒素《ちっそ》やリンなどの栄養分《えいようぶん》のふえすぎや、水温の上昇《じょうしょう》が原因《げんいん》で発生する。海水中が酸素不足《さんそぶそく》となり魚介類《ぎょかいるい》が死滅《しめつ》するなど、大きな被害《ひがい》をおよぼす。

肌《はだ》ぬかを再利用《さいりよう》する

肌《はだ》ぬかにふくまれている窒素《ちっそ》やリンは、川や海に流されると、環境汚染《かんきょうおせん》の原因《げんいん》となりますが、作物を育てるための土づくり（34ページ参照《さんしょう》）や、家畜《かちく》の飼育《しいく》にはとても役だつ栄養分《えいようぶん》です。現在《げんざい》、BG精《せい》米製法《まいせいほう》によって取《と》りのぞかれた肌《はだ》ぬかは、集められ、有機肥料《ゆうきひりょう》や家畜《かちく》のえさとして利用《りよう》されています。肌《はだ》ぬかは、有効《ゆうこう》に再利用《さいりよう》することができるのです。

家庭で米をとぎ洗《あら》いしたときにでるとぎ汁《じる》も、生《せい》活排水《かつはいすい》として流さずに、作物や植木を育てる土にまくなどすると、有効《ゆうこう》に活用することができます。

米を売るくふう

1995（平成《へいせい》7）年に食糧法《しょくりょうほう》が施行《しこう》されてから、米の流通《りゅうつう》が以前《いぜん》よりも自由になり、これまでとことなる方法《ほうほう》で米を売ることができるようになりました。農家の産地直送販売《さんちちょくそうはんばい》がふえ、また、米穀店《べいこくてん》もさまざまな売るくふうをしています。

米を売るためには

2004（平成《へいせい》16）年に「食糧法《しょくりょうほう》」（77ページ参照《さんしょう》）が改正《かいせい》されるまで、米をあつかうためには都道府県《とどうふけん》知事《ちじ》の認可《にんか》など、細《こま》かい手続きや登録《とうろく》が必要《ひつよう》でした。改正《かいせい》後は、農林水産大臣《のうりんすいさんだいじん》に届《とど》け出《で》をすれば、自由に米の販売《はんばい》ができるようになりました。

現在《げんざい》、米を販売《はんばい》しているのは、主にスーパーマーケットや米穀店《べいこくてん》のほか、コンビニエンスストアなどがあります。ディスカウントショップやガソリンスタンドでの販売《はんばい》や、農家が直接消費者《ちょくせつしょうひしゃ》に販売《はんばい》する「産地直送販売《さんちちょくそうはんばい》（産直販売《さんちょくはんばい》）」など、これまでになかった新しい販売《はんばい》ルートも生まれています。

農家が直接消費者《ちょくせつしょうひしゃ》に売る

新しい流通《りゅうつう》ルートの中でもとくにふえているのが、農家が直接消費者《ちょくせつしょうひしゃ》に売る「産地直送販売《さんちちょくそうはんばい》（産《さん》直販売《ちょくはんばい》）」です。

産直販売《さんちょくはんばい》では、農家と消費者《しょうひしゃ》が直接契約《ちょくせつけいやく》をむすぶため、農家にとっては消費者《しょうひしゃ》の顔がみえやすく、やりがいにつながるという利点《りてん》があります。

一方、消費者《しょうひしゃ》にとっては、どんな人がどのようにつくったのかがわかりやすく、安心して食べられる米が買えるという利点《りてん》があります。産直販売《さんちょくはんばい》は、こだわりのあるおいしい米を買いたいという消費者《しょうひしゃ》に広まりはじめています。

産直販売《さんちょくはんばい》の例《れい》

ここでは、米の流通《りゅうつう》の自由化が進んだことによって近年増加《ぞうか》している、産直販売《さんちょくはんばい》の流れについてみてみましょう。

1

米の生産者《せいさんしゃ》は、米の値《ね》段《だん》を決め、種類《しゅるい》や特徴《とくちょう》を書いてホームページなどで宣伝《せんでん》する。

2

ホームページの注文フォームやメール、電話やファクシミリなどで注文を受ける。

3

保管《ほかん》している玄米《げんまい》のうち、注文を受けた量《りょう》だけ精米《せいまい》して袋《ふくろ》につめ、出荷《しゅっか》する。

4

運送会社に委託《いたく》して、商品を発送する。

5

商品が注文をした消費《しょうひ》者《しゃ》のもとに届《とど》く。消費《しょうひ》者《しゃ》が気に入れば、ひきつづき契約《けいやく》をする。

米穀店《べいこくてん》のくふう

スーパーマーケットでの米の販売《はんばい》や農家の産直販売《さんちょくはんばい》が注目される中で、昔ながらの米穀店《べいこくてん》での販売量《はんばいりょう》は減少《げんしょう》しています。しかし、中には、専門店《せんもんてん》ならではの品ぞろえやサービスで量販店《りょうはんてん》との差別化《さべつか》をはかり、売り上げをのばしている米穀店《べいこくてん》もあります。

▲お米マイスターのステッカー。米穀店《べいこくてん》を応援《おうえん》する「日本米穀小売商業組合連合会《にほんべいこくこうりしょうぎょうくみあいれんごうかい》」という団体《だんたい》によって認定《にんてい》されている。

「お米マイスター」のいる米穀店《べいこくてん》

「お米マイスター」を知っていますか？　幅広《はばひろ》い知識《ちしき》をもち、たくさんの種類《しゅるい》の中から、消費者《しょうひしゃ》がもとめている味にぴったり合う米をすすめることができる販売者《はんばいしゃ》だけにみとめられた資格《しかく》です。

東京《とうきょう》都港《みなと》区の「小峰米店《こみねこめてん》」の小峰和久《こみねかずひさ》さんも、お米マイスターのひとりです。消費者《しょうひしゃ》の好《この》みはさまざまです。値段《ねだん》が高くてもおいしい米をもとめる人もいれば、味よりも安さをもとめる人もいます。どんな農法《のうほう》でつくられたかにこだわる人もいます。小峰《こみね》さんは、このようなひとりひとりの声にこたえられるように、ほかの店にはない品ぞろえをモットーにしています。

とくにこだわっているのは、米の育った環境《かんきょう》です。小峰《こみね》さんは、米の知識《ちしき》をふやし、夏の生育期《せいいくき》に農家をたずね、水田のようすをみて歩くなどの勉強を欠《か》かしません。そして、栽培方法《さいばいほうほう》などの話をきいて納得《なっとく》した上で契約《けいやく》をむすび、JA《ジェーエー》や卸売《おろしう》り業者を通さず、農家から直接《ちょくせつ》買った米を店頭にならべています。

ふつうより手間も時間もかかることばかり。でもこれがおいしく安全な米を届《とど》けるための、お米マイスターのこだわりなのです。

▼店の入口には、お米マイスターの証明書《しょうめいしょ》と、どんな米がおいてあるかをわかりやすく紹介《しょうかい》したチラシが貼《は》ってある。

▲農家から直接《ちょくせつ》仕入れた米は、農家の人の顔写真入りで紹介《しょうかい》している。仕入れ全体からみるとまだ数は少ないが、これからもっとふやしていく予定だ。

▼店頭で、今入荷《にゅうか》されている米の最新情報《さいしんじょうほう》を紹介《しょうかい》している。

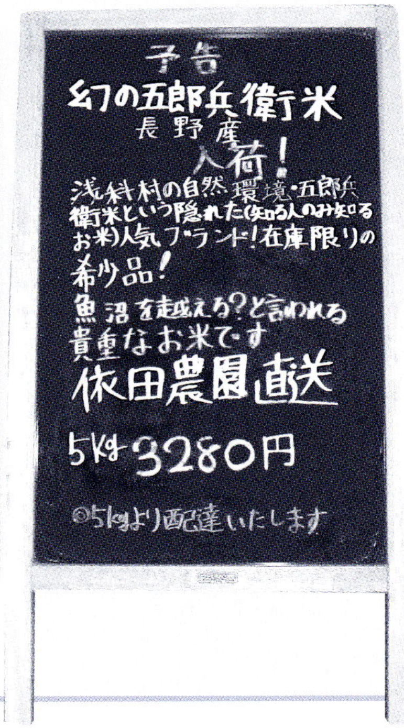

いろいろな米

米穀店《べいこくてん》やスーパーマーケットの売り場をみると、形や色がちがうさまざまな米がならんでいます。産地《さんち》や栽培方法《さいばいほうほう》、精米方法《せいまいほうほう》などによって、それぞれ特色《とくしょく》がことなります。

うるち精米《せいまい》（白米）

わたしたち日本人がふだん食べている白い米は、ジャポニカ種《しゅ》の「うるち米《まい》」という種類《しゅるい》の米を精米《せいまい》したものです。米粒《こめつぶ》は、白く半透明《はんとうめい》で、丸い形をしています。

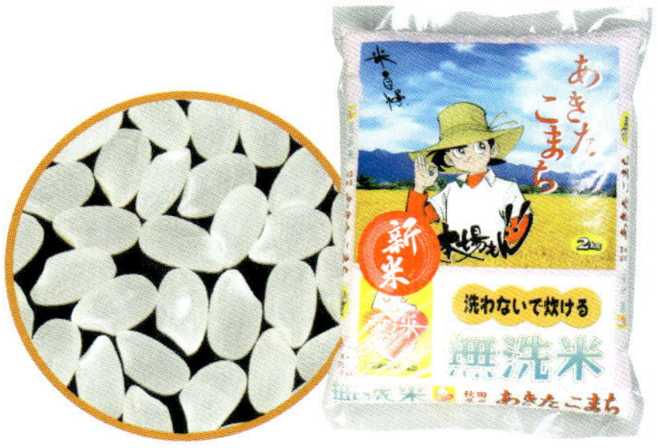

いろいろなうるち米《まい》

「コシヒカリ」「きらら397」など、いろいろな品種《ひんしゅ》がある。コシヒカリはねばりが強い、きらら397はねばりが少ないなど、品種《ひんしゅ》によって特色《とくしょく》がある。同じ品種《ひんしゅ》でも、産地《さんち》によって味がちがう。

無洗米《むせんまい》

特別《とくべつ》な精米方法《せいまいほうほう》で、ふつうの精米《せいまい》ではのこってしまう肌《はだ》ぬかを取りのぞいた米。たく前にとぐ手間がはぶけ、水質汚染《すいしつおせん》につながるとぎ汁《じる》がでない（82、83ページ参照《さんしょう》）。

玄米《げんまい》・はい芽精米《がせいまい》

うるち米《まい》は、玄米《げんまい》やはい芽精米《がせいまい》としても売られています。精米《せいまい》すると取りのぞかれてしまうぬかやはい芽《が》がのこっているため、栄養価《えいようか》が高いのが特徴《とくちょう》です。

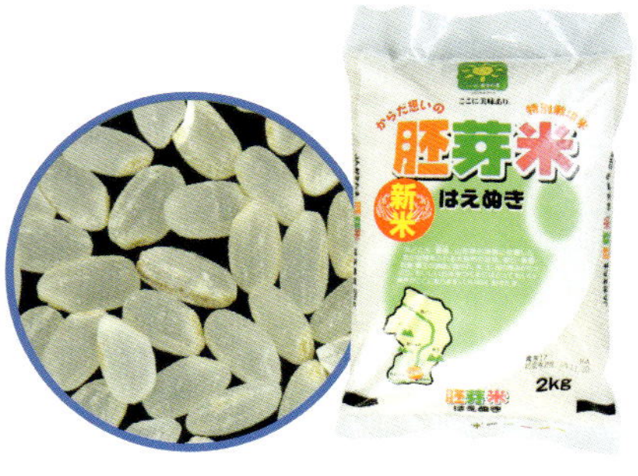

玄米《げんまい》

ぬかがついたままなので、白米よりもかたく食べにくいが、ビタミンB_1やミネラルなど栄養素《えいようそ》が豊富《ほうふ》。前処理《しょり》をしてたきやすくしたものもある。色はうす茶色。

発芽玄米《はつがげんまい》

はい芽《が》を発芽《はつが》させた玄米《げんまい》。ふつうの玄米《げんまい》よりも食べやすく、栄《えい》養価《ようか》も高い。中でも「ギャバ」という栄養素《えいようそ》の量《りょう》は、玄米《げんまい》の2～3倍（141ページ参照《さんしょう》）。

はい芽精米《がせいまい》

はい芽《が》を取らずに精米《せいまい》した米。「はい芽米《がまい》」という名前で販売《はんばい》されていることもある。ビタミンB_1やビタミンEが豊富《ほうふ》（141ページ参照《さんしょう》）。

もち精米《せいまい》（もち米《ごめ》）

うるち米《まい》にふくまれるアミロースという成分《せいぶん》がふくまれず、ねばりの強い米です。
もちやおこわをつくるときにつかわれます。
精米《せいまい》したもち米は、不透明《ふとうめい》な白色をしています。

いろいろなもち米《ごめ》

もち米《ごめ》にもいろいろな品種《ひんしゅ》がある。「こがねもち」や「ひよくもち」などが有名。もちにするだけでなく、おこわにしたり、粉《こな》にして和菓子《わがし》やあられなどの原料《げんりょう》としてもつかわれる。

外国米

米は世界の国々で栽培《さいばい》されています。外国では、日本のジャポニカ種《しゅ》とは形や味がちがう、インディカ種《しゅ》が多く食べられています。

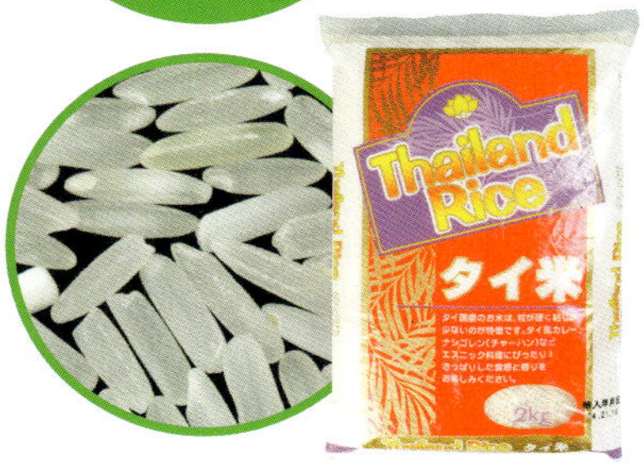

タイの米

ほとんどがインディカ種《しゅ》で、米粒《こめつぶ》の形は細長いものが多い。ねばり気が少なくパラパラしている。「カウドマリ」という品《ひん》種《しゅ》は香《かお》りがよく、高級米《こうきゅうまい》としても有名。

イタリアの米

イタリアには、インディカ種《しゅ》と、中粒種《ちゅうりゅうしゅ》のジャバニカ種《しゅ》がある。写真はジャバニカ種《しゅ》で、イタリア風のリゾットやパエリアをつくるのにむく、「カルナローリ」という品種《ひんしゅ》。

古代米《こだいまい》

古代《こだい》から生育《せいいく》していた野生《やせい》のイネの特徴《とくちょう》を受けつぐ米を古代米《こだいまい》といいます。
かわった色や形をした黒米《くろまい》、紫米《むらさきまい》、赤米《あかまい》、緑米《みどりまい》、香《かお》り米《まい》などで、
もち米《ごめ》が多く、独特《どくとく》の味わいや高い栄養価《えいようか》から、最近《さいきん》注目を集めるようになりました。

赤米《あかまい》

うるち米《まい》ともち米《ごめ》がある。タンパク質《しつ》やミネラル、ビタミンが豊富《ほうふ》。お祝《いわ》いのときなどに食べる赤飯《せきはん》は、古代《こだい》に食べた赤米《あかまい》のなごりといわれている。

黒米《くろまい》

紫米《むらさきまい》とも紫黒米《しこくまい》ともいわれる紫《むらさき》色または黒色の米。ほとんどはもち米《ごめ》で、香《かお》りのあるものもある。中国では薬米《やくまい》として薬膳料理《やくぜんりょうり》につかわれるほど栄養価《えいようか》が高い。

緑米《みどりまい》

緑米《みどりまい》はほとんどがもち米《ごめ》。ミネラルや食物繊維《しょくもつせんい》が豊富《ほうふ》で、ふつうのもち米《ごめ》よりも、ねばりとあまみが強い。

米を買う

みなさんは、いつも米をどこで買っていますか。
さまざまな米の商品の中から、どうやってえらんでいますか。
毎日のように米を食べる消費者《しょうひしゃ》として、米の買い方についてみてみましょう。

かわりつつある米の購入先《こうにゅうさき》

1995年（平成《へいせい》7）年に「食糧法《しょくりょうほう》」が施行《しこう》されて以来《いらい》、米は、それまで販売《はんばい》の中心となっていた米穀店《べいこくてん》に加《くわ》え、いろいろな場所で売ることができるようになりました（84、85ページ参照《さんしょう》）。これにともなって、消費者《しょうひしゃ》の米の購入先《こうにゅうさき》はどのように変化《へんか》しているのでしょうか。

下のグラフにしめしたように、1994年以来《いらい》、米穀店《べいこくてん》で米を買う人が少なくなり、スーパーマーケットを利用《りよう》する人がふえています。スーパーマーケットでは、野菜《やさい》や肉、魚などの食料品《しょくりょうひん》や日用品といっしょに米を買うことができ、大変便利《たいへんべんり》です。

生産者《せいさんしゃ》から直接《ちょくせつ》米を買う産地直送《さんちちょくそう》(84ページ参照《さんしょう》)もふえています。また、夜遅《おそ》くまで営業《えいぎょう》しているコンビニエンスストア、ディスカウントストア、ガソリンスタンドなどを利用《りよう》する人もみられます。米の購入先《こうにゅうさき》は、消費者《しょうひしゃ》の米へのこだわりや生活のスタイルにあわせ、さまざまに変化《へんか》しています。

米を買うときには

米にかぎらず、食料品《しょくりょうひん》を販売《はんばい》するときには、「食品表示法《しょくひんひょうじほう》」という法律《ほうりつ》にもとづいた、品質表示《ひんしつひょうじ》が義務《ぎむ》づけられています。品質表示《ひんしつひょうじ》は、その商品が、いつ、どこでつくられたものなのか、どのような内容《ないよう》や成分《せいぶん》なのかをしめす、商品の証明書《しょうめいしょ》のようなものです。

米の場合、袋《ふくろ》につめて売るときには、かならず米袋《こめぶくろ》に「名称《めいしょう》」「原料玄米《げんりょうげんまい》」「内容量《ないようりょう》」「精米《せいまい》年月日」「販売者《はんばいしゃ》」が記載《きさい》されます。米穀店《べいこくてん》などで、はかり売りされる場合も、店内の売り場に「名称《めいしょう》」「原産《げんさん》

消費者《しょうひしゃ》の米の購入先《こうにゅうさき》の変化《へんか》

※下記にふくまれない購入先《こうにゅうさき》として、デパート、コンビニエンスストア、ディスカウントストア、ガソリンスタンドなどがある。また、親兄弟からゆずり受ける場合もある。

「食糧モニター調査」「食料品消費モニター調査」2005年（農林水産省）

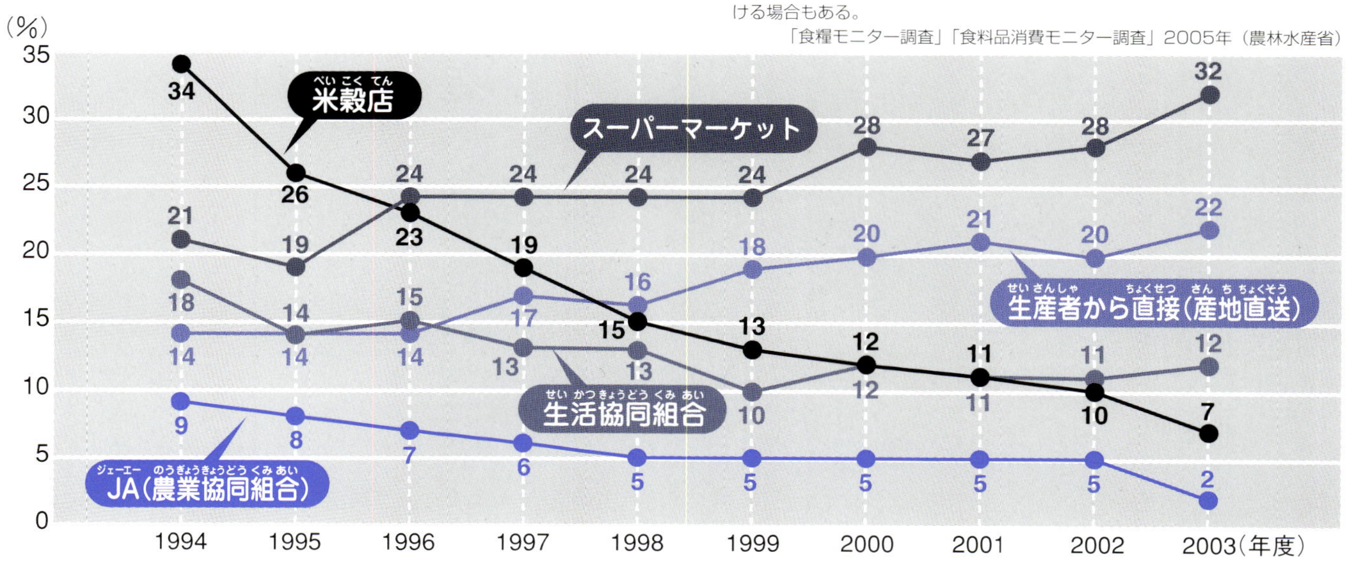

地《ち》」を記載《きさい》することが義務《ぎむ》づけられています。わたしたちがほしい米を選《えら》ぶためには、これらの品質表示《ひんしつひょうじ》を正しく理解《りかい》して、買うときに確認《かくにん》することがたいせつです。

米袋《こめぶくろ》の表示例《ひょうじれい》

【名称《めいしょう》】「うるち精米《せいまい》（または「精米《せいまい》」）」「玄米《げんまい》」「胚芽精米《はいがせいまい》」「もち精米《せいまい》」の種類《しゅるい》を表示《ひょうじ》。

【内容量《ないようりょう》】中身の重量《じゅうりょう》を表示《ひょうじ》。

【精米年月日《せいまい》】精米《せいまい》はいつ精米《せいまい》されたか、玄米《げんまい》はいつ玄米《げんまい》にされたかを表示《ひょうじ》。輸入品《ゆにゅうひん》で精米年月《せいまい》日などがわからないものは、輸入《ゆにゅう》年月日を表示《ひょうじ》。

名《めい》　称《しょう》	精《せい》　米《まい》		
原《げん》料《りょう》玄《げん》米《まい》	産地《さんち》	品種《ひんしゅ》	産年《さんねん》
	新潟《にいがた》県	コシヒカリ	17年産《さん》
内《ない》　容《よう》　量《りょう》	5kg		
精米《せいまい》年月日	18. 1. 17		
販《はん》　売《ばい》　者《しゃ》	○○米穀株式会社 ○○県○○市　△-△-△ 電話　×××（×××）××××		

【販売者《はんばいしゃ》】商品に責任《せきにん》をもつ販売者《はんばいしゃ》などの氏名や会社名、住所、電話番号を表示《ひょうじ》。

【原料玄米《げんりょうげんまい》】1種類《しゅるい》の品種《ひんしゅ》のみの場合

原料《げんりょう》としてつかわれている米について表示《ひょうじ》。農産物検査《のうさんぶつけんさ》（47ページ参照《さんしょう》）を受けた米は「産地《さんち》」「品種《ひんしゅ》」「産年《さんねん》」を表示《ひょうじ》する。未検査米《みけんさまい》を使用している場合は、産地《さんち》、品《ひん》種《しゅ》、産年《さんねん》は表示《ひょうじ》できない。

【原料玄米《げんりょうげんまい》】数種類《すうしゅるい》の品種《ひんしゅ》がまざっている場合

「複数原料米《ふくすうげんりょうまい》」など、ブレンド米《まい》であることがわかるように表示《ひょうじ》。国産品《こくさんひん》は「国内産《こくないさん》」、輸入品《ゆにゅうひん》は原産国名《げんさんこくめい》を、使用割合《しようわりあい》とあわせて表示《ひょうじ》する。

原料玄米《げんりょうげんまい》	産《さん》　地《ち》	品《ひん》　種《しゅ》	産《さん》　年《ねん》	使用割合《しようわりあい》
	複数原料米《ふくすうげんりょうまい》			
	国内産《こくないさい》			10割《わり》
	福井《ふくい》県	コシヒカリ	17年産《さん》	6割《わり》
	福井《ふくい》県	ミルキークイーン	17年産《さん》	3割《わり》
	未検査米《みけんさまい》			1割《わり》

食品の安全性《あんぜんせい》が確認《かくにん》できる「トレーサビリティ」

近年、食品の「トレーサビリティ」という言葉がよくつかわれます。トレーサビリティとは、農産物《のうさんぶつ》や食品が、どのように生産《せいさん》され、流通《りゅうつう》してきたかといった商品の情報《じょうほう》（生産履歴《せいさんりれき》）を、インターネットなどを利用《りよう》して確認《かくにん》できるシステムです。

トレーサビリティを利用《りよう》すると、消費者《しょうひしゃ》が商品の情報《じょうほう》や安全性《あんぜんせい》を自分でたしかめることができます。また、生産者《せいさんしゃ》や事業者にとっては、商品に問題が生じた場合に、原因《げんいん》の調査《ちょうさ》や商品の回収《かいしゅう》がおこないやすくなるという利点《りてん》があります。

日本では、狂牛病《きょうぎゅうびょう》（牛海綿状脳症《うしかいめんじょうのうしょう》、BSE《ビーエスイー》）問題にともなう牛肉の偽装表示《ぎそうひょうじ》などをきっかけに、食の安全をもとめる消費者《しょうひしゃ》にたしかな情報《じょうほう》を提供《ていきょう》する目的《もくてき》で、農林水産省《のうりんすいさんしょう》が、国産《こくさん》牛肉に生産履歴《せいさんりれき》の確認《かくにん》に必要《ひつよう》な識別番号《しきべつばんごう》の表示《ひょうじ》を義務《ぎむ》づけました。米に関《かん》しては、米トレーサビリティ法がもうけられ、産地情報《さんちじょうほう》や出荷情報《しゅっかじょうほう》の記録《きろく》が義務《ぎむ》づけられています。

トレーサビリティの例《れい》

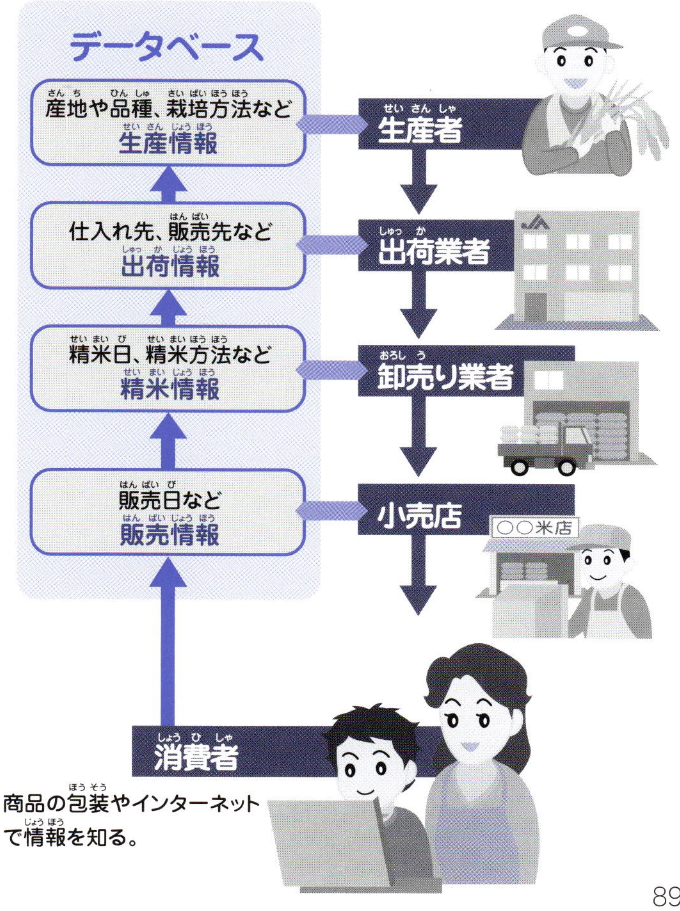
データベース
産地《さんち》や品種《ひんしゅ》、栽培方法《さいばいほうほう》など
生産情報《せいさんじょうほう》
仕入れ先、販売《はんばい》先など
出荷情報《しゅっかじょうほう》
精米日《せいまいび》、精米方法《せいまいほうほう》など
精米情報《せいまいじょうほう》
販売日《はんばいび》など
販売情報《はんばいじょうほう》
生産者《せいさんしゃ》
出荷《しゅっか》業者
卸《おろし》売《う》り業者
小売店
○○米店
消費者《しょうひしゃ》
商品の包装《ほうそう》やインターネットで情報《じょうほう》を知る。

加工品《かこうひん》につかわれる米

これまで、主食としての米が生産者《せいさんしゃ》から消費者《しょうひしゃ》に届《とど》くまでをたどってきましたが、それ以外《いがい》に、加工用《かこうよう》として流通《りゅうつう》している米があります。ここでは、さまざまな米加工品《かこうひん》と、それらにつかう米の流通《りゅうつう》についてみてみましょう。

米からできる加工品《かこうひん》

米からつくられる加工品《かこうひん》には、酒、せんべいなどの米菓《べいか》、みそやみりんといった調味料《ちょうみりょう》などがあります。これらの加工品《かこうひん》には、国内で生産《せいさん》された新米《しんまい》のほか、備蓄《びちく》してあった古米《こまい》、ミニマム・アクセス米《まい》(96ページ参照《さんしょう》)、精米《せいまい》のときにくだけてしまった砕米《さいまい》などが利用《りよう》されています。加工用《かこうよう》には、1年間に市場《しじょう》を流通《りゅうつう》する米の総流通量《そうりゅうつうりょう》の1割《わり》前後がつかわれていると考えられます。

加工品《かこうひん》には、うるち米《まい》だけでなく、もち米《ごめ》も多くつかわれます。酒づくりにつかう「酒造好適米《しゅぞうこうてきまい》」(159ページ参照《さんしょう》)のように、加工用《かこうよう》に栽培《さいばい》されている米もあります。これらの米が、粉《こな》にされたり、蒸《む》されたり、発酵《はっこう》させられたり、さまざまな工程《こうてい》をへて、加工品《かこうひん》に生まれかわっていきます。

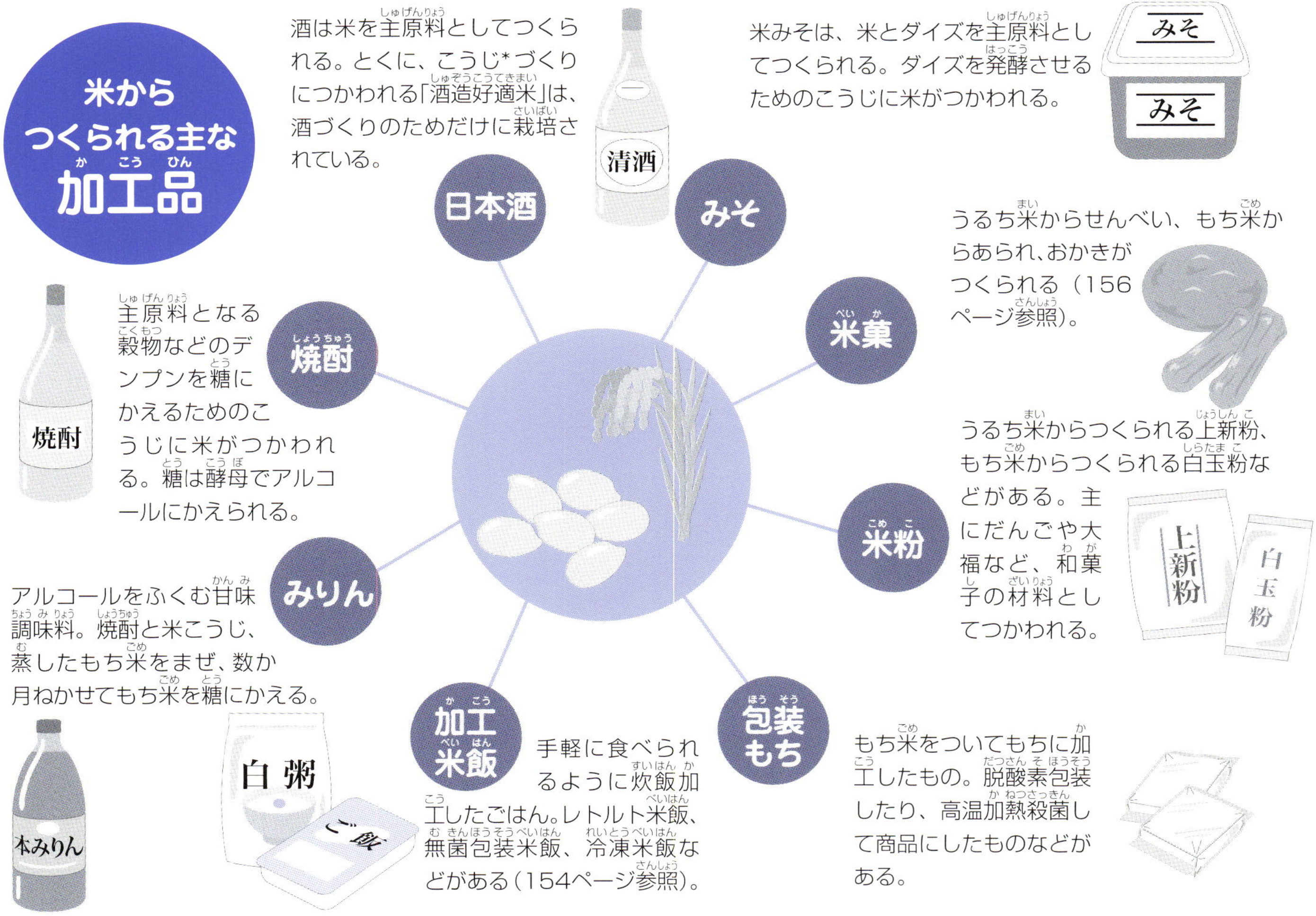

米からつくられる主な加工品《かこうひん》
日本酒
酒は米を主原料《しゅげんりょう》としてつくられる。とくに、こうじ*づくりにつかわれる「酒造好適米《しゅぞうこうてきまい》」は、酒づくりのためだけに栽培《さいばい》されている。
清酒
みそ
米みそは、米とダイズを主原料《しゅげんりょう》としてつくられる。ダイズを発酵《はっこう》させるためのこうじに米がつかわれる。
みそ
みそ
米菓《べいか》
うるち米《まい》からせんべい、もち米《ごめ》からあられ、おかきがつくられる(156ページ参照《さんしょう》)。
米粉《こめこ》
うるち米《まい》からつくられる上新粉《じょうしんこ》、もち米《ごめ》からつくられる白玉粉《しらたまこ》などがある。主にだんごや大福など、和菓《わが》子《し》の材料《ざいりょう》としてつかわれる。
上新粉
白玉粉
包装《ほうそう》もち
もち米《ごめ》をついてもちに加《か》工《こう》したもの。脱酸素包装《だつさんそほうそう》したり、高温加熱殺菌《かねつさっきん》して商品にしたものなどがある。
加工《かこう》米飯《べいはん》
手軽に食べられるように炊飯《すいはん》加《か》工《こう》したごはん。レトルト米飯《べいはん》、無菌包装米飯《むきんほうそうべいはん》、冷凍米飯《れいとうべいはん》などがある(154ページ参照《さんしょう》)。
白粥
ご飯
みりん
アルコールをふくむ甘味《かんみ》調味料《ちょうみりょう》。焼酎《しょうちゅう》と米こうじ、蒸《む》したもち米《ごめ》をまぜ、数か月ねかせてもち米《ごめ》を糖《とう》にかえる。
本みりん
焼酎《しょうちゅう》
主原料《しゅげんりょう》となる穀物《こくもつ》などのデンプンを糖《とう》にかえるためのこうじに米がつかわれる。糖《とう》は酵母《こうぼ》でアルコールにかえられる。
焼酎

＊**こうじ**　米、ムギ、ダイズなどを蒸《む》したものに、こうじ菌《きん》を繁殖《はんしょく》させたもの。こうじ菌《きん》にはデンプンを分解《ぶんかい》して糖《とう》にするはたらきがあり、これを利用《りよう》して、酒やみそ、あま酒などがつくられる。

米の消費《しょうひ》の多様化《たようか》

日本酒や、みそなどの調味料《ちょうみりょう》、米粉《こめこ》からつくられる和菓子《わがし》などは、日本人のあいだで古くから親しまれ、食生活を豊《ゆた》かにしてきた伝統的《でんとうてき》な米加工品《かこうひん》です。しかし、食生活の多様化《たようか》が進むにつれ、これらの伝《でん》統的《とうてき》な加工品《かこうひん》の中には、以前《いぜん》より食べられなくなっているものもあります。

その一方で、ひとり暮《ぐ》らしの世帯《せたい》がふえ、食事をかんたんにすませる人が多くなったことや、電子レンジなどの調理器具《きぐ》が普及《ふきゅう》したことによって、手軽に利用《りよう》できる加工米飯《かこうべいはん》の生産《せいさん》がふえています。

また、全国の米の産地《さんち》や企業《きぎょう》のあいだでは、もっと米の消費《しょうひ》をふやすための新しい商品の開発が進められています。近年では、米の良質《りょうしつ》な脂質《ししつ》を利用《りよう》した米ぬか油、米の栄養価《えいようか》をいかした乳飲料《にゅういんりょう》やゼリー飲料《いんりょう》などの健康《けんこう》食品があります。

食用以外《いがい》でも、米を原料《げんりょう》とするトレーや生《なま》ごみ袋《ぶくろ》、植木ポットなど、バイオマスをつかった商品（生分《せいぶん》解性《かいせい》プラスチックなど、天然素材《てんねんそざい》を利用《りよう》した商品）が開発され、実用化されつつあります。

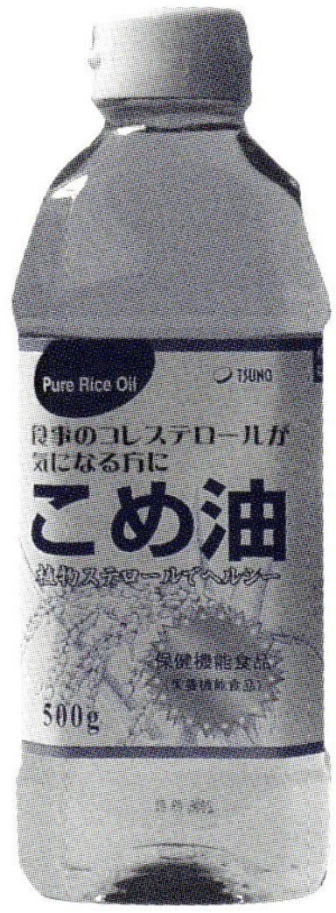

▶米を精米《せいまい》したときにでる「ぬか」からつくられた米ぬか油。コレステロール（ふえすぎると病気の原《げん》因《いん》となる脂質《ししつ》の一種《いっしゅ》）を低下《ていか》させるはたらきがあり、健康《けんこう》食品として注目されている。

▼非食用《ひしょくよう》になった古古米《ここまい》を利用《りよう》してつくられたバイオマスプラスチックをつかい、製品化《せいひんか》されたトレー（写真右）と生《なま》ごみ袋《ぶくろ》（写真左）。

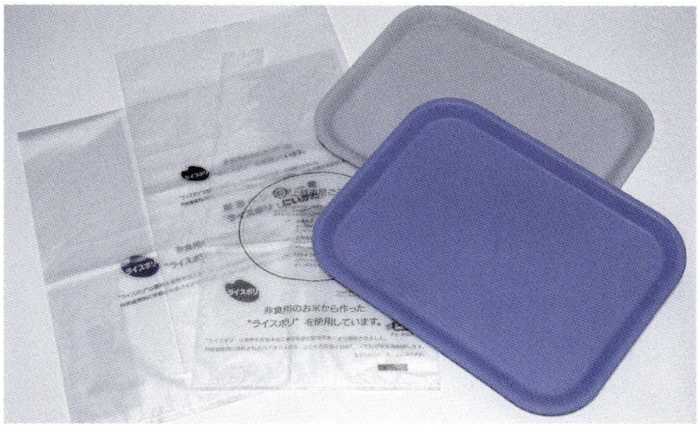

小麦粉《こむぎこ》にかわる新しい米粉《こめこ》

群馬《ぐんま》県に本社をおく群馬製粉《ぐんませいふん》は、60年にわたり米《こめ》粉《こ》の製造《せいぞう》にたずさわってきた食品会社です。米粉《こめこ》は、主に和菓子《わがし》の材料《ざいりょう》としてつかわれていますが、群馬製《ぐんませい》粉《ふん》では、パンや洋菓子《ようがし》の材料《ざいりょう》としてつかえる米粉《こめこ》「リ・ファリーヌ」を新しく開発しました。

パンや洋菓子《ようがし》をつくるときには、一般《いっぱん》に小麦粉《こむぎこ》がつかわれます。小麦粉《こむぎこ》をつかうと、タンパク質《しつ》の中にグルテンという成分《せいぶん》があるので、ふっくらとした生地《きじ》になります。

一方、米にはグルテンがないため、米粉《こめこ》だけでパンや洋菓子《ようがし》をつくるのはむずかしいと考えられていました。しかし、群馬製粉《ぐんませいふん》では、従来《じゅうらい》の米粉《こめこ》より粒子《りゅうし》をこまかくするなどの特殊《とくしゅ》な技術《ぎじゅつ》によって、グルテンがなくても生地《きじ》ができる米粉《こめこ》をつくりだしたのです。

この米粉《こめこ》をつかえば、これまで小麦《こむぎ》アレルギーで小《こ》麦《むぎ》の加工品《かこうひん》が食べられなかった人でも、安心してパンや洋菓子《ようがし》が食べられるようになります。小麦粉《こむぎこ》のかわりにつかえる米粉《こめこ》は、新しい食材《しょくざい》として注目されています。

▲米粉《こめこ》「リ・ファリーヌ」でつくられたロールケーキ。

外食・中《なか》食《しょく》と米

近年は、家庭で食事をつくるかわりに、外食をしたり、調理ずみの弁当《べんとう》やそうざいを食べることが多くなっています。こうした生活スタイルの変化《へんか》が、米の流通《りゅうつう》や消費《しょうひ》にも影響《えいきょう》をあたえています。

外食・中《なか》食《しょく》の増《ぞう》加《か》

家庭でつくって食べる食事に対して、レストランなど外にでかけて食べる食事を「外食」とよびます。また、弁当《べんとう》やそうざいなど調理されたものを買ってきて、家庭や仕事場で食べる食事を「中食《なかしょく》」とよびます。

1970年代から、外食をする人がふえはじめました。その背景《はいけい》には、高度経済成長《こうどけいざいせいちょう》により人々の生活にゆとりができたことと同時に、ファミリーレストランやファーストフード店のチェーン店がたくさんできたことがあげられます。また中食《なかしょく》は、加工《かこう》や保存《ほぞん》の技術《ぎじゅつ》が進んだ1990年代後半から広く利用《りよう》されるようになりました。現代《げんだい》の生活スタイルでは、主食として食べられている米のうち、約《やく》3割《わり》が外食や中食《なかしょく》によって消費《しょうひ》されています。

外食・中《なか》食《しょく》につかわれる米

外食・中食《なかしょく》で使用される米は、レストランや加工《かこう》業者、食品メーカーが、農家、卸《おろし》売《う》り業者、小売店などから購入《こうにゅう》し、加工《かこう》・調理をしてから消費者《しょうひしゃ》に提供《ていきょう》されています。これらの米は、外食・中食《なかしょく》の特性《とくせい》に合った品種《ひんしゅ》がえらばれています。

たとえば、コンビニエンスストアで売られるおにぎりや弁当《べんとう》は、冷《さ》めてもおいしいコシヒカリやミルキークイーンなどの品種《ひんしゅ》がよくえらばれています。また、外食・中食《なかしょく》では、味のよさだけでなく、安さをもとめる消費者《しょうひしゃ》も多くいます。おいしい米を安く提供《ていきょう》するために、いろいろな品種《ひんしゅ》や産地《さんち》の米をまぜたブレンド米《まい》（81ページ参照《さんしょう》）がつかわれることもあります。

食費《しょくひ》の中で外食と中食《なかしょく》がしめる割合《わりあい》の変化《へんか》

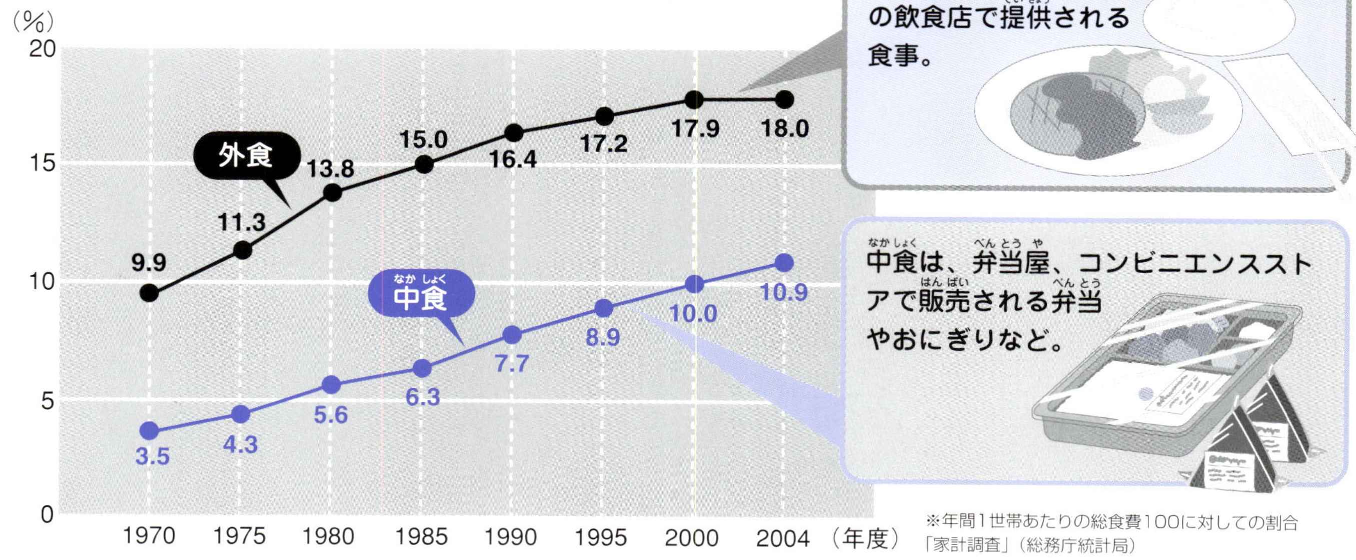
（%）
20
15
10
5
0
外食
9.9
11.3
13.8
15.0
16.4
17.2
17.9
18.0
中食《なかしょく》
3.5
4.3
5.6
6.3
7.7
8.9
10.0
10.9
1970
1975
1980
1985
1990
1995
2000
2004
（年度）
外食は、レストランなどの飲食店で提供《ていきょう》される食事。
中食《なかしょく》は、弁当屋《べんとうや》、コンビニエンスストアで販売《はんばい》される弁当《べんとう》やおにぎりなど。

※年間1世帯あたりの総食費100に対しての割合
「家計調査」（総務庁統計局）

外食店のくふう

**全国に1000店舗《てんぼ》以上《いじょう》をもつ吉野家《よしのや》は、
安くておいしい牛丼《ぎゅうどん》で有名です。
吉野家《よしのや》の牛丼《ぎゅうどん》のおいしさのひみつは、
牛肉はもちろん、米にもあります。**

▲具だけでなく、ごはんにもこだわりのある、吉野家《よしのや》のどんぶり。

安くておいしい牛丼《ぎゅうどん》のひみつ

吉野家《よしのや》では、牛丼《ぎゅうどん》用の米として、北海道産《ほっかいどうさん》の「きらら397」を中心に、いくつかの品種《ひんしゅ》をまぜ合わせたブレンド米《まい》をつかっています。きらら397は、コシヒカリなどとくらべると、たいたときにかためで、ねばりが少ないことが特徴《とくちょう》です。やわらかくねばりのあるごはんでは、具とタレをかけたときに、タレがどんぶりの底《そこ》まで届《とど》きません。しかし、きらら397なら、タレがごはん全体にいきわたるうえに、やわらかくなりすぎず、最後《さいご》のひと粒《つぶ》までおいしく食べることができるのです。

きらら397をつかう理由は、価格《かかく》にもあります。たとえば、高級米《こうきゅうまい》の魚沼産《うおぬまさん》コシヒカリとくらべると、きらら397は、約半分《やくはんぶん》の価格《かかく》で流通《りゅうつう》しています。さらに、きらら397にブレンドする米を全国に10か所ある配送センターに近い産地《さんち》のものからえらぶことによって、輸送《ゆそう》にかかる費用《ひよう》もへらしています。こうしたさまざまなくふうにより、わたしたちは、安くておいしい牛丼《ぎゅうどん》を食べることができるのです。

◀具やタレをかけたときの味の調和が考えられ、きらら397を中心とするブレンド米《まい》がつかわれている。

▶どんぶり用の米。毎日たくさんの米がつかわれている。

▲はば広い年齢層《ねんれいそう》に人気の吉野家《よしのや》。

▲精米所《せいまいじょ》から吉野家《よしのや》の配送センターに大量《たいりょう》にはこばれてくる米。大型《おおがた》トラックで一度に大量《たいりょう》の米をはこび、輸送《ゆそう》の回数をへらすことも、費用《ひよう》をへらすことにつながる。

外国からやってくる米

今、米の流通《りゅうつう》は市場《しじょう》にまかせられるようになり、自由に売買《ばいばい》できるようになっています。外国の米も、インターネットなどの普及《ふきゅう》により手軽に買うことができるようになりました。外国米《がいこくまい》がやってくることによって、日本の米はどのような影響《えいきょう》を受けるのでしょうか。

外国の米の値段《ねだん》は高い？

わたしたちがふだん食べている米は、ほとんどが日本国内でつくられた「国産米《こくさんまい》」です。しかし現在《げんざい》、店には外国から輸入《ゆにゅう》された米もならんでいます。一部の米穀店《べいこくてん》やスーパーマーケットでは、タイやアメリカをはじめ、中国やインド、パキスタンなど、世界の国の米を買うことができます。また、世界の料《りょう》理《り》を食べさせる外食店では、タイ産《さん》のインディカ米《まい》などの輸入米《ゆにゅうまい》が多くつかわれています。

これらの米は、国産米《こくさんまい》と同じくらいの価格《かかく》で売られていますが、じつは、日本に入ってくる前の値段《ねだん》は、輸入後《ゆにゅうご》の価格《かかく》の８分の１ほどです。

輸入後《ゆにゅうご》の価格《かかく》が高くなる理由は、輸入《ゆにゅう》するときに、高い税金《ぜいきん》（関税《かんぜい》）がかけられているためです。外国の米を輸入《ゆにゅう》することは自由ですが、国産米《こくさんまい》と同じくらいの価格《かかく》の外国産米《がいこくさんまい》を好《この》んで買う日本人は少ないので、実際《じっさい》には日本国内の外国米《がいこくまい》の流通量《りゅうつうりょう》は、それほど多くありません。

輸入《ゆにゅう》するものに高い関税《かんぜい》をかけず、自由に輸入《ゆにゅう》できるようにすることを「自由化」といいます。「米も関税《かんぜい》を安くして自由化すれば、外国のいろいろな米が安く食べられていいのに」と思う人もいるかもしれません。では、日本はなぜ、米に高い関税《かんぜい》をかけているのか、その理由を考えていきましょう。

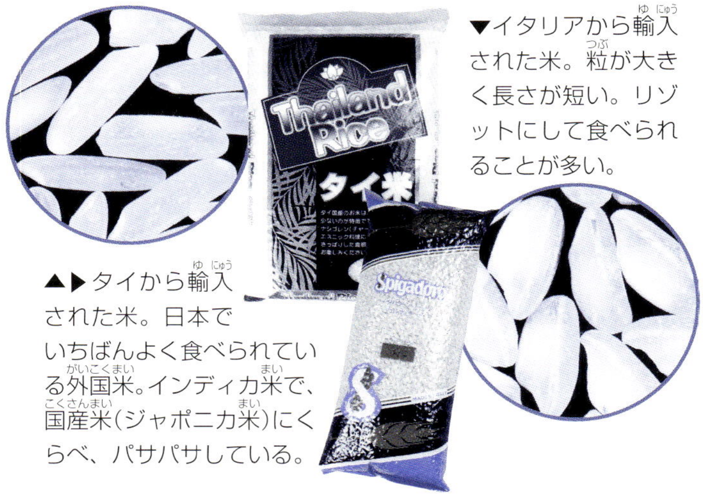
Thailand Rice
タイ米
Spigadoro

▼イタリアから輸入《ゆにゅう》された米。粒《つぶ》が大きく長さが短い。リゾットにして食べられることが多い。

▲▶タイから輸入《ゆにゅう》された米。日本でいちばんよく食べられている外国米《がいこくまい》。インディカ米《まい》で、国産米《こくさんまい》（ジャポニカ米）にくらべ、パサパサしている。

主な農作物にかかる関税《かんぜい》

野菜《やさい》などにくらべると、米の関税《かんぜい》はとても高いことがわかる。米の場合、輸入前《ゆにゅうまえ》の価格《かかく》が100円だった場合、関税《かんぜい》がかけられると778円になる。

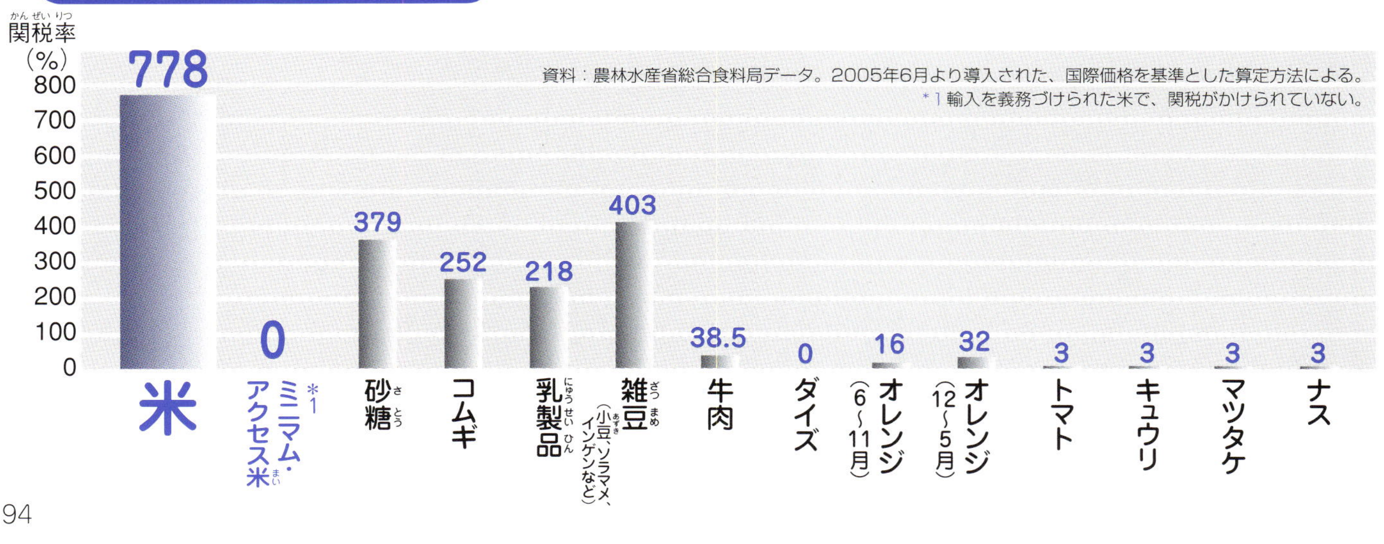
関税率《かんぜいりつ》
（%）
800
700
600
500
400
300
200
100
0
資料：農林水産省総合食料局データ。2005年6月より導入された、国際価格を基準とした算定方法による。
*1 輸入を義務づけられた米で、関税がかけられていない。
778
米
0
ミニマム・アクセス米《まい》*1
379
砂糖《さとう》
252
コムギ
218
乳製品《にゅうせいひん》
403
雑豆《ざつまめ》（小豆《あずき》、ソラマメ、インゲンなど）
38.5
牛肉
0
ダイズ
16
オレンジ（6～11月）
32
オレンジ（12～5月）
3
トマト
3
キュウリ
3
マツタケ
3
ナス

米が自由化されると？

米は日本人の主食ですが、最近《さいきん》はいろいろな種類《しゅるい》の料理《りょうり》を食べることができるようになり、主食もパンやパスタを好《この》む人が多くなりました。その結果《けっか》、ここ40年ほどのあいだに、ひとりあたりの米の消費《しょうひ》量《りょう》は半分近くにまでへり、せっかくつくられた米があまるようになりました。そこで現在《げんざい》では、一部の水田を「休耕田《きゅうこうでん》」として休ませる米の生産調整《せいさんちょうせい》（減反《げんたん》・68ページ参照《さんしょう》）や、田に別《べつ》の作物をつくる転作《てんさく》など、米の生産量《せいさんりょう》をへらす政策《せいさく》が国によっておこなわれました。

もし、外国産《がいこくさん》の米に関税《かんぜい》がかけられず安く輸入《ゆにゅう》されるようになったら、国内産《こくないさん》の米はますますあまることになります。米づくりをつづけられない農家もふえるでしょう。日本の農業を守ろうとする考えから、米の自由化に反対する声もあります。

食料輸入大国《しょくりょうゆにゅう》、日本

米の輸入《ゆにゅう》自由化によって影響《えいきょう》を受けるのは農家だけではありません。国内で消費《しょうひ》する食料《しょくりょう》のうち、国内で生産《せいさん》できる割合《わりあい》を「食料自給率《しょくりょうじきゅうりつ》」といい、日本は約《やく》40％と、たいへん低《ひく》くなっています。日本は、食料《しょくりょう》の半分以上《いじょう》を輸入《ゆにゅう》にたよっている「食料《しょくりょう》輸入《ゆにゅう》大国」なのです。

現在《げんざい》、米については、自給《じきゅう》ができている状態《じょうたい》ですが、もし米の輸入《ゆにゅう》が自由化されれば、米の自給率《じきゅうりつ》が大きく下がることはまちがいないでしょう。

自給率《じきゅうりつ》が低《ひく》くなり、多くの食料《しょくりょう》を輸入《ゆにゅう》にたよると、どのようなことが問題になるのでしょうか。

たとえば、食料輸出国《しょくりょうゆしゅつこく》の天候《てんこう》が急にわるくなったり、輸送《ゆそう》ルートに近い国で戦争《せんそう》やテロがおこって輸出《ゆしゅつ》ができなくなったり、輸出国《ゆしゅつこく》が何かの事情《じじょう》で輸出《ゆしゅつ》してくれなくなると、わたしたちの食べる食《しょく》料《りょう》の供給《きょうきゅう》がへり、高くて買えなくなることが考えられます。つまり、自給率《じきゅうりつ》が低《ひく》いと、わたしたちの食料《しょくりょう》をいつも十分に確保《かくほ》しておくことがむずかしくなるのです。

品目別自給率《ひんもくべつじきゅうりつ》のうつりかわり

米や砂糖《さとう》など一部の農産物《のうさんぶつ》をのぞいて、多くの農産物《のうさんぶつ》の自給率《じきゅうりつ》は、この40年のあいだに低下《ていか》している。

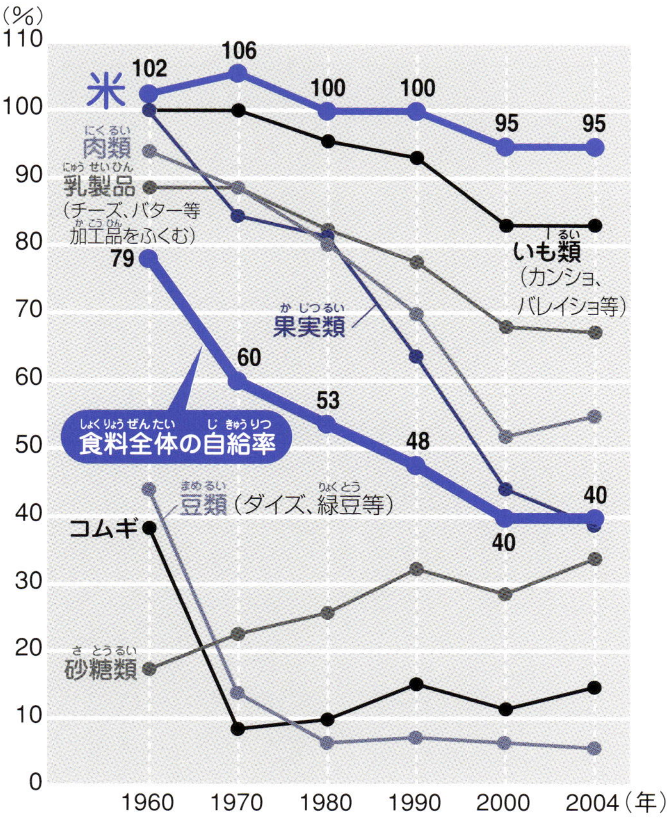

＊品目別は重量ベース、食料全体の自給率はカロリーベース／「食料需給表」（農林水産省）

米の自由化への動き

世界では、国どうしが関税《かんぜい》などをできるだけかけないようにして、
自由に貿易《ぼうえき》をする方向にかわりつつあります。
世界的《せかいてき》な流れの中で、日本も農産物《のうさんぶつ》の自由化に向けて、すこしずつ動きはじめています。

義務《ぎむ》づけられたミニマム・アクセス米《まい》

日本に対して、米をはじめとする農産物《のうさんぶつ》の自由化をもとめている国は少なくありません。「日本は、多くの工業製品《せいひん》を輸出《ゆしゅつ》して大きな利益《りえき》を得《え》ているのに、米をはじめとする農産物《のうさんぶつ》に高い関税《かんぜい》をかけて輸《ゆ》入《にゅう》しにくくしているのはおかしい」というのです。

1986年、GATT《ガット》（関税《かんぜい》および貿易《ぼうえき》に関《かん》する一般協《いっぱんきょう》定《てい》）で、「ウルグアイラウンド」という、世界貿易《ぼうえき》のルールづくりをめざす国際的《こくさいてき》な協議《きょうぎ》がはじまりました。その中で、農産物《のうさんぶつ》を自由化することなどが話し合われ、1993年、日本は毎年一定量《いっていりょう》の米を外国から輸入《ゆにゅう》しなければならないことが決まりました。こうした輸入米《ゆにゅうまい》のことを「ミニマム・アクセス米《まい》」とよび、その輸入量《ゆにゅうりょう》は、1995年に年間約《やく》43万トンでスタートし、2000年以降《いこう》は年間約《やく》75万トンに達《たっ》しています。

日本で自由化された主な農産物《のうさんぶつ》

ウルグアイラウンド以降《いこう》、日本がこれまで自由化を避《さ》けてきたオレンジ、牛肉、米などの農産物《のうさんぶつ》が自由化された。

1989年

プロセスチーズ、トマト加工品《かこうひん》、パイナップル缶詰《かんづめ》など

1991年

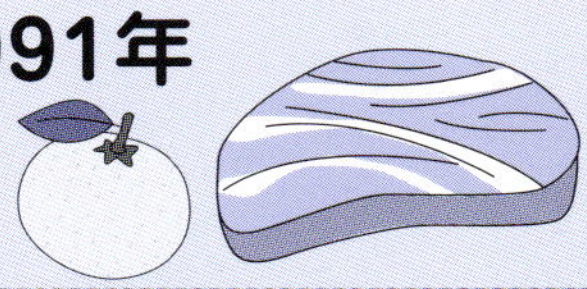

オレンジ（1992年にはオレンジ果汁《かじゅう》も自由化）、牛肉

1995年

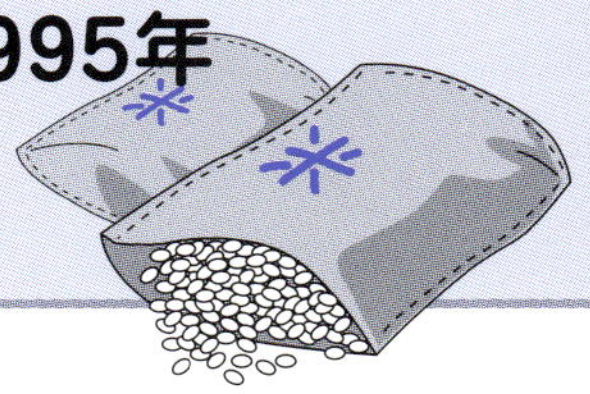

米（一定量《いっていりょう》の輸入《ゆにゅう》が義《ぎ》務《む》づけられる）、コムギ、オオムギ、落花生《らっかせい》、コンニャクイモなど

ミニマム・アクセス米《まい》の輸入量《ゆにゅうりょう》のうつりかわり

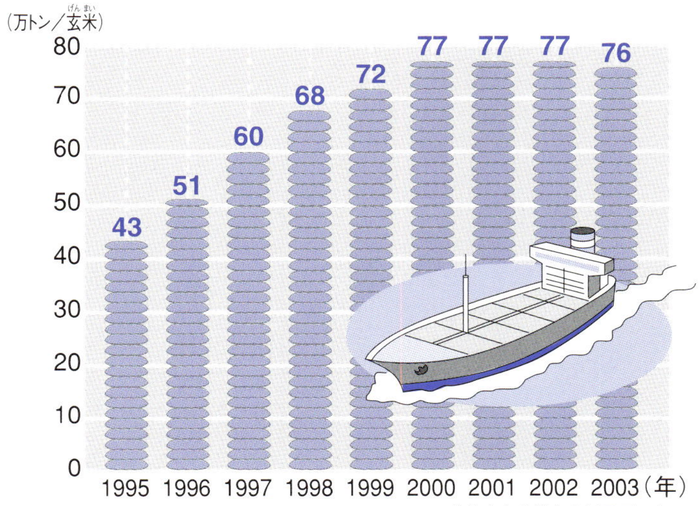
（万トン／玄米《げんまい》）
80
70
60
50
40
30
20
10
0
43
51
60
68
72
77
77
77
76
1995
1996
1997
1998
1999
2000
2001
2002
2003（年）

農林水産省総合食料局データ

ミニマム・アクセス米《まい》の主な輸入元《ゆにゅうもと》と輸入量《ゆにゅうりょう》

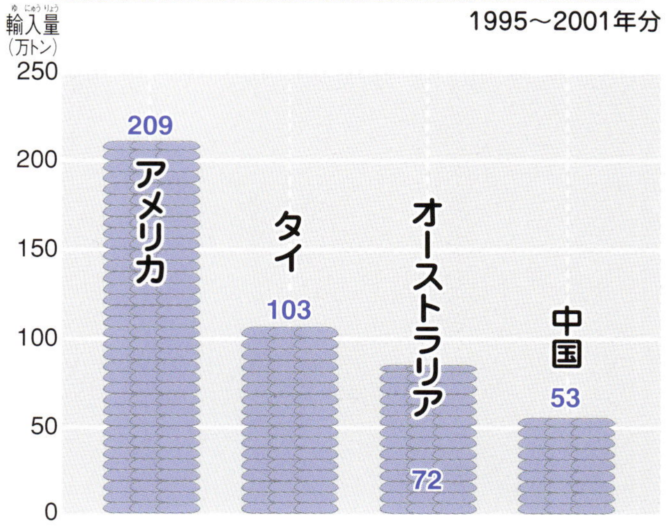
輸入量《ゆにゅうりょう》
（万トン）
1995～2001年分
250
200
150
100
50
0
209
アメリカ
103
タイ
72
オーストラリア
53
中国

農林水産省総合食料局データ

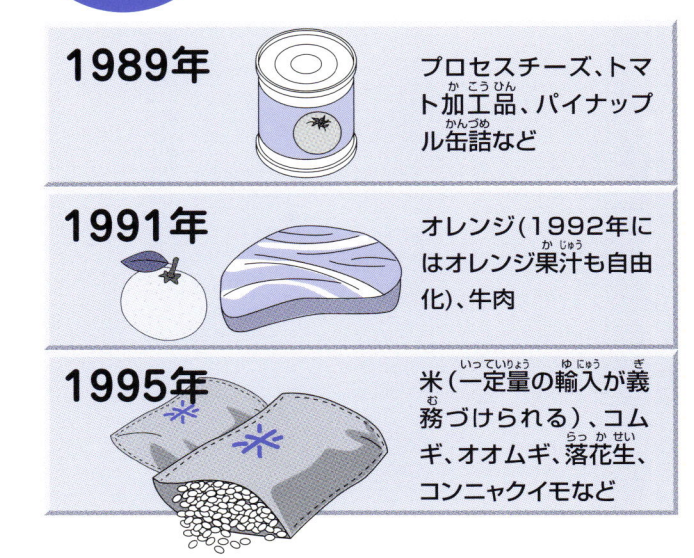

ミニマム・アクセス米《まい》のつかいみち

輸入《ゆにゅう》されたミニマム・アクセス米《まい》は、国産《こくさん》の米の販売《はんばい》に影響《えいきょう》がでないように、大部分がせんべいやみそなどの加工原料《かこうげんりょう》としてつかわれています。また、凶作《きょうさく》などによる一時的《いちじてき》な米不足《こめぶそく》にそなえて、政府《せいふ》がたくわえる備蓄米《びちくまい》にもちいられます。一部は海外援《かいがいえん》助《じょ》にもつかわれます。わたしたちがごはんとして食べる主食用は、全輸入量《ゆにゅうりょう》の10％以下《いか》です。

備蓄《びちく》用の米は年々ふえつづけ、2004年現在《げんざい》ではミニマム・アクセス米約《まいやく》2年分の輸入量《ゆにゅうりょう》と同じくらいになっています。

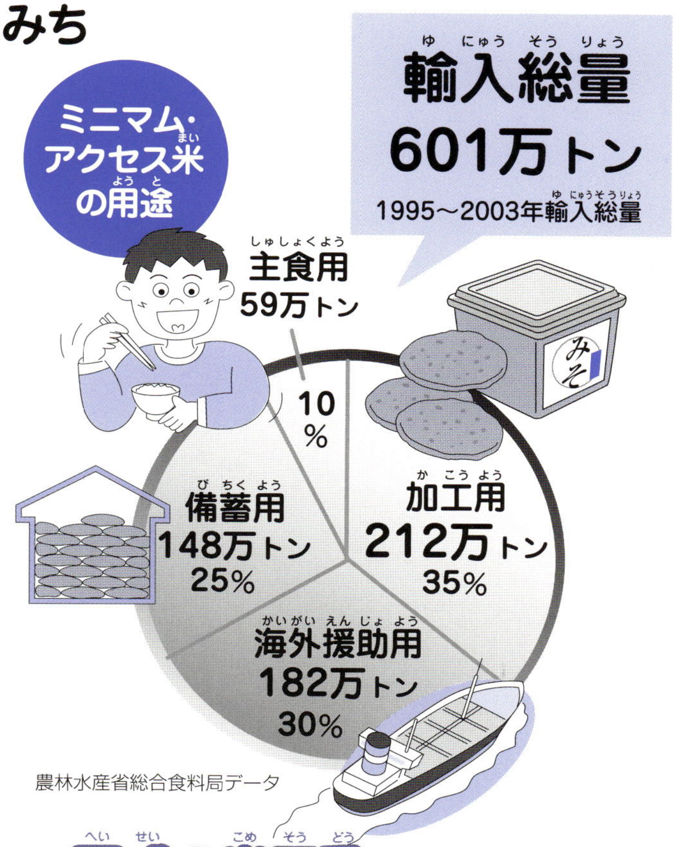
ミニマム・アクセス米《まい》の用途《ようと》
輸入総量《ゆにゅうそうりょう》
601万トン
1995～2003年輸入総量《ゆにゅうそうりょう》
主食用《しゅしょくよう》
59万トン
10％
加工用《かこうよう》
212万トン
35％
海外援助用《かいがいえんじょよう》
182万トン
30％
備蓄用《びちくよう》
148万トン
25％
みそ

農林水産省総合食料局データ

自由化する世界の貿易《ぼうえき》

ミニマム・アクセス米《まい》は、国産米《こくさんまい》の生産量《せいさんりょう》とくらべて、まだまだ量《りょう》が少なく、そのため、多くの国が日本に対して、米の関税《かんぜい》を下げて完全《かんぜん》に自由化し、さらに輸入量《ゆにゅうりょう》をふやすようもとめています。

現在《げんざい》、米をはじめとする農産物《のうさんぶつ》の自由化については、ＷＴＯ《ダブリューティーオー》（世界貿易機関《せかいぼうえききかん》）で話し合いがつづけられていますが、国どうしの利害《りがい》がからむむずかしい問題《もんだい》が多いために、なかなかまとまりません。

そこで、ＷＴＯ《ダブリューティーオー》加盟国全体《かめいこくぜんたい》の中で決まりをつくるのではなく、その問題に関係《かんけい》する国どうしが直接《ちょくせつ》話し合い、それぞれの国のあいだでルール（ＦＴＡ《エフティーエー》＝自由貿易協定《じゆうぼうえききょうてい》）を決めたりしています。また、特定の地域間《ちいきかん》ですべての品目の関税《かんぜい》を撤廃《てっぱい》し、幅広《はばひろ》い分野で連携《れんけい》することをめざす動きもあります。

米の自由化問題も、これらの協議《きょうぎ》によって話し合われると考えられていますが、国内に自由化に反対する意見が多いために、今はまだ進んでいません。

WTO《ダブリューティーオー》（世界貿易機関《せかいぼうえききかん》）って何？

WTO《ダブリューティーオー》とはWorld Trade Organizationの頭文字からつけられた略称《りゃくしょう》で、世界の自由貿易《ぼうえき》を拡大《かくだい》し、貿易《ぼうえき》をめぐる問題を解決《かいけつ》することを目的《もくてき》としてつくられた国際組織《こくさいそしき》です。第2次世界大《だいじせかいたい》戦後《せんご》に発足《ほっそく》したGATT《ガット》は、ウルグアイラウンドをはじめとする8回にわたる交渉《こうしょう》で、加盟国《かめいこく》の関税率《かんぜいりつ》を大幅《おおはば》に引き下げるなど、自由貿易《ぼうえき》をさまたげるさまざまな規制《きせい》をなくしてきました。1995年、このGATT《ガット》から移行《いこう》して成立《せいりつ》したのがWTO《ダブリューティーオー》です。現在《げんざい》、150の国と地域《ちいき》が加盟《かめい》しています（2005年現在《げんざい》）。

平成《へいせい》の米騒動《こめそうどう》

1993（平成《へいせい》5）年、日本は夏の長雨と冷夏《れいか》によって、米の収穫《しゅうかく》がいつもの年の74％という凶作《きょうさく》にみまわれました。日本では年間1000万トン以上《いじょう》もの米が消費《しょうひ》されるのに対し、収穫量《しゅうかくりょう》は800万トン弱しかありませんでした。日本国内は米不足《こめぶそく》になった上、米がなくなるという不安《ふあん》から買いしめなどもおこり、米の市場価格《しじょうかかく》が急激《きゅうげき》に上がりました。

そこで、日本は外国から米を緊急《きんきゅう》に輸入《ゆにゅう》しましたが、このときの米の輸入量《ゆにゅうりょう》が世界全体の米の貿易量《ぼうえきりょう》の約《やく》15％にあたる250万トンにもなったため、米の国際価格《こくさいかかく》が大きく値上《ねあ》がりし、アフリカなどの貧《まず》しい輸入国《ゆにゅうこく》の人々の食べる米が不足《ふそく》しました。

タイから緊急輸入《きんきゅうゆにゅう》される米。

米の輸出《ゆしゅつ》と輸入《ゆにゅう》

米はアジアを中心とする世界の半数以上《いじょう》の人々の主食として食べられています。米は主に生産《せいさん》した国の中で食べられることが多く、貿易量《ぼうえきりょう》は多くありませんが、年間約《やく》2700万トンの米が、国際的《こくさいてき》に取り引きされています。

世界の国々の米の生産量《せいさんりょう》

世界には、米を生産《せいさん》している国がたくさんあります。世界のイネの総栽培面積《そうさいばいめんせき》は、約《やく》1億《おく》5000万ヘクタールで、年間約《やく》6億《おく》トンもの米が収穫《しゅうかく》されています（FAO調べ／2004年）。

中でも、中国、インド、インドネシアをはじめとするアジアの国々での生産量《せいさんりょう》がずばぬけて多く、世界の約《やく》90%を占《し》めています。

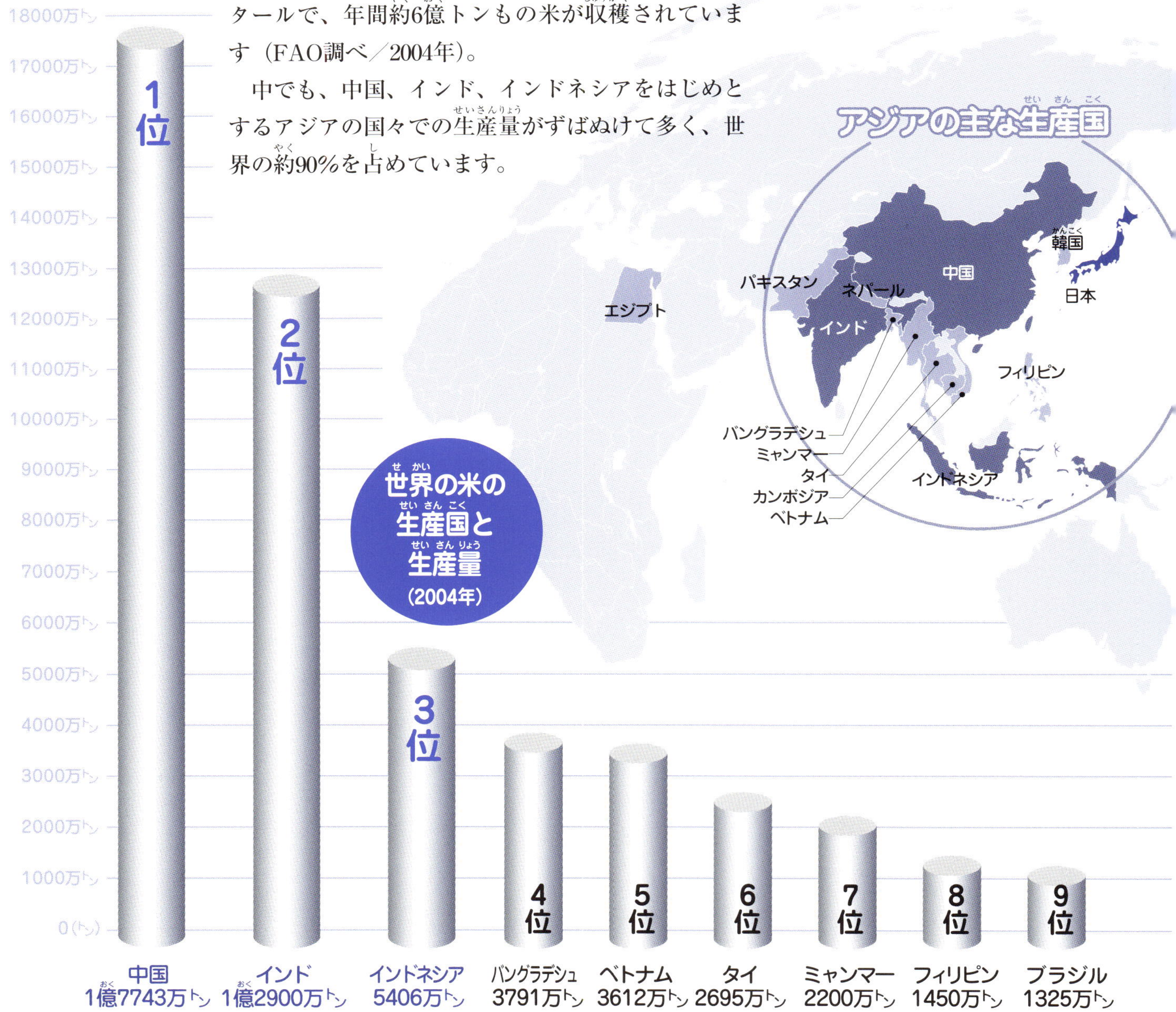

アジアの主な生産国《せいさんこく》
韓国《かんこく》
中国
日本
パキスタン
ネパール
インド
エジプト
フィリピン
バングラデシュ
ミャンマー
タイ
カンボジア
ベトナム
インドネシア
世界《せかい》の米の
生産国《せいさんこく》と
生産量《せいさんりょう》
（2004年）
18000万トン
17000万トン
16000万トン
15000万トン
14000万トン
13000万トン
12000万トン
11000万トン
10000万トン
9000万トン
8000万トン
7000万トン
6000万トン
5000万トン
4000万トン
3000万トン
2000万トン
1000万トン
0（トン）
1位
2位
3位
4位
5位
6位
7位
8位
9位
中国 1億《おく》7743万トン
インド 1億《おく》2900万トン
インドネシア 5406万トン
バングラデシュ 3791万トン
ベトナム 3612万トン
タイ 2695万トン
ミャンマー 2200万トン
フィリピン 1450万トン
ブラジル 1325万トン

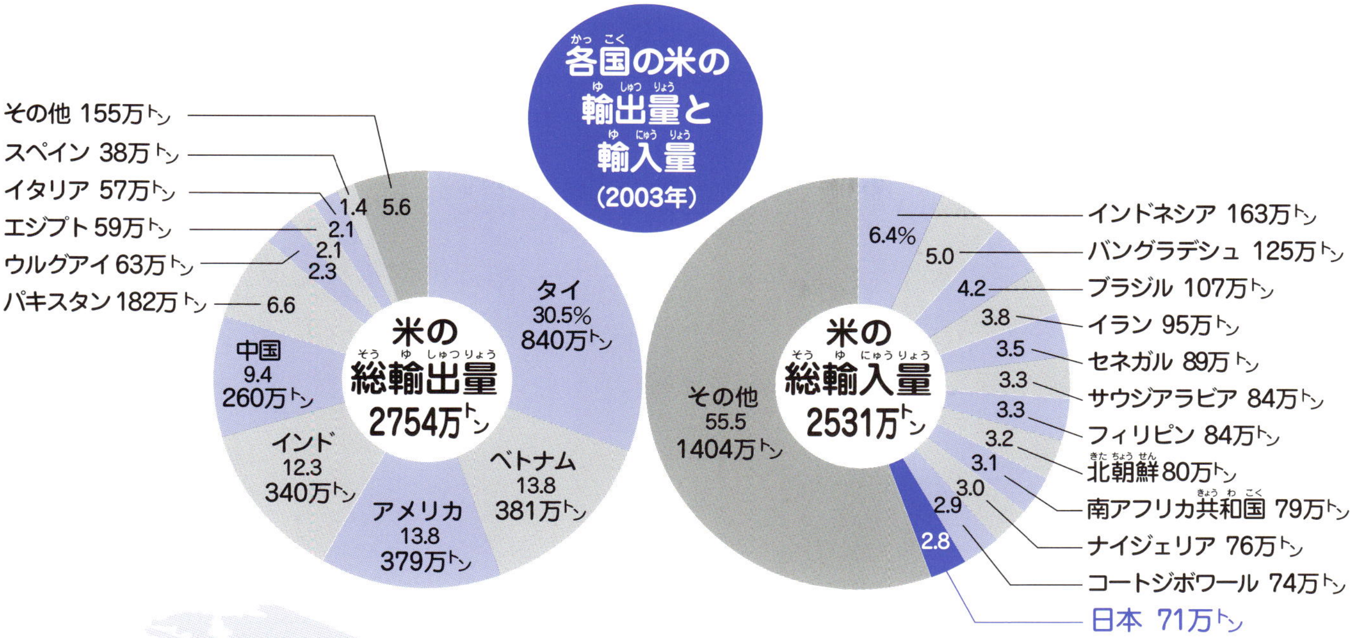

各国《かっこく》の米の
輸出量《ゆしゅつりょう》と
輸入量《ゆにゅうりょう》
(2003年)
米の
総輸出量《そうゆしゅつりょう》
2754万トン
タイ 30.5% 840万トン
ベトナム 13.8 381万トン
アメリカ 13.8 379万トン
インド 12.3 340万トン
中国 9.4 260万トン
パキスタン 182万トン 6.6
ウルグアイ 63万トン 2.3
エジプト 59万トン 2.1
イタリア 57万トン 2.1
スペイン 38万トン 1.4
その他 155万トン 5.6
米の
総輸入量《そうゆにゅうりょう》
2531万トン
その他 55.5 1404万トン
インドネシア 163万トン 6.4%
バングラデシュ 125万トン 5.0
ブラジル 107万トン 4.2
イラン 95万トン 3.8
セネガル 89万トン 3.5
サウジアラビア 84万トン 3.3
フィリピン 84万トン 3.3
北朝鮮《きたちょうせん》80万トン 3.2
南アフリカ共和国《きょうわこく》 79万トン 3.1
ナイジェリア 76万トン 3.0
コートジボワール 74万トン 2.9
日本 71万トン 2.8

＊「世界国勢図会2005／6年版」(FAO貿易統計)
＊四捨五入のため、計と内訳は一致しない。

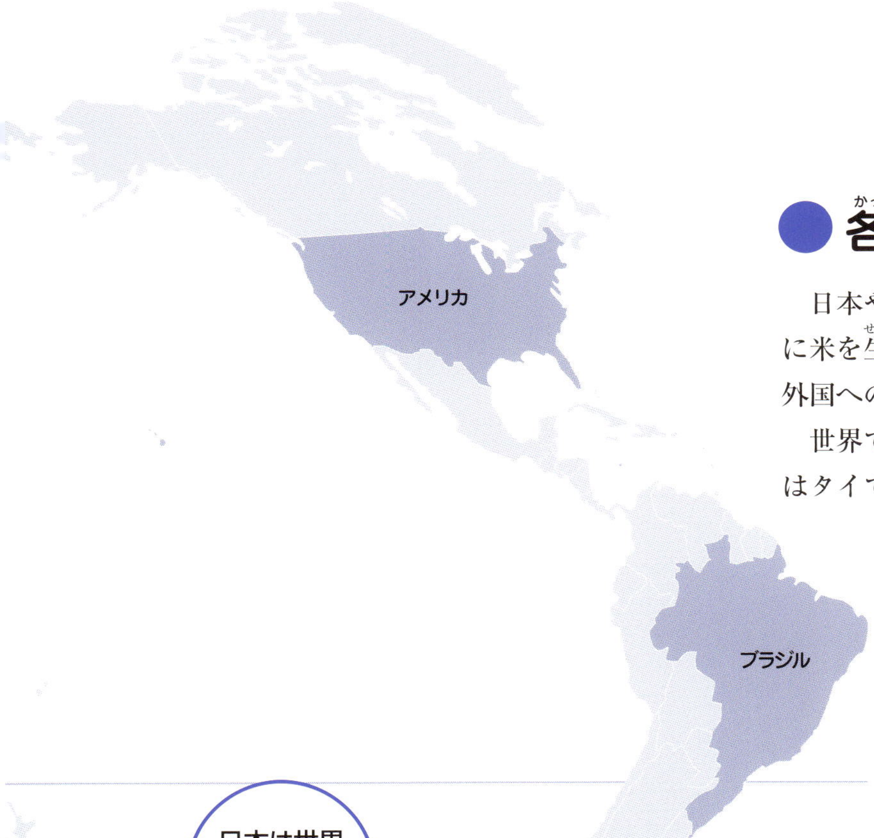

アメリカ
ブラジル

各国《かっこく》の米の輸出量《ゆしゅつりょう》と輸入量《ゆにゅうりょう》

日本やアジアの国々の多くは、国内で食べるために米を生産《せいさん》していますが、国内での消費《しょうひ》だけでなく、外国への輸出《ゆしゅつ》を目的《もくてき》につくっている国もあります。

世界で、もっともたくさんの米を輸出《ゆしゅつ》している国はタイです。タイは、毎年生産《せいさん》した米の約《やく》30%にあたる800万トンほどを、南アジアや西アジア、アフリカなどに輸出《ゆしゅつ》しています。また、国をあげて米の輸出《ゆしゅつ》に取りくんでいるベトナムも、近年その量《りょう》がふえています。

アジア以外《いがい》では、アメリカなども、生《せい》産量《さんりょう》の40%近くを輸出《ゆしゅつ》している輸出大《ゆしゅつたい》国《こく》のひとつです。

輸入国《ゆにゅうこく》は、主にアジアやアフリカの国々のうち、人口が急増《きゅうぞう》したため国内で生産《せいさん》する食料《しょくりょう》では足りなくなり、輸入《ゆにゅう》している国がほとんどです。

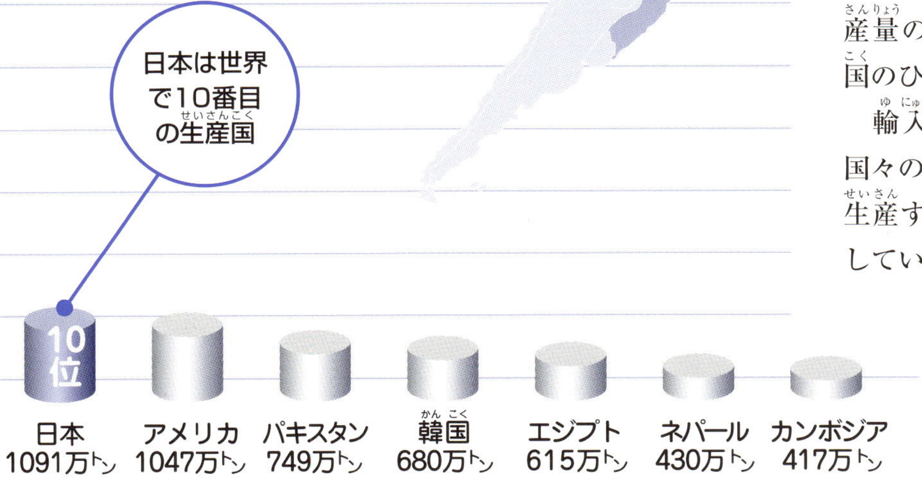

日本は世界で10番目の生産国《せいさんこく》
10位
日本 1091万トン
アメリカ 1047万トン
パキスタン 749万トン
韓国《かんこく》 680万トン
エジプト 615万トン
ネパール 430万トン
カンボジア 417万トン

＊「世界国勢図会2005／6年版」(FAO貿易統計)
＊データはもみ量をもとに算出。中国は台湾をふくむ。

米の貿易《ぼうえき》マップ

全世界で1年間に収穫《しゅうかく》される約《やく》6億《おく》トンの米のうち、約《やく》5%が貿易《ぼうえき》で取り引きされています。国によって、生産量《せいさんりょう》に占《し》める輸出量《ゆしゅつりょう》の割合《わりあい》や、輸出《ゆしゅつ》相手の国や地域《ちいき》に特色《とくしょく》があります。

米の輸出入《ゆしゅつにゅう》の特徴《とくちょう》

米の輸出《ゆしゅつ》はタイ、ベトナム、インド、アメリカ4か国で全世界の輸出量《ゆしゅつりょう》の半分以上《いじょう》を占《し》めているのが特徴《とくちょう》です。一方、輸入国《ゆにゅうこく》は世界100か国以上《いじょう》にのぼり、多くの国が少量《しょうりょう》ずつ輸入《ゆにゅう》をしています。主にアジア、アフリカ、中東諸国《ちゅうとうしょこく》の輸入《ゆにゅう》が多く、今後はアフリカ諸国《しょこく》が大きな米の市《し》場《じょう》になると考えられています。輸出上位国《ゆしゅつじょういこく》がどんな地域《ちいき》にどのくらい輸出《ゆしゅつ》しているのか、2002年のデータをもとにみてみましょう。

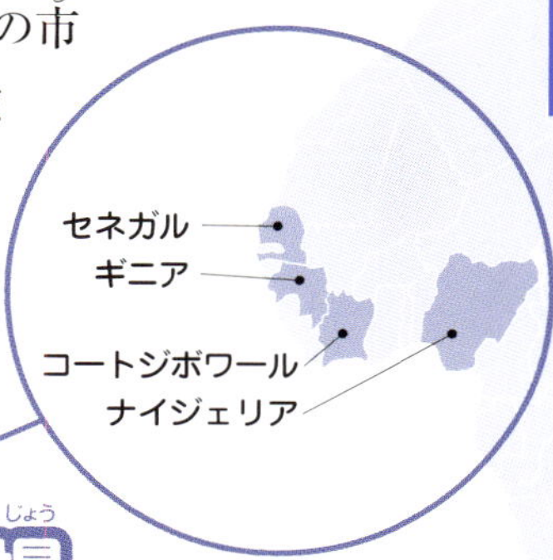
セネガル
ギニア
コートジボワール
ナイジェリア

大きな米の市場《しじょう》アフリカ

現在《げんざい》、輸入《ゆにゅう》に大きくたよっているのが、アフリカ諸国《しょこく》です。とくに、1990年以降《いこう》西アフリカのコートジボワール、セネガル、ナイジェリア、ギニアなどの輸入《ゆにゅう》がめだちます。

これらの国では、近年、人口の増《ぞう》加《か》にともない米の消費量《しょうひりょう》がふえています。それぞれの国でも米の生産量《せいさんりょう》をふやす計画を進めていますが、かんがい設備《せつび》がなく雨水にたよっている地域《ちいき》が多いために、収穫量《しゅうかくりょう》がなかなか上がりません。そのために米の生産量《せいさんりょう》が消費量《しょうひりょう》に追いつかず、輸入《ゆにゅう》量《りょう》がふえつづけています。

▲精米所《せいまいじょ》からでたもみがらをはこぶ女性《じょせい》たち。うしろにそびえるのはもみがらの山。アフリカ・ナイジェリアのアバカリキは精米業《せいまいぎょう》がさかん。（河北新報社）

西アジアへの輸出《ゆしゅつ》が多い

パキスタン

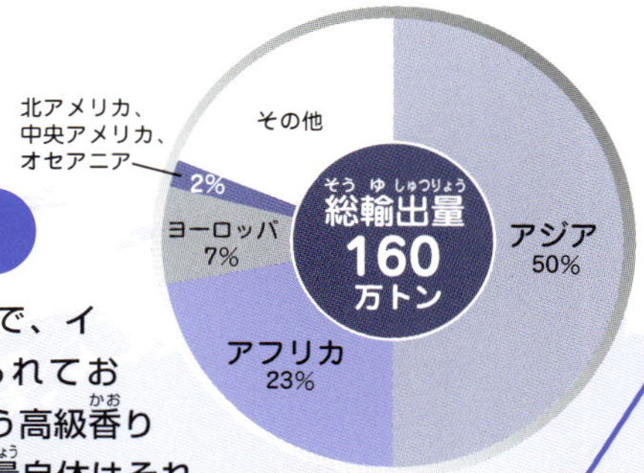
その他
北アメリカ、
中央アメリカ、
オセアニア
2%
ヨーロッパ
7%
総輸出量《そうゆしゅつりょう》
160
万トン
アジア
50%
アフリカ
23%

主にインダス川流域《りゅういき》で、インディカ米《まい》がつくられており、バスマティという高級香《かお》り米《まい》が有名です。生産量《せいさんりょう》自体はそれほど多くありませんが、うち20%を超《こ》える量《りょう》が輸出《ゆしゅつ》されています。アジアへの輸出《ゆしゅつ》が多く、その中でもアフガニスタン、イランなど西アジアへの輸出《ゆしゅつ》が多いのが特徴《とくちょう》です。

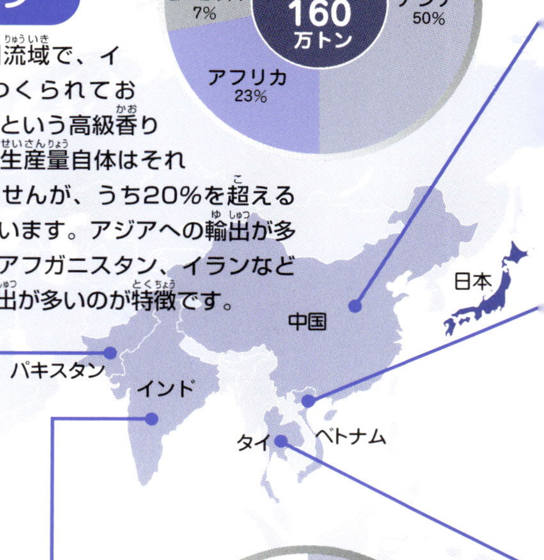
日本
中国
パキスタン
インド
タイ
ベトナム

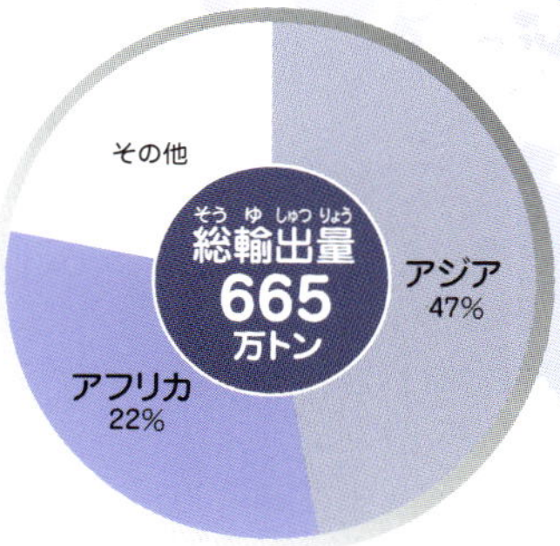
その他
総輸出量《そうゆしゅつりょう》
665
万トン
アジア
47%
アフリカ
22%

アジアへの輸出《ゆしゅつ》が多い

インド

世界第《だい》2位《い》の米生産国《こめせいさんこく》で、生産《せいさん》量《りょう》の約《やく》6%が輸出用《ゆしゅつよう》です。主にインディカ米《まい》が栽培《さいばい》され、アジアへの輸出《ゆしゅつ》が50%近くを占《し》めています。中でもインドネシアへの輸出《ゆしゅつ》が圧倒的《あっとうてき》に多くなっています。アフリカへの輸出《ゆしゅつ》も多く、その半分以上《いじょう》がナイジェリア向けです。

「FAO貿易統計」
＊円グラフのデータは2002年度総輸出量、地域別輸出量より作成
＊四捨五入のため、計と内訳は一致しない。

生産量《せいさんりょう》のわずか1%が輸出《ゆしゅつ》

中国(台湾《たいわん》をふくむ)

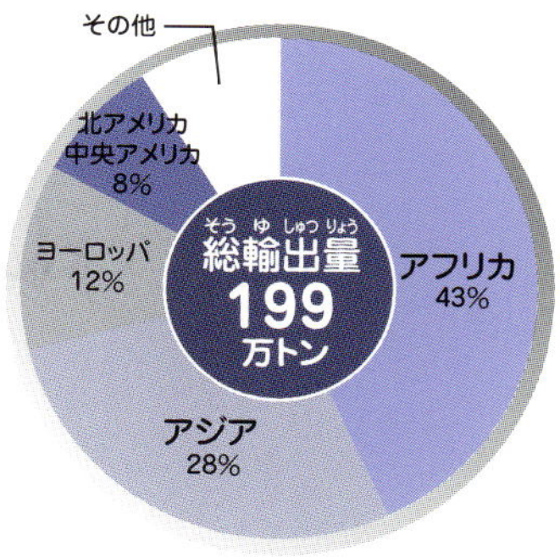
その他
北アメリカ
中央アメリカ
8%
ヨーロッパ
12%
総輸出量《そうゆしゅつりょう》
199
万トン
アフリカ
43%
アジア
28%

世界第《だい》1位《い》の米生産国《こめせいさんこく》ですが、生産量《せいさんりょう》のうち輸出《ゆしゅつ》されているのは約《やく》1%にすぎません。アフリカへの輸出《ゆしゅつ》の90%近くがコートジボワール向け、アジアへの輸出《ゆしゅつ》の40%以上《いじょう》がインドネシア向け、ヨーロッパへの輸出《ゆしゅつ》のほとんどがロシア向けです。

近年輸出量《ゆしゅつりょう》をのばす

ベトナム

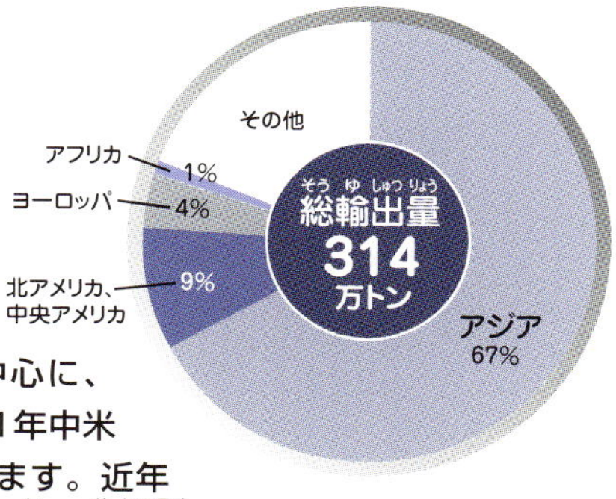
その他
アフリカ
1%
ヨーロッパ
4%
北アメリカ、
中央アメリカ
9%
総輸出量《そうゆしゅつりょう》
314
万トン
アジア
67%

主にメコン川の流域《りゅういき》を中心に、雨季《うき》、乾季《かんき》を問わずほぼ1年中米づくりがおこなわれています。近年輸出量《ゆしゅつりょう》をのばし、世界第《だい》2位《い》の輸出国《ゆしゅつこく》となっています(2003年)。多くがインドネシア、フィリピンをはじめとするアジアに輸出《ゆしゅつ》されています。ヨーロッパ向けは、ほとんどがロシアへの輸出《ゆしゅつ》です。

世界第《だい》1位《い》の米輸出国《こめゆしゅつこく》

タイ

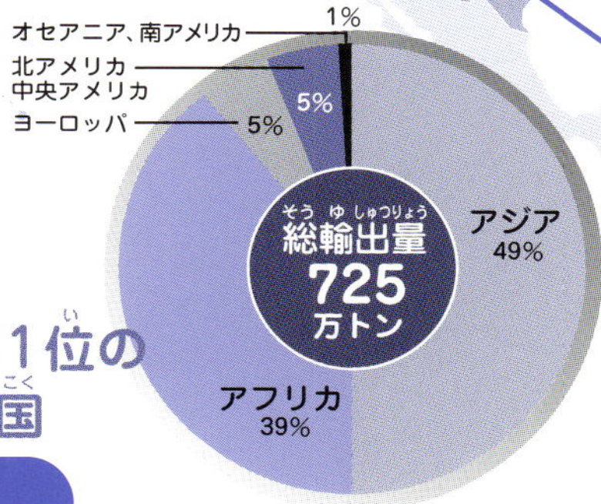
オセアニア、南アメリカ
1%
北アメリカ
中央アメリカ
5%
ヨーロッパ
5%
総輸出量《そうゆしゅつりょう》
725
万トン
アジア
49%
アフリカ
39%

国内の生産量《せいさんりょう》の30%近くが輸出用《ゆしゅつよう》で、世界第《だい》1位《い》の輸出国《ゆしゅつこく》です。インディカ米《まい》が主ですが、カウドマリという高級香《かお》り米《まい》など輸出先《ゆしゅつさき》の好《この》みに合わせた品種《ひんしゅ》も栽培《さいばい》されています。中国《ちゅうごく》やインドネシアをはじめとするアジアや、ナイジェリアなどアフリカの国々を中心に、世界各地《かくち》に輸出《ゆしゅつ》しています。

▲タイのバンコク港。輸出用《ゆしゅつよう》の米袋《こめぶくろ》がつぎつぎと船に積《つ》みこまれていく。ここから世界中に米が輸出《ゆしゅつ》されていく。(河北新報社)

生産量《せいさんりょう》の多くが輸出用《ゆしゅつよう》

アメリカ

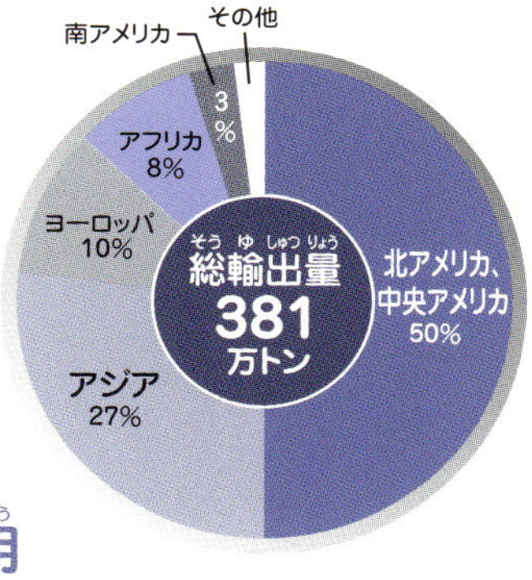
南アメリカ
その他
3%
アフリカ
8%
ヨーロッパ
10%
総輸出量《そうゆしゅつりょう》
381
万トン
北アメリカ、
中央アメリカ
50%
アジア
27%

主に南部のミシシッピ川流域《りゅういき》ではインディカ米《まい》、西部のカリフォルニアではジャポニカ米《まい》の栽培《さいばい》がさかんです。生産量《せいさんりょう》は世界第《だい》11位《い》ですが、生産量《せいさんりょう》の40%近くが輸出用《ゆしゅつよう》です。メキシコやハイチなど、中央《ちゅうおう》アメリカ向けが輸出量《ゆしゅつりょう》の約《やく》50%を占《し》めています。アジアへの輸出《ゆしゅつ》は全体の30%近くになり、主に日本向けのミニマム・アクセス米《まい》です。また、ヨーロッパ向けは、主にイギリス、オランダなどへの輸出《ゆしゅつ》です。

生産量《せいさんりょう》のほとんどが輸出用《ゆしゅつよう》

ウルグアイ

生産量《せいさんりょう》は世界第《だい》27位《い》ですが、うち約《やく》70%が輸出用《ゆしゅつよう》という輸出大国《ゆしゅつたいこく》です。日本をはじめとする外国による農業《のうぎょう》開発《かいはつ》が進められており、インディカ米《まい》のほか、コシヒカリなどのジャポニカ米《まい》も栽培《さいばい》されています。輸出先《ゆしゅつさき》は南アメリカとアジアが多く、アジア向けはほとんどをイランに輸出《ゆしゅつ》しています。

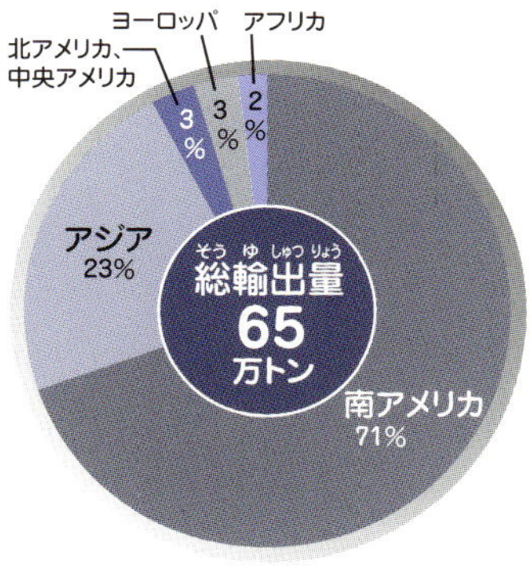
ヨーロッパ
アフリカ
北アメリカ、
中央アメリカ
3%
3%
2%
アジア
23%
総輸出量《そうゆしゅつりょう》
65
万トン
南アメリカ
71%

アメリカ
ウルグアイ

食《しょく》料《りょう》危《き》機《き》をすくう米

**世界の人口は、アフリカなどの開発途上国《かいはつとじょうこく》を中心にふえつづけています。
このままでは、今以上《いじょう》に食料《しょくりょう》が足りなくなると考えられています。
これからますます深刻《しんこく》になる食料危機《しょくりょうきき》に対して、米はどんな役割《やくわり》をはたすのでしょうか。**

世界の食料問題《しょくりょうもんだい》

地球の人口は、開発途上国《かいはつとじょうこく》を中心にふえつづけ、2000年に約《やく》62億《おく》人だった世界の人口は、2050年には1.5倍の約《やく》93億《おく》人になると考えられています。人口がふえれば、その分食料《しょくりょう》も必要《ひつよう》になりますが、主食となる穀物《こくもつ》の耕作面積《こうさくめんせき》は、ここ40年で8.4%しかふえておらず、最近《さいきん》10年間はほとんどふえていません。

わたしたちは現在《げんざい》まで、作物の品種《ひんしゅ》や栽培技術《さいばいぎじゅつ》の改良《かいりょう》、かんがい施設《しせつ》の整備《せいび》、化学肥料《かがくひりょう》の使用などにより、穀物《こくもつ》の生産量《せいさんりょう》をふやしてきました。しかし、これらの技術《ぎじゅつ》にも限界《げんかい》があります。さらに、無計画《むけいかく》な焼畑《やきはた》や森林伐採《しんりんばっさい》によって、土地が荒《あ》れてしまったり、塩害《えんがい》や地下水の減少《げんしょう》などで農業ができなくなるという問題も各地《かくち》でおこっています。

世界人口と穀物生産量《こくもつせいさんりょう》のうつりかわり

穀物生産量《こくもつせいさんりょう》は農業技術《ぎじゅつ》の進歩にともないふえてきたが、そののびはとまってきている。耕地面積《こうちめんせき》もほぼ横ばいで、このまま人口がふえていくと食料《しょくりょう》が足りなくなる。

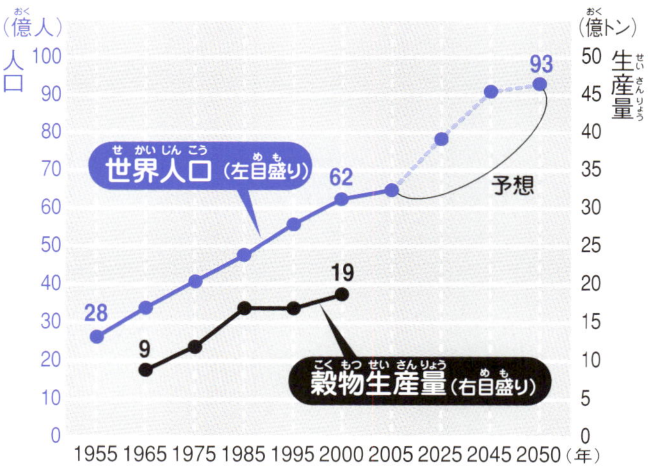

＊FAO「FAOSTAT」および国際連合人口部統計資料

緑の革命《かくめい》

1940年代から80年代にかけ、農業技術《ぎじゅつ》が進んでいない開発途上国《かいはつとじょうこく》に新しい品種《ひんしゅ》や技術《ぎじゅつ》を伝え、農作物の生産性《せいさんせい》を上げようとする活動が、メキシコにある国際農業《こくさいのうぎょう》研究所からはじまりました。

この活動の中で米の主役になったのが、1960年代にフィリピンのIRRI《イリ》（国際稲研究所《こくさいいねけんきゅうじょ》）で新しくつくられた「IR-8《アイアールエイト》」という品種《ひんしゅ》のイネです。IR-8《アイアールエイト》は、熱帯《ねったい》アジアの在来《ざいらい》のイネにくらべて、背《せ》が低《ひく》くたおれにくい、収穫量《しゅうかくりょう》が多い、生育期間がみじかいなどの特徴《とくちょう》があります。この品種《ひんしゅ》により、フィリピンやインドネシア、パキスタンなどで米の生産量《せいさんりょう》が飛躍《ひやく》的《てき》にのび、「緑の革命《かくめい》」とよばれました。

しかし、IR-8《アイアールエイト》は大量《たいりょう》の化学肥料《かがくひりょう》を必要《ひつよう》とする上、かんがい用水の管理《かんり》もたいへんなため、土地がもともとやせていて、水が少なく、かんがい設備《せつび》のととのっていないアフリカなどでは、大きな成果《せいか》を上げることができませんでした。また、アジアでも、化《か》学肥料《がくひりょう》や農薬《のうやく》の大量《たいりょう》使用、かんがいのしすぎによって土地がやせるという問題《もんだい》がおこりました。

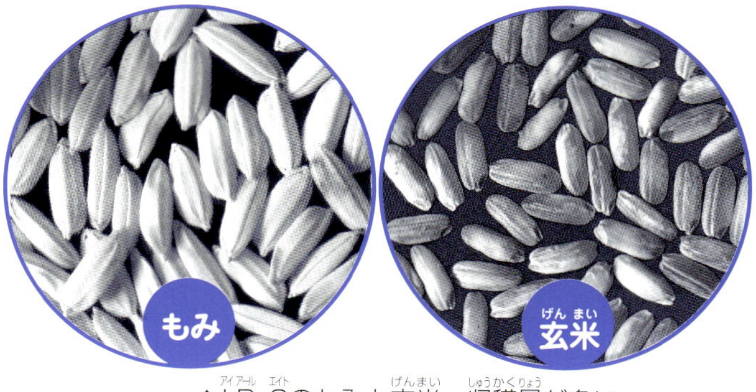

▲IR-8《アイアールエイト》のもみと玄米《げんまい》。収穫量《しゅうかくりょう》が多いことから「奇跡《きせき》の米」ともいわれた。

ネリカ米《まい》が アフリカの人々をすくう？

緑の革命《かくめい》が成功《せいこう》しなかったアフリカでは、1990年代に入っても多くの人々が深刻《しんこく》な食料危機《しょうりょうきき》にあえいでいました。そんな中、UNDP《ユーエヌディーピー》（国連開発計画《こくれんかいはつけいかく》）などと共同《きょうどう》で研究をつづけていたWARDA《ワルダ》（西アフリカ稲開発協会《いねかいはつきょうかい》）が、日本や中国の支援《しえん》のもと1994年に新しい品種《ひんしゅ》をつくりだすことに成功《せいこう》しました。それが「ネリカ米《まい》」です。

ネリカ米《まい》は、病気や乾燥《かんそう》に強いアフリカイネと、収穫量《しゅうかくりょう》の多いアジアイネを交雑《こうざつ》させてつくった陸稲《りくとう》です。アフリカイネとアジアイネのよいところを受けついでいるほか、短期間に収穫《しゅうかく》でき、雑草《ざっそう》への抵抗力《ていこうりょく》が強い上に、タンパク質《しつ》を多くふくんでいます。現在《げんざい》、日本が中心となってTICAD《ティカッド》（アフリカ開発会議《かいぎ》）により、アフリカで普及《ふきゅう》が進められています。このネリカ米《まい》は、アフリカの食料問題《しょくりょうもんだい》を解決《かいけつ》する大きな力のひとつになることが期待されています。

▲アフリカの大地で育つネリカ米《まい》。(UNDP)

海外に稲作技術《いなさくぎじゅつ》を伝える

JICA《ジャイカ》（独立行政法人国際協力機構《どくりつぎょうせいほうじんこくさいきょうりょくきこう》）では、世界の国々に稲作《いなさく》をはじめとする農業の技術《ぎじゅつ》を伝える活動をおこなっています。

そのひとつが、アフリカのタンザニアにあるJICA《ジャイカ》のキリマンジャロ農業技術者訓練《ぎじゅつしゃくんれん》センターです。ここでは、かんがい設備《せつび》のつかい方や管理《かんり》のしかた、基本的《きほんてき》な稲作技術《いなさくぎじゅつ》などを現地《げんち》の人々に教えています。この活動により、周辺地域《しゅうへんちいき》では米の収穫量《しゅうかくりょう》がふえています。

食料危機《しょくりょうきき》をのりこえるためには、品種改良《ひんしゅかいりょう》や最新《さいしん》の農業技術《ぎじゅつ》の研究、資金面《しきんめん》の援助《えんじょ》だけでなく、このように開発途上国《かいはつとじょうこく》の人々に基本的《きほんてき》な知識《ちしき》や技術《ぎじゅつ》を教えることもたいせつなことです。

▲効率的《こうりつてき》で高い収穫量《しゅうかくりょう》が得《え》られる苗《なえ》の植えつけ方を教える日本人技術者《ぎじゅつしゃ》。(JICA)

▶米づくりにたずさわる現地《げんち》スタッフ。(JICA)

きびしい環境《かんきょう》で育つイネ

日本の国際農林水産業研究《こくさいのうりんすいさんぎょうけんきゅう》センターでは、稲作《いなさく》に適《てき》さなかった土地でも育つイネの研究を進めています。雨の少ない乾燥地《かんそうち》、土中に塩分《えんぶん》が多く作物が育たない土地、寒くて作物が凍《こお》って枯《か》れてしまう地域《ちいき》、こんなきびしい環境《かんきょう》でも育つイネをつくることを目標《もくひょう》にしています。

植物は生育するのがむずかしい環境《かんきょう》になると、なんとか生きのびようと、その環境《かんきょう》に適応《てきおう》するため体を変化《へんか》させます。このはたらきを制御《せいぎょ》するおおもとを「環境耐性遺伝子《かんきょうたいせいいでんし》」といいますが、この遺伝子《いでんし》のはたらき全体を調節《ちょうせつ》する遺伝子《いでんし》がつきとめられました。イネからこの遺伝子《いでんし》を取りだし、そのはたらきを強め、もう一度イネに組みこむと、きびしい環境《かんきょう》でも育つようになります。

現在《げんざい》、研究所の中で、このようなイネをつくることに成功《せいこう》しています。今後、野外の環境《かんきょう》で同じように生長するかという課題《かだい》がのこされていますが、食料問題《しょくりょう》の解決《かいけつ》に大きく貢献《こうけん》することが期待されています。

コシヒカリ&ミルキークイーン誕生物語《たんじょうものがたり》

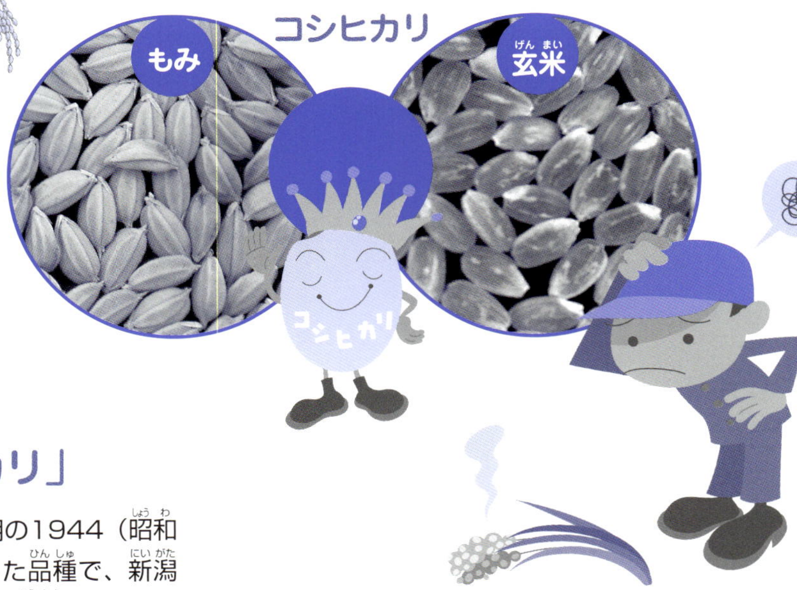

不人気《ふにんき》だった「コシヒカリ」

コシヒカリはアジア・太平洋戦争末期《たいへいようせんそうまっき》の1944（昭和《しょうわ》19）年に新潟《にいがた》県の農業試験場《のうぎょうしけんじょう》で誕生《たんじょう》した品種《ひんしゅ》で、新潟《にいがた》県の主力品種《しゅりょくひんしゅ》で収穫量《しゅうかくりょう》が多くおいしい「農林《のうりん》１号」と、いもち病に強い「農林《のうりん》22号」を交雑《こうざつ》して生まれました。

当時の日本は食料不足《しょくりょうぶそく》が深刻《しんこく》で、おいしい米よりも病気に強くてたくさん収穫《しゅうかく》できる品種《ひんしゅ》をつくることが研究の第一《だいいち》の目標《もくひょう》でした。しかし、この交雑《こうざつ》によって誕生《たんじょう》したのは、病気に弱く収穫量《しゅうかくりょう》の少ないものばかりで、あやうく廃棄処分《はいきしょぶん》になるところでした。

コシヒカリの栽培《さいばい》はたいへんで、収穫前《しゅうかくまえ》になると、稲《いな》穂《ほ》の重みに耐《た》え切れず、イネがたおれてしまうなど苦労《くろう》つづきでした。しかし、試験場《しけんじょう》や農家の人の努力《どりょく》によって、しだいに栽培技術《さいばいぎじゅつ》が向上し、ついに1956年、「越《こし》の国《くに》（越前国北陸《えちぜんのくにほくりく》）に光り輝《かがや》いてほしい」という願《ねが》いをこめて「コシヒカリ」が誕生《たんじょう》しました。

やがて、食料不足《しょくりょうぶそく》が解消《かいしょう》されると、コシヒカリは味のよさで知られるようになりました。ねばりがありやわらかいコシヒカリの味は、日本人の味覚《みかく》にぴったりだったのです。

スーパーライス計画から誕生《たんじょう》した「ミルキークイーン」

1989（平成《へいせい》元）年から1994年にかけて、新しい特《とく》徴《ちょう》をもつ米の品種《ひんしゅ》（新形質米《しんけいしつまい》）を開発するために、農林《のうりん》水産省《すいさんしょう》によって「スーパーライス計画」というプロジェクトがおこなわれました。

ミルキークイーンはねばりが強く、おにぎりや弁当《べんとう》などの製品《せいひん》に向いた品種《ひんしゅ》として、このプロジェクトから誕《たん》生《じょう》しました。コシヒカリの種子《しゅし》を化学処理《しょり》して遺伝子《いでんし》に突然変異《とつぜんへんい》をおこさせてつくりだした品種《ひんしゅ》で、栽培特性《さいばいとくせい》はほとんど同じで、コシヒカリの兄弟といえます。

コシヒカリと同じようなおいしさと、冷《さ》めてもモチモチしていておいしいという特徴《とくちょう》があり、乳白色《にゅうはくしょく》の玄米《げんまい》の色から「ミルキークイーン」と名づけられました。

特徴《とくちょう》のある品種《ひんしゅ》を栽培《さいばい》したいと希望《きぼう》する農家に直接種《ちょくせつたね》もみを配り、すこしずつ栽培面積《さいばいめんせき》がふえ、今では山梨《やまなし》県をはじめ、東北から九州まで広く栽培《さいばい》されるようになっています。

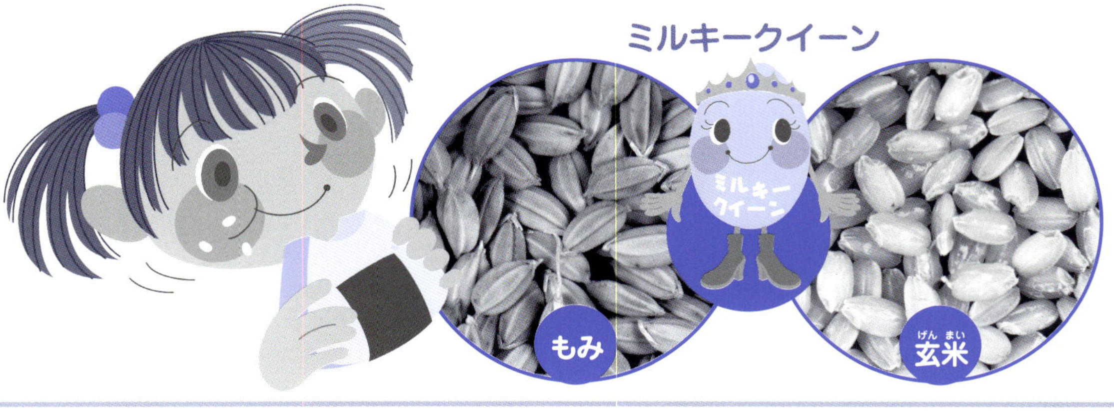

③章 米と環《かん》境《きょう》

この章ではイネから米はどのようにできていくのか、
イネの生態《せいたい》をくわしくさぐっていきましょう。
イネを育てる水田には、米をつくるだけでなく、
わたしたちの暮《く》らしをささえるさまざまな役割《やくわり》があります。

イネが実りをむかえるころ姿《すがた》をみせるアキアカネ

イネの生態《せいたい》を知ろう

米は、植物のイネからとれる種子《しゅし》のことです。
わたしたちが食べている米は、収穫《しゅうかく》されたイネの種子《しゅし》のもみがらを取りのぞいたものです。
ここでは、米をみのらせるイネのしくみや生態《せいたい》についてみてみましょう。

イネの種類《しゅるい》

現在《げんざい》、世界でつくられているイネは、そのほとんどがアジア原産《げんさん》のアジアイネです。

アジアイネは、インドや東南アジアを中心につくられ、世界の米生産量《せいさんりょう》の約《やく》90%を占《し》めるインディカ種《しゅ》、日本をはじめとする東アジアでつくられているジャポニカ種《しゅ》に大きくわけられます。

イネがいつごろから栽培《さいばい》されるようになったのか、はっきりとはわかっていませんが、アジアイネは今から1万数千年前に中国南部で栽培《さいばい》されていたことがわかっています。

イネの生長

わたしたちがよく目にする白い米（白米）は、もみすりをしてもみがらを取り、表面をけずる「精米《せいまい》」という加工《かこう》がされています。だから、白米をまいても芽《め》はでません。イネの種子《しゅし》として芽《め》をだし、生長することができるのは、もみがらを取っていない「もみ」や、もみがらを取っただけで精米《せいまい》をしていない「玄米《げんまい》」です。

春にもみをまくと、土から芽《め》をだしたイネは約《やく》半年をかけて生長し、秋に多くの米をみのらせます。

ジャポニカ種《しゅ》（ジャポニカ米《まい》）

▲比較的《ひかくてき》寒さに強く、一般《いっぱん》に草たけが低《ひく》い。米粒《こめつぶ》に丸みがあり、たくとほのかな香《かお》りと甘《あま》み、ねばりと弾力《だんりょく》がある。日本では、ごはんとしてたいて主食として食べるほか、せんべいや酒の材料《ざいりょう》にもつかわれる。

インディカ種《しゅ》（インディカ米《まい》）

▲寒さに弱く、一般《いっぱん》に草たけが高い。米粒《こめつぶ》は細長い形が多く、たくとねばりが少なく、パラパラとしている。アジア、インドや中東の国々で、主食としてカレーとともに食べたり、ピラウなどの材料《ざいりょう》にされている。

イネの生長図

1 もみは、十分に水分をふくむと2、3日で発芽《はつが》する。

2 根が土の中にのびると同時に、子葉《しよう》（最初《さいしょ》の葉）の中から小さな葉がでてくる。

3 3週間もすると葉がふえて、根も枝分《えだわ》かれする。このころには、もみの中の養分《ようぶん》をつかいきり、葉や根から取り入れる栄養分《えいようぶん》で生長する。

イネの仲間《なかま》

イネ科の植物には、コムギやトウモロコシもふくまれています。これらは世界三大穀物《こくもつ》として、多くの人々の主食になっています。

イネ科の植物には、デンプンやタンパク質《しつ》などをバランスよくふくむ栄養価《えいようか》の高い種子《しゅし》が、ひと株《かぶ》からたくさん取れるという共通《きょうつう》の特徴《とくちょう》があり、安定して収穫《しゅうかく》することができます。また、種子《しゅし》は長期間保存《ほぞん》することができます。そのため、これらの穀物《こくもつ》は大昔から世界中で栽培《さいばい》され、主食とされてきました。

コムギ

イランやトルコなどの中近東が原産地《げんさんち》で、ヨーロッパやアメリカ、中国などの温帯地域《おんたいちいき》でつくられている穀物《こくもつ》。寒さに強く、収穫《しゅうかく》した種子《しゅし》は粉《こな》にひいて小麦粉《こむぎこ》にし、おもにパンやめん類《るい》などの材料《ざいりょう》につかわれる。

トウモロコシ

16世紀《せいき》にアメリカ大陸《たいりく》からヨーロッパにつたわった穀物《こくもつ》で、今では世界中で栽培《さいばい》されている。メキシコなどでは、種子《しゅし》をひいてねったものをうすく焼《や》いたトルティーヤなどを主食として食べている。

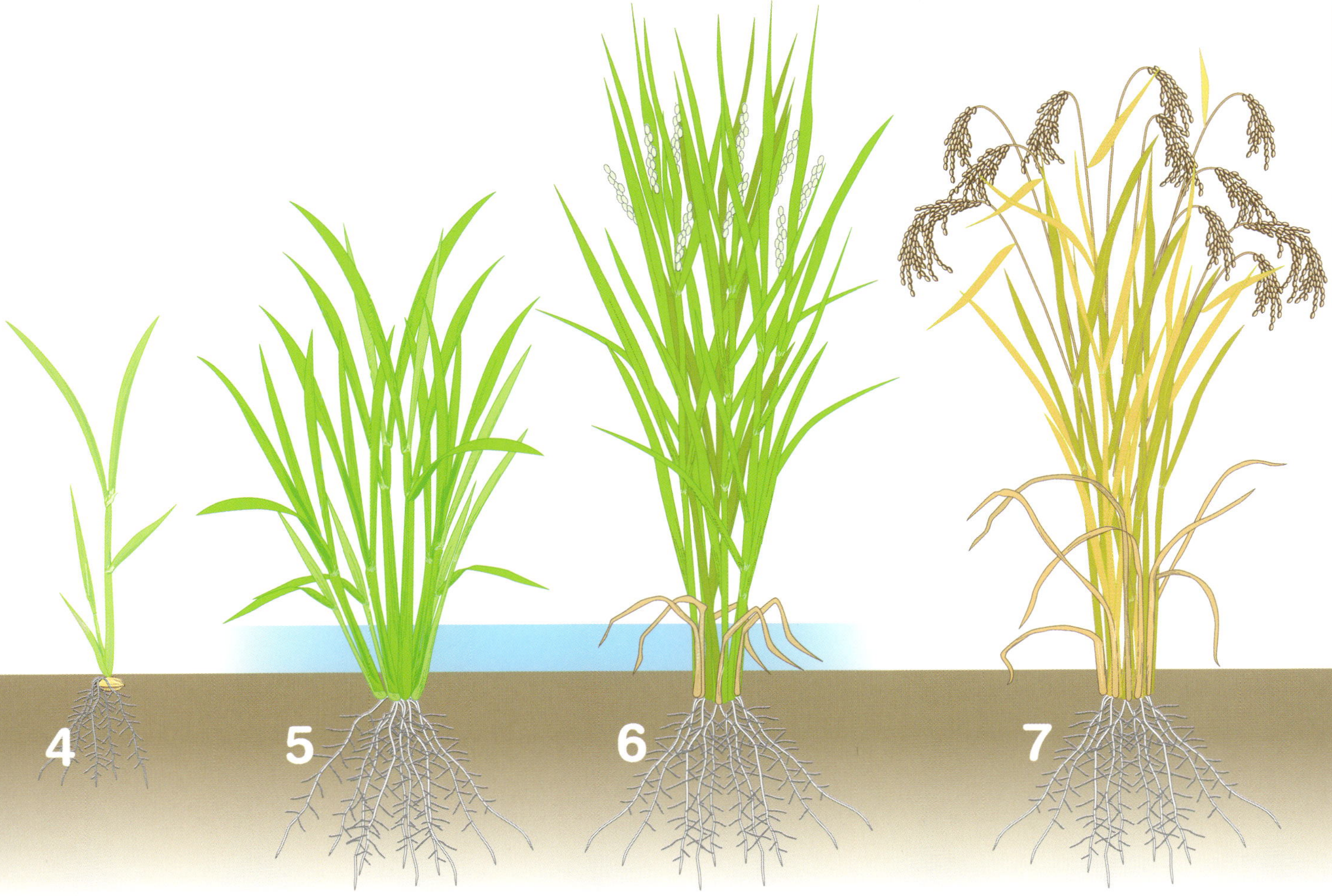

4 葉がさかんにふえていく。葉が3～5枚《まい》になったころ、水田に植えつける。

5 さかんに分《ぶん》げつ(茎《くき》分かれ)して、どんどん茎《くき》の数がふえていく。

6 夏になり分《ぶん》げつが終わると、穂《ほ》がでる。えい（もみがら）が割《わ》れて花が咲《さ》くと、雄《お》しべの花粉《かふん》が雌《め》しべについて受粉《じゅふん》し、実（米）になる準備《じゅんび》がはじまる。花が咲《さ》くのは、たった1日、朝の数時間だけ。

7 えいの中で子房《しぼう》が十分に育つと、実(米)ができる（117ページ参照《さんしょう》)。穂《ほ》は黄金《こがね》色に色づき、その重さでたれ下がってくる。

イネの生態《せいたい》 1 もみのしくみ

イネの生長は、もみが発芽《はつが》することからはじまります。
もみの中には、イネの生長に必要《ひつよう》な、芽《め》や根のもとや栄養分《えいようぶん》がふくまれています。
もみの中をのぞいて、芽《め》のでるしくみをみてみましょう。

イネは「もみ」から発芽《はつが》する

イネは、「もみ」から発芽《はつが》し生長します。もみとは、もみがらのついた状態《じょうたい》の米をいいます。もみの中にはアサガオなどの種子《しゅし》と同じように、植物の生長に必要《ひつよう》なはいやはい乳《にゅう》などの組織《そしき》がふくまれています。十分に中身のつまったもみから生長したイネはじょうぶに育ち、中身があまりつまっていないもみから生長したイネは育ちがわるくなります。

そのため農家では、もみをまく前に、もみの比重《ひじゅう》のちがいを利用《りよう》して、よいもみとわるいもみを選《えら》び、分ける作業をおこないます（30ページ参照《さんしょう》）。

▲中身がしっかりとつまっているので重く、ふっくらと丸みをおびている。

▲もみがらとはい乳《にゅう》のあいだにすきまがあるので軽く、中身もひからびている。

もみのつくり

もみのいちばん外側《そとがわ》にあるかたい皮の部分をえい（もみがら）といいます。えいの内側《うちがわ》には、生長するとイネの芽《め》や根になるはい、発芽《はつが》するときに栄養分《えいようぶん》としてつかわれるはい乳《にゅう》、それらを保護《ほご》する種皮《しゅひ》（ぬか層《そう》）などがあります。わたしたちがごはんとして食べている部分は、はい乳《にゅう》です。

はい：芽《め》や根のもとになる部分。

はいやはい乳《にゅう》は種皮《しゅひ》とえいで二重に守られている。

種皮（ぬか層）：はいやはい乳《にゅう》をおおい、はいやはい乳《にゅう》を守るはたらきをしている。

はい乳《にゅう》：精米《せいまい》すると白米になる部分。はいが生長するときに必要《ひつよう》な、デンプン、タンパク質《しつ》や脂質《ししつ》などの栄養分《えいようぶん》をふくむ。

芽《め》がでる

もみは十分な水、温度、酸素《さんそ》、そして光などの条《じょう》件《けん》がそろうと、2、3日で芽《め》をだします。

地中にのびた根からは、こまかいひげのような根《こん》毛《もう》がたくさんはえます。この根毛《こんもう》によって根の表面がでこぼこになり根の表面積《ひょうめんせき》が広くなるため、地中の栄養分《えいようぶん》を効率《こうりつ》よく吸収《きゅうしゅう》することができます。

1 水と温度、酸素《さんそ》、光などの条件《じょうけん》がそろうと、2、3日で芽《め》がでてくる。

2 葉になる部分は上に、根になる部分は下にむかって生長する。根にたくさんの根《こん》毛《もう》がはえているのがみえる。

3 最初《さいしょ》の葉である子葉《しよう》がでる。子葉《しよう》の先からは本葉《ほんば》が顔をだしはじめている。イネの子葉《しよう》はアサガオなどの子葉《しよう》とちがって細長く、1枚《まい》しかない。

栽培種《さいばいしゅ》と野生種《やせいしゅ》のもみ

わたしたちがふだんイネとよんでいる植物は、栽培《さいばい》しやすく、米をたくさん収穫《しゅうかく》できるように品種改良《ひんしゅかいりょう》された「栽培種《さいばいしゅ》」です。これに対して、人間の手が加《くわ》えられないまま、野生《やせい》の状態《じょうたい》ではえている「野生種《やせいしゅ》」もあります。野生種《やせいしゅ》は、栽培種《さいばいしゅ》の祖先《そせん》ともいえるイネで、昔のイネのすがたをのこしています。

野生種《やせいしゅ》は、1本の穂《ほ》にみのる米の数が栽培種《さいばいしゅ》にくらべて少ない上、ひとつひとつの米粒《こめつぶ》も細く、軽いのが特徴《とくちょう》です。そのため、みのっても穂《ほ》がたれ下がるようなことはありません。また、みのった米が地面に落ちやすい性質《せいしつ》（脱粒性《だつりゅうせい》）や、地面に落ちてもすぐには芽《め》をださない性質《せいしつ》（休眠性《きゅうみんせい》）が強く、栽培種《さいばいしゅ》と大きく異《こと》なります。

野生種《やせいしゅ》は、主に雨季《うき》と乾季《かんき》がある熱帯《ねったい》地方にはえています。休眠性《きゅうみんせい》があるので、次の年のちょうどいい時期に芽《め》をだすことができます。

野生種《やせいしゅ》の穂《ほ》ともみ

1本の穂《ほ》にみのる米の数が少なく、もみもやや細長い。もみの先に長い毛（のぎ）がはえている。

栽培種《さいばいしゅ》の穂《ほ》ともみ

1本の穂《ほ》にみのる米の数が多い。もみは丸々としていて、もみの先ののぎは短い。

イネの生態《せいたい》 2 根・茎《くき》・葉のしくみ

イネも、多くの植物と同じように、根・茎《くき》・葉の3つの器官《きかん》に分かれています。イネの根・茎《くき》・葉は、水をはった水田での生長に適《てき》したしくみになっています。それぞれのしくみとはたらきについて調べてみましょう。

根・茎《くき》・葉のはたらき

イネをはじめとする多くの植物の葉には葉緑体《ようりょくたい》という色素体《しきそたい》があります。葉緑体《ようりょくたい》は、太陽光《たいようこう》のエネルギーを利用《りよう》して、水や二酸化炭素《にさんかたんそ》からデンプンなどの栄養分《えいようぶん》や酸素《さんそ》をつくります。このはたらきを「光《こう》合成《ごうせい》」といいます。

根や茎《くき》には、植物自身が動かないように固定したり、たおれないようにささえるはたらきのほか、土の中から水や栄養分《えいようぶん》を吸収《きゅうしゅう》したり、葉でつくりだしたデンプン、または酸素《さんそ》などを体全体にはこぶ役割《やくわり》もあります。

根のつくり

アサガオなどの双子葉植物《そうしようしょくぶつ》の根は、太い１本の根（主根《しゅこん》）を中心に、まわりにたくさんの細い根（側《そっ》根《こん》）がはえたつくりになっています。これに対して、イネをはじめとする単子葉植物《たんしようしょくぶつ》の根は、根もとの節《ふし》から細い根（ひげ根《ね》）がでています。

イネの根の中心部には、水や栄養分《えいようぶん》が通る管《くだ》が集まった部分があり、そのまわりに通気孔《つうきこう》がたくさんあいています。さらに外側《そとがわ》には、細かい根毛《こんもう》がたくさんはえ、水や栄養分《えいようぶん》の吸《きゅう》収《しゅう》を助けています。

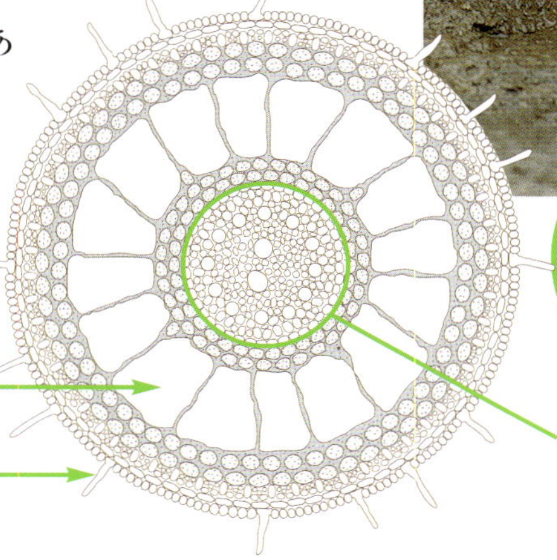

茎《くき》のつくり

イネの茎《くき》は、葉の一部である「さや」とよばれる部分におおわれています。茎《くき》の中心部には、水や栄《えい》養分《ようぶん》の通る細い管《くだ》が集まった部分があり、茎《くき》だけでなくさやの部分にも、酸素《さんそ》を根に送る役目をする通《つう》気孔《きこう》があいています。

イネの茎《くき》の断面図《だんめんず》

酸素《さんそ》の通り道となる通気孔《つうきこう》が葉から根まで通っており、根に酸《さん》素《そ》を送る役目をしている。

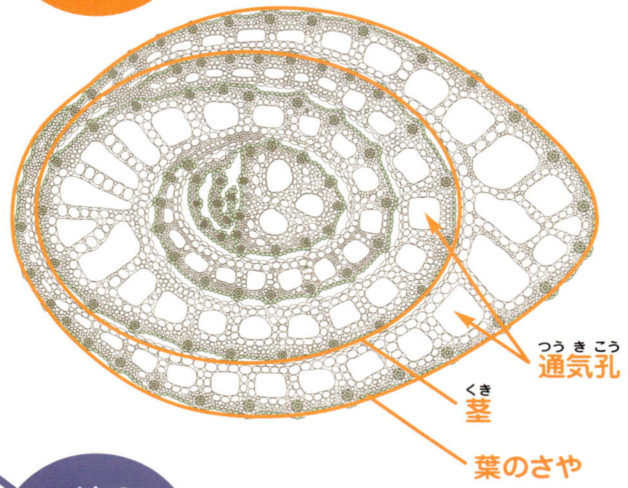

イネの葉の拡大図《かくだいず》

葉脈《ようみゃく》のすじが縦《たて》に平行に走っている。

イネの茎《くき》には、根を通して土から直接酸素《ちょくせつさんそ》を吸収《きゅうしゅう》できる畑作《はたさく》のムギとくらべると、酸素《さんそ》の通る通気孔《つうきこう》がたくさんあいています。そのため、酸素《さんそ》の少ない水の中でも生長することができるのです。

コムギの茎《くき》の断面図《だんめんず》

根から直接《ちょくせつ》、土にふくまれる酸素を取りこむことができるので、通気孔《つうきこう》はイネほど多くない。

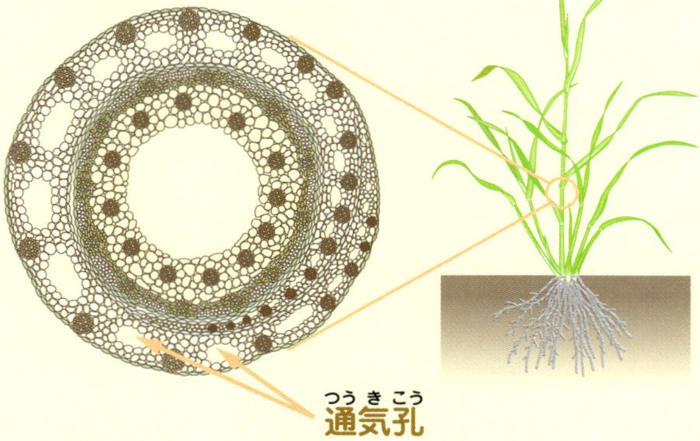

葉のつくり

イネの葉は、葉として外にでている「葉身《ようしん》」という部分と、茎《くき》をおおっている「さや」に分かれています。葉では光合成《こうごうせい》がおこなわれ、太陽光《たいようこう》のエネルギーを利用《りよう》して、水と二酸化炭素《にさんかたんそ》から栄養分《えいようぶん》となるデンプンや酸素《さんそ》をつくりだしています。

イネの葉身《ようしん》には、葉脈《ようみゃく》のすじが縦《たて》に平行に走っていて、根から吸《す》い上げた水、葉でつくられた栄養分《えいようぶん》や酸素《さんそ》をはこんでいます。

▶葉には光合成《こうごうせい》のほか、よぶんな水を排出《はいしゅつ》するはたらきがある。朝、イネの葉に水滴《すいてき》がつくことがあるが、これは排《はい》出《しゅつ》された水分が集まったもの。

イネの生態《せいたい》 3 分《ぶん》げつ・出《しゅっ》穂《すい》のしくみ

初夏《しょか》になるとイネは、茎《くき》をふやしながらどんどん生長していきます。
ここでは、イネの茎《くき》や葉がどのようにふえていき、
穂《ほ》がでるのかをみていきましょう。

イネの分《ぶん》げつ

アサガオやヘチマのような双子葉植物《そうしようしょくぶつ》は、枝《えだ》をふやしながら生長しますが、イネは根もとからつぎつぎと新しい茎《くき》ができて、株《かぶ》全体が大きくなっていきます。これを分《ぶん》げつ（茎《くき》分かれ）とよびます。

分《ぶん》げつは、イネの生育の状態《じょうたい》によってかわりますが、一般《いっぱん》に茎《くき》の数が10本以上《いじょう》になるまでくりかえされます。

▲分《ぶん》げつしたイネの、根に近い部分の断面《だんめん》。いくつもの茎《くき》に分かれているようすがよくわかる。

分《ぶん》げつのしくみ

分《ぶん》げつには、ある決まったルールがあります。まず、1本目の茎《くき》から3枚《まい》の葉がでます（下図-1）。次に、4枚《まい》目の葉がでると同時に2本目の茎《くき》ができはじめ、その茎《くき》から1枚《まい》目の葉がでます（下図-2）。次に、1本目の茎《くき》の5枚《まい》目の葉と2本目の茎《くき》の2枚《まい》目の葉、3本目の茎《くき》の1枚《まい》目の葉が同時にでて生長します（下図-3）。これをくりかえしながら、右、左と規則的《きそくてき》に茎《くき》と葉の数がふえていくのです。

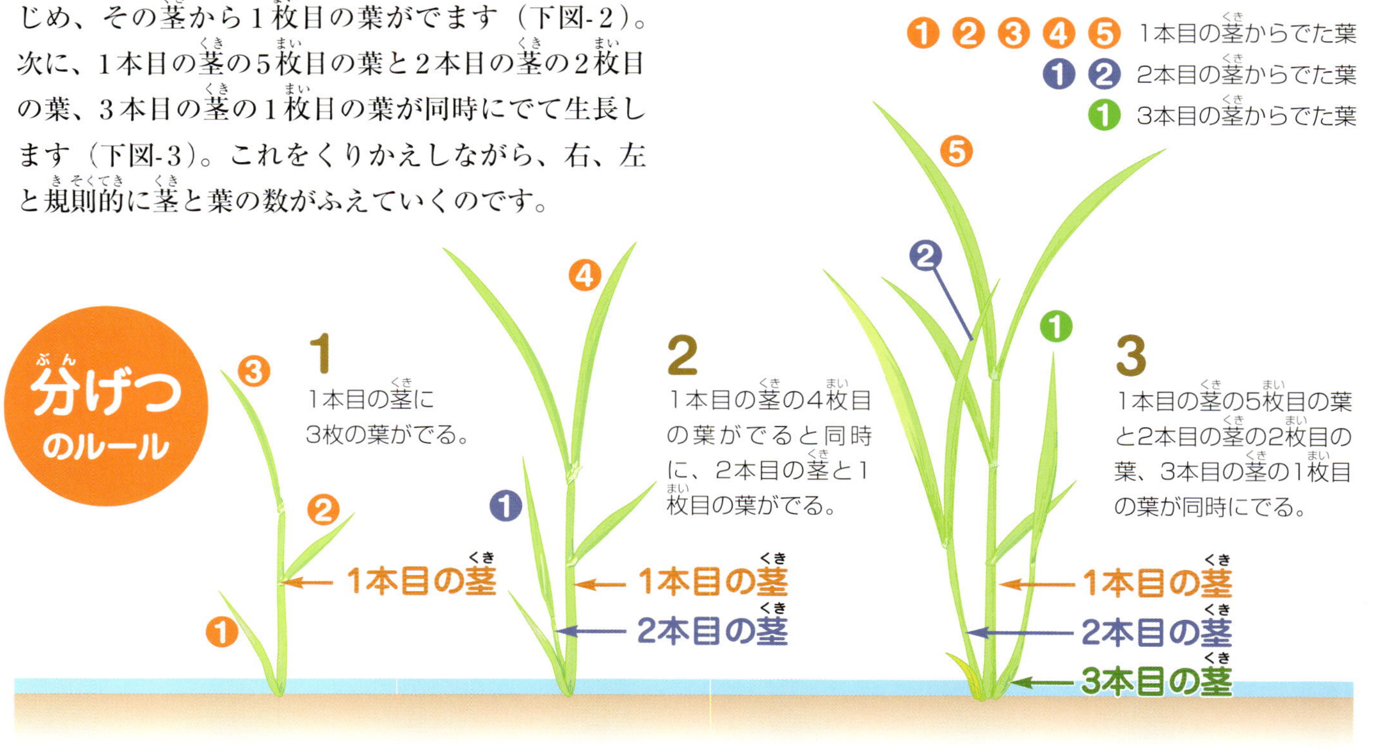

❶❷❸❹❺ 1本目の茎《くき》からでた葉
❶❷ 2本目の茎《くき》からでた葉
❶ 3本目の茎《くき》からでた葉
分《ぶん》げつのルール
1
1本目の茎《くき》に3枚の葉がでる。
2
1本目の茎《くき》の4枚《まい》目の葉がでると同時に、2本目の茎《くき》と1枚《まい》目の葉がでる。
3
1本目の茎《くき》の5枚《まい》目の葉と2本目の茎《くき》の2枚《まい》目の葉、3本目の茎《くき》の1枚《まい》目の葉が同時にでる。
1本目の茎《くき》
2本目の茎《くき》
3本目の茎《くき》

穂《ほ》ができはじめる

通常《つうじょう》、7、8月ごろに、葉のさやにつつまれたそれぞれの茎《くき》の先の内部では、小さな穂《ほ》がつくられはじめます。この穂《ほ》の赤ちゃんを「幼穂《ようすい》」といいます。

最初《さいしょ》にできた茎《くき》も、分《ぶん》げつによってあとからできた茎《くき》も、幼穂《ようすい》がつくられはじめるのは、ほぼ同じ時期です。幼穂《ようすい》は、茎《くき》がのびるのに合わせて茎《くき》の中で生長し、やがて、さやの先から穂《ほ》をだします。

幼《よう》穂《すい》
茎《くき》の断面《だんめん》。茎《くき》のしんに幼穂《ようすい》ができはじめているのがわかる。

幼《よう》穂《すい》ができる条《じょう》件《けん》とは?

イネの幼穂《ようすい》ができるには、ふたつの条件《じょうけん》が関係《かんけい》しているといわれます。ひとつ目は昼間の長さ(日照《にっしょう》時間)で、夏至《げし》(6月21日ごろ)をすぎて太陽のでている時間が短くなると、幼穂《ようすい》ができる合図になります。ふたつ目は温度で、発芽《はつが》してからの毎日の平均《へいきん》気温の合計が一定の数値《すうち》になると、幼穂《ようすい》ができはじめます。一般的《いっぱんてき》に、南の地方のイネは昼間の長さの影響《えいきょう》を強く受け、北の地方のイネは温度の影響《えいきょう》を強く受けると考えられています。

南のイネ　**北のイネ**

日照《にっしょう》時間に
敏感《びんかん》
温度に
敏感《びんかん》

幼《よう》穂《すい》が出《しゅっ》穂《すい》するまで

幼穂《ようすい》は下の写真のように1日に約《やく》1mm生長し、できはじめてから約《やく》1か月後に、葉のさやのあいだから外にでてきます。このように、穂《ほ》が外にでてくることを「出穂《しゅっすい》」といいます。

幼穂《ようすい》ができはじめてから出穂《しゅっすい》までの期間は、イネがもっとも生長する時期であり、環境《かんきょう》の変化《へんか》の影響《えいきょう》を受けやすい時期でもあります。気温が低《ひく》く、くもりの日が多いと、幼穂《ようすい》が十分に生長できずに、みのる米の数が少なくなります。

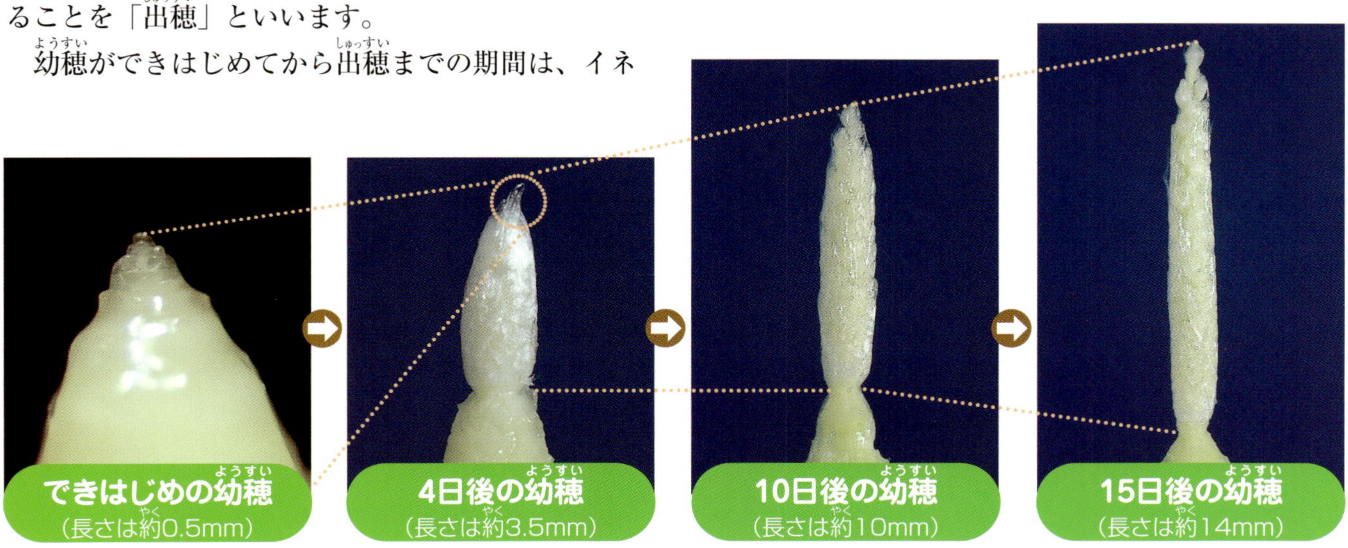
できはじめの幼穂《ようすい》(長さは約《やく》0.5mm)
4日後の幼穂《ようすい》(長さは約《やく》3.5mm)
10日後の幼穂《ようすい》(長さは約《やく》10mm)
15日後の幼穂《ようすい》(長さは約《やく》14mm)

イネの生態《せいたい》 4 開花《かいか》から結実《けつじつ》まで

穂《ほ》が十分にのびきると、イネは花を咲《さ》かせます。
といっても、あざやかな花びらをもつ花ではありません。
花が咲《さ》き、受粉《じゅふん》することによって実ができます。

神秘的《しんぴてき》なイネの受粉《じゅふん》

イネの花が咲《さ》くのは、晴れた日の早朝です。えいの部分が２つに割《わ》れて花が咲《さ》くと、まず、雄《お》しべがのびて先端《せんたん》にある「やく」がえいの外にでます。そしてやくがやぶれて花粉《かふん》が飛びちり、雌《め》しべにふりかかります。これがイネの「受粉《じゅふん》」です。

受粉《じゅふん》を終えると、えいはやくを外にのこしたままふたたびとじてしまいます。えいがあいている時間、つまり花が咲《さ》いている時間は、たったの１～２時間半です。

１本の穂《ほ》についているつぼみは、約《やく》100個《こ》。これらは、いっせいに花を咲《さ》かせるわけではありません。上のほうから順番《じゅんばん》に、１日数個《こ》から十数個《こ》ずつ咲《さ》いていきます。全部の花が咲《さ》き終わるまでに、１週間ほどかかります。

▲イネの花が咲《さ》いたところ。えいの部分がひらき、雄《お》しべが外に飛《と》びだしている。

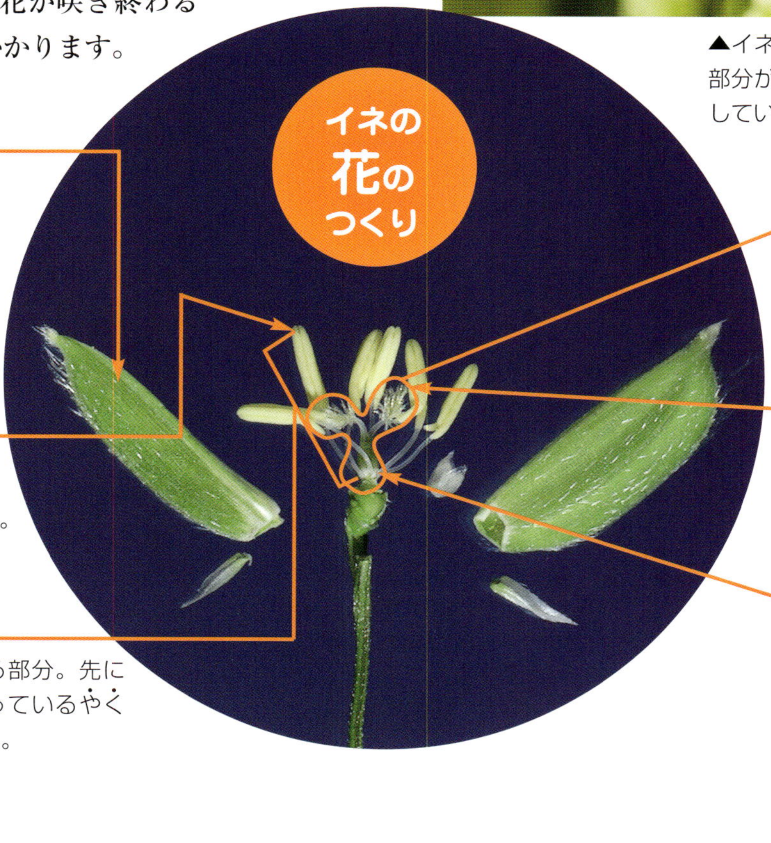

えい
雄《お》しべや雌《め》しべ、子房《しぼう》など、たいせつな器官《きかん》をつつみこんで守るはたらきをしている。

やく
雄《お》しべの先にあるふくろ。花粉《かふん》が入っている。

雄《お》しべ
花粉《かふん》をつくる部分。先には花粉《かふん》が入っているやくがついている。

雌《め》しべ
柱頭《ちゅうとう》や子房《しぼう》を合わせた部分。受粉《じゅふん》や受精《じゅせい》をおこなう。

柱頭《ちゅうとう》
雌《め》しべの先の部分。ここに花粉《かふん》がついて受粉《じゅふん》する。

子房《しぼう》
雌《め》しべの根もとのふくらんだ部分。中にはい珠《しゅ》が入っている。受精後《じゅせいご》は実となり、はい乳《にゅう》の部分が米となる。

開花《かいか》から受粉《じゅふん》まで

花《はな》の咲《さ》きはじめからえいがとじるまでは、1時間〜2時間半ほど。開花《かいか》から時間を追って、受粉《じゅふん》のようすをみてみましょう。

咲《さ》きはじめ
1 えいがすこしずつひらきはじめる。

約《やく》15分後
2 雄《お》しべがのび、外からみえはじめる。

約《やく》30分後
3 雄《お》しべの先のやくから花粉《かふん》が飛《と》びだして雌《め》しべにつき、受粉《じゅふん》する。

約《やく》50分後
4 えいがすこしずつとじはじめる。

約《やく》1時間半後
5 雄《お》しべのやくを外にのこした状態《じょうたい》で、えいが完全《かんぜん》にとじる。

受粉《じゅふん》のしくみ

雄《お》しべの先のやくから飛《と》びだした花粉《かふん》が雌《め》しべの柱頭《ちゅうとう》につくことを「受粉《じゅふん》」といいます。受粉《じゅふん》をおこなうには、なにかの力で花粉《かふん》を雌《め》しべのところまではこんでもらう必要《ひつよう》があります。

多くの植物は、きれいな花を咲《さ》かせてみつをだすことで、虫をおびきよせて花粉《かふん》をはこんでもらったり（虫媒花《ちゅうばいか》）、長いあいだ花を咲《さ》かせて風にはこんでもらったりします（風媒花《ふうばいか》）。

ところが、栽培種《さいばいしゅ》のイネはえいがひらき、花が咲《さ》くとやくがはじけて花粉《かふん》がいっせいに飛《と》びちり、そのまま花の中の雌《め》しべについて受粉《じゅふん》し、すばやくえいをとじます。そのため、きれいな花を咲《さ》かせたり、長い時間咲《さ》いたりする必要《ひつよう》がないのです。

いっせいに飛《と》びちったイネの花の花粉《かふん》。

受精《じゅせい》から結実《けつじつ》まで

雌《め》しべの柱頭《ちゅうとう》について受粉《じゅふん》を終えた花粉《かふん》からは、子房《しぼう》の中のはい珠《しゅ》にむかって「花粉管《かふんかん》」という管《くだ》がのびていきます。花粉《かふん》は、この管《くだ》の中を通ってはい珠《しゅ》までたどりつき、合体《がったい》します。これを「受精《じゅせい》」といいます。受精《じゅせい》を終えたはい珠《しゅ》は生長をはじめ、やがて実になります。

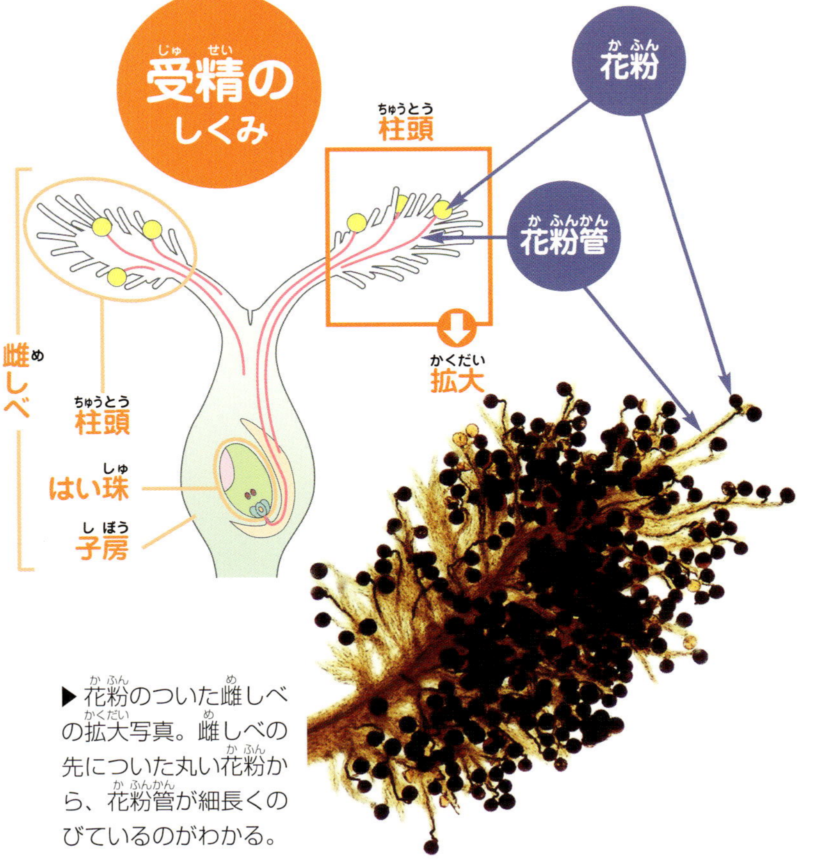

受精《じゅせい》のしくみ
花粉《かふん》
柱頭《ちゅうとう》
花粉管《かふんかん》
拡大《かくだい》
雌《め》しべ
柱頭《ちゅうとう》
はい珠《しゅ》
子房《しぼう》

▶花粉《かふん》のついた雌《め》しべの拡大《かくだい》写真。雌《め》しべの先についた丸い花粉《かふん》から、花粉管《かふんかん》が細長くのびているのがわかる。

イネの生態《せいたい》 5 実のしくみ

受精《じゅせい》が終わると、子房《しぼう》の中のはい珠《しゅ》の一部が生長し、はい乳《にゅう》となります。はい乳《にゅう》は中にデンプンをたくわえながら、ぐんぐん生長していきます。中のデンプンはすこしずつかたくなり、実りをむかえ、米として収穫《しゅうかく》されます。

実ができるまで

生長をはじめた子房《しぼう》の中は、ねばりのあるデンプンの白い液体《えきたい》で満《み》たされています。受精《じゅせい》から10日ほどすると、子房《しぼう》はえいの内側《うちがわ》いっぱいの大きさまで生長し、中のデンプンがかたまりはじめます。受精《じゅせい》後約《やく》30日すると熟《じゅく》してかたくなり、えい全体もやや黄色くなって、実らしくなります。穂《ほ》全体が熟《じゅく》すには、出穂《しゅっすい》から45〜50日ほどかかります。

▲子房《しぼう》の中は、デンプンでいっぱいになっている。熟《じゅく》す前の子房《しぼう》をつぶすと、デンプンをふくんだ白い液体《えきたい》がでてくる。

光合成《こうごうせい》をおこなってさかんにデンプンをつくっていた葉は、子房《しぼう》の生長とともにすこしずつ黄色くなり、枯《か》れはじめます。実ができたことで、その役目を終えたのです。

頭をたれるイネの穂《ほ》

子房《しぼう》の中がデンプンで満《み》たされてくると、その重さで穂《ほ》全体がたれ下がりはじめます。穂《ほ》は、花が咲《さ》いて数日後には重くなり、2週間ほどですっかりたれ下がります。

イネは穂先《ほさき》から順番《じゅんばん》に熟《じゅく》していくので、先のほうが熟《じゅく》しすぎないように、全体の80〜90%が黄金《こがね》色になった時に収穫《しゅうかく》します。ひと株《かぶ》のイネからは数千粒《つぶ》の米を収穫《しゅうかく》することができます。

子房《しぼう》が生長するようす

開花後《かいか》、数日ごとにえいを割《わ》ってみると、子房《しぼう》が生長するようすを観察《かんさつ》することができます。日がたつごとに、子房《しぼう》の中にすこしずつデンプンがたまってはい乳《にゅう》が形づくられ、はいも生長してじょじょに実ができていきます。

実にふくまれるデンプンには、アミロペクチンとアミロースという2種類《しゅるい》の成分《せいぶん》があります。一般的《いっぱんてき》なうるち米《まい》の場合、アミロペクチンが80～84%、アミロースが16～20%ふくまれています。アミロペクチンは、ごはんをたいたときにねばりのもとになる成分《せいぶん》です。ねばりが強いもち米《ごめ》のデンプンは大部分がアミロペクチンで、アミロースはほとんどふくまれていません（146ページ参照《さんしょう》）。

子房《しぼう》が生長するようす

受精《じゅせい》から 1 日目

受精《じゅせい》が終わったばかりの子房《しぼう》は、まだ小さいままの状態《じょうたい》。しかし、中のはい乳《にゅう》となる部分は生長をはじめている。

受精《せい》から 2 日目

子房《しぼう》が大きくなりはじめている。中のはい乳《にゅう》となる部分には、葉でつくられたデンプンが、どんどんたまっていく。

受精《せい》から 5 日目

子房《しぼう》が、えいの先端部分《せんたんぶぶん》まで届《とど》きそうなほど、大きくなっているのがわかる。穂《ほ》の先がたれ下がりはじめる時期。

受精《じゅせい》から 8 日目

子房《しぼう》が、えいの内側《うちがわ》のほぼ全体にまでふくらんでいる。デンプンはまだねばりのある液体《えきたい》の状態《じょうたい》。

受精《じゅせい》から 10 日目

子房《しぼう》が米らしい形にまでふくらんでいる。このころから、デンプンがすこしずつかたまりはじめる。

受精《せい》から 25 日目

デンプンがかたまり、子房《しぼう》が大きくふくらむ。子房《しぼう》が半透明《はんとうめい》のうす茶色になりはじめている。

さまざまな水田の風景《ふうけい》

山地が約《やく》70%をしめ、大きな平野が少ない日本では、せまい土地を有効《ゆうこう》に利用《りよう》するために、昔からさまざまな形の水田がつくられてきました。
日本人は地形をじょうずにつかい、米づくりをおこなってきたのです。

水の利用《りよう》を考えた水田

水田でイネをつくる上でもっともたいせつなことは、水を確保《かくほ》することです。そのため水田には、地形に合わせて、水を効率的《こうりつてき》に取り入れることができるよう、かんがい設備《せつび》がつくられます。反対に、水が多すぎる場所では、その水を利用《りよう》しながら、排水《はいすい》のことも考えた水田がつくられます。

地形が複雑《ふくざつ》な日本では、場所ごとに特徴《とくちょう》のある水田がつくられ、さまざまな風景《ふうけい》を生みだしています。

谷地田《やちだ》

山と山のあいだにある、谷の奥《おく》のほうにある水田で、「谷津田《やつた》」ともいう。多くの場合は、奥《おく》のひときわ高い部分にため池があり、その池の水を利用《りよう》して米をつくっている。（群馬《ぐんま》県前橋《まえばし》市）

平野部の水田

川などから水をひき、その水をつかって米をつくっている。区画が整理《せいり》された広い水田は、大型《おおがた》機械《きかい》をつかいやすく、イネを効率《こうりつ》よく栽培《さいばい》できる。（山形《やまがた》県酒田《さかた》市）

掘《ほ》り上《あ》げ田《だ》

周辺《しゅうへん》の土をほり、その土をもり上げてつくった水田で、主に水がたまりやすい低地《ていち》につくられる。ほられた周囲《しゅうい》の部分は排水《はいすい》用《よう》の水路としてつかわれる。「ほっつけ田《だ》」ともよばれる。（埼《さい》玉《たま》県宮代《みやしろ》町）

石垣水田《いしがきすいでん》（棚田《たなだ》）

傾斜地《けいしゃち》につくられる棚田《たなだ》の一種《いっしゅ》で、水田と水田の境《さかい》のあぜの部分を石垣《いしがき》でがんじょうなつくりにしている。（三重《みえ》県松阪《まつさか》市）

湿田《しってん》

湿地《しっち》を利用《りよう》してつくった水田。1年中水がぬけず、やわらかい土のため、機械《きかい》を入れることができない。（和歌山《わかやま》県串《くし》本《もと》町）（写真：榎本貴英）

棚田《たなだ》

傾斜地《けいしゃち》につくられた階段状《かいだんじょう》の水田。せまい土地を有効《ゆうこう》に利用《りよう》できるが、ひとつひとつの水田は小さく、形も一定《いってい》ではないため、機械《きかい》をつかいにくい。数が多いものは「千枚田《せんまいだ》」とよばれる。（石川《いしかわ》県輪島《わじま》市）

国土を守る水田

水田のはたらきは、米をつくることだけではありません。
台風《たいふう》などによる土砂《どしゃ》くずれや洪水《こうずい》などの自然災害《しぜんさいがい》から国土を守り、
わたしたちの暮《く》らしを足もとからささえるはたらきもあります。

土砂《どしゃ》くずれをふせぐ棚田《たなだ》

日本は山が多く、雨や地震《じしん》が多いため、土砂《どしゃ》くずれのおこりやすい土地がたくさんあります。水田は、森林とともに、それらの自然災害《しぜんさいがい》からわたしたちを守る役割《やくわり》もはたしています。

山につくられた棚田《たなだ》は階段状《かいだんじょう》になっているので、斜面《しゃめん》よりも水がゆっくりと流れます。また、ふだんから排水路《はいすいろ》を整備《せいび》したり、地面をしっかりと固めているために、雨でも土砂《どしゃ》が流れだしにくく、災害《さいがい》をふせぐはたらきをもっています。

人の手が入らなくなった山間部の休耕田《きゅうこうでん》（イネの栽培《さいばい》を休んでいる水田）は、このようなはたらきが弱くなるため、災害《さいがい》をひきおこしやすくなります。

▲毎年、日本各地《かくち》で土砂《どしゃ》くずれが発生する。棚田《たなだ》はこのような災害《さいがい》からわたしたちを守ってきた。

水田が あると
ふった雨が水田にたくわえられながら、ゆっくりと流れくだる。そのため、土砂《どしゃ》くずれなどがおこりにくくなる。また、堤《てい》防《ぼう》が切れたとき、水田に水がたくわえられ、洪水《こうずい》の被害《ひがい》をふせぐことができる。
斜面《しゃめん》につくられた水田は土砂《どしゃ》くずれなどをふせぐ。
斜面《しゃめん》につくられた水田

水田が ないと
ふった雨が一気に斜面《しゃめん》を流れくだると、土砂《どしゃ》くずれなどがおこりやすくなる。また、大雨で堤防《ていぼう》が切れたときには、住宅《じゅうたく》地《ち》などに水が直接《ちょくせつ》流れこみ、被害《ひがい》をあたえることもある。
雨が一気に流れるので、土砂《どしゃ》くずれがおきやすい。

洪水《こうずい》をふせぐ水田

日本は、年間の平均降水量《へいきんこうすいりょう》が1700mm以上《いじょう》もある、雨の多い国です。しかも急な山が多いため、ふった雨が、斜面《しゃめん》をそのまま流れくだって川にそそぎこみ、雨が多いときには洪水《こうずい》のもととなります。

山のあいだに水田があることで、雨は水田にたくわえられながら、ゆっくりと山を流れくだったり、流れるあいだに地面にしみこんだりします。水田には、洪水《こうずい》をおこりにくくする役目もあります。

◀▲水田を利用《りよう》した遊水池《ゆうすいち》。ふだんは水田や畑に利用《りよう》されているが（写真左）、洪水《こうずい》がおこると、あふれだした水をたくわえて被害《ひがい》をふせぐ(写真上)。(一関遊水池《いちのせきゆうすいち》／岩手《いわて》県一関《いちのせき》市、平泉《ひらいずみ》町)

川があふれても、水田がその水をためる。

川があふれると、住宅地《じゅうたくち》などに水が流れこむ。

地盤沈下《じばんちんか》をふせぐ水田

水田の水は、すこしずつ地面にしみこみ、地下水となります。地下水は地中の土の層《そう》のあいだを流れていますが、水をしみこませる水田が少なくなると、地下水の量《りょう》がへります。そのような状態《じょうたい》で水を大量《たいりょう》にくみ上げると、地盤沈下《じばんちんか》をおこすことがあります。水田が消え、建物《たてもの》や道路で地面をおおった都市では、地下水量《ちかすいりょう》の不足《ふそく》で地盤沈下《じばんちんか》が問題《もんだい》となっています。

地盤沈下《じばんちんか》のおきるしくみ

水田があると

地下水がある程度《ていど》くみ上げられても、水が水田からしみこんでいるので、土の中の地下《ちか》水量《すいりょう》はかわらず、地盤《じばん》にも変化《へんか》がおこりにくい。

水田がないと

地上からしみこむ水が少なくなり、地下水の量《りょう》がへる。地下水の使用量《しようりょう》が多いと、土の中から水がなくなり、地盤《じばん》が沈下《ちんか》する。

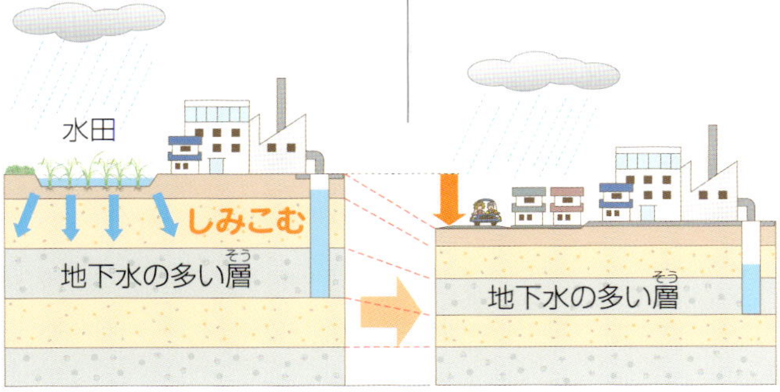
水田
しみこむ
地下水の多い層《そう》
地下水の多い層《そう》

暮《く》らしをうるおす水田

水田にたくわえられている水は、イネの生長に利用《りよう》されるだけでなく、さまざまな形で、わたしたちの暮《く》らしをうるおしています。水田は、水をたくわえる「自然《しぜん》のダム」ともいえます。

▼春になると水田にたくさんの水がひきこまれ、たくわえられる。

水をたくわえる水田

水田は、畑とちがい、土地の表面に水をたくわえます。そのため、水田はイネを育てるだけでなく、水をたくわえるダムとしての役割《やくわり》ももっています。水田の水の深さを平均《へいきん》10cmと考えると、日本中の水田がたくわえている水の量《りょう》は、約《やく》52億《おく》トンになります。これは全国の治水用《ちすいよう》ダムの約《やく》4倍の貯水量《ちょすいりょう》にあたります。もし、これだけの水をたくわえるダムを新しくつくると9兆《ちょう》円以上《いじょう》のお金がかかります。

水田にたくわえられた水は、すこしずつ地面にしみこみ地下水になったり、川に流れこんで水量《すいりょう》を安定させるはたらきがあります。

また、水田の水は蒸発《じょうはつ》することで気温を調節《ちょうせつ》し、蒸発《じょうはつ》した水は、やがて雲となり、雨をふらせます。

水田の貯水量《ちょすいりょう》

水田の貯水量《ちょすいりょう》は全国で

52億《おく》トン

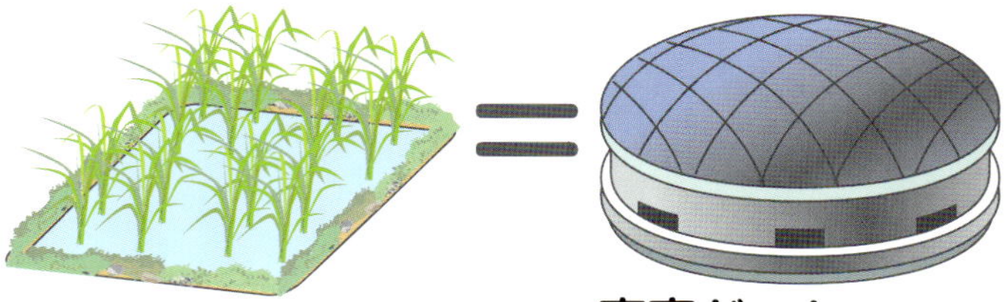

東京ドーム

4200杯《ばい》

▲日本全国の水田がたくわえることができる水の量《りょう》は、東京ドームおよそ4200杯《ばい》分にもなる。
(平成10年　農林水産省調査《のうりんすいさんしょうちょうさ》データより)

生活用水になる水田の水

水田にたくわえられている水は、すこしずつ地面にしみこんでいき、一部は地下を流れる水、つまり地下水になります。日本全国の水田は、年間約《やく》500億《おく》トンもの水を地中に送りこんでいるといわれています。しみこんだ水のうち、約《やく》60%が水田の暗渠《あんきょ》（地下につくられた水路）などを通り、川に流れこみ、のこりは地中の深い場所をゆっくりと流れる地下水となります。

地下水は、数十年から数百年という長い時間をかけて、地中の土の層《そう》のあいだにたまっていきます。このような地下水はくみ上げられ、工業用水や農業用水、生活用水として、わたしたちの暮《く》らしの中で利用《りよう》されます。とくに工業用水は、冷却用《れいきゃくよう》、洗浄用《せんじょうよう》として大量《たいりょう》に使用され、地下水の減少《げんしょう》に大きな影響《えいきょう》をあたえています。

▶近年、地下水を大量《たいりょう》につかう製鉄所《せいてつじょ》では、水を再生利用《さいせいりよう》することで、地下水の使用量《しようりょう》をおさえている。

水田の水がわたしたちにとどくまで

水田
暗渠《あんきょ》
生活用水
工業用水
水田は水をゆっくりと
地中にしみこませる。
地下水

水をきれいにする水田

かんがい用の水には、小さなごみや生物の死がいなどの有機物《ゆうきぶつ》、有機物《ゆうきぶつ》が分解《ぶんかい》されてできたアンモニアや硝酸《しょうさん》など、窒素《ちっそ》やリンをふくむ物質《ぶっしつ》が多くとけこんでいます。これらがそのまま大量《たいりょう》に川に流れこむと、これらの物質《ぶっしつ》を栄養分《えいようぶん》として大量《たいりょう》のプランクトンが発生し、水質《すいしつ》の悪化《あっか》をまねきます。

しかし、水が水田の土のすきまを通るあいだに、小さなごみや水質《すいしつ》を悪化《あっか》させる成分《せいぶん》は取りのぞかれます。とくに水をよごす主な原因《げんいん》となる窒素《ちっそ》をふくむ物質《ぶっしつ》はイネの栄養分《えいようぶん》として吸収《きゅうしゅう》され、さらに、水田の土の中を通るあいだに微生物《びせいぶつ》によって分解《ぶんかい》され、無害《むがい》なガスになって空気中に排出《はいしゅつ》されます。

このように、水田は天然《てんねん》のろ過《か》フィルターとして、ごみや窒素《ちっそ》をふくむ物質《ぶっしつ》を取りのぞき、きれいな水をつくっているのです。

水がきれいになるしくみ

イネの生育時に吸収《きゅうしゅう》されるだけでなく、微生物《びせいぶつ》によっても分解《ぶんかい》され、窒素《ちっそ》ガスとなって空気中に排出《はいしゅつ》される。

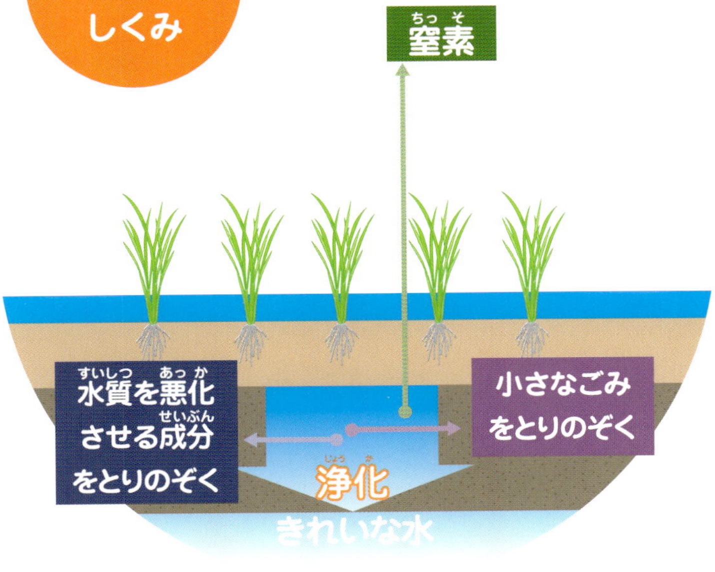
窒素《ちっそ》
水質《すいしつ》を悪化《あっか》させる成分《せいぶん》をとりのぞく
小さなごみをとりのぞく
浄化《じょうか》
きれいな水

土を守る水田

畑では、同じ作物をつくりつづけると作物の育ちがわるくなる「連作障害《れんさくしょうがい》」がおこりますが、水田ではおこりません。それはなぜでしょうか。水田の土を守る意外な秘密《ひみつ》について調べてみましょう。

連作《れんさく》ができる水田

水田とちがって、畑では、毎年同じ作物をつくりつづけると作物の生育がわるくなる「連作障害《れんさくしょうがい》」という現象《げんしょう》がおこります。これは、土の中にある同じ栄養分《えいようぶん》ばかりがつかわれるので、必要《ひつよう》な栄養分《えいようぶん》が足りなくなることや、同じような病原菌《びょうげんきん》や線虫《せんちゅう》などの微生物《びせいぶつ》がふえることが原因《げんいん》とされています。

水田と畑の土には右ページの図にしめしたようなちがいがあります。水田では、水がいろいろな栄養分《えいようぶん》をはこんでくるため、栄養分《えいようぶん》が不足することがなく、水そのものが肥料《ひりょう》の役目をはたしています。また、水によって空気と土がさえぎられているので、有害《ゆうがい》な病原菌《びょうげんきん》などの数が少なくなります。

また、土や水には、わずかに塩分《えんぶん》がふくまれているので、畑では土の中にたまった塩分《えんぶん》が作物の生育をさまたげる「塩害《えんがい》」をおこすことがありますが、水田では、水といっしょに塩分《えんぶん》も流されてしまうため、塩害《えんがい》による被害《ひがい》はありません。

水田は連作《れんさく》ができる、たいへん便利《べんり》な土地の利用《りよう》法《ほう》なのです。

▶ナスの畑。ナスはとくに連作障害《れんさくしょうがい》をおこしやすく、一度育てた場所では、6、7年はナスを育てないほうがよいといわれる。

同じ作物をつくりつづけると、その作物に必要《ひつよう》な栄養分《えいようぶん》が足りなくなったり、同じ種類《しゅるい》の病原菌《びょうげんきん》や微生物《びせいぶつ》がふえ、作物の生育がわるくなったり、病気をひきおこす。

水をたたえた水田。水によって栄養分《えいようぶん》が十分にあたえられる。栄養分《えいようぶん》のもとになるのは、周辺《しゅうへん》の雑木林《ぞうきばやし》などの土にふくまれる有機物《ゆうきぶつ》など。この栄養分《えいようぶん》は、落ち葉や植物、生物の死がいなどが分解《ぶんかい》されたもの。

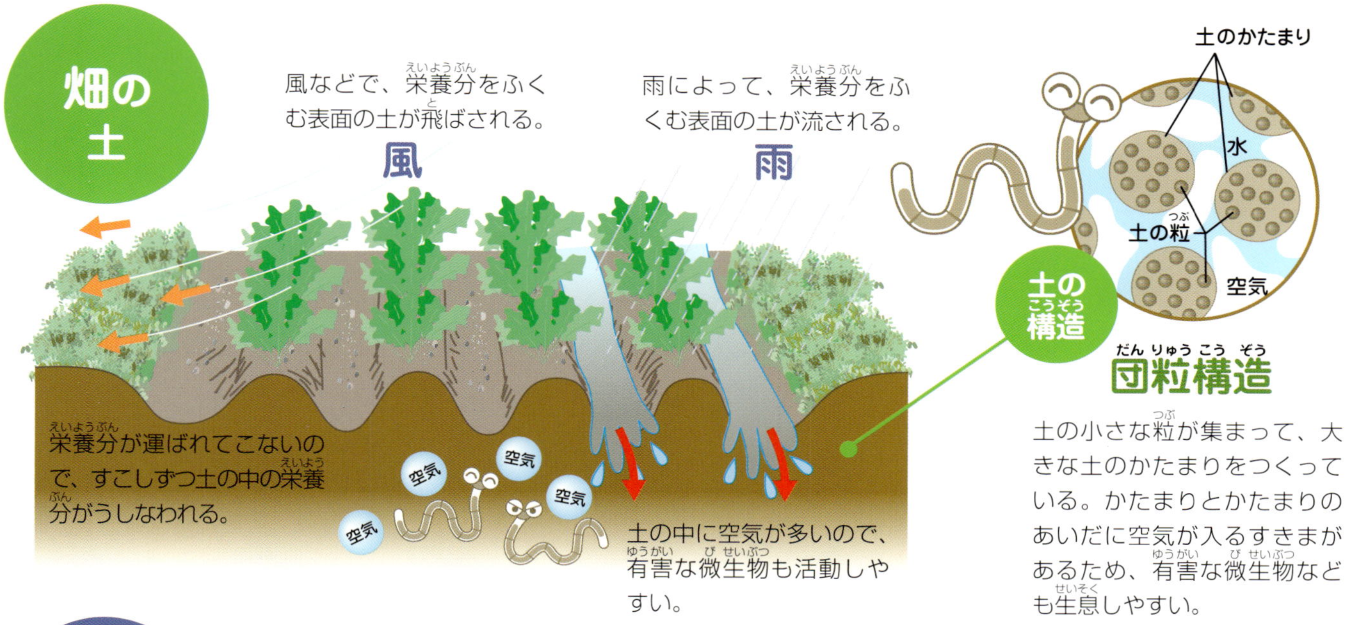
畑の土
風などで、栄養分《えいようぶん》をふくむ表面の土が飛《と》ばされる。
雨によって、栄養分《えいようぶん》をふくむ表面の土が流される。
風
雨
栄養分《えいようぶん》が運ばれてこないので、すこしずつ土の中の栄養《えいよう》分《ぶん》がうしなわれる。
空気
空気
空気
空気
土の中に空気が多いので、有害《ゆうがい》な微生物《びせいぶつ》も活動しやすい。
土のかたまり
水
土の粒《つぶ》
空気
土の構造《こうぞう》
団粒構造《だんりゅうこうぞう》
土の小さな粒《つぶ》が集まって、大きな土のかたまりをつくっている。かたまりとかたまりのあいだに空気が入るすきまがあるため、有害《ゆうがい》な微生物《びせいぶつ》なども生息《せいそく》しやすい。

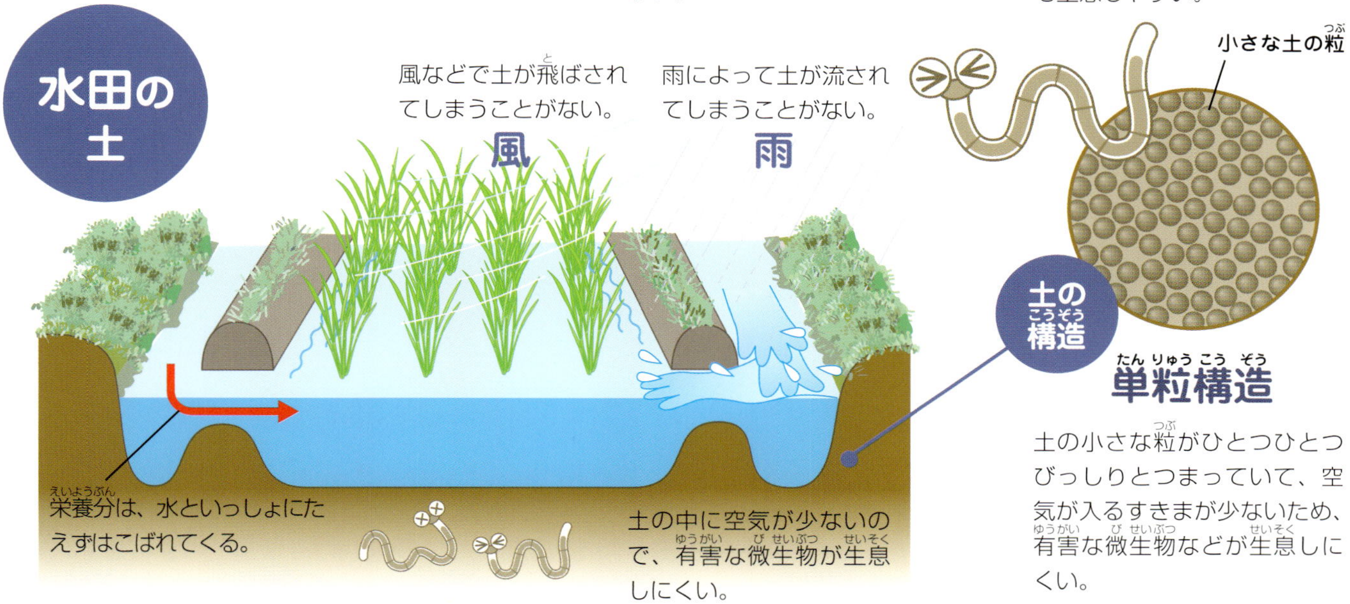
水田の土
風などで土が飛《と》ばされてしまうことがない。
雨によって土が流されてしまうことがない。
風
雨
栄養分《えいようぶん》は、水といっしょにたえずはこばれてくる。
土の中に空気が少ないので、有害《ゆうがい》な微生物《びせいぶつ》が生息《せいそく》しにくい。
小さな土の粒《つぶ》
土の構造《こうぞう》
単粒構造《たんりゅうこうぞう》
土の小さな粒《つぶ》がひとつひとつびっしりとつまっていて、空気が入るすきまが少ないため、有害《ゆうがい》な微生物《びせいぶつ》などが生息《せいそく》しにくい。

畑の力を維持《いじ》する輪作《りんさく》

同じ畑で同じ作物をつくりつづけると、連作障害《れんさくしょうがい》がおこります。そこで、畑をいくつかに分けて、性質《せいしつ》のちがう作物を順番《じゅんばん》につくることを「輪作《りんさく》」といいます。

輪作《りんさく》は、昔からヨーロッパでさかんにおこなわれてきました。代表的《だいひょうてき》な方法《ほうほう》のひとつが、農地を3つに分けて、コムギなどの穀物《こくもつ》、ジャガイモなどの根菜《こんさい》、牧草《ぼくそう》を順繰《じゅんぐ》りに育てるというものです。日本では、それぞれの農家がもっている土地が小さいため、高く売れる作物をつづけてつくりたいと考える農家が多く、輪作《りんさく》はあまり発達《はったつ》していません。しかし、土地の広い北海道《ほっかいどう》の十《と》勝《かち》地方などでは、大規模《だいきぼ》な輪作《りんさく》がおこなわれています。

▲北海道十勝《ほっかいどうとかち》地方では農地を4つに分け、地上にできる作物のコムギ、ビートと、地中にできる作物のジャガイモ、豆類《まめるい》の4種類《しゅるい》の作物を順繰《じゅんぐ》りに育て、連作障害《れんさくしょうがい》をふせいでいる。4種類《しゅるい》の作物によって4色の色ちがいの畑になっている。

水田がはぐくむ生態系《せいたいけい》

水田は、イネが生育できる場所であると同時に、さまざまな生き物のすみかでもあります。生き物たちは、食物連鎖《しょくもつれんさ》という関係でつながっており、微妙《びみょう》なバランスをたもっています。ここでは、水田のまわりの生態系《せいたいけい》について調べてみましょう。

水田の食物連鎖《しょくもつれんさ》

水田の中やそのまわりにすむ生き物は、それぞれつながりをもって生きています。たとえば、水田の中の植物プランクトンはミジンコに食べられ、ミジンコはメダカに食べられ、メダカはゲンゴロウやヤゴなどに食べられ、さらにヤゴはナマズやフナなどの大きな魚に食べられます。このような食べたり、食べられたりする生き物どうしのつながりを「食物《しょくもつ》連鎖《れんさ》」といいます。水田は、生き物が生きていくために必要《ひつよう》な、たいせつな場所なのです。

生き物のつながりは微妙《びみょう》なバランスでなりたっており、農薬《のうやく》をつかったり、用水路をコンクリートにしたりするだけで、ある生き物が生きていけなくなり、やがて、すべての生き物に影響《えいきょう》をあたえます。

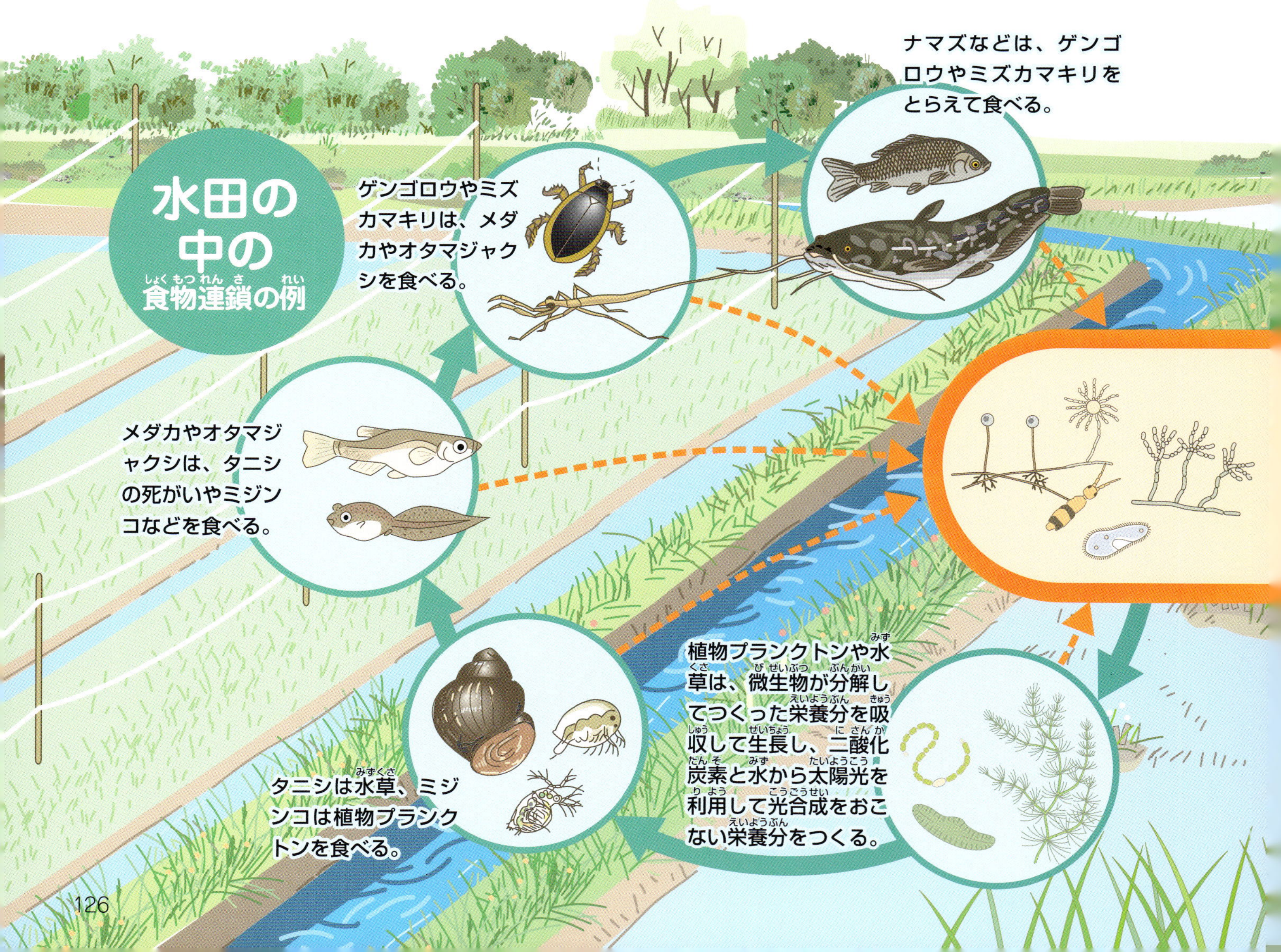

水田の中の食物連鎖《しょくもつれんさ》の例《れい》
ナマズなどは、ゲンゴロウやミズカマキリをとらえて食べる。
ゲンゴロウやミズカマキリは、メダカやオタマジャクシを食べる。
メダカやオタマジャクシは、タニシの死がいやミジンコなどを食べる。
植物プランクトンや水《みず》草《くさ》は、微生物《びせいぶつ》が分解《ぶんかい》してつくった栄養分《えいようぶん》を吸《きゅう》収《しゅう》して生長《せいちょう》し、二酸化《にさんか》炭素《たんそ》と水《みず》から太陽光《たいようこう》を利用《りよう》して光合成《こうごうせい》をおこない栄養分《えいようぶん》をつくる。
タニシは水草《みずくさ》、ミジンコは植物プランクトンを食べる。

水田がつくりだす物質《ぶっしつ》の循環《じゅんかん》

水田を中心とする生き物のあいだでは、酸素《さんそ》や二酸化《にさんか》炭素《たんそ》など、生き物が生きていくために欠《か》かせない物質《ぶっしつ》のやりとりもおこなわれています。

生き物は、動物も植物も、酸素《さんそ》を吸《す》って二酸化炭素《にさんかたんそ》をはきだす「呼吸《こきゅう》」をして生きています。それに加《くわ》え植物は、太陽光《たいようこう》を利用《りよう》して水と二酸化炭素《にさんかたんそ》から、有機物《ゆうきぶつ》のデンプンと酸素《さんそ》をつくりだす光合成《こうごうせい》をおこないます。動物は有機物《ゆうきぶつ》も酸素《さんそ》もつくりだせないので、植物や他の動物を食べて、体のもととなる有機物《ゆうきぶつ》を取り入れます。

すべての生き物は死ぬと、微生物《びせいぶつ》によって水や二酸化《にさんか》炭素《たんそ》、アンモニアなどに分解《ぶんかい》され、植物の栄養分《えいようぶん》になります。土や水があり、たくさんの植物や動物が暮《く》らす水田は、このような物質《ぶっしつ》の循環《じゅんかん》がおこなわれる、たいせつな場所の1つになっています。

水田における物質循環《ぶっしつじゅんかん》

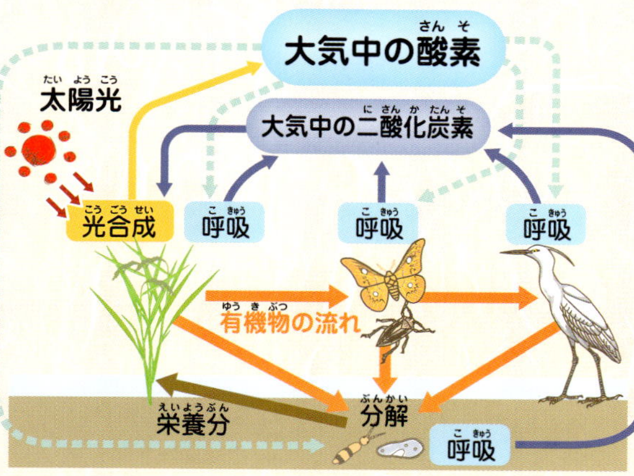
大気中の酸素《さんそ》
太陽光《たいようこう》
大気中の二酸化炭素《にさんかたんそ》
光合成《こうごうせい》
呼吸《こきゅう》
呼吸《こきゅう》
呼吸《こきゅう》
有機物《ゆうきぶつ》の流れ
栄養分《えいようぶん》
分解《ぶんかい》
呼吸《こきゅう》

水田のまわりの食物連鎖《しょくもつれんさ》の例《れい》

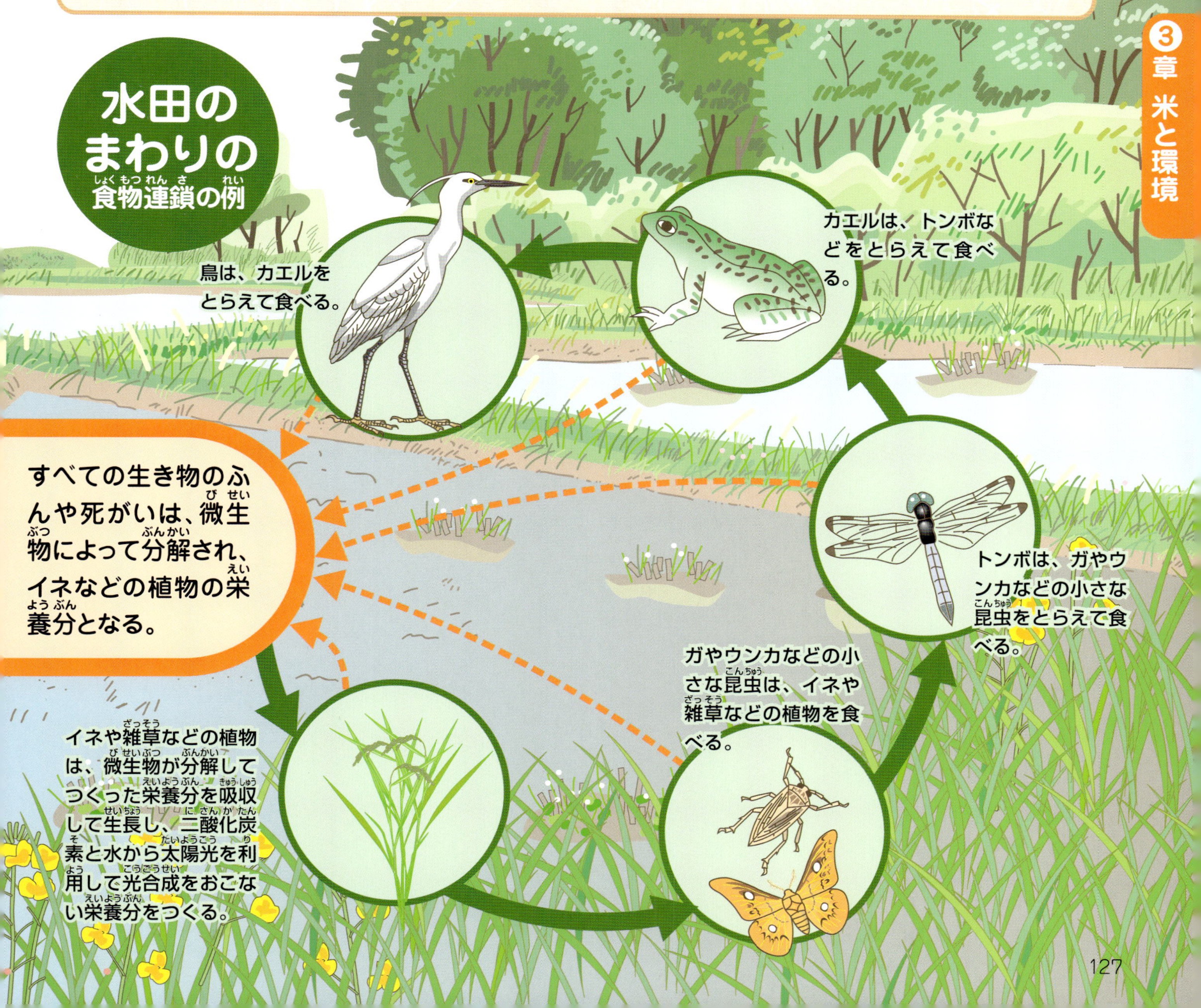
鳥は、カエルをとらえて食べる。
カエルは、トンボなどをとらえて食べる。
すべての生き物のふんや死がいは、微生《びせい》物《ぶつ》によって分解《ぶんかい》され、イネなどの植物の栄《えい》養分《ようぶん》となる。
トンボは、ガやウンカなどの小さな昆虫《こんちゅう》をとらえて食べる。
ガやウンカなどの小さな昆虫《こんちゅう》は、イネや雑草《ざっそう》などの植物を食べる。
イネや雑草《ざっそう》などの植物は、微生物《びせいぶつ》が分解《ぶんかい》してつくった栄養分《えいようぶん》を吸収《きゅうしゅう》して生長《せいちょう》し、二酸化炭《にさんかたん》素《そ》と水から太陽光《たいようこう》を利《り》用《よう》して光合成《こうごうせい》をおこない栄養分《えいようぶん》をつくる。

水田の動物

人間がつくった水田や用水路は、昆虫《こんちゅう》やカエル、魚、貝類《かいるい》など、さまざまな動物のすみかとなっています。イネにはイネを食べる虫、その虫をえさとするトンボやクモ、さらには鳥たちもやってきます。

水田やあぜの動物

水田、あぜの草むら、周囲《しゅうい》の山林には、ミジンコから食物連鎖《しょくもつれんさ》の頂点《ちょうてん》に立つ鳥まで、たくさんの動物がたがいに関係しあいながら暮《く》らしています。

ゲンジホタル(ホタル)

あぜや用水路の水の中と土の中で成長し、6月ごろ羽化《うか》する。命は短《みじか》く羽化《うか》から1、2週間ほどで交尾《こうび》し、産卵《さんらん》して死んでいく。

ニホンアマガエル
(アマガエル)

小型《こがた》のカエル。水田にはほかにもたくさんのカエルがいて、水田に水が入ると、近くの山、あぜや水路からカエルが集まって産卵《さんらん》し、水田はオタマジャクシでいっぱいになる。

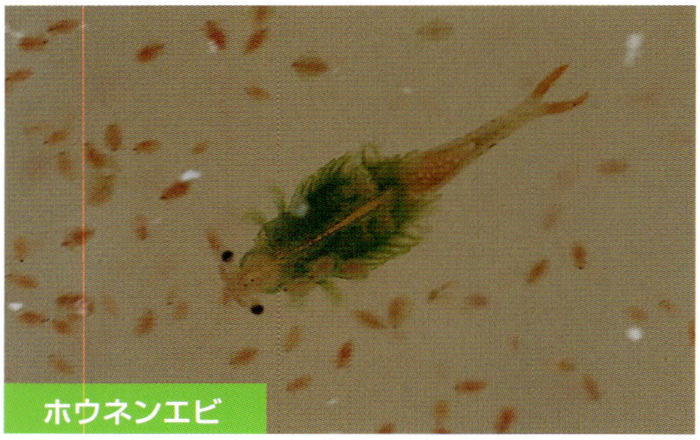

ホウネンエビ

多くみられた年には豊作《ほうさく》になるといわれることから「豊年《ほうねん》エビ」という名がついた。太古《たいこ》の昔から姿《すがた》をかえていないので「生きた化石」ともいわれる。

カブトエビ

かぶとをかぶったような姿《すがた》をしている小《こ》型《がた》の甲殻類《こうかくるい》。どろの中の有機物《ゆうきぶつ》を食べるときに、雑草《ざっそう》の根をかきまわすので「草とり虫」ともよばれる。

ミジンコの仲間《なかま》

0.2～3mmほどの動物プランクトンで、魚や水生昆虫《こんちゅう》など、さまざまな動物の食べ物になる。

タニシ

泥《どろ》の中にすんでいて、水草やイネを食べる。日本にはオオタニシなど4種《しゅ》が生息《せいそく》する。

スクミリンゴガイ(ジャンボタニシ)

外来《がいらい》生物で、食用として輸入《ゆにゅう》したものが野生化し広がった。小さな苗《なえ》を食べる有害《ゆうがい》生物。

アメリカザリガニ

外来《がいらい》生物で繁殖力《はんしょくりょく》が強く、生活用水などである程度《ていど》汚《よご》れた水でも生きることができる。

用水路の動物

水田から流れてくる栄養分《えいようぶん》が豊富《ほうふ》で、温かい水をもとめて、メダカ、フナ、コイ、ナマズなどが集まり暮《く》らしています。

ドジョウ

水田と周辺《しゅうへん》の用水路をすみかにする。腸で呼吸《こきゅう》ができるので用水路の泥《どろ》の中で越冬《えっとう》する。食用とされ、昔はフナ、タニシとならび貴重《きちょう》なタンパク源《げん》だった。

サギ

ドジョウ、ザリガニ、昆虫《こんちゅう》などを食べにやってくる。エサが豊富《ほうふ》な水田には鳥が集まる。

アキアカネ

アカトンボの代表《だいひょう》。田植えが終わる5、6月ごろ、卵《たまご》からかえってヤゴになり、1か月ほどで羽化《うか》してトンボになる。夏は山へ移動《いどう》し、秋になると成熟《せいじゅく》してまっ赤《か》になり、里に下って水田で産卵《さんらん》する。水田にはさまざまなトンボがいて、イネを食べる虫を食べる。

ナナホシテントウ

もっともよくみかけるテントウムシ。あぜに生えている植物につくアブラムシを食べる。

シマヘビ

もっともよくみかけるヘビ。あぜにいる野ネズミやモグラ、カエルなどを食べる。

イネでくらす動物

イネの葉を食べる害虫《がいちゅう》、その害虫《がいちゅう》を食べるクモなどが暮《く》らしています。

長黄金《ながこがね》クモ

水田には20種類《しゅるい》ぐらいのクモがいて、害虫《がいちゅう》のツマグロヨコバイなどを食べる。農薬《のうやく》をつかうとクモがへり、害虫《がいちゅう》がふえることがある。

ツマグロヨコバイ

針《はり》のような口をイネの茎《くき》にさしこんで汁《しる》を吸《す》い、さまざまな病気をうつす害虫《がいちゅう》。

コバネイナゴ

イネの葉を食いあらし、かつては農家に恐《おそ》れられた。つくだ煮《に》にして食べるところがある。

絶滅《ぜつめつ》が心配される動物

農薬《のうやく》の使用、あぜや用水路のコンクリート化、外来《がいらい》生物の侵入《しんにゅう》などにより、多くの動物が絶滅《ぜつめつ》の危機《きき》にさらされています。

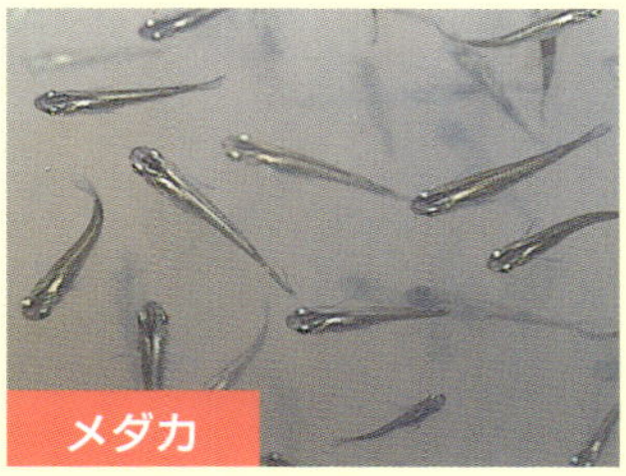

メダカ

水田で産卵《さんらん》し繁殖《はんしょく》してきたが、野生のメダカは急速《きゅうそく》に数がへっている。

コオイムシ

体長17～20mmのカメムシに似《に》た水生昆虫《こんちゅう》で、メスがオスの背中《せなか》に卵《たまご》を産《う》む習性《しゅうせい》がある。

タガメ

日本でもっとも大きい水生昆《こん》虫《ちゅう》。カマのような前足で小魚やカエルなどをとらえる。

ゲンゴロウ

水中をじょうずに泳ぎまわり、オタマジャクシなどをとらえて食べる。

水田の植物

あぜに生える草、イネの生長に合わせてのびる草、水田に水が満《み》ちると姿《すがた》をあらわす浮《う》き草《くさ》、水田のまわりには、稲作《いなさく》とかかわりが深いさまざまな植物が生えています。

あぜの植物

あぜの植物は、とくに春先に、その姿《すがた》をあらわします。春の七草《ななくさ》といわれるセリ、ナズナ、ゴギョウ、ハコベなど食用となる草も少なくありません。

レンゲ

レンゲは植物の生長に必要《ひつよう》な栄養分《えいようぶん》である窒素分《ちっそぶん》を大気中から集めて固《こ》定《てい》するので、田や畑のまわりに種《たね》をまいて生やした。春にレンゲを田にすきこんで肥料《ひりょう》とする。

ヒガンバナ

水田のまわりにたくさんみられ、9月ごろ茎《くき》の先にあざやかな赤い花をつける。弥生《やよい》時代に食料《しょくりょう》として植えられたといわれる。また、ヒガンバナの球根《きゅうこん》には毒《どく》素《そ》がふくまれていて、あぜに穴《あな》をあけるモグラを追《お》いはらう役目もある。

アゼナ

高さが10〜15cmの1年草で、あぜに多く生える草というところからこの名がついた。

シロツメクサ

タンポポとならんで、あぜ道でみられる代《だい》表的《ひょうてき》な草。ヨーロッパ原産《げんさん》で、5〜8月に白い花をつける。「クローバー」ともいう。

セリ

あぜや川岸の湿《しめ》った場所に、春先に生える。高さ30cm前後で、地面をはうように長い茎《くき》をだしてふえていく。春の七草。

オオバコ

ほかの植物が育ちにくい人にふまれるような場所に生える。オオバコの多いあぜは手入れがいきとどいているといわれる。

カヤツリグサ

あぜや畑などにみられ、細長く先のとがった葉が特徴《とくちょう》。7〜8月ごろ、茎《くき》の先に緑色の穂《ほ》をたくさんつける。

水田の中の植物

田植え後の水田には、水中で育つ草が生えてきて、イネの生育をさまたげます。一方、イネの収穫後《しゅうかくご》から春先まで生え、イネとすみわける植物もあります。

コナギ

水をはった水田でも生え、土の栄養分《えいようぶん》の吸収《きゅうしゅう》も多いので、イネの生長をさまたげる。

ケイヌビエ

イネによく似《に》ていて、毛がたくさん生えた穂《ほ》をつける。ヒエ類《るい》はイネの生長をさまたげる。

コオニタビラコ

田おこし前に生える。春の七《なな》草《くさ》のひとつでホトケノザともよばれる。

ホタルイ

葉が退化《たいか》していて、細い茎《くき》がまとまって地面から生える。水田の中に生えるが、病気にかかりやすく、8月になると枯《か》れるため、イネへの影響《えいきょう》は少ない。

オモダカ

オモダカ（面高）という名は、葉の形がヒトの顔に似《に》ているところからついた。

マツバイ

地下茎《ちかけい》をのばして水田一面に広がっていく。根をしっかりとはるので、草取りがたいへん。

スズメノテッポウ

田おこし前に生え、イネが生長する夏には消える。茎《くき》を吹《ふ》いて草笛《くさぶえ》にして遊ぶ。

浮《う》き草《くさ》、藻《も》

浮《う》き草《くさ》や藻《も》は雑草《ざっそう》が生えるのをふせいでくれます。また、水中に酸素《さんそ》を供給《きょうきゅう》し、枯《か》れるとイネの肥料《ひりょう》にもなります。

ウキクサ

水面にたくさん集まって浮《う》かぶ。丸みをおびた小さな葉のような部分（葉状茎《ようじょうけい》）が特徴《とくちょう》。

ホテイアオイ

南アメリカ原産《げんさん》の帰化《きか》植物。葉のつけ根が浮《う》きぶくろのようになり、水面に浮《う》かぶ。

ヒルムシロ

水田に水があるときには浮《う》き草《くさ》のように浮《う》かび、水がなくなると土に根をはる。

アオミドロ

6月ごろ農薬《のうやく》をつかわない水田にみられる緑色の糸のような藻《も》。たくさん集まると綿《わた》のようにみえ、さわるとぬるぬるする。

絶滅《ぜつめつ》が心配される植物

雑草《ざっそう》を生やさないためにまく除草剤《じょそうざい》、あぜや用水路のコンクリート化の影響《えいきょう》を強く受ける植物は、その姿《すがた》を消しはじめています。

アブノメ

水田や湿地《しっち》に生え、茎《くき》は根もとから枝分《えだわ》かれする。8～10月に薄紫色《うすむらさきいろ》の花をつける。

ヒメシロアサザ

大きなハート型《がた》の葉が特徴《とくちょう》で、7～9月に水面から出た茎《くき》の先に白い花が咲く。

ミズニラ

水田や水路、ため池にみられ、葉は糸のように細長くニラに似《に》ている。

サンショウモ

ウキクサに似《に》ているが、シダの仲間《なかま》。葉のつき方がサンショウの葉に似《に》ている。

イネを育てよう

イネは、広い水田がなくても育てることができます。
身近な容器《ようき》をつかってイネを育て、
その生長のようすを観察《かんさつ》してみましょう。

こんな容器《ようき》もつかえるよ!

バケツをもちいたイネの育て方

イネを育てるには、いろいろな方法《ほうほう》がありますが、ここではバケツをつかって育てる方法《ほうほう》を紹介《しょうかい》します。

プラスチックのバケツに土を入れ、水をはってイネを育てていきます。バケツ１つで、だいたい茶わん３分の１杯《ぱい》ぐらいのもみが収穫《しゅうかく》できます。

ミニ水田
庭などのスペースがある場合は、ブロックやレンガなどでかこいをつくり、その中に水がもれないようにビニルシートを張《は》る。

発泡《はっぽう》スチロールの容器《ようき》
鮮魚店《せんぎょてん》などでつかうトロ箱《ばこ》や、宅配便《たくはいびん》などでつかう発泡《はっぽう》スチロールの箱《はこ》でも育てることができる。

ペットボトル
1～2ℓのペットボトルの上の部分を切り、その中に土と水を入れて育てる。もっとも手軽な方法《ほうほう》。

上部《じょうぶ》は切る

準備《じゅんび》するもの

イネの栽培《さいばい》

ビニルシート
土
荒木田土
バケツ2個以上《こいじょう》
（15ℓ以上《いじょう》のもの）
じょうろ
はさみ
バケツ稲《いね》づくり観察《かんさつ》ノート
筆記用具《ひっきようぐ》
シャーレ

種《たね》もみ

種《たね》もみをまく時期や収穫《しゅうかく》時期、育ち方などは、品種《ひんしゅ》や地域《ちいき》によってことなります。できれば、種《たね》もみを分けてもらうときに、その品種《ひんしゅ》の特性《とくせい》について聞いてみましょう（この本に書いてある作業の時期や育て方は、一般的《いっぱんてき》なめやすです）。

スズメよけ

網《あみ》
ポリぶくろ
棒《ぼう》
（2本以上）
ひも
いらないCD盤《ばん》

脱穀《だっこく》

茶わん
輪《わ》ゴム
割《わ》りばし

もみすり・精米《せいまい》

口の広いびん
すりばち
ボール
すりこぎ
ふるい

4月ごろ

種《たね》もみをえらぶ

種《たね》もみをえらぶときには、中身がしっかりとつまったよい種《たね》もみと、育ちがわるい種《たね》もみをみわけることがたいせつです（30ページ参照《さんしょう》）。まず塩水《しおみず》をつくり、種《たね》もみをひたし、種《たね》もみのよしあしを判断《はんだん》しましょう。しずんだ種《たね》もみがよい種《たね》もみです。

わるい
生卵《なまたまご》が浮《う》く
くらいの濃度《のうど》の塩水《しおみず》
よい

浮《う》いている種《たね》もみは中身がつまっていないので、つかわない。

しずんでいる種《たね》もみだけを、塩水《しおみず》から取りだしてつかう。

芽《め》出《だ》し

えらびだした種《たね》もみは、水をはったシャーレなどの平らな容器《ようき》にならべて、十分に水を吸《す》わせます。こうすることで、種《たね》もみが目をさまし、活動をはじめます。室内のあたたかい場所に置《お》いておくと、1週間ほどで小さな白い芽《め》がでてきます。芽《め》の長さが1mmほどになったら準備完了《じゅんびかんりょう》。いよいよ、種《たね》まきです。

▶シャーレに水を入れ、種《たね》もみをひたす。

ワンポイント

種《たね》もみが芽《め》をだすには、新鮮《しんせん》な水と酸素《さんそ》が必要《ひつよう》だよ。種《たね》もみが酸素《さんそ》を十分に吸収《きゅうしゅう》できるように、水は毎日取りかえよう。

5月ごろ

土の準備《じゅんび》

芽《め》出《だ》しをしているあいだに、天気のよい日に土をビニルシートなどに広げて、乾《かわ》かしておきます。こうすることで、土の中のわるい微生物《びせいぶつ》を殺《ころ》すことができます。小さな木や小石などは取りのぞいておきます。バケツをトントンと軽く地面にあてながら、乾《かわ》かした土を入れます。

荒木田土

▲土をビニルシートに広げ、乾《かわ》かす。

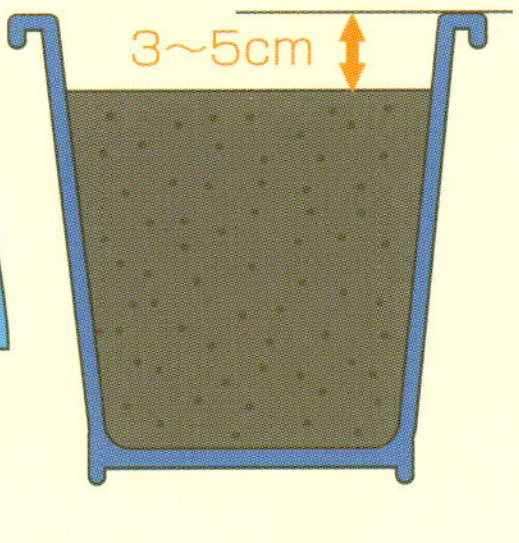
3〜5cm

▲バケツのふちから3〜5cmくらいの高さまで土を入れる。

ワンポイント

土は、園芸店《えんげいてん》などで売られている「荒木田土《あらきだつち》」という土をつかおう。市販《しはん》の「黒土《くろつち》」と「赤玉土《あかだまつち》」を混《ま》ぜてつかってもいいよ。土の量《りょう》は、バケツ1個《こ》に約《やく》15ℓがめやすだよ。

種《たね》もみや苗《なえ》はどこで手に入れるの？

種《たね》もみや苗《なえ》は、近くに知っている農家の人がいれば、相談《そうだん》して分けてもらいましょう。もしいない場合は、農業試験場《のうぎょうしけんじょう》などに問い合わせて相《そう》談《だん》してみましょう。また、全国農業協同組合中《ぜんこくのうぎょうきょうどうくみあいちゅう》央会《おうかい》（JA全中《ジェーエーぜんちゅう》）では、種《たね》もみも入った「バケツ稲《いね》づくりセット」を配布《はいふ》しているので、こちらに申《もう》しこんで手に入れることもできます。

それでも手に入らない場合は、米穀店《べいこくてん》などで売られている玄米《げんまい》でためしてみましょう。ただし、精米《せいまい》された白米では芽《め》がでないので、注意しましょう。

バケツ稲《いね》ネットワーク

「みんなのよい食プロジェクト」のホームページでは、バケツ稲《いね》についてくわしく知ることができます。

http://www.yoi-shoku.jp/backet/

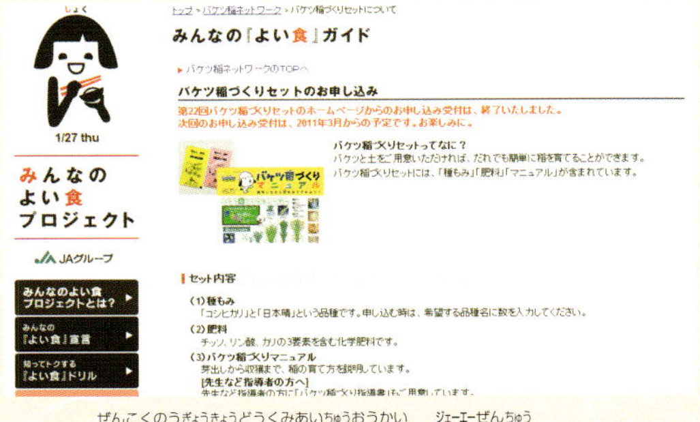
トップ > バケツ稲ネットワーク > バケツ稲づくりセットについて
みんなの『よい食』ガイド
▶ バケツ稲ネットワークのTOPへ
バケツ稲づくりセットのお申し込み
第22回バケツ稲づくりセットのホームページからのお申し込み受付は、終了いたしました。
次回のお申し込み受付は、2011年3月からの予定です。お楽しみに。
バケツ稲づくりセットってなに？
バケツと土をご用意いただければ、だれでも簡単に稲を育てることができます。
バケツ稲づくりセットには、「種もみ」「肥料」「マニュアル」が含まれています。
1/27 thu
みんなのよい食プロジェクト
JAグループ
みんなのよい食プロジェクトとは？
みんなの『よい食』宣言
知ってトクする『よい食』ドリル
セット内容
(1)種もみ
「コシヒカリ」と「日本晴」という品種です。申し込む時は、希望する品種名に数を入力してください。
(2)肥料
チッソ、リン酸、カリの3要素を含む化学肥料です。
(3)バケツ稲づくりマニュアル
芽出しから収穫まで、稲の育て方を説明しています。
[先生など指導者の方へ]

【主催】全国農業協同組合中央会《ぜんこくのうぎょうきょうどうくみあいちゅうおうかい》（JA全中《ジェーエーぜんちゅう》）

【問い合わせ先】バケツ稲《いね》づくり事務局《じむきょく》 TEL03-5295-1323

5月ごろ

種《たね》まき

種《たね》もみを数cmずつ間隔《かんかく》をあけて土の上に置《お》き、土の中に3～5mmくらいおしこみます。軽く土をかぶせ、水をあたえます。容器《ようき》は日あたりのよい場所に置《お》き、土の表面が乾《かわ》いたら水をあたえます。

▲表面に水がたまらないくらいの量《りょう》をあたえる。

▼横にした種《たね》もみふたつ分くらいの深さまでおしこむ。深さが1cm以上《いじょう》にならないようにする。

植えかえ

芽《め》がでてから5～10日ほどたって、葉の数が3～5枚《まい》になったら、植えかえの時期です。まず、苗《なえ》をぬき、その中から生長のよい苗《なえ》を2、3本まとめ、別の容器《ようき》に植えかえ、水をたっぷりとあたえます。

ワンポイント

芽《め》がでてからの生長のようすを、観察《かんさつ》ノートなどに記録《きろく》しよう。また、芽《め》がでるころになるとスズメがやってきて、食べてしまうことがあるので、十分注意《ちゅうい》しよう。

ワンポイント

苗《なえ》は株元《かぶもと》が2～3cmくらい土に埋《う》まるようにし、深く植えすぎないようにしよう。容器《ようき》の土と土の量《りょう》は最初《さいしょ》のバケツに準備《じゅんび》したものと同じだよ。

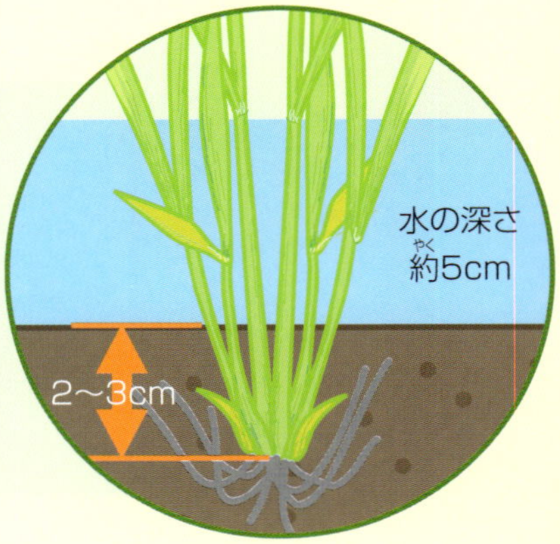

7月ごろ

中干《なかぼ》し

水につかったままでは、土の中の酸素《さんそ》が少なくなり、わるいガスがたまって、イネの生長にわるい影響《えいきょう》がでます。そこで、一度水をぬいて土に酸素《さんそ》をあたえる「中干《なかぼ》し」という作業をおこないます。苗《なえ》の高さが40～50cmくらいになったら容器《ようき》の水をぬき、土の表面がすこしひび割《わ》れるくらいまで乾《かわ》かします。その状態《じょうたい》で5日ほどたったらふたたび水をあたえます。中干《なかぼ》しによって、根が元気になったイネは、ふたたび急速に生長しはじめます。

ワンポイント

中干《なかぼ》しをしているときに、イネの葉が黄色っぽくなったり、枯《か》れはじめたりしたら、乾《かわ》かしすぎのサインなので、すぐに水をあたえよう。

▶苗《なえ》の高さが40～50cmになったら水をぬく。

◀土がすこしひび割《わ》れて5日ほどたったら、5cmくらいの深さまで水をあたえる。

観察《かんさつ》しよう

分《ぶん》げつ

植えかえが終わると、苗《なえ》はさかんに分《ぶん》げつ（112ページ参《さん》照《しょう》）をくりかえしながら、ぐんぐん生長します。分《ぶん》げつのようすや苗《なえ》の生長のしかたなどを観察《かんさつ》し、数日おきにノートに記録《きろく》してみましょう。

害虫《がいちゅう》

イネには、さまざまな害虫《がいちゅう》がつきます（39ページ参照《さんしょう》）。害虫《がいちゅう》をみつけたら、そのようすを記《き》録《ろく》し、取りのぞきましょう。

ニカメイチュウ

幼虫《ようちゅう》が葉のさやや茎《くき》の内部に入りこみ、食《く》い荒《あ》らす。葉が茶色になったり、穂《ほ》がでなくなる。

穂《ほ》と花

分《ぶん》げつが終わったころ、イネから穂《ほ》がでると、穂先《ほさき》から花が咲《さ》きます。花は朝の9～10時ごろから1～2時間半しか咲《さ》かないので、天気のよい日に観察《かんさつ》してみましょう。

10月ごろ 落水《らくすい》・刈《か》り取り

花が咲《さ》いて数日たつと、すこしずつ穂《ほ》がたれ下がってきます。このころになると、スズメがもみを食べにくるので、スズメよけをつくっておきます。

穂《ほ》がでてから1か月ほどしたところで、もみを指でおしてみて、中がかたくなりはじめていたら、バケツの水をぬきます。これを「落水《らくすい》」といいます。落水《らくすい》から10日ほどして、ほとんどの穂《ほ》が黄金《こがね》色になったら、いよいよ収穫《しゅうかく》です。

▶10日ほどたったら、イネの根もとを3～5cmのこして、はさみで刈《か》り取ります。

ワンポイント

スズメよけは、容器《ようき》の両端《りょうはし》に棒《ぼう》を立て、その棒《ぼう》の先にわたしたひもにポリぶくろでつくった短冊《たんざく》やいらないCD盤《ばん》をぶら下げよう。また、棒《ぼう》を3、4本立て、そこに網《あみ》をかぶせてもいいよ。このとき、スズメよけがイネのじゃまにならないように注意しよう。

収《しゅう》穫《かく》後《ご》の作業

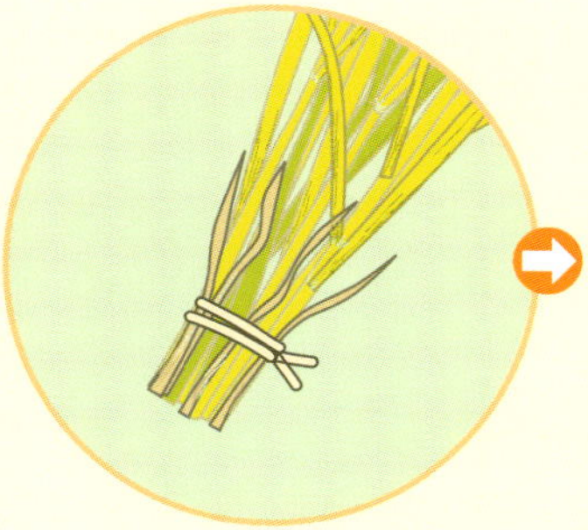

▲根もとをしっかりとむすぶ。

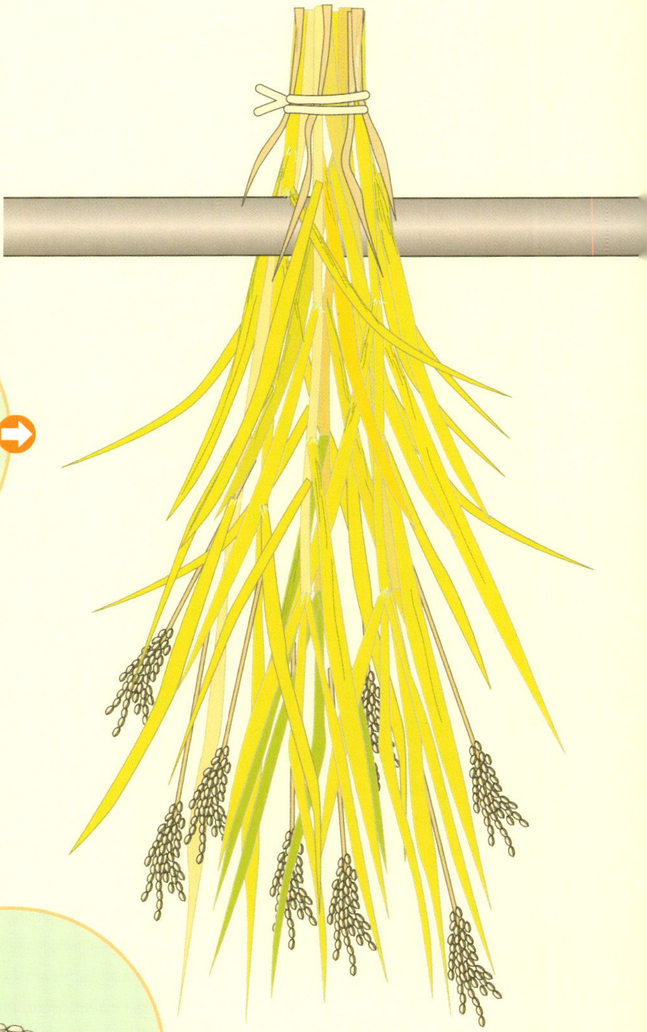

乾《かん》燥《そう》

刈《か》りとったイネは、数株《すうかぶ》ずつ根もとをひもでむすんでさかさにし、物干《ものほ》しざおなどにかけて乾《かわ》かします。日あたりと風通しのよい場所に干《ほ》すことがたいせつです。10日間ほどで水分がぬけ、脱穀《だっこく》できるようになります。

脱《だっ》穀《こく》

もみを穂《ほ》から取ることを「脱穀《だっこく》」といいます。穂《ほ》の上に茶わんをかぶせ、茶わんを軽く押《お》さえ、穂《ほ》をゆっくりと手もとへ引っぱります。すると、茶わんの中にもみがのこります。ほかにも、割《わ》った割《わ》りばしの先を輪《わ》ゴムで止め、穂《ほ》をはさんでゆっくりと引っぱってもみを取る方法《ほうほう》もあります。

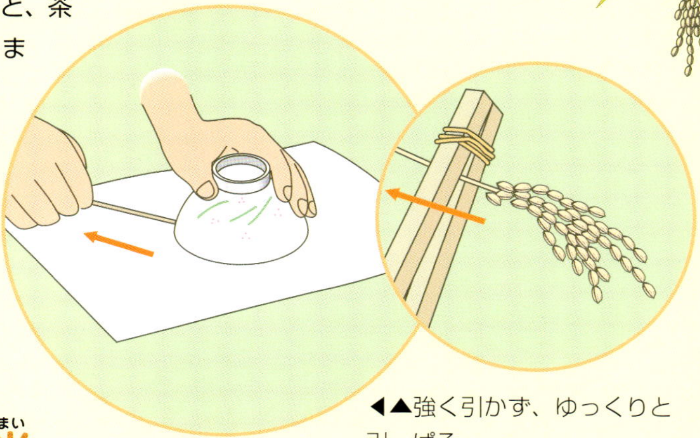

◀▲強く引かず、ゆっくりと引っぱる。

もみすり・精《せい》米《まい》

もみからもみがらを取って玄米《げんまい》にすることを「もみすり」、玄米《げんまい》から種皮《しゅひ》（ぬか層《そう》）を取って白米にすることを「精米《せいまい》」といいます。もみすりは、すりばちに入れたもみを、野球のボールなどを回転させてこすります。こうすると、もみがらが取れ、中から玄米《げんまい》がでてきます。次に、玄米《げんまい》を広口のガラスびんに入れ、すりこぎなどの棒《ぼう》でつきます。根気よくついていると、ぬかが白い粉《こな》となって取れます。最後《さいご》に、ふるいなどでぬかを落とすと白米のできあがりです。

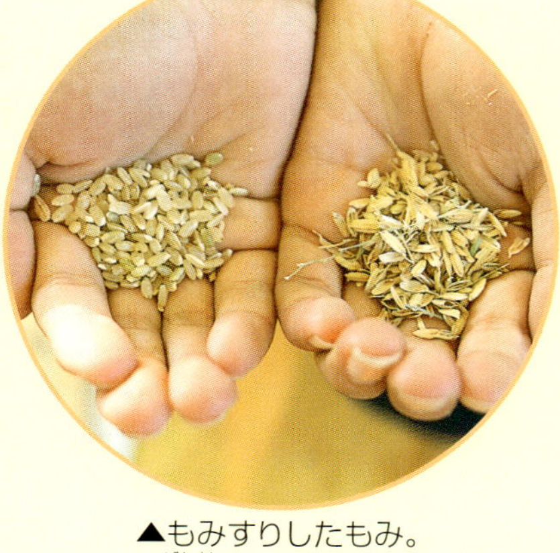

▲もみすりしたもみ。
左が玄米《げんまい》、右がもみがら。

▲広口びんに玄米《げんまい》をいれ、根気よくすりこぎなどの棒《ぼう》でつく。

④章 米を食べる

米は、「ごはん」として食べられるだけでなく、
さまざまな米料理《こめりょうり》に調理《ちょうり》され、食べられています。
また、米は加工《かこう》され、菓子《かし》や調味料《ちょうみりょう》となり、
いろいろな形でわたしたちの食生活をささえています。
世界の国や地域《ちいき》での米の食べ方も、
じつにさまざまです。

おにぎりは、手軽につくれておいしい米料理《こめりょうり》

主食としての米

日本では、米が毎日の食事の中心として食べられています。
米にはどんな特色《とくしょく》があり、どんなところが主食に向いているのでしょうか。
米が主食となっている理由をさぐってみましょう。

「主食」ってなに？

「主食」とは、毎日の食事の中心となる食べ物のことです。主食とされるのは、いつでも不足《ふそく》することなく食べられ、炭水化物《たんすいかぶつ》(糖質《とうしつ》)など、エネルギーとなる栄養素《えいようそ》を多くふくんでいる穀物《こくもつ》などです。

世界の国や地域《ちいき》をみると、米、コムギ、トウモロコシ、いも類《るい》、バナナなどが主食として食べられています。日本では、比較的《ひかくてき》雨が多く、夏に気温が高いという気候《きこう》が米づくりに向いていることから、米が主食となっています。

栽培《さいばい》しやすく、
たくさん収穫《しゅうかく》できる
長く貯蔵《ちょぞう》ができ、
いつでも食べられる
どんなものが主食となるの？
炭水化物《たんすいかぶつ》を多くふくみ、
エネルギーになりやすい
味がうすく、
毎日食べても飽《あ》きない

1日に得《え》るエネルギーの食品別割合《べつわりあい》のうつりかわり

日本人が1日に米類《こめるい》(米、米加工品《かこうひん》)から得《え》るエネルギー量《りょう》は、近年減少傾向《げんしょうけいこう》にあります。とはいえ、食べ物から得《え》るエネルギーのうち約《やく》30％を米類《こめるい》から得《え》ています。米は、日本人にとって毎日の生活に欠《か》かせないエネルギー源《げん》です。

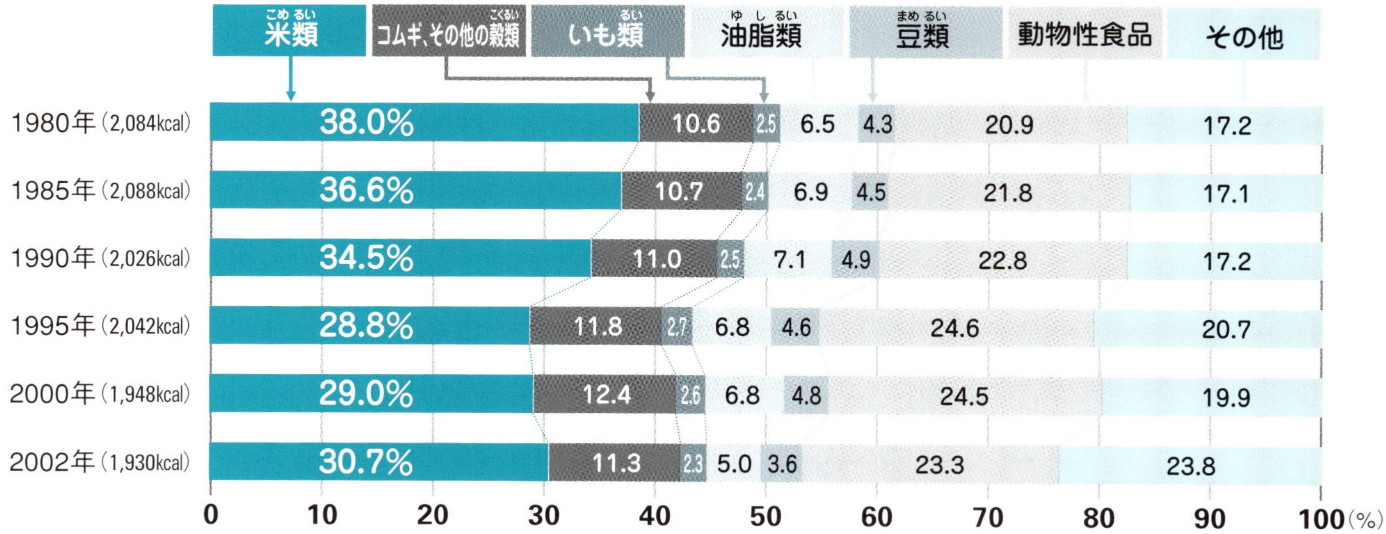

米類《こめるい》
コムギ、その他の穀類《こくるい》
いも類《るい》
油脂類《ゆしるい》
豆類《まめるい》
動物性食品
その他
1980年（2,084kcal） 38.0% 10.6 2.5 6.5 4.3 20.9 17.2
1985年（2,088kcal） 36.6% 10.7 2.4 6.9 4.5 21.8 17.1
1990年（2,026kcal） 34.5% 11.0 2.5 7.1 4.9 22.8 17.2
1995年（2,042kcal） 28.8% 11.8 2.7 6.8 4.6 24.6 20.7
2000年（1,948kcal） 29.0% 12.4 2.6 6.8 4.8 24.5 19.9
2002年（1,930kcal） 30.7% 11.3 2.3 5.0 3.6 23.3 23.8
0 10 20 30 40 50 60 70 80 90 100（%）

※（　）内は1日に得《え》る総《そう》エネルギー量《りょう》の平均《へいきん》。

「国民栄養の現状 平成14年厚生労働省国民栄養調査結果」（健康・栄養情報研究会／第一出版）

米はすぐれた主食

米は、たくさんの量《りょう》が収穫《しゅうかく》でき、長く貯蔵《ちょぞう》できるために、ほとんど不足《ふそく》することなくいつでも食べられる、すぐれた主食です。エネルギー源《げん》となる炭水《たんすい》化物《かぶつ》をはじめ、タンパク質《しつ》や脂質《ししつ》などをふくみ、栄《えい》養価《ようか》が高いことも特徴《とくちょう》です（140、141ページ参照《さんしょう》）。

また、粒《つぶ》のまま食べる米は、コムギを粉《こな》にしてから加工《かこう》するパンなどとくらべ、時間をかけて少しずつ消化吸収《きゅうしゅう》されます。満腹感《まんぷくかん》が長もちするうえに、インスリン（体内の余分《よぶん》な糖分《とうぶん》を脂肪《しぼう》にかえる作用《さよう》をもつホルモン）の分泌《ぶんぴつ》を刺激《しげき》しないため、太りにくく、肥満《ひまん》の予防《よぼう》にも役だつとされています。

価格《かかく》の面でも、米はすぐれています。米の価格《かかく》は産地《さんち》や品種《ひんしゅ》などによってちがいますが、10kgの米を4000円とすると、1合約《ごうやく》170g（たいたごはんで茶わん約《やく》2.5杯《はい》）の米は68円です。米は、安くて経済的《けいざいてき》な食べ物だといえます。

すぐれたエネルギー源《げん》になる。
たくさん収穫《しゅうかく》でき、長く貯蔵《ちょぞう》できるため、いつでも食べられる。
粉《こな》にする必要《ひつよう》がなく粒《つぶ》のまま食べられる。
炭水化物《たんすいかぶつ》やタンパク質《しつ》をふくみ栄養価《えいようか》が高い。
価格《かかく》が安くて経済的《けいざいてき》。
おなかがすきにくく、太りにくい。

からだと栄養《えいよう》

栄養素《えいようそ》ってなに？

「バランスよく栄養素《えいようそ》をとろう」とよくいわれます。栄《えい》養素《ようそ》は、なぜからだに必要《ひつよう》なのでしょうか。

右下の図をみてみましょう。ヒトのからだは、水分や脂質《ししつ》、タンパク質《しつ》といった成分《せいぶん》からできています。ヒトは、これらの成分《せいぶん》によって、からだを成長《せいちょう》させたり、健《けん》康《こう》をたもったりしています。これらの成分《せいぶん》をおぎなうために、ヒトは、食べ物にふくまれている成分《せいぶん》を「栄養素《えいようそ》」としてからだに取り入れています。栄養素《えいようそ》のうち、「炭水化物《たんすいかぶつ》」「脂質《ししつ》」「タンパク質《しつ》」「ビタミン」「ミネラル（無機質《むきしつ》）」を五大栄養素《えいようそ》といいます。

エネルギー量《りょう》の単位《たんい》「カロリー」

栄養素《えいようそ》のうち、脂質《ししつ》、炭水化物《たんすいかぶつ》、タンパク質《しつ》は、体内で燃焼《ねんしょう》させることによってエネルギーを生みだします。

このエネルギー量《りょう》は「カロリー」という単位《たんい》であらわされます。脂質《ししつ》は1gで約《やく》9キロカロリー、炭《たん》水化物《すいかぶつ》とタンパク質《しつ》は、それぞれ1gで約《やく》4キロカロリーのエネルギーを生みだします。

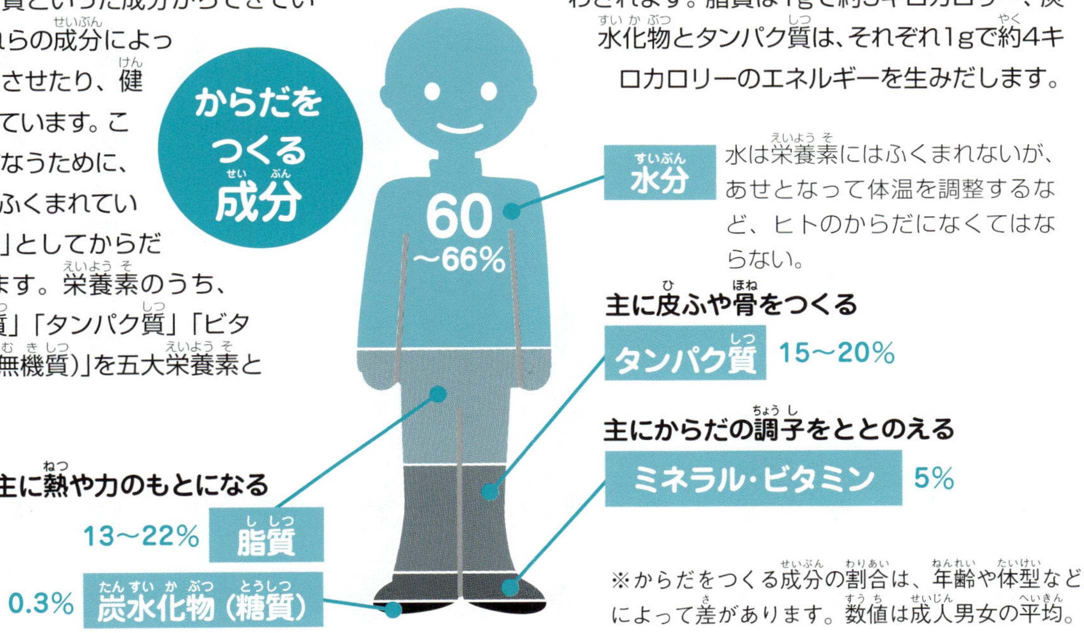
からだをつくる成分《せいぶん》
水分《すいぶん》
60〜66%
水は栄養素《えいようそ》にはふくまれないが、あせとなって体温を調整するなど、ヒトのからだになくてはならない。
主に皮《ひ》ふや骨《ほね》をつくる
タンパク質《しつ》 15〜20%
主にからだの調子《ちょうし》をととのえる
ミネラル・ビタミン 5%
主に熱《ねつ》や力のもとになる
13〜22% 脂質《ししつ》
0.3% 炭水化物《たんすいかぶつ》（糖質《とうしつ》）

※からだをつくる成分《せいぶん》の割合《わりあい》は、年齢《ねんれい》や体型《たいけい》などによって差《さ》があります。数値《すうち》は成人《せいじん》男女の平均《へいきん》。

米の栄《えい》養《よう》

米には、さまざまな栄養素《えいようそ》がふくまれています。
とくに、米の主な成分《せいぶん》となっている炭水化物《たんすいかぶつ》は、
脳《のう》やからだを活発《かっぱつ》にはたらかせるたいせつなエネルギー源《げん》です。

米の主な成分《せいぶん》は炭水化物《たんすいかぶつ》

米の主な成分《せいぶん》は炭水化物《たんすいかぶつ》（糖質《とうしつ》）です。炭水化物《たんすいかぶつ》は、大きくは単糖類《たんとうるい》、少糖類《しょうとうるい》、多糖類《たとうるい》に分類《ぶんるい》されますが、米にふくまれている炭水化物《たんすいかぶつ》は、ほとんどがデンプンという多糖類《たとうるい》です。デンプンは、ヒトのからだの中に取りこまれると分解《ぶんかい》され、ブドウ糖《とう》（147、149ページ参照《さんしょう》）になります。ブドウ糖《とう》は腸《ちょう》の毛細血管《もうさいけっかん》から吸収《きゅうしゅう》され、血液《けつえき》にとけこんで全身にいきわたり、からだを動かしたり、頭をはたらかせたりするエネルギー源《げん》になります。

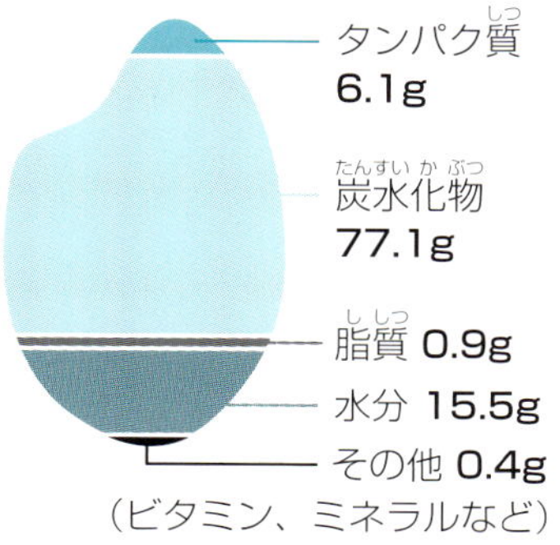

タンパク質《しつ》
6.1g
炭水化物《たんすいかぶつ》
77.1g
脂質《ししつ》 0.9g
水分 15.5g
その他 0.4g
（ビタミン、ミネラルなど）

「五訂増補 食品成分表」のデータをもとに換算

米の成分《せいぶん》
（白米100g中）

米には、エネルギーのもとになる炭水化物《たんすいかぶつ》を中心に、タンパク質《しつ》、脂質《ししつ》などさまざまな成分《せいぶん》がふくまれている。

ごはんにふくまれる栄養素《えいようそ》

米にふくまれている成分《せいぶん》には、炭水化物《たんすいかぶつ》のほか、タンパク質《しつ》や脂質《ししつ》、ビタミンなどがあります。とくに、米にふくまれるタンパク質《しつ》は、ほかの穀物《こくもつ》とくらべて良質《りょうしつ》です。タンパク質《しつ》は、アミノ酸《さん》という成《せい》分《ぶん》が数多くむすびついてできていますが、米の場合、必須《ひっす》アミノ酸《さん》（体内でつくりだすことができないため、食べ物からとる必要《ひつよう》がある8〜9種類《しゅるい》のアミノ酸《さん》）がバランスよくふくまれています。

下の図は、たいたごはん150g（ごはん茶わんに軽く1杯《ぱい》）にふくまれている栄養素《えいようそ》をしめしたものです。ごはん1杯《ぱい》で、からだに必要《ひつよう》なさまざまな栄養《えいよう》素《そ》をおぎなうことができます。

ごはん
茶わんに
軽く1杯《ぱい》
150g
252kcal
炭水化物《たんすいかぶつ》
55.65g
ジャガイモ
小3個《こ》分
タンパク質《しつ》
3.75g
納豆《なっとう》
1/2パック分
脂質《ししつ》
0.45g
食パン
（6枚《まい》切り）
1/6枚《まい》分
ビタミンB_1
0.03mg
豚《ぶた》ロース肉
うす切《ぎ》り1/5枚《まい》分
カルシウム
4.5mg
牛乳《ぎゅうにゅう》
小さじ1杯《ぱい》分
鉄分《てつぶん》
0.15mg
ホウレンソウ
1〜2枚《まい》分

「五訂増補 食品成分表」のデータをもとに換算

栄養価《えいようか》の高い玄米《げんまい》・分《ぶ》つき米《まい》・はい芽精米《がせいまい》

わたしたちがふだん食べているごはんは、玄米《げんまい》を精米《せいまい》（80、81ページ参照《さんしょう》）して、ぬかやはい芽《が》を取りのぞいた白米です。しかし、ぬかやはい芽《が》にも、ビタミンやミネラルなどの栄養素《えいようそ》がふくまれているため、最近《さいきん》は、これらの栄養価《えいようか》が注目され、玄米《げんまい》を好《この》んで食べる人がふえています。

玄米《げんまい》は、栄養価《えいようか》は高いものの、表面が繊維質《せんいしつ》のぬか層《そう》におおわれているため、たくのがむずかしく、ボソボソしたごはんになります。そこで、最近《さいきん》では、自動炊飯器《すいはんき》で手軽にたけるように、前もってぬか層《そう》に加工《かこう》をほどこした玄米《げんまい》も開発されています。また、ぬかやはい芽《が》の一部を取りのぞいた「分《ぶ》つき米《まい》」（半分取りのぞいた「五分《ごぶ》つき米《まい》」、7割《わり》を取りのぞいた「七分《しちぶ》つき米《まい》」など）、ぬかを取りのぞき、はい芽《が》はのこしたままの「はい芽精米《がせいまい》」も食べられています。

ぬかやはい芽《が》にふくまれている栄養素《えいようそ》

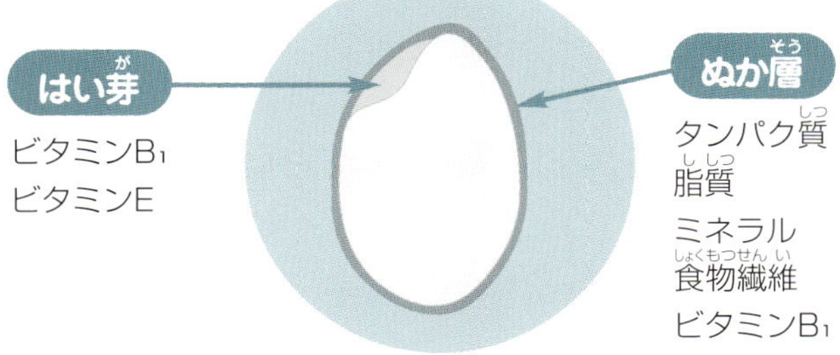

白米

ぬか層《そう》とはい芽《が》を取りのぞいた米。味はよいが、ビタミンB_1などの栄養素《えいようそ》が玄米《げんまい》、はい芽精米《がせいまい》よりも少ない。

はい芽精米《がせいまい》

はい芽《が》が80％以上《いじょう》のこるように精米《せいまい》した米。精米《せいまい》した白米よりも、ビタミンB_1、ビタミンEが多い。

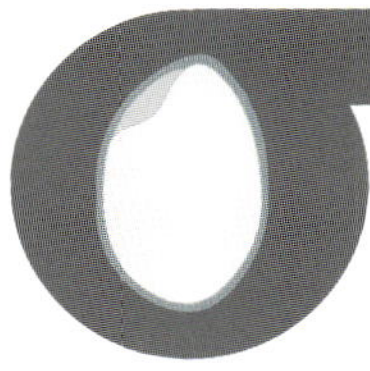

玄米《げんまい》

ぬか層《そう》、はい芽《が》がのこっているので、精米《せいまい》した白米よりも、タンパク質《しつ》、脂質《ししつ》、ミネラル、食物繊維《しょくもつせんい》が多い。

食べやすくて栄養価《えいようか》の高い発芽玄米《はつがげんまい》

「発芽玄米《はつがげんまい》」は、玄米《げんまい》を水につけ、はい芽《が》をわずかに発芽《はつが》させた米です。はい芽《が》が発芽《はつが》するときには、栄養素《えいようそ》が吸収《きゅうしゅう》されやすい形にかわったり、新しい栄養素《えいようそ》がつくりだされたりします。また、ぬかがやわらかくなるなどの変化《へんか》も起こります。発芽玄米《はつがげんまい》はこうした特性《とくせい》をいかして開発されたもので、玄米《げんまい》よりもやわらかくてたきやすく、栄養価《えいようか》が高くなっています。とくに、アミノ酸《さん》の一種《いっしゅ》であるγ《ガンマ》-アミノ酪《らく》酸《さん》（通称《つうしょう》「ギャバ」）は、玄米《げんまい》の2〜3倍、白米の約《やく》10倍にもなります。γ《ガンマ》-アミノ酪酸《らくさん》は、血管《けっかん》を広げて血圧《けつあつ》を調整したり、脳神経《のうしんけい》の興奮《こうふん》をおさえて緊張《きんちょう》をほぐしたりする作用があり、健康《けんこう》に役だつ成分《せいぶん》として注目されています。

ごはんの栄養成分《えいようせいぶん》（150g中）

		白米	はい芽《が》精米《せいまい》	玄米《げんまい》
エネルギー(kcal)		252	250.5	247.5
水分《すいぶん》(g)		90	90	90
タンパク質《しつ》(g)		3.75	4.05	4.2
脂質《ししつ》(g)		0.45	0.9	1.5
炭水化物《たんすいかぶつ》(g)		55.65	54.6	53.4
ミネラル（無機質《むきしつ》）	ナトリウム(mg)	1.5	1.5	1.5
	カリウム(mg)	43.5	76.5	142.5
	カルシウム(mg)	4.5	7.5	10.5
	マグネシウム(mg)	10.5	36	73.5
	リン(mg)	51	102	195
	鉄分《てつぶん》(mg)	0.15	0.3	0.9
ビタミン	ビタミンB1(mg)	0.03	0.12	0.24
	ビタミンE(mg)	—	0.6	0.9
食物繊維《しょくもつせんい》(g)		0.45	1.2	2.1

「五訂増補 食品成分表」のデータをもとに換算

バランスのよい日本型《がた》の食事

ごはんを中心に、おかずやみそ汁《しる》などを組み合わせる日本型《がた》の食事は、栄養《えいよう》バランスがよく、毎日食べつづけるのに適《てき》した食事です。最近《さいきん》は、生活習慣病《せいかつしゅうかんびょう》の予防《よぼう》や健康《けんこう》の維持《いじ》といった面から、欧米《おうべい》からも注目されています。

「主食」「主菜《しゅさい》」「副菜《ふくさい》」

食べ物としてからだに取り入れられたいろいろな栄養素《えいようそ》は、それぞれが影響《えいきょう》しあって作用《さよう》します。そのため、栄養素《えいようそ》がかたよらないよう、バランスのよい食事をすることがたいせつです。

では、何をどのように食べれば、バランスのよい食事になるのでしょうか。その目安《めやす》となるのが、「主食」を「主菜《しゅさい》」「副菜《ふくさい》」と組み合わせる食べ方です。ごはんを中心に、主菜《しゅさい》、副菜《ふくさい》として、2、3種類《しゅるい》の肉や魚、野菜《やさい》のおかずと、水分をおぎなう役割《やくわり》をもつみそ汁《しる》やスープを組み合わせる、「一汁二菜《いちじゅうにさい》」または「一汁三菜《いちじゅうさんさい》」の食事が、バランスよく栄養素《えいようそ》をとる食事の基本《きほん》です。

バランスのよい日本型《がた》の食事

日本では、ごはんを中心に、魚、野菜《やさい》、海藻《かいそう》や大豆製品《だいずせいひん》など、多品目の食材《しょくざい》をつかったおかずを組み合わせる食事が基本《きほん》です。

この日本型《がた》の食事は、パンやパスタ、肉などの動物性《どうぶつせい》の食品を中心とする欧米型《おうべいがた》の食事とくらべ、栄養《えいよう》バランスをたもちやすい食事です。とくに、昔からよく食べられているみそや納豆《なっとう》、豆腐《とうふ》、油揚《あぶらあ》げといった大豆製品《だいずせいひん》は、ごはんにふくまれている必須《ひっす》アミノ酸《さん》（140ページ参照《さんしょう》）の中でも、やや不足《ふそく》しているリジンをおぎない、栄養価《えいようか》を向上させます。ごはんと大豆製品《だいずせいひん》は、もっとも相性《あいしょう》のよい食材《しょくざい》だとい

主食

食事の中心となる、ごはん、パン、めん類《るい》などの穀物《こくもつ》。穀物《こくもつ》には炭水化物《たんすいかぶつ》がたくさんふくまれていて、脳《のう》やからだを動かすエネルギーになる。

主菜《しゅさい》

魚、肉、卵《たまご》、豆・大豆製品《だいずせいひん》などをつかったおかず。主に、タンパク質《しつ》や脂質《ししつ》がふくまれていて、からだの成長をうながす。

副菜《ふくさい》

野菜《やさい》、いも類《るい》、海藻《かいそう》、きのこなどをつかったおかず。主に、ビタミン、ミネラル（カルシウム、鉄分《てつぶん》など）がふくまれていて、からだの調子《ちょうし》をととのえる。主食、主菜《しゅさい》を栄養《えいよう》面でおぎない、食事に変化《へんか》をつける役割《やくわり》がある。

われています。

しかし、近年は、日本でも欧米型《おうべいがた》の食事をとる機会《きかい》がふえ、こうした食事や生活習慣《せいかつしゅうかん》の変化《へんか》が、糖尿病《とうにょうびょう》や肥満《ひまん》といった生活習慣病《せいかつしゅうかんびょう》の原因《げんいん》になっているともいわれています。現在《げんざい》では、従来《じゅうらい》の日本型《がた》の食事がみなおされ、病気の治療《ちりょう》などにも、ごはん中心の食事が積極的《せっきょくてき》に取り入れられています。

ごはんは食事のまとめ役

味にくせのないごはんは、どんなおかずと組み合わせてもよく合います。栄養《えいよう》バランスをととのえやすいだけでなく、おかずによって、和風、洋風、中《ちゅう》華風《かふう》と、毎日の食事に変化《へんか》をつけられることも、ごはんのよいところです。

どんなおかずにもよく合うごはん

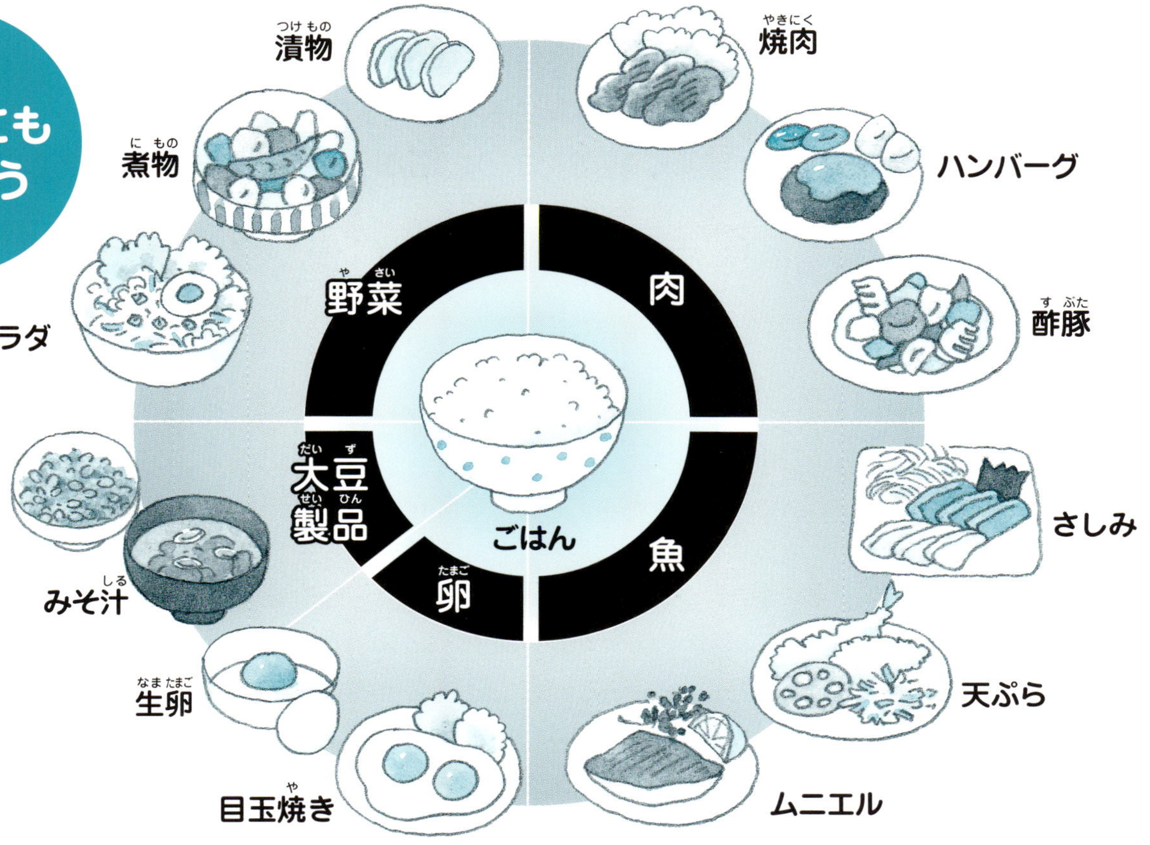

漬物《つけもの》
焼肉《やきにく》
煮物《にもの》
ハンバーグ
野菜《やさい》
肉
酢豚《すぶた》
サラダ
大豆《だいず》製品《せいひん》
納豆《なっとう》
ごはん
さしみ
魚
みそ汁《しる》
卵《たまご》
天ぷら
生卵《なまたまご》
目玉焼《や》き
ムニエル

栄養《えいよう》バランスをくらべてみよう

タンパク質《しつ》（Protein）、脂質《ししつ》（Fat）、炭《たん》水化物《すいかぶつ》（Carbohydrate）は、エネルギーをつくりだすもっとも基本的《きほんてき》な栄養素《えいようそ》です。食事全体から得《え》るエネルギーに対して、この3つの栄養素《えいようそ》から得《え》るエネルギーの割合《わりあい》をあらわしたものを「PFCバランス」といいます。日本では、タンパク質《しつ》（P）が12〜13%、脂質《ししつ》（F）が20〜30%、炭水化物《たんすいかぶつ》（C）が57〜68%となるのが理想的《りそうてき》な割合《わりあい》だとされています。日本型《がた》と欧米型《おうべいがた》の食事のPFCバランスをくらべてみましょう。

日本型《がた》・欧米型《おうべいがた》の食事のPFCバランス（2002年）

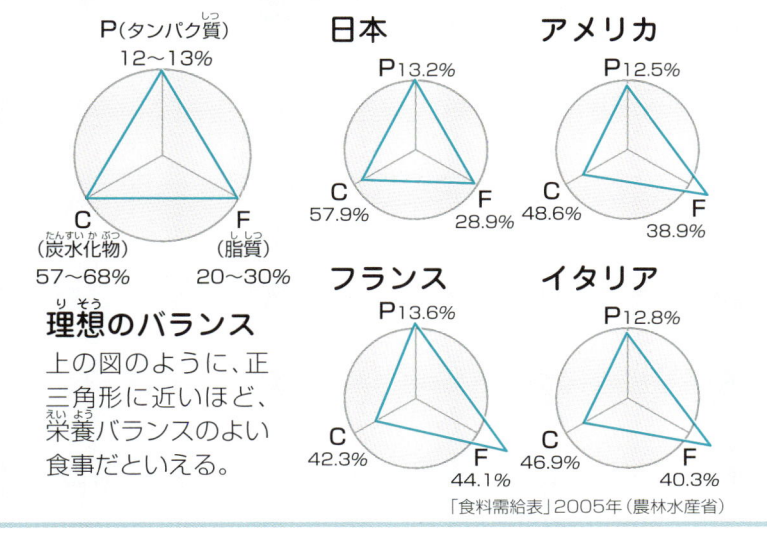

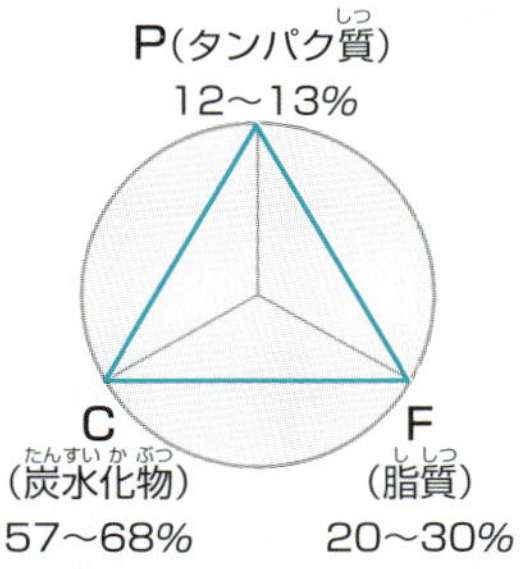

P（タンパク質《しつ》）
12〜13%
C
（炭水化物《たんすいかぶつ》）
57〜68%
F
（脂質《ししつ》）
20〜30%

理想《りそう》のバランス
上の図のように、正三角形に近いほど、栄養《えいよう》バランスのよい食事だといえる。

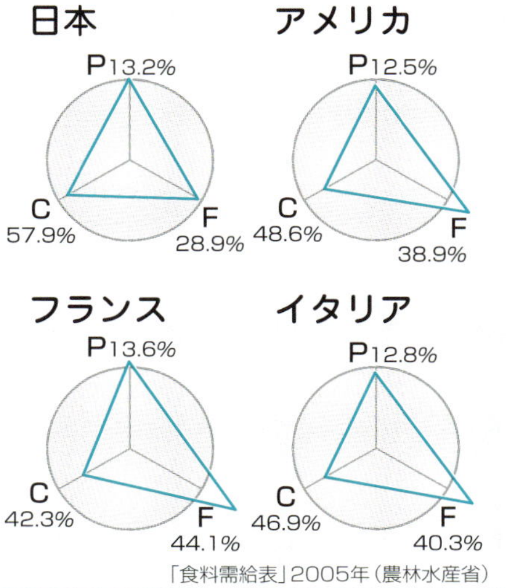

日本
P13.2%
C
57.9%
F
28.9%
アメリカ
P12.5%
C
48.6%
F
38.9%
フランス
P13.6%
C
42.3%
F
44.1%
イタリア
P12.8%
C
46.9%
F
40.3%

「食料需給表」2005年（農林水産省）

おいしいごはんのたき方

現在《げんざい》は、自動炊飯器《すいはんき》でかんたんにおいしいごはんをたくことができますが、直接《ちょくせつ》火にかけてたくときは、火かげんや時間を調節《ちょうせつ》しなくては、おいしくたけません。ごはんをふっくらおいしくたく方法《ほうほう》を科学的《かがくてき》に調べてみましょう。

糖分《とうぶん》に変化《へんか》するデンプン

米の主成分《しゅせいぶん》である炭水化物《たんすいかぶつ》は、ほとんどがデンプンという多糖類《たとうるい》です（140ページ参照《さんしょう》）。たく前のデンプンは、β《ベータ》-デンプンという水にとけないデンプンですが、水と熱《ねつ》を加《くわ》えると、やわらかくてねばりのあるα《アルファ》-デンプンに変化《へんか》します。この変化《へんか》を「糊《こ》化《か》」または「α《アルファ》化」といいます。糊化《こか》が進むと、アミラーゼという酵素《こうそ》が活発《かっぱつ》にはたらくようになり、デンプンが分解《ぶんかい》されて糖分《とうぶん》になります。この糖分《とうぶん》が、ごはんのあまみのもとになります。

吸水《きゅうすい》と炊飯中《すいはんちゅう》の温度

米は、たく前に水にひたして吸水《きゅうすい》させることによって、むらなく糊化《こか》し、しんのないふっくらとしたごはんにたき上げることができます。また、デンプンを分解《ぶんかい》するアミラーゼは40～50℃でよくはたらきます。そのため、糖分《とうぶん》をたくさんつくりだし、あまみを引きだすためには、長い時間40～50℃をたもつよう、温度の調整《ちょうせい》をします。現在《げんざい》、家庭で主につかわれている自動炊飯器《すいはんき》は、この温度調節《ちょうせつ》がコンピュータでおこなわれるため、スイッチを押《お》すだけでおいしいごはんをたくことができます。

おいしくごはんをたくための加熱《かねつ》曲線

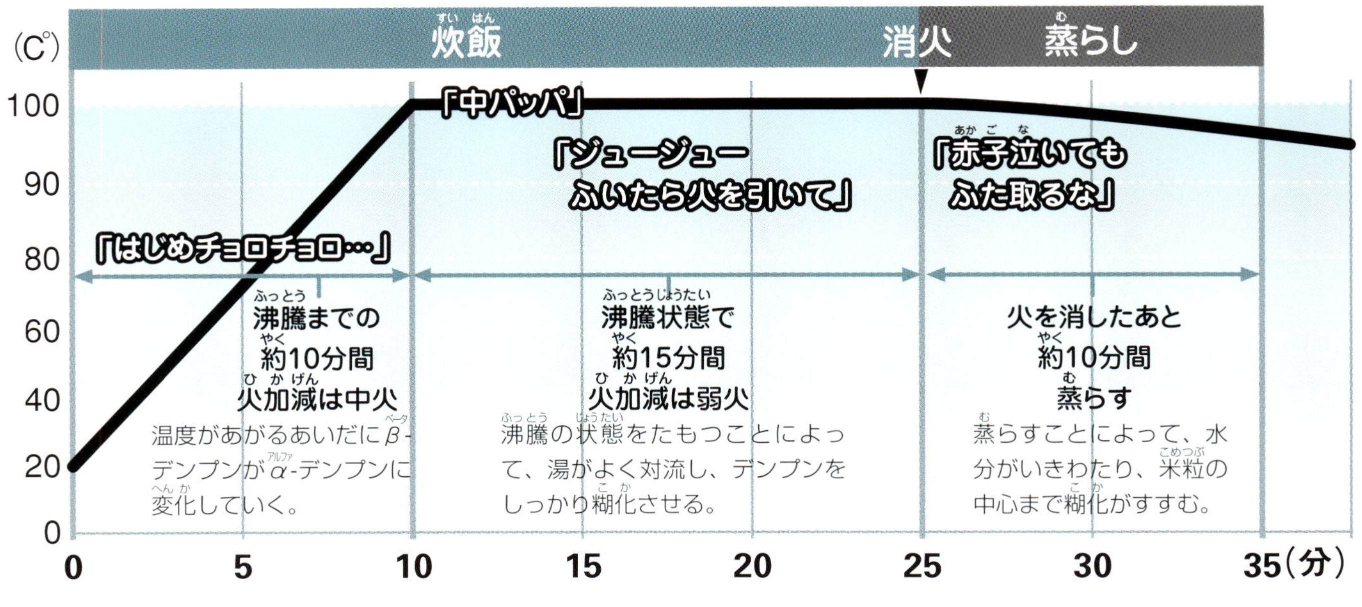

(℃)
100
90
80
60
40
20
0
0
5
10
15
20
25
30
35（分）
炊飯《すいはん》
消火
蒸《む》らし
「中パッパ」
「ジュージューふいたら火を引いて」
「赤子《あかご》泣《な》いてもふた取るな」
「はじめチョロチョロ…」
沸騰《ふっとう》までの約《やく》10分間
火加減《ひかげん》は中火
温度があがるあいだにβ《ベータ》-デンプンがα《アルファ》-デンプンに変化《へんか》していく。
沸騰状態《ふっとうじょうたい》で約《やく》15分間
火加減《ひかげん》は弱火
沸騰《ふっとう》の状態《じょうたい》をたもつことによって、湯がよく対流し、デンプンをしっかり糊化《こか》させる。
火を消したあと約《やく》10分間蒸《む》らす
蒸《む》らすことによって、水分がいきわたり、米粒《こめつぶ》の中心まで糊化《こか》がすすむ。

鍋《なべ》でごはんをたいてみよう!

鍋《なべ》をつかってごはんをたいてみましょう。たいているあいだに、鍋《なべ》の中に適度《てきど》な圧力《あつりょく》がかかると、ごはんがおいしくたき上がります。軽いふたの鍋《なべ》は蒸気《じょうき》でふたがもち上がってしまうので、重いふたの鍋《なべ》でたいてみましょう。

ワンポイント
米を洗《あら》うのは、米粒《こめつぶ》のまわりについている肌《はだ》ぬかを洗《あら》い流すため。昔は米をこするようにしてといだけれど、現在《げんざい》は精米《せいまい》の技術《ぎじゅつ》が進み、細《こま》かいぬかもきれいに取りのぞかれているので、3、4回洗《あら》う程度《ていど》で十分だよ。

1

はかる

炊飯《すいはん》用の計量《けいりょう》カップ（1合《ごう》180㎖）で米をはかる。まず、計量《けいりょう》カップに山盛《やまも》りの米を入れ、米が計量《けいりょう》カップのふちのところで平《たい》らになるよう、指《ゆび》で「すりきり」にする。

2

洗《あら》う

はかった米をボールなどに入れ、3、4回、すばやく洗《あら》う。洗《あら》うときにお湯をつかうと、デンプンからとけだした糖《とう》分《ぶん》のアミロースが洗《あら》った水といっしょに流されてしまうので、かならず水をつかう。

※無洗米《むせんまい》（82、83ページ参照《さんしょう》）をつかう場合は、米を洗《あら》わずに鍋《なべ》に入れる。

ワンポイント
吸水《きゅうすい》時間の目安《めやす》は、水温が高く米が水を吸《す》いやすい夏は約《やく》30分、水温が低《ひく》く米が水を吸《す》いにくい冬は約《やく》1時間。

3

吸水《きゅうすい》させる

洗《あら》った米に、米の容量《ようりょう》の1.2～1.3倍の水を加《くわ》え吸水《きゅうすい》させる。水の量《りょう》は、ごはんのかたさの好《この》みによって調整する。

※無洗米《むせんまい》の場合は、水を少し多めに入れて吸水《きゅうすい》させる。

まずは中火にかけ、
沸騰《ふっとう》するまで待つ。

ワンポイント
火をつかっているあいだは、火加減《ひかげん》に気をつけて鍋《なべ》からはなれないようにしよう。鍋《なべ》の中に圧力《あつりょく》をかけ、むらなくデンプンを糊化《こか》させるために、ふたは取らないようにしよう。

4

炊飯《すいはん》

沸騰《ふっとう》するまでは中火。約《やく》10分で沸騰《ふっとう》したら、弱火にして、さらに15分加熱《かねつ》する。

ワンポイント
たき上がったごはんをまぜてほぐすのは、余分《よぶん》な水分を飛《と》ばすため。水で軽くぬらしたしゃもじで、ごはんを底《そこ》からすくいあげるように返したあと、ごはん粒《つぶ》がつぶれないよう切るようにしてほぐそう。

5

蒸《む》らす→ほぐす

沸騰《ふっとう》してから約《やく》15分加熱《かねつ》したら火を止め、約《やく》10分蒸《む》らす。蒸《む》らし終わったら、ごはんをすばやくほぐし、できあがり！

米のおいしさのひみつ

ごはんのおいしさには、理由があります。
かたさやねばりを決める成分《せいぶん》や、あまみを引きだす食べ方など、
米のおいしさのひみつを科学的《かがくてき》にさぐってみましょう。

おいしさを決める成分《せいぶん》

ごはんの味は、かたさやねばり、あまみ、香《かお》りなどで決まります。このうち、かたさとねばりが、おいしさの大部分を決めるといわれています。

ごはんのかたさやねばりは、デンプンにふくまれているアミロース、アミロペクチンという2つの成分《せいぶん》の割合《わりあい》が関係《かんけい》しています。日本では、アミロースが少なく、アミロペクチンが多いほど、ねばりがあってやわらかいごはんになり、味がよいとされています。

日本で栽培《さいばい》されている、うるち米《まい》（ジャポニカ米《まい》）にふくまれるデンプンの平均的《へいきんてき》な割合《わりあい》は、アミロースが約《やく》16〜20%、アミロペクチンが約《やく》80〜84%です。中でもおいしい品種《ひんしゅ》として知られている「コシヒカリ」にふくまれるアミロースは、15〜17%です。ごはんのかたさは、米にふくまれているタンパク質《しつ》の量《りょう》とも関係《かんけい》があります。タンパク質《しつ》が少ないと、たいたときにやわらかいごはんになります。

ごはんのあまみは、米に水分と熱《ねつ》があたえられ、α《アルファ》-デンプンに糊化《こか》したデンプンが糖分《とうぶん》に変化《へんか》することによって引きだされます（144ページ参照《さんしょう》）。

特性《とくせい》をいかした食べ方

もち米《ごめ》のデンプンは、アミロペクチンだけでできています。ねばりが強すぎるので、たいてごはんとして食べるのにはむいていませんが、その特性《とくせい》をいかして、蒸《む》してもちにするなどして食べます。

日本では、ねばりのあるごはんが好《この》まれていますが、おいしさの好《この》みは国によってちがいます。外国には、ねばりのない米を好《この》んで食べる国がたくさんあります。インドやタイなど世界の多くの国々で食べられているインディカ米《まい》（うるち米《まい》）は、ジャポニカ米《まい》とくらべてアミロペクチンの割合《わりあい》が少ないので、パサパサしてねばりがありません。カレーのように汁《しる》ものとまぜたり、いためごはんにするなどして食べるとよく合います。

◀インディカ米《まい》は、ねばりがなくパラパラしているため、手で食べてもべとつかない。

アミロースとアミロペクチンの割合《わりあい》

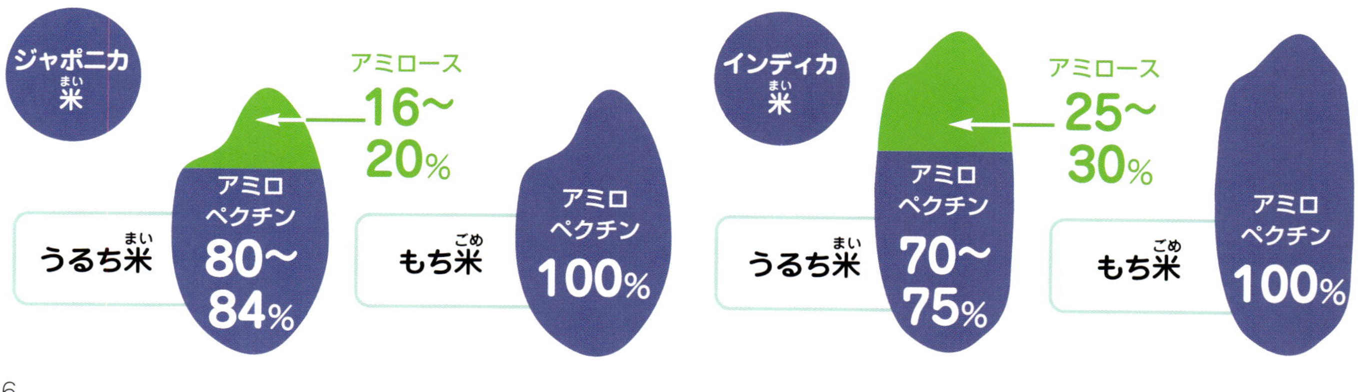

ジャポニカ米《まい》
アミロース
16〜20%
うるち米《まい》
アミロペクチン
80〜84%
もち米《ごめ》
アミロペクチン
100%
インディカ米《まい》
アミロース
25〜30%
うるち米《まい》
アミロペクチン
70〜75%
もち米《ごめ》
アミロペクチン
100%

かめばかむほど あまみがます

米にふくまれているデンプンは、ブドウ糖《とう》がつながってできた多糖類《たとうるい》です。アミロースはまっすぐに、アミロペクチンは枝《えだ》分かれした状態《じょうたい》でブドウ糖《とう》がつながっています。

これらの成分《せいぶん》は、口の中のだ液《えき》にふくまれているアミラーゼという酵素《こうそ》のはたらきによって分解《ぶんかい》され、あまみのある麦芽糖《ばくがとう》などの糖分《とうぶん》に変化《へんか》します。麦芽糖《ばくがとう》は、からだの中に取りこまれると、さらにマルターゼという酵素《こうそ》のはたらきで分解《ぶんかい》され、ブドウ糖《とう》になります。

口の中でごはんをよくかむと、ごはんのあまみがましておいしく感じられるのは、だ液《えき》がたくさんでて、アミラーゼがよくはたらくためなのです。

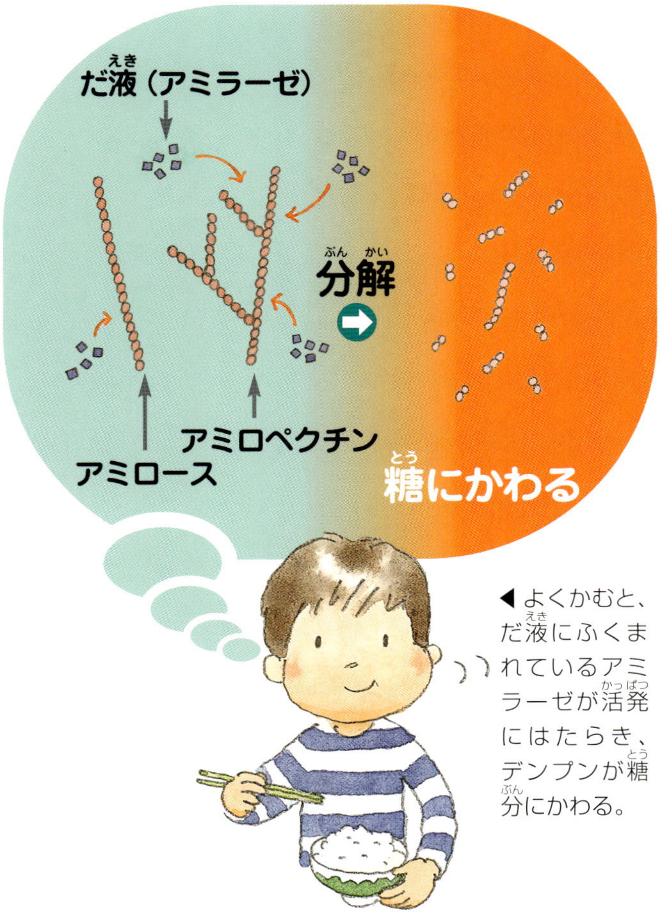

◀よくかむと、だ液《えき》にふくまれているアミラーゼが活発《かっぱつ》にはたらき、デンプンが糖《とう》分《ぶん》にかわる。

上手に保存《ほぞん》して おいしさをたもつ

米は保存《ほぞん》のしかたによってもおいしさがかわります。たく前とたいたあとでは、保存方法《ほぞんほうほう》がちがうことをおぼえておきましょう。

たく前の米は、玄米《げんまい》の状態《じょうたい》であれば常温《じょうおん》で約《やく》1年、品質《ひんしつ》をたもったまま保存《ほぞん》することができますが、精米後《せいまいご》の米は、ぬか層《そう》が取りのぞかれているため、外の温度《おんど》や湿度《しつど》の影響《えいきょう》を受けやすくなります。また、米粒《こめつぶ》のまわりにのこっている肌《はだ》ぬかは、酸素《さんそ》にふれると酸化《さんか》し、においのもとになります。白米は密閉容器《みっぺいようき》に入れ、なるべくすずしい場所で保存《ほぞん》するとおいしさがたもてます。

一方、たいたごはんは、β《ベータ》-デンプンがα《アルファ》-デンプンへと糊化《こか》した状態《じょうたい》ですが、このα《アルファ》-デンプンは、水分をふくんだ状態《じょうたい》のまま温度が下がることにより、β《ベータ》-デンプンにもどってしまいます。この変化《へんか》をデンプンの「老化《ろうか》」といいます。老化《ろうか》をふせぐためには、水分をなくし、0℃以下《いか》の状態《じょうたい》にする冷凍保存《れいとうほぞん》が向いています。

ワンポイント

たく前の米は冷蔵保存《れいぞうほぞん》

密閉容器《みっぺいようき》やビニル袋《ぶくろ》に入れ、できれば冷蔵庫《れいぞうこ》で保存《ほぞん》しよう。夏であれば、常温《じょうおん》で精米《せいまい》から約《やく》3～4週間、冬であれば約《やく》2か月を目安《めやす》に食べきるといいよ。

ワンポイント

たいたごはんは冷凍保存《れいとうほぞん》

あたたかいうちに小分けにしてラップにつつむか、冷凍《れいとう》ごはん用パックに入れ冷凍《れいとう》する。食べるときは電子レンジで解凍《かいとう》する。冷凍《れいとう》して約《やく》3週間を目安《めやす》に食べきろう。

▲うすく平《たい》らな形にすると、むらなく冷凍《れいとう》でき、解凍《かいとう》もしやすい。

ごはんでつくろう！

145ページを参考《さんこう》にしておいしいごはんがたけたら、
ごはんをつかった料理《りょうり》に挑戦《ちょうせん》してみましょう。
満腹感《まんぷくかん》が長もちするおにぎりは、
元気に活動《かつどう》したいときのエネルギー源《げん》にぴったり。
栄養《えいよう》たっぷりのあま酒は、風邪《かぜ》予防《よぼう》に役だちます。

おにぎりのつくり方

おにぎりは、手軽にエネルギーを得《え》ることができる食べ物です。お弁当《べんとう》にしてもち歩くことができるのもよいところです。基本《きほん》のつくり方をおぼえたら、具や形をかえてつくってみましょう。

用意するもの

- ごはん
- 水
- 塩《しお》
- のり
- 具（梅干《うめぼ》し　たらこ　焼《や》き鮭《ざけ》　おかか　など）
- ごはん茶わん

1 すこし冷《さ》ましたごはんを、ごはん茶わんによそう。ごはんがまとまってにぎりやすくなるよう、両手でもって軽くゆする。

2 手にごはんがつかないよう、軽く水でぬらす。てのひらに塩《しお》をつけ、両手をこすりあわせるようにしてのばす。

3 片手《かたて》にのせたごはんのまん中にくぼみをつくり、梅干《うめぼ》しなどの具を指で押《お》しこむ。

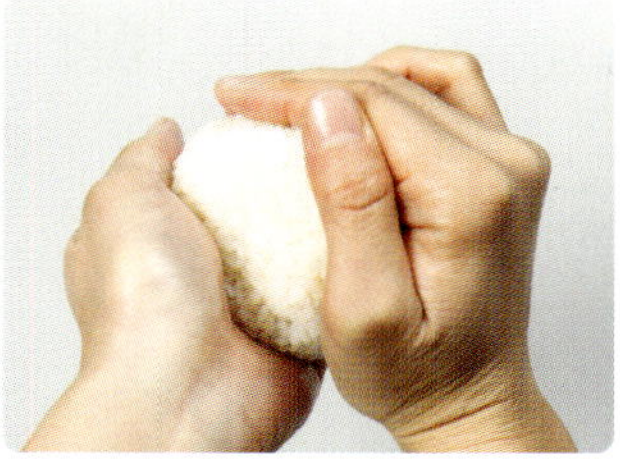

4 もう片方《かたほう》の手は三角にして、**3** でつめた具をつつみこむようにして両手でぎゅっとにぎる。

5 手をかえして、もう一度両手でぎゅっとにぎる。**4** と **5** を何度かくりかえし、形をととのえる。

6 のりを巻《ま》いたりして、できあがり。

ワンポイント

いろいろなおにぎり

好《す》きな具を入れたり、ごはんにまぜこんでからにぎったりして、いろいろなおにぎりをつくってみよう。

あま酒のつくり方

たいたごはんに米こうじをまぜ、発酵《はっこう》させてつくるあま酒は、アルコールをふくまない、子どもでも飲める飲み物です。米こうじにふくまれているアミラーゼのはたらきで、デンプンがブドウ糖《とう》になり、ほんのりあまくておいしい飲み物ができあがります。

用意するもの

- **ごはん**
  ごはん茶わん3杯《ばい》
- **水**
  ごはん茶わん7杯《はい》
- **米こうじ**
  ごはん茶わん1杯《ばい》

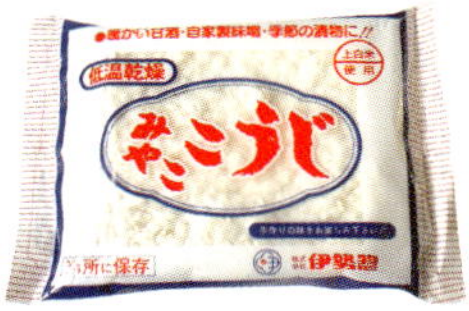

▲米こうじは、蒸《む》した米にコウジ菌《きん》を繁殖《はんしょく》させたもの。スーパーなどで手に入れることができる。

1 ごはん、米こうじ、水をボウルや鍋《なべ》など大きめの容器《ようき》に入れ、よくまぜる。

2 1を炊飯器《すいはんき》にうつし、「保温《ほおん》」にする。

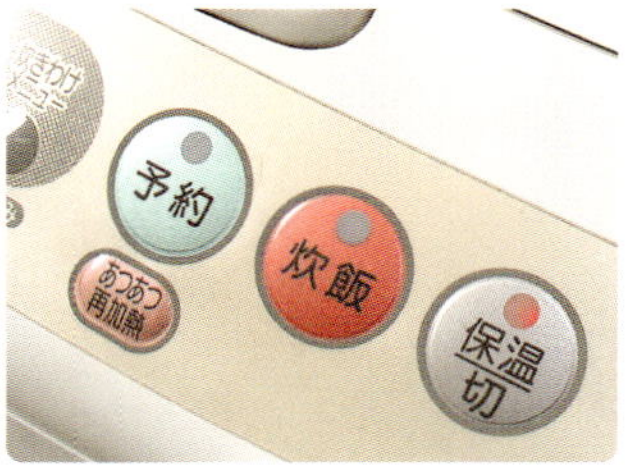

3 「保温《ほおん》」のまま8～12時間おく。

4 できあがり。だいたいコップ12杯分《はいぶん》のあま酒ができる。冷《さ》ましてから冷蔵庫《れいぞうこ》で保存《ほぞん》すれば、3～4日もつ。

ワンポイント

あま酒の飲み方

夏はあたためて、冬は冷蔵庫《れいぞうこ》で冷《ひ》やして飲もう。あま酒には、ブドウ糖《とう》がたっぷりふくまれているほか、ビタミンB_1、ビタミンB_2、ビタミンB_6、パントテン酸《さん》など、ビタミン類《るい》も豊富《ほうふ》。風邪《かぜ》予防《よぼう》にも役だつよ。

ブドウ糖《とう》のはたらき

ブドウ糖《とう》は、グルコースともよばれる糖類《とうるい》です。糖《とう》類《るい》には、それ以上《いじょう》ほかの糖類《とうるい》に分解《ぶんかい》することのできない単糖類《たんとうるい》、単糖類《たんとうるい》がつながってできている少糖類《しょうとうるい》、多《た》糖類《とうるい》など、いろいろな種類《しゅるい》がありますが、ブドウ糖《とう》は単糖類《たんとうるい》のひとつです。

ブドウ糖《とう》は、ヒトの血液《けつえき》によってはこばれ、頭をはたらかせたり、からだを動かしたりするためのエネルギー源《げん》となります。糖質《とうしつ》の中でも代謝《たいしゃ》されやすく、効《こう》率《りつ》よく栄養《えいよう》をおぎなうことができるため、病気のときなどにうつ点滴液《てんてきえき》にもつかわれています。

さまざまな米《こめ》料《りょう》理《り》

米は、たいて、おかずと組み合わせて食べるだけでなく、
具をのせたり、いっしょにたきこんだり、
さまざまに調理され食べられています。

日本の米《こめ》料《りょう》理《り》

日本には、海でとれる魚介類《ぎょかいるい》、山でとれる山菜《さんさい》やきのこなど、地域《ちいき》の食材《しょくざい》や季節《きせつ》の食材《しょくざい》をつかったいろいろな米料理《こめりょうり》があります。米《こめ》料理《りょうり》はさまざまにアレンジされ、日本の文化とともに発展《はってん》してきました。

茶づけ

茶づけ

ごはんの上に、梅干《うめぼ》し、のり、焼《や》き鮭《ざけ》などの具をのせ、お茶をかけて食べる。江戸《えど》時代、茶が庶民《しょみん》のあいだで日常的《にちじょうてき》に飲まれるようになり、茶づけも広まった。

ちらしずし

すし

すしは、「酸《す》し（すっぱいという意味）」が語源《ごげん》で、もともとは、ごはんが乳酸発酵《にゅうさんはっこう》する特性《とくせい》を利用《りよう》して、ごはんといっしょに魚や野菜《やさい》をつけこみ、長く保存《ほぞん》するためのものだった。現在《げんざい》は、酢《す》と調味料《ちょうみりょう》をまぜあわせたごはんに、魚介類《ぎょかいるい》や野菜《やさい》などを合わせたものをさし、にぎりずし、ちらしずし、まきずしなど、さまざまなすしが食べられている。

五目《ごもく》ごはん

たきこみごはん

米といっしょに、野菜《やさい》や山菜《さんさい》、肉類《にくるい》などをたき上げた家庭料理《かていりょうり》。油揚《あぶらあ》げ、ニンジン、ゴボウなどを細《こま》かくきざんで、とり肉とともにたいた五目《ごもく》ごはんのほか、豆ごはん、たけのこごはん、マツタケごはんなど、季節《きせつ》の食材《しょくざい》をたきこんだものが多い。

にぎりずし

親子《おやこ》どん

牛どん

うなどん

白がゆ

おかゆ

ふつうのごはんよりも水を多くして、やわらかくたいたもの。具を入れずに白米をたいた白がゆや、1月7日に、セリ、ナズナ、ハコベなど7種類《しゅるい》の野草《やそう》を入れて食べる七草《ななくさ》がゆ、粉状《こなじょう》にした茶を入れてたく茶がゆなどがある。

カニ雑炊《ぞうすい》

雑炊《ぞうすい》

もともとは、米を節約《せつやく》するために、ヒエ、アワ、麦《むぎ》などの雑穀《ざっこく》や、豆、野菜《やさい》を、米にまぜてたいたのがはじまり。現在《げんざい》は、ごはんに野菜《やさい》や魚介《ぎょかい》を加《くわ》え、塩《しお》やしょうゆ、みそなど好《この》みで味つけをして煮《に》る。

赤飯《せきはん》

おこわ

もち米《ごめ》を蒸《む》してつくる。平安《へいあん》時代に米を蒸《む》して食べた「強飯《こわいい》」(206ページ参照《さんしょう》)のなごりだといわれる。山菜《さんさい》おこわ、栗《くり》おこわなどがある。

小豆《あずき》を入れた赤飯《せきはん》は、お祝《いわ》いのときに食べられる。

どんぶり飯《めし》

江戸《えど》時代の後半、うなぎ屋がうなぎの蒲《かば》焼《や》きを、どんぶりに盛《も》ったごはんの上にのせて客にだしたのがはじまりだといわれる。明治《めいじ》時代には牛肉のすき焼《や》きをのせた牛どんが、昭和《しょうわ》のはじめにはとり肉を卵《たまご》でとじた具をのせる親子《おやこ》どんが登場《とうじょう》した。現在《げんざい》は、カツどん、中華《ちゅうか》どんなど、さまざまにアレンジされている。

おにぎり

平安《へいあん》時代に、蒸《む》したもち米《ごめ》を鳥の卵《たまご》の形ににぎった「屯食《とんじき》」が原型《げんけい》だといわれる。江戸《えど》時代のころから、花見や観劇《かんげき》、畑仕事などでの弁当《べんとう》として食べられるようになった。

おにぎり

日本各地《かくち》の米をつかった郷土料理《きょうどりょうり》

郷土料理《きょうどりょうり》は、地域《ちいき》の特産物《とくさんぶつ》などを材料《ざいりょう》としてつかい、伝統的《でんとうてき》な調理法《ちょうりほう》でつくった、その地域《ちいき》ならではの料理《りょうり》です。日本各地《かくち》には、米をもちいたさまざまな郷土料理《きょうどりょうり》があります。

ますずし

酢《す》で味つけしたごはんにマスの切り身をのせ、ササの葉《は》でくるみながら型《かた》の中につめてつくる、すし料理《りょうり》。型《かた》からだして切り分けて食べる。

ののこ飯《めし》

ゴボウ、シイタケ、ニンジン、とり肉などといっしょに米を油揚《あぶらあ》げにつめてたく料理《りょうり》。いなりずしと似《に》ているが、米や具を油揚《あぶらあ》げにつめてからたくところがちがう。

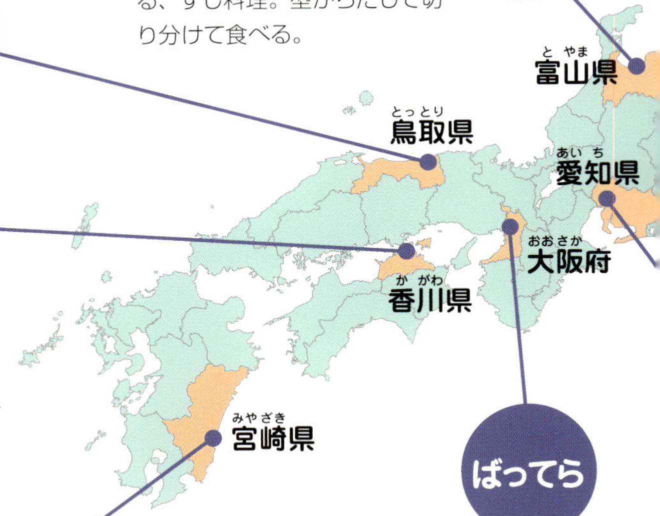

魚の姿《すがた》ずし

酢《す》で味つけしたごはんに酢《す》でしめたアジなどの魚をのせ、型《かた》につめるなどしてつくる料理《りょうり》。魚の形をのこしたままつかう点が特色《とくしょく》。

冷《ひ》や汁《じる》

みそで味つけし、冷《さ》ました汁《しる》を熱《あつ》いごはんにかけて食べる料理《りょうり》。汁《しる》の具は豆腐《とうふ》、焼《や》き魚《ざかな》をほぐしたもの、シソ、ネギなど、地域《ちいき》によってちがいがある。

ばってら

酢《す》で味つけしたごはんに、酢《す》でしめたサバの切り身をのせ、型《かた》につめてつくる、すし料理《りょうり》。型《かた》からだして、切り分けて食べる。

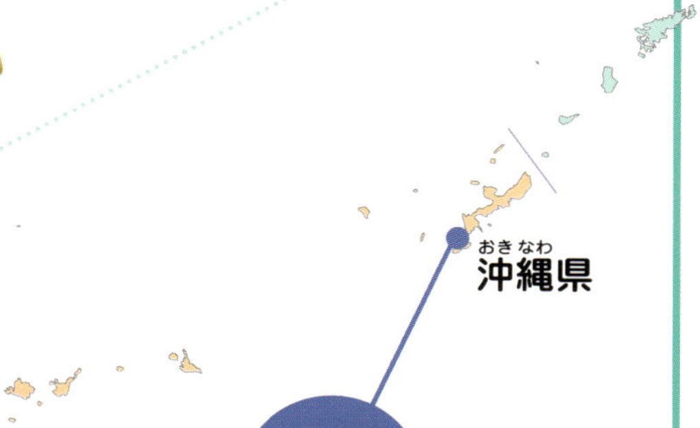

いかめし

イカの内臓《ないぞう》を取りのぞき、かわりにもち米《ごめ》をつめ、しょうゆやみりんなどで味つけをしながらたいてつくる料理《りょうり》。駅弁《えきべん》として有名。

きりたんぽ

たいたごはんをつぶしたものを、木のくしなどにまいて焼《や》き、みそやしょうゆで味つけをして食べたり、なべ料理《りょうり》の具にする。

ずんだもち

ゆでたエダマメをすりつぶし、砂糖《さとう》などであまく味つけしたものを「あん」としてつかう、もち料理《りょうり》。

深川《ふかがわ》めし

しょうゆなどで味つけをして、アサリといっしょにたいたごはん。アサリや野菜《やさい》を煮《に》たものを白いごはんの上にかけた「深川《ふかがわ》どん」もある。

ひつまぶし

焼《や》いて小さく切ったうなぎをごはんにのせた料理《りょうり》。そのまままぜ合わせて食べたり、薬味《やくみ》をまぜたり、さらに茶をかけて茶づけにして食べたりする。

ジューシー

しょうゆなどで味つけをして、豚肉《ぶたにく》、シイタケ、ニンジンなどといっしょに昆布《こんぶ》だしで米をたく。かゆや雑炊《ぞうすい》のようにやわらかくたく方法《ほうほう》もある。

米の加《か》工《こう》品《ひん》

レトルトごはんをはじめとする加工米飯《かこうべいはん》、米酢《こめず》や日本酒などの調味料《ちょうみりょう》、せんべいをはじめとする米菓子《こめがし》は、いずれも米をつかった加工品《かこうひん》です。いろいろな米の加工品《かこうひん》についてみてみましょう。

加《か》工《こう》米《べい》飯《はん》

加工米飯《かこうべいはん》は、自動炊飯器《すいはんき》でたかずに、電子レンジで加熱《かねつ》したり、お湯を入れたりするだけで食べることができる、便利《べんり》な加工食品《かこうしょくひん》です。いそがしいときに時間をかけずに調理できる手軽な食品《しょくひん》として、また、災害時《さいがいじ》の保存食《ほぞんしょく》としても注目されています。

セット米飯《べいはん》

ごはんにまぜこむ具材《ぐざい》と、無《む》菌包装米飯《きんほうそうべいはん》などがセットになったもの。材料《ざいりょう》を用意したり、米を洗《あら》う手間《てま》をかけずに、手軽におこわやたきこみごはんをつくることができる。赤飯《せきはん》や釜飯《かまめし》がある。

無菌包装米飯《むきんほうそうべいはん》

無菌《むきん》の状態《じょうたい》で容器《ようき》や袋《ふくろ》に入れ、密封《みっぷう》したもの。常温《じょうおん》で半年間もつ。

レトルト米飯《べいはん》

途中《とちゅう》まで調理したごはんを容《よう》器《き》や袋《ふくろ》に入れ、密封《みっぷう》したあと、圧力《あつりょく》を加《くわ》えて100℃以上《いじょう》の高温で殺菌《さっきん》したもの。白米、赤《せき》飯《はん》、たきこみごはん、おかゆなど、さまざまな種類《しゅるい》がある。

乾燥米飯《かんそうべいはん》

たいたごはんを熱風《ねっぷう》で一気に乾燥《かんそう》させたもの。軽くてかさばらないため、登山や海外旅行などに利用《りよう》される。お湯を入れるだけであたたかいごはんが食べられるので、災害時《さいがいじ》用の保存食《ほぞんしょく》としても便利《べんり》。

冷凍米飯《れいとうべいはん》

調理したごはんを－40℃以下《いか》の冷風《れいふう》で急速に冷凍《れいとう》したもの。ピラフ、チャーハン、焼《や》きおにぎりなど、さまざまな種類《しゅるい》がある。食べるときは、電子レンジやフライパンで加熱《かねつ》する。

いろいろな米の加工品《かこうひん》

加工米飯《かこうべいはん》のほかにも、米の加工品《かこうひん》の種類《しゅるい》はいろいろあります。最近《さいきん》では、小麦粉《こむぎこ》のかわりに米粉《こめこ》をつかったラーメンやうどん、パンなどの商品も開発《かいはつ》されています。

米のラーメン・うどん

小麦粉《こむぎこ》のかわりに米粉《こめこ》をつかった商品。もちもちとした食感が特徴《とくちょう》。

玄米《げんまい》パン

小麦粉《こむぎこ》に玄米粉《げんまいこ》をまぜてつくるパン。もともとは、第《だい》2次《じ》世界大戦後《せかいたいせんご》の食料不足《しょくりょうぶそく》の時代に、小麦粉《こむぎこ》のかわりに玄米《げんまい》をつかったのがはじまりといわれる。

もち

もち米《ごめ》を蒸《む》してつき、四角や丸い形にしたもちは、主に正月や節句《せっく》のときに食べられる(182、183ページ参照《さんしょう》)。

玄米《げんまい》フレーク

「フレーク」は穀物《こくもつ》を蒸《む》してうすくのばし、焼《や》いたもの。ビタミンEやビタミンB_1などの栄養素《えいようそ》が豊富《ほうふ》な玄米《げんまい》を、食べやすく加工《かこう》した食品。

ビーフン

中国《ちゅうごく》から伝《つた》わり、日本でも広まった、米からつくられる押《お》しだし細《ほそ》めん。野菜《やさい》といっしょにいためたり、あんをかけたり、汁《しる》に入れて食べる。

米からつくる調味料《ちょうみりょう》など

みそ、酢《す》、みりんなどの調味料《ちょうみりょう》は、米、ムギ、大豆《だいず》などにこうじ(蒸《む》した米、ムギ、大豆《だいず》などにこうじ菌《きん》を繁殖《はんしょく》させたもの)をまぜて、材料《ざいりょう》を発酵《はっこう》させてつくられます。こうじの中でも米をつかったものを米こうじといいます。飲み物や料理《りょうり》の調味料《ちょうみりょう》としてもちいられる日本酒も、米こうじが原料《げんりょう》になります。

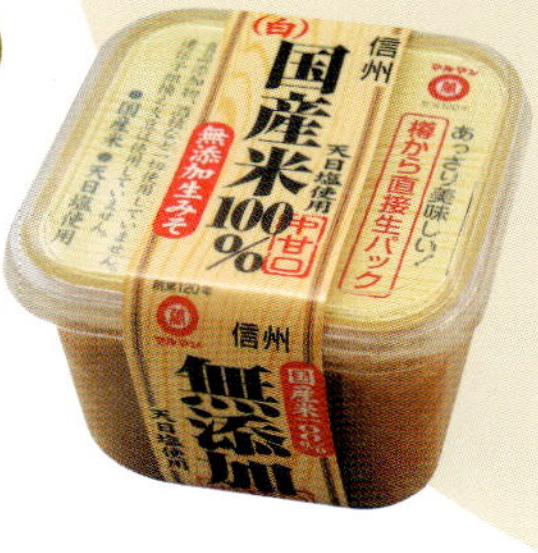

米みそ

みそは、大豆《だいず》を蒸《む》してくだき、これにこうじと塩《しお》を加《くわ》えて発酵《はっこう》させてつくるが、とくに米こうじを使ってつくるみそを、米みそという。

日本酒

米と米こうじをまぜ、発酵《はっこう》させてつくる(158、159ページ参照《さんしょう》)。

米酢《こめず》

米を発酵《はっこう》させてつくる酢《す》。とくに米のみをもちいてつくられた酢《す》を純米酢《じゅんまいす》という。

みりん

焼酎《しょうちゅう》に蒸《む》したもち米《ごめ》をまぜ、米こうじを加《くわ》えて発酵《はっこう》させてつくる。

うるち米《まい》からつくられる菓子《かし》

うるち米《まい》からつくられる菓子《かし》には、せんべい、だんご、伝統的《でんとうてき》な和菓子《わがし》などから、米粉《こめこ》をつかったプリン、クッキーなど、洋風にアレンジされたものまで、さまざまなものがあります。

◀上新粉《じょうしんこ》は、うるち米《まい》を粉《こな》にしたもの。みたらしだんごやかしわもちなどの材料《ざいりょう》につかわれる。

だんご

上新粉《じょうしんこ》をこねて丸め、蒸《む》したりゆでたりしたもの。あんをまぶしたり、焼《や》いてしょうゆをつけて食べる。

せんべい

うるち米《まい》を粉《こな》にして蒸《む》し、もち状《じょう》にしたものを丸や四角に形をととのえ、焼《や》いたもの。

クッキー

米粉《こめこ》でつくられたクッキー。小麦《こむぎ》粉《こ》のクッキーとくらべ、サクッと軽い食感が特徴《とくちょう》。

プリン

米粉《こめこ》と牛乳《ぎゅうにゅう》からつくられたプリン。

米スナック

せんべいをアレンジしたもの。チーズ味、えび味など、風味《ふうみ》を加《くわ》えたものもある。

もち米《ごめ》からつくられる菓子《かし》

米菓子《こめがし》には、もち米《ごめ》をつかっているものもたくさんあります。もち米《ごめ》を粉《こな》にしてから加工《かこう》するもの、もちにしてから、煎《い》ったり焼《や》いたりするものなど、さまざまな工程《こうてい》を経《へ》てつくられています。

おこし

もち米《ごめ》を蒸《む》して乾燥《かんそう》させたものを煎《い》って、水あめや砂《さ》糖《とう》でかためたもの。

あられ・おかき

もち米《ごめ》をついてつくったもちを小さく切り、煎《い》ってふくらませたもの。

▲白玉粉《しらたまこ》は、水につけておいたもち米《ごめ》を水といっしょにひき、乾燥《かんそう》して粉《こな》にしたもの。粒《つぶ》が細《こま》かいので、なめらかな歯ざわりのだんごができる。

白玉《しらたま》だんご

白玉粉《しらたまこ》に水を加《くわ》えてこね、まるめて、ゆでたもの。お汁粉《しるこ》やみつ豆に入れて食べる。

米からつくられる飲み物

玄米茶《げんまいちゃ》、あま酒など昔からある飲み物のほかに、米の栄養価《えいようか》や自然《しぜん》のあまみ、香《かお》りなど、米のもつ特性《とくせい》に注目したものがつぎつぎにつくられています。

あま酒

白米のおかゆに米こうじをまぜ、発酵《はっこう》させてつくる(149ページ参照《さんしょう》)。

ライスワイン

ブドウのかわりに米を原料《げんりょう》としてつかったワイン。乳酸菌《にゅうさんきん》とワイン酵母《こうぼ》で発酵《はっこう》させる。

玄米茶《げんまいちゃ》

蒸《む》した玄米《げんまい》を煎《い》って、緑茶にまぜたもの。米の香《こう》ばしい香《かお》りが特徴《とくちょう》。

▲玄米《げんまい》、緑茶に加《くわ》え、抹茶《まっちゃ》やあられなどをまぜることもある。

米コーヒー

▼白っぽくみえるものが、煎《い》った米。

コーヒー豆に煎《い》った米をまぜ、コーヒーの香《かお》りに米の香《こう》ばしさを加《くわ》えたコーヒー。

米からつくる石けん、シャンプー

米は捨《す》てるところのない作物だといわれます。精米《せいまい》するときにでるぬかは、昔から、肌《はだ》のうるおいをたもち、しっとり洗《あら》い上げる効果《こうか》のあることが知られ、布袋《ぬのぶくろ》に入れて、入浴《にゅうよく》や洗顔《せんがん》などにもちいられてきました。

現在《げんざい》でも、環境《かんきょう》やからだにやさしい天然《てんねん》の素《そ》材《ざい》として、毎日の暮《く》らしでつかう石けんや入浴《にゅうよく》剤《ざい》をはじめ、化粧品《けしょうひん》、クリームなどの原料《げんりょう》としてつかわれています。

米ぬかボディーシャンプー

保湿性《ほしつせい》の高い米ぬかのエキスを加《くわ》えたボディーシャンプー。

米ぬか化粧品《けしょうひん》

化粧水《けしょうすい》や洗顔料《せんがんりょう》の材料《ざいりょう》としても米ぬかが利用《りよう》されている。

日本酒ができるまで

日本酒は、米を発酵《はっこう》させてつくられるお酒です。
日本酒づくりは、稲作伝来《いなさくでんらい》とともにはじまり、
江戸《えど》時代の初期《しょき》には、現在《げんざい》に近い製造法《せいぞうほう》が
ほぼ完成《かんせい》したといわれています。
大部分が機械化《きかいか》された現在《げんざい》も、工程《こうてい》は昔とかわりません。
伝統的《でんとうてき》な工程《こうてい》をたどりながら、白くてかたい米粒《こめつぶ》が、
透明《とうめい》な日本酒に生まれかわるようすをみてみましょう。

1 精米《せいまい》

米のまわりをけずり、不要《ふよう》な部分を取りのぞく。食用の米の精米《せいまい》では、玄米《げんまい》の重量《じゅうりょう》の約《やく》10%をけずるが、酒づくりの場合、タンパク質《しつ》の少ない米の中心部分（心白《しんぱく》）がつかわれるため、玄米《げんまい》の30～50%をけずり取る。

▲昔の精米《せいまい》のようす。写真は、明治期《めいじ》における蒸気機関《じょうききかん》をつかったもの。きねを蒸気《じょうき》の動力によって動かし、うすに入った玄米《げんまい》をついて精米《せいまい》する。

2 蒸《む》し

精米《せいまい》した米を洗《あら》い、水にひたして吸水《きゅうすい》させたあと、加熱《かねつ》して「蒸米《むしまい》」をつくる。

▲「蒸《む》し」のようす。下からいきおいよく蒸気《じょうき》をあてて、吸水《きゅうすい》させておいた米を蒸《む》している。

3 こうじづくり

できあがった蒸米《むしまい》の一部を30℃程度《ていど》までさまし、「種《たね》こうじ」とよばれるこうじ菌《きん》をふりかけ、かきまぜる。こうじ菌《きん》とはカビの一種《いっしゅ》。2日間かけて、蒸米《むしまい》全体にこうじ菌《きん》を繁殖《はんしょく》させたものを「こうじ」とよぶ。

▲こうじづくりのようす。蒸《むし》米《まい》にこうじ菌《きん》をふりかけ、かきまぜている。

4 酒母《しゅぼ》づくり

こうじと蒸米《むしまい》、水をまぜ、少《しょう》量《りょう》の酵母《こうぼ》を加《くわ》える。酵母《こうぼ》は微《び》生物《せいぶつ》の一種《いっしゅ》で、糖分《とうぶん》を分解《ぶんかい》してアルコールをつくるはたらきをする。こうじからつくられる糖分《とうぶん》と酵母《こうぼ》がいっしょになると、アルコール発酵《はっこう》がはじまり、「酒母《しゅぼ》」とよばれる日本酒のもとができる。

▲酒母《しゅぼ》づくりのようす。こうじ、蒸米《むしまい》、水を小さなおけに入れ、まぜている。

日本酒づくりにつかわれる米

酒《さけ》づくりには、「酒造好適米《しゅぞうこうてきまい》」という、酒づくりのために栽培《さいばい》されている米が多くつかわれます。

酒造好適米《しゅぞうこうてきまい》は、食用の米とくらべて大粒《おおつぶ》で、中心部に「心白《しんぱく》」があるという特色《とくしょく》があります。心白《しんぱく》は、デンプン質《しつ》でやわらかいため、こうじ菌《きん》が繁殖《はんしょく》しやすく、質《しつ》のよいこうじができるのです。

酒造好適米《しゅぞうこうてきまい》には、「山田錦《やまだにしき》」「五百万石《ごひゃくまんごく》」「雄町《おまち》」などの品種《ひんしゅ》があります。

▲酒づくり用に精米《せいまい》した米。中心部に心白《しんぱく》という白い部分がみえる。

もろみ → 新酒《しんしゅ》 → 日本酒のできあがり

▲貯蔵《ちょぞう》していた新酒《しんしゅ》の味を調整し、もう一度火入れをして殺菌《さっきん》したあと、びんや紙パックなどにつめ、出荷《しゅっか》する。

5 もろみつくり（仕込《しこ》み）

酒母《しゅぼ》は大きなおけにうつされ、さらに蒸米《むしまい》、水、こうじが加《くわ》えられる。これらは1度に加《くわ》えず、3回に分けて加《くわ》えるため、「三段仕込《さんだんじこ》み」とよばれる。本格的《ほんかくてき》なアルコール発酵《はっこう》がはじまって、約《やく》20日間で十分に発酵《はっこう》し、どろっとした「もろみ」ができる。

▲もろみつくりのようす。3回に分けて仕込《しこ》みをするのは、酒母《しゅぼ》が蒸米《むしまい》などでうすまり、ほかの細菌《さいきん》などがふえやすくなるのを避《さ》けるため。

6 圧《あっ》さく

もろみをしぼると、日本酒の原酒《げんしゅ》ができあがる。袋《ふくろ》の中には酒かすがのこる。

▲圧《あっ》さくのようす。現在《げんざい》は機《き》械化《かいか》されているが、昔は酒袋《さかぶくろ》の中にもろみを入れ、おもしをして人の力でしぼる、たいへん力のいる作業だった。

7 火入れ

火入れとは、殺菌《さっきん》のために酒を加熱《かねつ》すること。原酒《げんしゅ》を62～65℃で加熱《かねつ》し、これで、「新酒《しんしゅ》」ができあがる。

▲できあがったばかりの新《しん》酒《しゅ》。おけのせんをぬくと、いきおいよく流れだす。

8 貯蔵《ちょぞう》

できあがった新酒《しんしゅ》は、すぐには出荷《しゅっか》せずに、半年間貯蔵《ちょぞう》する。このあいだに酒が熟成《じゅくせい》し、味がよくなる。

▲貯蔵《ちょぞう》のようす。貯蔵《ちょぞう》することによって熟成《じゅくせい》され、味に深みが加《くわ》わる。

（辰馬本家酒造株式会社／財団法人白鹿記念酒造博物館）

世界で食べられている米

米を食べているのは、日本人だけではありません。
世界のいろいろな国や地域《ちいき》の人たちが、
形や色、味のちがう米を、さまざまな調理法《ちょうりほう》で食べています。

世界の主食

日本では、米を主食としていますが、世界のほかの国々ではどうでしょうか。世界全体をみると、米のほかに、コムギ、トウモロコシ、雑穀《ざっこく》、いも類《るい》などが主食として食べられています。このうち、米、コムギ、トウモロコシは世界三大穀物《こくもつ》とよばれ、世界で生産《せいさん》されている穀物《こくもつ》の99%がこの3つの穀物《こくもつ》でしめられています。

世界で食べられている米

世界で食べられている米《こめ》には、大きくわけて「ジャポニカ米《まい》」と「インディカ米《まい》」があります。ジャポニカ米《まい》は、丸に近いだ円形で、たくとねばりがでます。日本のほか、朝鮮《ちょうせん》半島、中国《ちゅうごく》東北部と江南地方、アメリカ、オーストラリア、ヨーロッパの一部などで栽培《さいばい》されています。一方、インディカ米《まい》は、細長いだ円形で、ジャポニカ米《まい》とくらべるとねばり

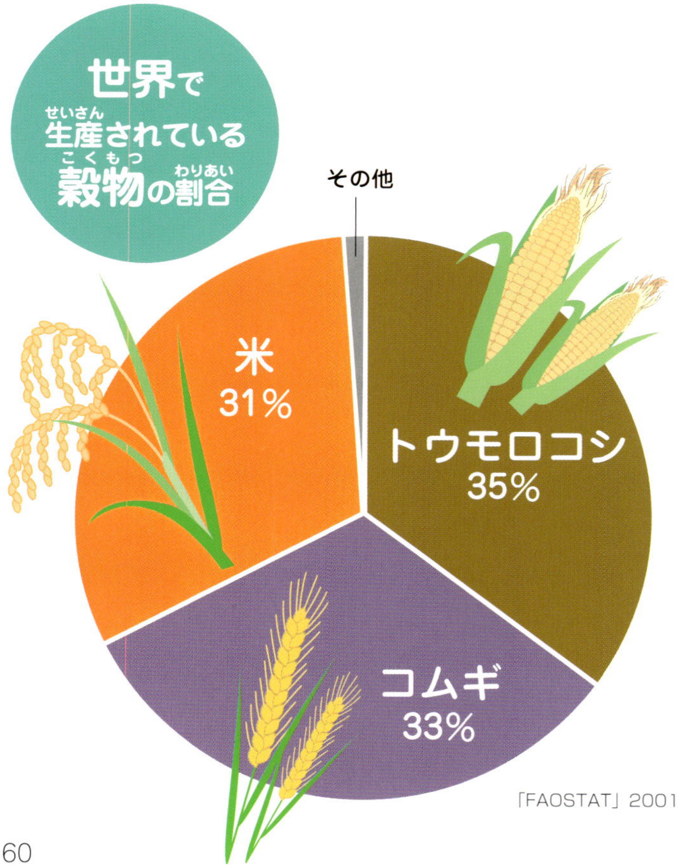

世界で
生産《せいさん》されている
穀物《こくもつ》の割合《わりあい》
その他
米
31%
トウモロコシ
35%
コムギ
33%

「FAOSTAT」2001年（FAO）

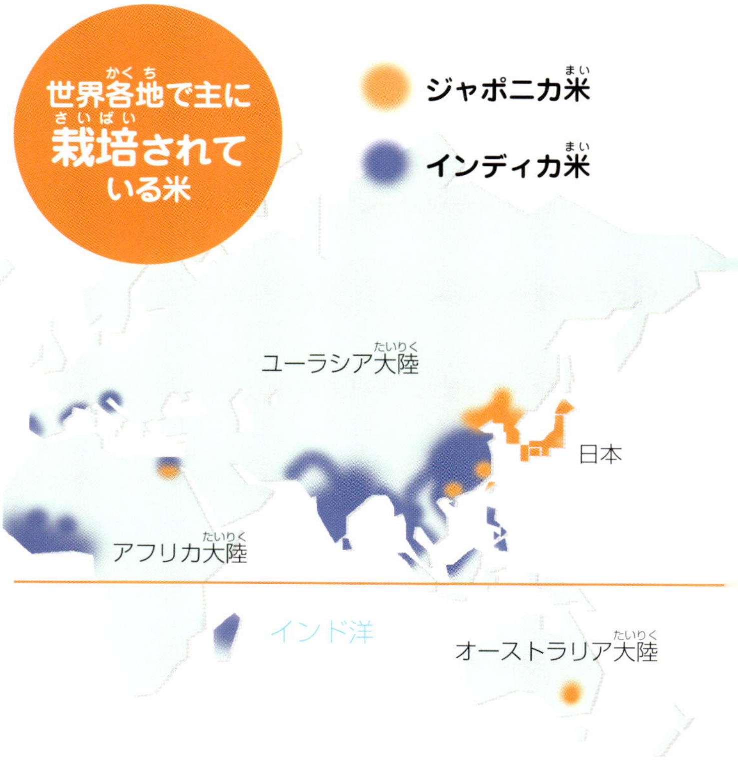

世界各地《かくち》で主に
栽培《さいばい》されて
いる米
ジャポニカ米《まい》
インディカ米《まい》
ユーラシア大陸《たいりく》
日本
アフリカ大陸《たいりく》
インド洋
オーストラリア大陸《たいりく》

のない米です。タイ、インドや東南アジア各地《かくち》、中国《ちゅうごく》中南部、南アメリカなど、熱帯《ねったい》地方から亜熱帯《あねったい》地方を中心とする広い地域《ちいき》で栽培《さいばい》されています。日本ではジャポニカ米《まい》が食べられていますが、世界をみると、流通《りゅうつう》している米の約《やく》8割《わり》がインディカ米《まい》です。

世界で1年間に生産《せいさん》されている米の量《りょう》は、約《やく》6億《おく》トンにのぼりますが、このうち約《やく》90%がアジアで生産《せいさん》され、アジアで消費《しょうひ》されています。

世界の米の調理法《ちょうりほう》

米の種類《しゅるい》がちがうと、調理法《ちょうりほう》もかわってきます。米の主な成分《せいぶん》はデンプンですが、デンプンは、たいたときにねばりがでるアミロペクチンと、ねばりのでないアミロースの2種類《しゅるい》の成分《せいぶん》がふくまれています。アミロペクチンが多いジャポニカ米《まい》は、ねばりをひきだす「たき干《ぼ》し法《ほう》」という炊飯法《すいはんほう》が向いています（145ページ参照《さんしょう》）。この方法《ほうほう》は、わたしたち日本人がふだん調理《ちょうり》している方法《ほうほう》です。一方、アミロースが多いインディカ米《まい》は、ねばりをださずにパラパラにしあげる「湯取《ゆと》り法《ほう》」という調理法《ちょうりほう》が向いています。

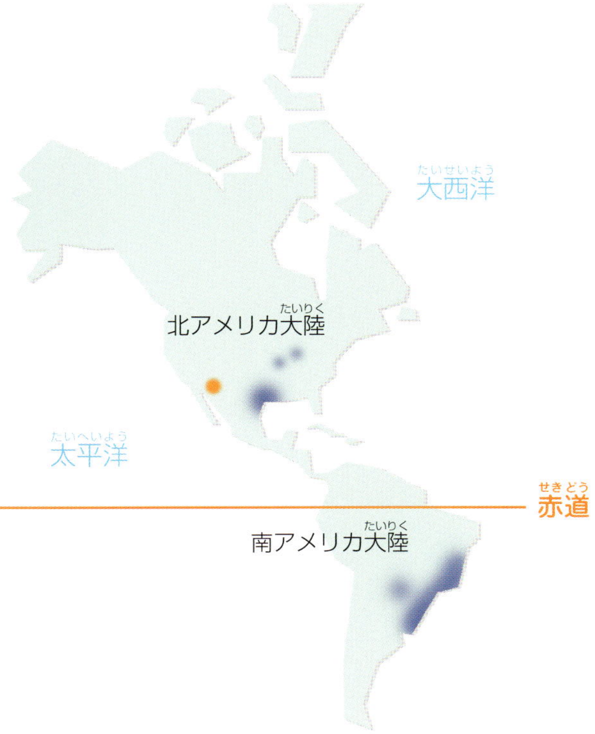

大西洋《たいせいよう》
北アメリカ大陸《たいりく》
太平洋《たいへいよう》
赤道《せきどう》
南アメリカ大陸《たいりく》

ジャポニカ米《まい》の調理法《ちょうりほう》
たき干《ぼ》し法《ほう》

たく前に水分を十分に吸《す》わせた米と水を、お釜《かま》などに入れ沸騰《ふっとう》させたあと、火加減《ひかげん》を調整してたく。ねばりをだし、うまみをとじこめるジャポニカ米《まい》の調理に向いている。

インディカ米《まい》の調理法《ちょうりほう》
湯取《ゆと》り法《ほう》

たっぷりのお湯で米をゆでたあと、ねばりがとけでたゆで汁《じる》をすてる。ふたたび米を鍋《なべ》にもどして、米を蒸《む》らす。ねばりをださずに調理するインディカ米《まい》には、湯取《ゆと》り法《ほう》が向いている。

もち米《ごめ》の調理法《ちょうりほう》
蒸《む》す

アミロペクチン100%からなり、ねばりの強いもち米《ごめ》は、湯気《ゆげ》をあてて熱《ねつ》を通し、蒸《む》す調理法《ちょうりほう》がもちいられる。

インディカ米《まい》を調理してみよう

現在《げんざい》は、インディカ米《まい》を食べる東南アジアなどの国々でも、その手軽さから炊飯器《すいはんき》によるたき干《ぼ》し法《ほう》で調理をする地域《ちいき》がふえています。ここでは、伝統的《でんとうてき》な湯取《ゆと》り法《ほう》でのインディカ米《まい》の調理に挑戦《ちょうせん》してみましょう。

1

◀沸騰《ふっとう》させたお湯に、さっと洗《あら》った米を入れ、15分ほどゆでる。

2

▶しんまで煮《に》えたら、火を消して、中のお湯を全部すてる。

3

▲火を消したまま、ふたをして20分ほど蒸《む》らしたら、できあがり。もともとインディカ米《まい》にはねばりがないが、ゆで汁《じる》をすてることによって、さらにパラパラになる。

できあがり

インド風《ふう》カレーなどといっしょに食べてみよう！

世界の米《こめ》料《りょう》理《り》

煮《に》る、いためる、ほかの具をいっしょにたきこむなど、世界の国々での米の食べ方はさまざまです。ここでは、各国の代表的《だいひょうてき》な米料理《こめりょうり》についてみてみましょう。

ジャポニカ
インディカ

料理《りょうり》によってつかわれる米の種類《しゅるい》がちがいます。米の種類《しゅるい》にも注目してみてみましょう。

ピラウ

インディカ

◀ピラウは味つけごはんのことで、日本でいうピラフのこと。トルコでは米料理《こめりょうり》がよく食べられ、ピーマン、トマト、ナスなどの中をくりぬき、ピラウをつめてスープで煮《に》た「ドルマス」という料理《りょうり》もある。

リゾット

インディカ

◀米をタマネギとともにいためてから、たっぷりのスープでたき上げる。イカスミやチーズを加《くわ》えるなどバリエーションも豊富《ほうふ》。

イタリア
スペイン
トルコ
イラン
中国《ちゅうごく》
ラオス
タイ
インドネシア

パエリア

インディカ

◀さまざまな魚介類《ぎょかいるい》や野菜《やさい》に米とスープとサフランを加《くわ》えてたいたたきこみごはん。スペインを代表《だいひょう》する料理《りょうり》のひとつ。米に黄色い色をつけるサフランは「パエリアのためのスパイス」といわれ、スペインではサフランの花がたくさん栽培《さいばい》されている。

チェロウ

インディカ

◀イラン風《ふう》のバターライス。塩《しお》を入れた湯で軽く米をゆでてから、鍋《なべ》でたき、バターであえて、最後《さいご》にサフランをかざる。チェロウには、シチューをかけて食べることが多い。

カレー

▼肉や魚介《ぎょかい》、野菜《やさい》をスパイスで煮《に》こんだものを、かためにたいたごはんといっしょに食べる。タイのカレーはとろみがなくさらっとしており、家庭ごとに具やスパイスがことなる。

インディカ

おかゆ

▶中国《ちゅうごく》や台湾《たいわん》で、おかゆは毎朝の食卓《しょくたく》に欠《か》かせない一品。街中《まちなか》には、おかゆをだす店もたくさんある。たっぷりの水で、米の形がほとんどなくなるくらいまで十分に煮《に》こみ、さまざまな具を入れて食べる。

ジャポニカ

ビビンパ

▶ビビンパはまぜごはんのことで、韓国《かんこく》の代表的《だいひょうてき》な家庭料理《かていりょうり》。肉のスープでややかためにたいた米の上に、5、6種類《しゅるい》の具をいろどりよく盛《も》りつけ、ごはんとまぜ合わせながら食べる。

ジャポニカ

インディカ

ジャンバラヤ

▲野菜《やさい》、ハム、ソーセージなどをトマトソース、米と合わせてオーブンで焼《や》いたもの。パエリアを起源《きげん》とするアメリカ南部の移民料理《いみんりょうり》。

韓国《かんこく》
アメリカ合衆国《がっしゅうこく》
ペルー

カオ・ラーム

▼竹筒《たけづつ》にもち米《ごめ》とココナッツミルクを入れ、竹筒《たけづつ》ごと火にかけてたいた米料理《こめりょうり》。携帯用《けいたいよう》やおやつとしても食べられている。米にあずきをまぜてたくこともある。

インディカ

ナシゴレン

▼ごはんをとり肉や野菜《やさい》といっしょにいため、スパイスをきかせたごはん。油とよくなじむインディカ米《まい》がつかわれる。インドネシアでは毎日のように食べられる一般《いっぱん》的《てき》な料理《りょうり》。

インディカ

アロス・コン・ポーヨ

▼香辛料《こうしんりょう》をたっぷりつかった、とり肉のたきこみごはん。週に1回は食卓《しょくたく》にならぶペルーの家《か》庭料理《ていりょうり》で、香辛料《こうしんりょう》のつかい方など、それぞれの家庭の味がある。

インディカ

米からみる食事のマナーと道具

食事のマナーや道具は、国や地域《ちいき》の宗教《しゅうきょう》、文化などによってちがいますが、その土地で食べられている主食の影響《えいきょう》を受けていると考えられます。マナーや食事につかわれる道具を中心に、食文化のちがいをくらべてみましょう。

ジャポニカ米《まい》を食べる地域《ちいき》では、主にはしやスプーンがつかわれています。

日本　はし

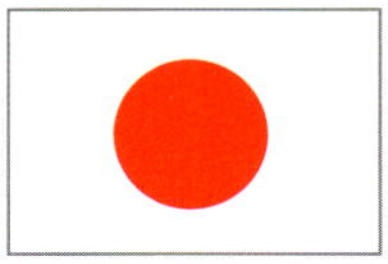

日本では、きき手ではしを、反対《はんたい》の手でごはん茶わんをもち上げ、ひとり分ずつ配られたおかずといっしょにごはんを食べます。はしは、中国《ちゅうごく》、韓国《かんこく》、台湾《たいわん》、ベトナムなど、世界の約《やく》30%の人々にもちいられていますが、ごはんも汁《しる》ものもはしで食べるのは、日本人だけだといわれています。

韓国《かんこく》　はし　スプーン

韓国《かんこく》では、金属製《きんぞくせい》のはしとスプーンをつかいますが、はしはおかずを取ったり料理《りょうり》をつまんだりするときのみにつかい、ごはんや汁《しる》ものを食べるときには、スプーンをもちいます。韓国《かんこく》ではごはん茶わんや汁《しる》わんをもち上げるのはぎょうぎがわるいこととされています。

中国《ちゅうごく》　はし　れんげ

中国《ちゅうごく》では、ごはんやおかずを食べるときにははしをつかい、汁《しる》ものにはれんげとよばれる陶器《とうき》のスプーンをつかいます。ごはん、おかず、スープを、全員分大きな器《うつわ》に入れ、そこから自分の小皿に取って食べます。テーブルの中央にある大皿のおかずが取りやすいよう、長めのはしがつかわれます。

インディカ米《まい》を食べる地域《ちいき》では、手やフォーク、スプーンがつかわれています。

イタリア　スプーン　フォーク

イタリアのリゾット、スペインのパエリアなどヨーロッパの米《こめ》料《りょう》理《り》は、スプーンやフォークをつかって食べます。ナイフ、フォーク、スプーンは、世界の約《やく》30%の人々によってもちいられています。

ブラジル　スプーン　フォーク

ブラジルやペルーなど南アメリカの国々では、ごはんを食べるときに主にスプーンをつかいます。ブラジルで食べられている米はインディカ米《まい》で、たきこみごはんや、いためごはんにしたり、たいた白米を、煮《に》こみ料《りょう》理《り》などといっしょに盛《も》って食べたりします。まぜあわせて食べるのには、スプーンがもちいられます。

インド　手

東南《とうなん》アジアの国々やインドなど、イスラム教やヒンズー教を信仰《しんこう》する国では、古くから食事を手で食べる習慣《しゅうかん》があります。右手はきれいなものを、左手はきたないものをさわる手とされ、ごはんを食べるときには右手だけをつかいます。世界の人口の40%の人々は手で食べる習慣《しゅうかん》があるといわれていますが、近年は、スプーンとフォークをつかう人もふえています。

オマーン　手

中東《ちゅうとう》などイスラム圏《けん》の人々は、床《ゆか》に布《ぬの》をしいて食事をならべ、そのまわりにすわって食べます。食事の前に手を洗《あら》い、各自《かくじ》のごはん皿の上に大皿のおかずを取り、右手をつかって食べます。

世界の米の加《か》工《こう》品《ひん》

日本では、米を原料《げんりょう》として、もちやせんべい、日本酒などの加工品《かこうひん》がつくられます。世界の国々でも、いろいろな米の加工品《かこうひん》がつくられています。世界の米の加工品《かこうひん》には、大きくわけて、めん類《るい》、酒、菓子《かし》があります。

米からつくられるめん類《るい》

主に台湾《たいわん》で食べられているビーフン、ベトナムのフォー、タイのクイティァオ、マレーシアのラクサ、ミャンマーのモンバッなど、アジアの国々には、米からつくられるいろいろなめん類《るい》があります。めんは、肉や野菜《やさい》といっしょに油でいためたり、スープに入れたりして、日常《にちじょう》的《てき》に食べられています。

台湾《たいわん》 ビーフン

インディカ米《まい》を粉《こな》にしてつくられるめん。中《ちゅう》国《ごく》南部や東南アジアで広く食べられている。

ベトナム フォー

インディカ米《まい》を水といっしょにすりつぶしてつくられる平《ひら》たいめん。肉や野菜《やさい》といっしょにいためたり、スープに入れて食べる。

▼魚介類《ぎょかいるい》などといっしょにいためたクイティァオ。

タイ クイティァオ

インディカ米《まい》を水にひたしながらすりつぶし、できた汁《しる》から粉《こな》をこしとり、練《ね》ってうすくのばして蒸《む》し、天日《てんぴ》で乾燥《かんそう》させためん。

カノムチーン

カノムチーンは、インディカ米《まい》を発酵《はっこう》させてから水びきし、練《ね》ったものを蒸気《じょうき》で蒸《む》して生地《きじ》をつくる。これを細い穴《あな》から湯の中に押《お》しだしてゆでる。

マレーシア ラクサ

マレーシアで日常的《にちじょうてき》に食べられている米のめん。ココナッツミルクやスパイスを入れたカレー風味《ふうみ》の汁《しる》といっしょに食べることが多い。

米からつくられるライスペーパー

ベトナムをはじめ東南アジアの国々でつかわれている食材《しょくざい》のライスペーパーは、米をひいた粉《こな》をとかした汁《しる》をうすく、丸くのばして蒸《む》し、乾燥《かんそう》させたもの。水につけてやわらかくもどし、さまざまな具を巻《ま》いて食べる。

▲ライスペーパーでエビなどの具を巻《ま》いた生春巻《なまはるまき》。

米からつくられる酒

日本では米を原料《げんりょう》として日本酒がつくられますが、中国《ちゅうごく》や東南アジアの国々でも、米を原料《げんりょう》にした酒がたくさんあります。それぞれの農村や家に受け継《つ》がれてきたこうじをもちいて、農作業のかたわら竹筒《たけづつ》やかめなどでつくられる自家製《じかせい》のものも多く、祭りや結婚式《けっこんしき》などの行事のときなどに飲まれることが多いようです。

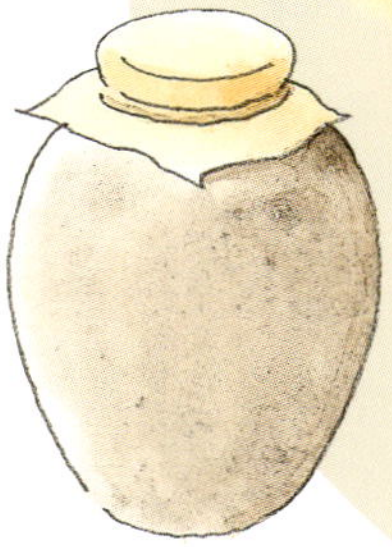

▶黄酒《ホワンチュウ》の中でも中国《ちゅうごく》の浙《チョー》江《チャン》省紹興《シャオシン》市周辺《しゅうへん》でつくられる「紹興酒《シャオシンチュウ》」がとくに有名。

中国《ちゅうごく》　黄酒《ホワンチュウ》（老酒《ラオチュウ》）

4000年以上《いじょう》も前からつくられているという、中国《ちゅうごく》の伝統的《でんとうてき》な酒。もち米《ごめ》、もちきび、もちあわなどの穀類《こくるい》を原料《げんりょう》としてつくられる。あざやかな黄色や褐色《かっしょく》で、あまずっぱい味が特徴《とくちょう》。

米からつくられる菓子《かし》

タイ、ベトナム、インドネシアなど東南アジアの国々や、中国《ちゅうごく》、韓国《かんこく》では、米をつかったさまざまな菓子《かし》が食べられています。米をすりつぶした粉《こな》に砂糖《さとう》やココナッツミルクなどを加《くわ》え、煮《に》つめてもち状《じょう》にしたものが多くみられます。

中国《ちゅうごく》　だんご

結婚式《けっこんしき》などお祝《いわ》いや月見のときにつくって食べる。もち米《ごめ》をひいた粉《こな》を練《ね》った生地《きじ》に、小豆《あずき》のあんをつめてつくるもの、あんに米粒《こめつぶ》をまぶし、蒸《む》してつくるものなどがある。

◀▲韓国《かんこく》のいろいろなもち菓子《がし》。

韓国《かんこく》　もち菓子《がし》

韓国《かんこく》でトックはもちのこと。もち米《ごめ》の粉《こな》の中にクリやナツメ、黒豆などを入れて蒸《む》したものや、クリ、松《まつ》の実《み》、くるみなどをまぜてつくったあんを、米の粉《こな》でつつんだものなど、いろいろなもち菓子《がし》がある。

◀日本のういろうに似《に》たタイの生菓子《なまがし》。

タイ　生菓子《なまがし》

タイには、米をすりつぶした粉《こな》をつかってつくられる、日本のういろうに似《に》た生菓子《なまがし》や、ココナッツをのせて蒸《む》したもち菓子《がし》などがある。お供《そな》え用、デザート用などに、さまざまな米《こめ》の菓子《かし》がつかわれている。

▲ココナッツをまぶしたタイのもち菓子《がし》。

アロス・コン・レチェをつくろう！

アロス・コン・レチェは、スペイン語で「米と牛乳《ぎゅうにゅう》」という意味の米のデザート。古くからスペインで食べられ、今では中央・南アメリカの国々でも親しまれています。牛乳《ぎゅうにゅう》と砂糖《さとう》で煮《に》た米はどんな味がするのでしょうか。ためしてみましょう！

つくり方

用意するもの

- **水** 200mℓ
- **シナモンスティック** 1本
- **クローブ** 3、4個《こ》

- **米** 1カップ（軽く洗《あら》っておく）
- **牛乳《ぎゅうにゅう》** 800mℓ
- **砂糖《さとう》** 1カップ
- **バニラエッセンス** 少々
- **シナモンパウダー** 適量《てきりょう》
- **ほしブドウ** 適量《てきりょう》

1 米を軽く洗《あら》い、水けをきっておく。

2 鍋《なべ》に水200mℓとシナモンスティック、クローブを入れ、火にかける。

3 沸騰《ふっとう》したら、**1**の米を入れ、弱火でしばらく煮《に》る。

4 水がほとんどなくなったら、いったん火を止め、牛乳《ぎゅうにゅう》800mℓ、砂糖《さとう》1カップ、バニラエッセンスを加《くわ》える。

5 こげついたり、ふきこぼれたりしないよう、ときどきかきまぜながら、弱火でとろみがでるまで30分くらい煮《に》る。

6 火を止め、すこしさましてから器《うつわ》にうつす。このときに、シナモンスティックとクローブは取りだす。器《うつわ》ごと冷蔵庫《れいぞうこ》で冷《ひ》やす。

ワンポイント

とてもあまいデザートです。好《この》みで砂糖《さとう》の量《りょう》を調整しましょう。煮《に》こむときにレモンの皮を入れるとさっぱりした味になります。

できあがり

7 食べるときにシナモンパウダーをふりかけ、ほしブドウを飾《かざ》る。

⑤章 米と文化

昔から人々は米の豊作《ほうさく》を祈《いの》り、
さまざまな儀式《ぎしき》をおこなってきました。
こうした儀式《ぎしき》は、形をかえ、
今もわたしたちの暮《く》らしに根づいています。

豊作《ほうさく》を祈《いの》り種《たね》もみをまく水口《みなくち》播種祭《はしゅさい》（京都府《きょうとふ》）

田の神と日本の伝《でん》統《とう》行事

日本では昔から、米づくりが農業の中心でした。
豊作《ほうさく》を願《ねが》う気持ちから、稲作《いなさく》の神様である田の神をまつるさまざまな儀式《ぎしき》が生まれ、すこしずつ形をかえながら、現在《げんざい》まで受けつがれてきました。

田の神に豊作《ほうさく》の願《ねが》いをこめて

たくさんの米を収穫《しゅうかく》するためには、人々の努力《どりょく》だけではなく、自然条件《しぜんじょうけん》にめぐまれることも必要《ひつよう》です。現在《げんざい》ほど、イネの品種改良《ひんしゅかいりょう》や病害虫《びょうがいちゅう》の対策《たいさく》が進んでいなかった昔は、雨が長く降《ふ》りつづいたり、気温が低《ひく》かったりすると、すぐに不作《ふさく》となりききんに苦しめられました。異常気象《いじょうきしょう》や自然災害《しぜんさいがい》などに対する不安《ふあん》を打ちはらうため、人々は米づくりの作業に合わせて、田の神に豊作《ほうさく》を願《ねが》い、田の神をまつる儀式《ぎしき》をおこなうようになりました。

このような田の神に対する信仰《しんこう》は日本各地《かくち》にみられ、農神《のうがみ》（東北地方）、作神《さくがみ》（山梨県《やまなし》、長野県《ながの》）など、さまざまな名でよばれています。田の神のまつり方も地域《ちいき》によってさまざまですが、春の田植えのころになると山からおりてきた神を田の神としてむかえ、秋の収穫後《しゅうかくご》に田の神を山におくる、という形は多くの地域《ちいき》で共通《きょうつう》しています。

現在《げんざい》でも、こうした信仰《しんこう》が農耕儀礼《のうこうぎれい》としてのこっており、日本の年中《ねんじゅう》行事や祭りも、稲作《いなさく》や田の神と深いかかわりがあります。

田の神さあ《タノカンサー》

▼鹿児島《かごしま》県や宮崎《みやざき》県では、田の神は「田《タ》の神さあ《ノカンサー》」とよばれ、その姿《すがた》をほった石像《せきぞう》が、今でもたくさんのこっている。写真は宮崎《みやざき》県えびの市の田の神さあ《タノカンサー》。

田の神の信仰《しんこう》から生まれた季節《きせつ》の行事

初午《はつうま》 2月の最初《さいしょ》の午《うま》の日におこなわれる稲荷《いなり》神社の祭り。本来は、稲荷《いなり》神社にまつられる穀物《こくもつ》の神に豊作《ほうさく》を祈《いの》るものだったが、現在《げんざい》は商売繁盛《しょうばいはんじょう》を願《ねが》う行事として知られる。旧暦《きゅうれき》（昔のこよみ）では、初午《はつうま》の日は米づくりの準備《じゅんび》がはじまる時期にあたることから、田の神をむかえるという意味もあった。

京都府《きょうとふ》・伏見稲《ふしみいな》荷大社《りたいしゃ》でおこなわれる初午大祭《はつうまたいさい》。

正月は田の神をまつる行事

正月は「年神《としがみ》」という神様をむかえる行事です。じつは、この年神《としがみ》は、イネを豊《ゆた》かにみのらせてくれる「田の神」でもあります。このことは、正月に床《とこ》の間《ま》に米俵《こめだわら》をおき、年神《としがみ》の祭壇《さいだん》とする地域《ちいき》が日本各《かく》地《ち》にあることからもわかります。

正月には家中が年神《としがみ》をまつる場所になり、鏡《かがみ》もちやしめ飾《かざ》りなど、米やわらなどのイネに由来《ゆらい》する産物《さんぶつ》が、家のあちこちにそなえられます。

お正月にまつわるものの由来《ゆらい》

しめ飾《かざ》り・しめなわ

年神《としがみ》がおとずれている神聖《しんせい》な場所であることをしめし、魔《ま》よけにもなる。

門松《かどまつ》

山からおりてくる年神《としがみ》のための目印《めじるし》。

お年玉

もともとは、もちがくばられ、年神《としがみ》の力をもらうという意味があった。

鏡《かがみ》もち

年神《としがみ》へのおそなえ。神の力がやどると考えられていた鏡《かがみ》にみたて丸い形につくられた。

お雑煮《ぞうに》

大みそかから年神《としがみ》にそなえておいたもちやそなえものを煮《に》て、年神《としがみ》といっしょに食べる。

花見　本来は本格的《ほんかくてき》な農作業がはじまる前に、山からおりてきた田の神をむかえる意味があった。田の神がやどると考えられていたサクラの木の下に集まり、酒や料理《りょうり》で田の神をもてなして豊作《ほうさく》を祈《いの》った。

盆《ぼん》　盆踊《ぼんおど》りは、中国からつたわった「うら盆会《ぼんえ》」（先祖《せんぞ》の霊《れい》をむかえて供養《くよう》する行事）と、豊作《ほうさく》を祈《いの》る日本の祭りとがいっしょになったもの。盆《ぼん》には先祖《せんぞ》の霊《れい》を供養《くよう》するが、先祖《せんぞ》の霊《れい》は田の神・山の神ともされるので、田の神を供養《くよう》することにもつながる。

十五夜《じゅうごや》　旧暦《きゅうれき》の8月15日（現在《げんざい》の9月15日）の夜に、平安《へいあん》時代の貴族《きぞく》が月をながめながら詩歌《しいか》や音楽を楽しんだもの。庶民《しょみん》のあいだには稲穂《いなほ》にみたてたススキを飾《かざ》り、月見だんごをそなえて、イネの収穫《しゅうかく》を感謝《かんしゃ》する祭りとして広まった。

徳島《とくしま》県の阿波踊《あわおど》りは、代表的《だいひょうてき》な盆踊《ぼんおど》りのひとつ。

花見　盆《ぼん》　十五夜《じゅうごや》

4月　5月　6月　7月　8月　9月　10月　11月　12月

苗《なえ》を育てる　田の準備《じゅんび》　田植え　イネの世話《せわ》　収穫《しゅうかく》　農閑期《のうかんき》

稲《いな》作《さく》にまつわるさまざまな儀《ぎ》礼《れい》

**日本では、米づくりの節目《ふしめ》に、豊作《ほうさく》を祈《いの》るさまざまな儀礼《ぎれい》がおこなわれてきました。
地域《ちいき》によって形はことなりますが、
さまざまな儀礼《ぎれい》や行事として、現在《げんざい》ものこっています。**

農作業がはじまる前に　予祝《よしゅく》儀礼《ぎれい》

その年の豊作《ほうさく》を祈《いの》る

儀式《ぎしき》の内容《ないよう》は、米づくりにまつわる作業の動作《どうさ》を儀式的《ぎしきてき》にまねるものと、その年の豊作《ほうさく》をうらなうものに分かれます。農作業の儀式《ぎしき》の代表が「田遊び」。田おこしからイネの収穫《しゅうかく》までのようすを歌などをまじえて演《えん》じ、田の神に豊作《ほうさく》を祈《いの》ります。このほか、庭の雪にイネの苗《なえ》にみたてたわらをさす「庭田植《にわたう》え」、害獣《がいじゅう》を追いはらう動作《どうさ》をしながら歩きまわる「鳥追い」や「もぐら打ち」などが知られています。

豊作《ほうさく》をうらなうものとしては、かゆをつかってうらなう「粥占《かゆうら》」や、弓を射《い》て、的《まと》にあたるかどうかでうらなう「歩射《ぶしゃ》」などがあげられます。

▲東京都《とうきょうと》の「徳丸北野神社《とくまるきたのじんじゃ》田遊び」。太鼓《たいこ》の皮を田にみたて、歌やはやしと動作《どうさ》で種《たね》まき、田植え、イネ刈《か》りなどの農作業のようすを表現《ひょうげん》し、豊作《ほうさく》を祈願《きがん》する。（板橋区役所）

▼京都府《きょうとふ》・伏見稲荷大社《ふしみいなりたいしゃ》の水口播種祭《みなくちはしゅさい》。水口《みなくち》に稲穂《いなほ》をさし、おはらいをした種《たね》もみを歌と琴《こと》の演奏《えんそう》に合わせてまく。

種《たね》もみをまくときに　播種《はしゅ》儀礼《ぎれい》

豊《ゆた》かなみのりを祈《いの》る

代表的《だいひょうてき》な儀式《ぎしき》に水口祭《みなくちまつり》があります。種《たね》もみをまく日に、もみをまき苗《なえ》を育てる田である「苗代田《なわしろた》」の水口《みなくち》（水のとり入れ口）に土を盛《も》って木の枝《えだ》や季節《きせつ》の花などをさし、そこに焼《や》き米《ごめ》などをそなえて田の神をまつるのが基本的《きほんてき》な形です。

田植《たうえ》儀礼《ぎれい》

田植えをするときに

豊《ほう》作《さく》を祈《いの》る

現在《げんざい》おこなわれている儀式《ぎしき》では、中国地方の山間部《さんかんぶ》につたわる「大田植《おおたう》え（花田植《はなたう》え）」が有名です。大田植《おおたう》えは、その家でいちばん大きな田に田植えをする日におこなわれます。田に牛を入れて土をかきならしたあと、着物姿《すがた》の女《じょ》性《せい》が、田植え歌をうたいながら苗《なえ》を植えていきます。

呪術《じゅじゅつ》儀礼《ぎれい》

イネが育つ時期に

無《ぶ》事《じ》に生長することを祈《いの》る

害虫《がいちゅう》による被害《ひがい》がでないことを祈《いの》る「虫送《むしおく》り」がよく知られる儀式《ぎしき》です。害虫《がいちゅう》を発生させる悪霊《あくりょう》を追いはらうために、草やわらでつくった人形《にんぎょう》や虫、竜《りゅう》などを先頭に、鉦《かね》や太鼓《たいこ》ではやしながらあぜ道を歩きまわります。その後、人形《にんぎょう》などを川や海に流したり、焼《や》いたりします。ほかに、雨がふることを祈《いの》る「雨ごい」や、風の害《がい》がでないことを祈《いの》る「風祭《かざまつ》り」なども呪術儀礼《じゅじゅつぎれい》の一《いっ》種《しゅ》です。

▲富山《とやま》県でおこなわれる「おわら風《かぜ》の盆《ぼん》」は、風祭《かざまつ》りと、先祖《せんぞ》の霊《れい》を供養《くよう》する盆《ぼん》の行事がひとつになったもの。（越中八尾観光協会）

三重《みえ》県の「千枚田《せんまいだ》の虫送《むしおく》り」。「虫《むし》送《おく》り殿《どの》のお通りだい」というかけ声とともに、ちょうちんをもって田のあいだをねり歩く。（紀和町役場）

▲広島《ひろしま》県の「壬生《みぶ》の花田植《はなだう》え」。飾《かざ》りたてられた花牛《はなうし》が代《しろ》かきしたあと、着飾《きかざ》って笠《かさ》をかぶった早乙女《さおとめ》が、太鼓《たいこ》と歌に合わせて苗《なえ》を植えていく。（北広島町役場）

収穫《しゅうかく》儀礼《ぎれい》

イネの刈《か》り入れのときに

みのりを感謝《かんしゃ》する

代表的《だいひょうてき》な儀式《ぎしき》に伊勢神宮《いせじんぐう》の「新嘗祭《にいなめさい》」があります。もともとは、天皇《てんのう》がその年にとれた穀物《こくもつ》や新酒《しんしゅ》を神にそなえて感謝《かんしゃ》する宮中《きゅうちゅう》の儀式《ぎしき》でしたが、明治以降《めいじいこう》は伊勢神宮《いせじんぐう》などの神社《じんじゃ》でおこなわれるようになり、第《だい》2次世界大戦後《じせかいたいせんご》は「勤労感謝《きんろうかんしゃ》の日」として受けつがれています。そのほか、収穫《しゅうかく》を感謝《かんしゃ》し、田の神をむかえる儀式《ぎしき》として、石川《いしかわ》県の農家でおこなわれる「あえのこと」などが知られています。

▲三重《みえ》県・伊勢神宮《いせじんぐう》の「新嘗祭《にいなめさい》」。天皇《てんのう》の使者（勅使《ちょくし》）によって、神に新米や酒がそなえられる。（神宮司庁）

米づくりから生まれた祭り図鑑《ずかん》

各地域《かくちいき》でおこなわれる有名な祭りの中には、米づくりにまつわる儀式《ぎしき》から発展《はってん》したものがあります。どの祭りにも、豊作《ほうさく》を祈《いの》ったり、収穫《しゅうかく》を感謝《かんしゃ》したりする思いがこめられています。

▲大きな竿燈《かんとう》をかついだ人々が、てのひらや額《ひたい》、腰《こし》、肩《かた》などでささえてバランスをたもつ技《わざ》をみせる。（秋田市役所）

3 竿燈《かんとう》祭《まつ》り

秋田県《あきた》・秋田市《あきた》
8月3〜6日

七夕《たなばた》の「眠《ねぶ》り流し」から発展《はってん》したもの。竹ざおにたくさんのちょうちんをつけた竿《かん》燈《とう》は稲穂《いなほ》をかたどったもので、豊作《ほうさく》の願《ねが》いもこめられています。もともとはササや木の板などに、願《ねが》いごとを書いた短冊《たんざく》を飾《かざ》って川に流す行事でした。

6 どろんこ祭り

高知県《こうち》・高知市《こうち》
4月の第1土曜日から3日間

長浜《ながはま》、若宮八幡宮《わかみやはちまんぐう》の「神田祭《かみだまつり》」の神事《しんじ》の一部で、その年の豊作《ほうさく》と人々の健康《けんこう》を祈《いの》ります。田植えをしていた女の人が、藩主《はんしゅ》のはかまにどろをつけてしまったが、藩主《はんしゅ》は「これからも仕事にはげみなさい」と逆《ぎゃく》に女の人をはげました、といういいつたえからはじまったといわれています。

▲神田《かみだ》での田植え儀式《ぎしき》のようす。このあと、女の人が、男の人の顔にどろをぬっていく。どろをぬられた男の人は、その年は病気をしないといわれている。（高知市観光協会）

7 面浮立《めんぶりゅう》

佐賀県《さが》・七浦《ななうら》地区
9月の第2土曜日

作物の病気や害虫《がいちゅう》、悪天候《あくてんこう》など、農作業に害《がい》をおよぼす悪霊《あくりょう》をふうじこめ、豊作《ほうさく》を祈《いの》る祭り。「娯楽《ごらく》」をあらわす「風流《ふうりゅう》」という平安《へいあん》時代のことばが転《てん》じて「浮立《ふりゅう》」とよばれるようになったといわれています。

◀農作業に災《わざわ》いをもたらす鬼《おに》が神社で神とたたかってやぶれ、心を入れかえて人々を幸せにする存在《そんざい》となるようすを、音楽と踊《おど》りで表現《ひょうげん》する。（鹿島市役所）

5 あえのこと

石川《いしかわ》県・能登《のと》地方

12月5日・2月9日

田の神を家にむかえ、入浴《にゅうよく》やごちそうをすすめるなどしてもてなします。田の神はそのまま家で年を越《こ》し、2月にもう一度同じことをおこなって送りだします。「あえ」はもてなし、「こと」は祭りをあらわすことばといわれています。

▲家の人は正装《せいそう》をし、田の神をまるで本当にそこにいるかのように自宅《じたく》にむかえる。入浴《にゅうよく》のあと、お膳《ぜん》の前でごちそうを一品ずつ説明《せつめい》しながら食事をすすめる。(能登町役場)

▲馬の頭をあらわす烏帽子《えぼし》をかぶった踊《おど》り手《て》(太夫《たゆう》)を中心に、楽器《がっき》を演奏《えんそう》する人や歌い手など15〜20人がひと組となって家々をまわる。

(八戸市役所)

1 えんぶり

青森《あおもり》県・八戸《はちのへ》市周辺《しゅうへん》

2月17〜20日

夏に海から吹《ふ》く冷《つめ》たい風「やませ」によるイネの冷害《れいがい》をくいとめ、豊作《ほうさく》となることを願《ねが》って踊《おど》り手《て》たちが家々をまわった行事から生まれたもの。田をならす農具「えぶり」をもっておどったことから、「えんぶり」とよばれるようになったといわれています。

4 秩父《ちちぶ》夜祭《よまつ》り

埼玉《さいたま》県・秩父《ちちぶ》市

12月2〜3日

秩父神社《ちちぶじんじゃ》で毎年おこなわれる祭り。この地方が古くからカイコの産地《さんち》であったため、絹《きぬ》の市《いち》がひらかれるのに合わせて盛大《せいだい》におこなわれます。屋台《やたい》(山車《だし》)がでる前に馬を神にささげる儀式《ぎしき》があり、その毛並《けな》みによって翌年《よくねん》の天候《てんこう》や作物の出来《でき》をうらないます。

▲ちょうちんで飾《かざ》られた屋台《やたい》がひきまわされる。

(秩父観光協会)

武士《ぶし》などをかたどった「ねぶた」とよばれる大きな張《は》り子《こ》の山車《だし》などをかつぎ、「ハネト」とよばれるおおぜいの踊《おど》り手《て》たちが、「ラッセラーラッセラー」というかけ声とともにおどる。

(青森市役所)

2 ねぶた

青森《あおもり》県・青森《あおもり》市

8月2〜7日

「ねぶた」は、津軽《つがる》地方のことばで「眠《ねむ》い」を意味する「ねぶて」が変化《へんか》したもの。農作業がいそがしくなる前に、人形《にんぎょう》や灯《とう》ろうなどに眠気《ねむけ》や病気をひきおこすわるい運を乗りうつらせて、川や海に流し去る「眠《ねぶ》り流し」という七夕《たなばた》の行事から発展《はってん》しました。

米づくりから生まれた伝統芸能《でんとうげいのう》

米づくりと人々の暮《く》らしは、昔から深いつながりがありました。その中から、さまざまな芸能《げいのう》や昔話、相撲《すもう》などが生まれました。それらは現在《げんざい》までたいせつに守られ、受けつがれています。

田の神をまつる田楽《でんがく》から発展《はってん》した能《のう》

能《のう》は日本独自《どくじ》の古典芸能《こてんげいのう》のひとつです。歌と演奏《えんそう》に合わせて、面をつけた演《えん》じ手《て》により、さまざまな演目《えんもく》がおこなわれます。能《のう》はもともと「田楽《でんがく》」や「猿楽《さるがく》」という芸能《げいのう》から生まれたものといわれています。田楽《でんがく》は、田植えのとき豊作《ほうさく》を祈《いの》って、歌いおどる農村の行事からはじまり、平安《へいあん》時代には専門《せんもん》の演《えん》じ手《て》も生まれました。平安《へいあん》時代から鎌倉《かまくら》時代に流行《りゅうこう》した「猿楽《さるがく》」に取り入れられ、室町《むろまち》時代に観阿弥《かんあみ》、世阿弥《ぜあみ》によって能《のう》として完成《かんせい》されました。

能《のう》

▼能《のう》では主役のシテが面をつけて神や鬼《おに》などを演《えん》じる。舞《まい》、歌や笛《ふえ》、鼓《つづみ》などの楽器《がっき》がさまざまな物語をつくりだす。（喜多流大島能楽堂）

▼横綱土俵入《よこづなどひょうい》りのようす。両手を打ち合わせ、四股《しこ》をふむなどの動作をおこなう。四股《しこ》には田の神の力が田から消えないようにする、という意味があったと考えられている。（日本相撲協会）

相撲《すもう》

五穀豊穣《ごこくほうじょう》を祈《いの》る儀式《ぎしき》としてはじまった相撲《すもう》

日本の国技《こくぎ》である相撲《すもう》は、もとは五穀豊穣《ごこくほうじょう》を祈《いの》る儀式《ぎしき》でした。やがて神前《しんぜん》に奉納《ほうのう》されるようになり、9世紀《せいき》には宮中《きゅうちゅう》の儀式《ぎしき》になりました。江戸《えど》時代には、相撲《すもう》を職業《しょくぎょう》とする集団《しゅうだん》が各地《かくち》で勧進相撲《かんじんずもう》をおこなうようになり、これが現在《げんざい》の大相撲《おおずもう》のはじまりといわれています。現在《げんざい》の大相撲《おおずもう》でも、力士《りきし》が取り組みの前に両手を打ち合わせたり、横綱《よこづな》が土俵《どひょう》入りの際《さい》にしめなわを身につけたりするなど、そのころの作《さ》法《ほう》が多くのこされています。

人の一生《いっしょう》と米

人の一生《いっしょう》が区切りをむかえるとき、ふだんは身近な米に、特別《とくべつ》な意味がこめられることがあります。

たとえば、「産立《うぶた》て飯《めし》」は、出産後《しゅっさんご》すぐにごはんをたいて、お産《さん》の神様にそなえ、感謝《かんしゃ》の気持ちをあらわすもの。生後《せいご》100日目ごろには、子どもが一生《いっしょう》食べるものにこまらないことを祈《いの》って、ごはんを食べるまねをさせる「お食《く》い初《ぞ》め」をおこないます。

また、人が亡《な》くなったときに、その人がつかっていた茶わんにごはんを高くもって中央にはしを立て、まくらもとにそなえる「枕飯《まくらめし》」という習慣《しゅうかん》もあります。

▼民謡《みんよう》には楽譜《がくふ》がなく、耳でおぼえたものが何代にもわたってつたえられた。暮《く》らしの中でうたわれることはへったが、愛好者《あいこうしゃ》による演奏会《えんそうかい》などがおこなわれている。(日本民謡協会)

農作業から生まれた民謡《みんよう》

人々の暮《く》らしの中から生まれ、各地《かくち》で受けつがれてきた歌を「民謡《みんよう》」といいます。歌詞《かし》の内容《ないよう》はさまざまですが、米づくりと関《かか》わりの深い歌も数多くあります。こうした歌は、うたわれる場所や目的《もくてき》によって、「田植え歌」「米つき歌」などとよばれます。もともとは、仕事をしながらうたわれたものなので、作業の動きに合ったリズムをもっています。

最近《さいきん》では、生活の中で民謡《みんよう》がうたわれることは少なく、けいこごととして楽しんだり、プロの歌手によってうたわれることが多くなっています。

米にまつわる昔話

日本の各地《かくち》につたわる昔話の中には、米にまつわるものが多く登場します。たとえば『おむすびころりん』や『さるかに合戦《かっせん》』では、おむすびが重要《じゅうよう》な役目をはたしています。また、『かさじぞう』では、おじいさんが親切にした地蔵《じぞう》からのおかえしとして、米俵《こめだわら》をもらいます。『舌切り雀《したきりすずめ》』でスズメがなめてしまう洗濯《せんたく》のりは、米を煮《に》てつくるもの。『わらしべ長者《ちょうじゃ》』の「わらしべ」とは、わらくずのことです。『さるかに合戦《かっせん》』には、もちつきをするときにつかううすもでてきますし、『かさじぞう』でおじいさんが雪をかぶった地蔵《じぞう》にかぶせるかさも、わらからつくられたものです。

親から子へ、何代もつたえられてきた昔話に多く登場《とうじょう》する米。それだけ米は、人々の生活に深く根ざしているのでしょう。

昔話

▲『おむすびころりん』は、お弁当《べんとう》のおむすびをネズミに分けてあげたおじいさんが、ネズミたちから宝物《たからもの》をもらう昔話。

わら・もみがら・ぬかの文化

「イネは捨《す》てるところがない」といわれるのはどういうことでしょうか。
日本人は昔から、米を取ったあとのわら、もみがら、ぬかなどをむだなく利用《りよう》してきました。
イネはたいせつな食料《しょくりょう》であるだけでなく、暮《く》らしに役だつ資源《しげん》でもありました。

米の副産物《ふくさんぶつ》をむだなくつかう

収穫《しゅうかく》されたイネは、脱穀《だっこく》されて茎《くき》の部分（わら）が取りのぞかれ、もみだけにされます。次にもみすりによって、外側《そとがわ》のかたい皮（もみがら）と玄米《げんまい》に分けられます。最後《さいご》に精米《せいまい》され、玄米《げんまい》の外側《そとがわ》の部分（ぬか）を取りのぞき、わたしたちがふだん食べている米になるのです。

わら、もみがら、ぬかは、食べることはできませんが、日本人は、昔からこれらのものを捨《す》てることなく、米の副産物《ふくさんぶつ》としてたいせつに利用《りよう》してきました。これらはさまざまなものに利用《りよう》されたあと、最後《さいご》には田の土にかえされ、次の年に育つイネの肥料《ひりょう》とされました。

昔のさまざまなわらの利用《りよう》

縄《なわ》をなう

わらをたたいてやわらかくしてから、手でより合わせて縄《なわ》をなう。昭和《しょうわ》のはじめごろからは、足踏《あしぶ》み式《しき》の「縄《なわ》ない機《き》」などもつかわれるようになった。縄《なわ》をさらに加工《かこう》して、わらじなどの生活用品をつくった。

家畜《かちく》のえさ

わら、もみがら、ぬかは、牧草《ぼくそう》や穀物《こくもつ》とともに、牛や馬のえさにされた。

たい肥《ひ》

つかったあとのよごれたわら、もみがら、ぬかは、屋外につみ上げてくさらせ、肥料《ひりょう》として田畑で利用《りよう》した。

家畜《かちく》小屋

わら、もみがら、ぬかを家畜《かちく》小屋の床《ゆか》にしいた。よごれると新しいものと取りかえた。

米俵《こめだわら》

収穫《しゅうかく》した米をわらを編《あ》んでつくった俵《たわら》に入れて保存《ほぞん》し、輸送《ゆそう》した。

田畑の肥料《ひりょう》

わらをそのまま田畑の土にまぜて肥料《ひりょう》にした。

イネの副産物《ふくさんぶつ》

わら

イネからもみを取った茎《くき》の部分を乾燥《かんそう》させたもの。昔はさまざまな用途《ようと》にもちいられたが、現在《げんざい》は、主に田の肥料《ひりょう》や乳牛《にゅうぎゅう》の飼料《しりょう》としてつかわれている。

イネ

収穫《しゅうかく》したイネを脱穀《だっこく》すると、もみと茎《くき》（わら）に分かれる。

もみ

もみすりによって、玄米《げんまい》ともみがらに分けられる。

もみがら

家畜《かちく》のえさや肥料《ひりょう》にするほか、焼《や》いたものを土にまいて保温材《ほおんざい》として利用《りよう》する。

玄米《げんまい》

玄米《げんまい》を精米《せいまい》すると、白米とぬかに分かれる。

白米

ふだんわたしたちがごはんとして食べているもの。

ぬか

玄米《げんまい》のいちばん外側《そとがわ》の部分で、ビタミンやミネラル、脂質《ししつ》、タンパク質《しつ》などの栄養素《えいようそ》を豊富《ほうふ》にふくんでいる。ぬか漬《づ》けのほか、化粧品《けしょうひん》などにも利用《りよう》される。

（写真：東北農業研究センター）

家の手入れ

いったぬかを木綿《もめん》の袋《ふくろ》に入れた「ぬか袋《ぶくろ》」で木の家具や柱《はしら》をこすり、つやをだした。

屋根をふく

屋根の材料《ざいりょう》にわらをつかった。

むしろ

わらを編《あ》んでしきものなどに利用《りよう》した。

ぬか漬《づ》け

ぬかに塩《しお》と水などをまぜて発酵《はっこう》させた「ぬか床《どこ》」に食品を漬《つ》けた。野菜《やさい》のほか、イワシやニシンなどの魚を漬《つ》ける地域《ちいき》もある。

肌《はだ》の手入れ

ぬかを煎《い》って「ぬか袋《ぶくろ》」という木綿《もめん》の袋《ふくろ》に入れ、顔や体を軽くこすって洗《あら》った。

暮《く》らしをささえたわらの加工品《かこうひん》

昔の農家の人は、わらから生活に役だつさまざまなものを、つくりだしました。こまめに修理《しゅうり》しながらたいせつにつかい、つかえなくなると、かまどで燃《も》やし、その灰《はい》を田畑の肥料《ひりょう》にしました。

わら細工《ざいく》の準備《じゅんび》に必要《ひつよう》なもの

わらを加工《かこう》するときは、土間《どま》にそなえつけられた「わら打ち石」の上にのせ、「横《よこ》づち」で打ってやわらかくしてからつかいます。たたいたときに横《よこ》づちがはねかえり、楽《らく》に振《ふ》り上げられるように、わら打ち石の表面は丸くなっています。

衣

身につけるもの

人々はわらを編《あ》んだりたばねたりして、衣類《いるい》やはきものをつくりました。

てけし わらで編《あ》んだ手袋《てぶくろ》。寒い季節《きせつ》に外で仕事をするときにつかった。

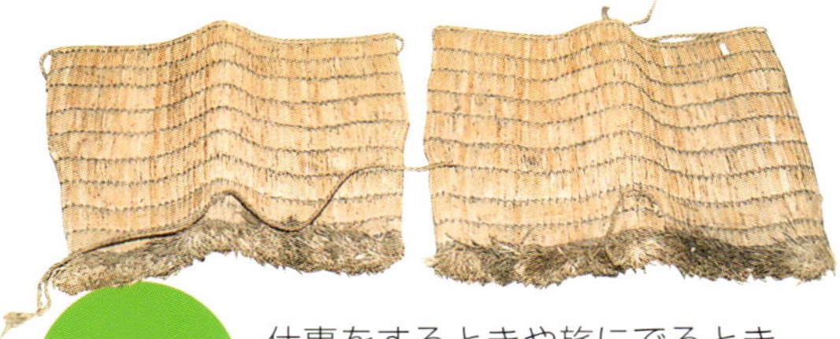

はばき 仕事をするときや旅にでるとき、けがをしないように足のすねにまきつけてつかった。

みの わらでつくった雨具。雪よけや日よけにもつかわれた。

腰《こし》みの 田で仕事をするときなどに、水しぶきをさけるために腰《こし》につけた。

わらじ わらを編《あ》んでつくったはきもの。山仕事のときや旅にでるときなどにはいた。

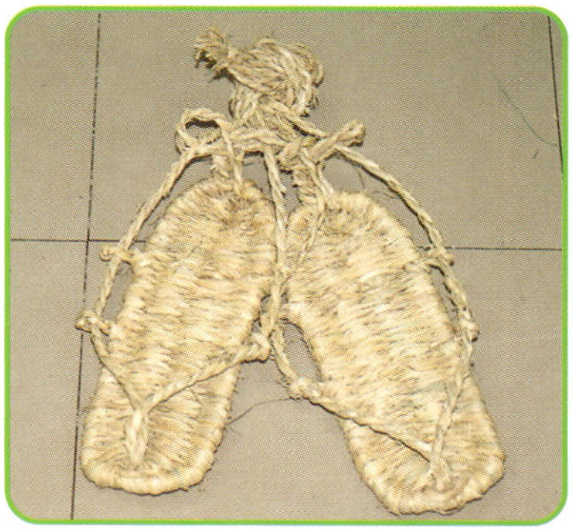

わらぐつ わらでつくった長ぐつ。雪の深い野外を歩くときにつかわれた。中にわらくずを入れてはいた。

食

食べものに関《かん》するもの

収穫《しゅうかく》した米の入れものや、たきあがったごはんを保《ほ》温《おん》する道具なども、わらからつくられました。

米俵《こめだわら》

収穫《しゅうかく》した米を入れる円筒形《えんとうけい》の袋《ふくろ》。昔は米の分量《ぶんりょう》をあらわす単位《たんい》としても「俵《ひょう》」がつかわれた。米1俵《ぴょう》は約《やく》60kg。

べんとうぐら

たいたごはんが冷《さ》めないように、おひつを入れ保温《ほおん》した。

住

暮《く》らしの中でつかうもの

軽くてじょうぶなわらは、屋根をふいたり、生活道具の素材《そざい》として、活《かつ》躍《やく》しました。

しめ飾《かざ》り、しめなわ

正月に家の戸口などに飾《かざ》る。昔の農家では、しめなわをつくるために、茎《くき》の長いわらを取っておいた。

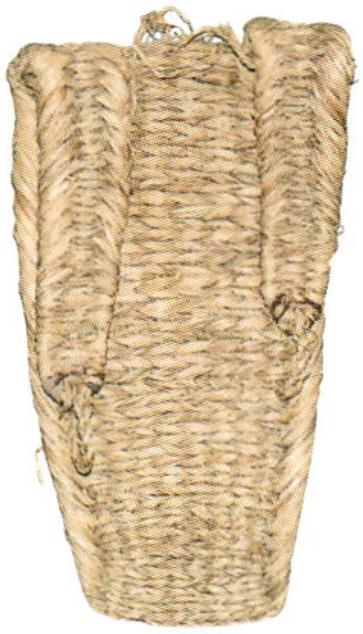

背《せ》あて

荷物を背負《せお》うとき、直接背中《ちょくせつせなか》にものがあたらないようにするためにつかった。

もっこ

縄《なわ》を編《あ》んでつくった、土やたい肥《ひ》をはこぶための道具。袋状《ふくろじょう》の網《あみ》を棒《ぼう》につって馬の背《せ》につけ、はこぶ。

えんつこ

赤ちゃんを入れて、あやしたりするためのかご。

わらぶき屋根

屋根の材料《ざいりょう》には、わらと、わらをよってつくった縄《なわ》がつかわれた。わらのかわりにススキなどの茎《くき》をつかう「かやぶき屋根」も、内側《うちがわ》にはわらがつかわれている。

（写真：青森市歴史民俗展示館、稽古館、新潟市西川教育事務所、奈良県立民俗博物館、しめなわ本舗、田和楽）

わらじができるまで

わらじは、わらをより合わせた細い縄《なわ》を編《あ》んでつくります。平安《へいあん》時代から、農作業の合い間の仕事としてつくられてきました。

わらを打ってやわらかくし、より合わせて縄《なわ》をつくる。

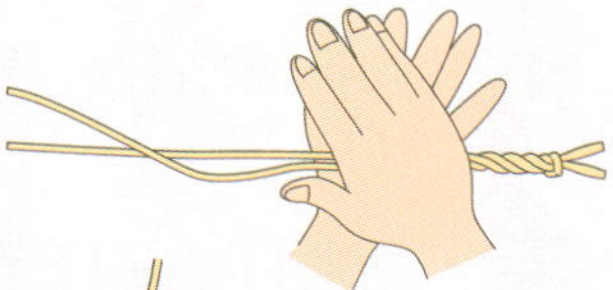

縄《なわ》を輪《わ》にして足の親指《おやゆび》にひっかけ、ぞうりの形にする。

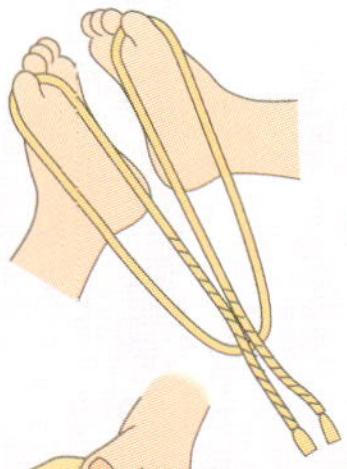

縄《なわ》にわらをくぐらせて編《あ》みこんでいく。

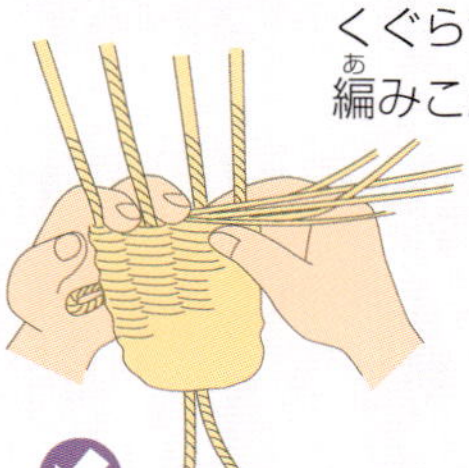

縄《なわ》を足《た》し、足を固定《こてい》する「かえし」などをつくる。

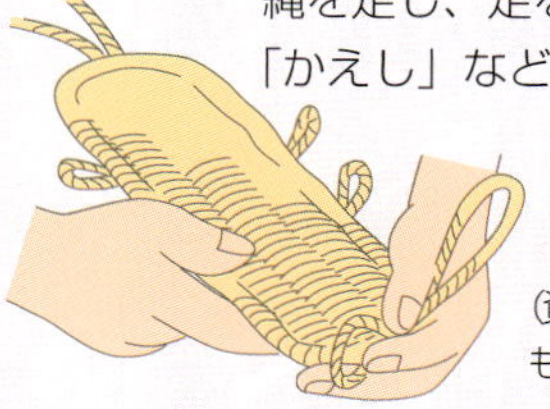

よぶんなわらを切り、形をととのえる。

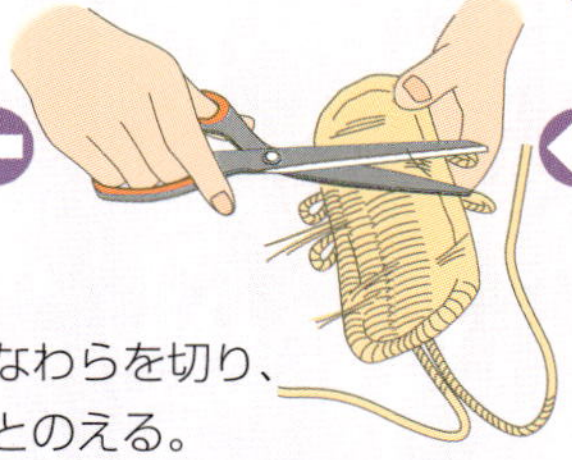

ひもを乳《ち》という輪《わ》に通し、足にまきつけてはく。

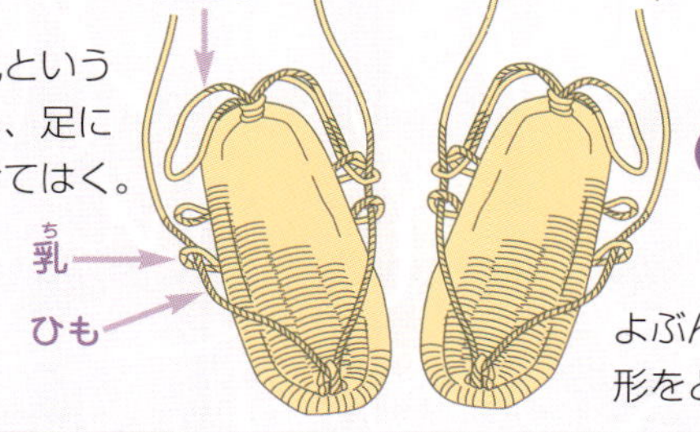

（資料：日本はきもの博物館）

5章 米と文化

日本《に》各《かく》地《ち》のお雑《ぞう》煮《に》

もちの形や具、味つけなど、お正月に食べるお雑煮《ぞうに》は、地域《ちいき》によって特色《とくしょく》があります。
古くからその地につたわるお雑煮《ぞうに》には
地域《ちいき》の産物《さんぶつ》を生かしたものが多く、歴史《れきし》と伝統《でんとう》が感じられます。

もちは田の神とともに食べる特別《とくべつ》な食べ物

　昔の日本では、もちは「ハレの日」（祭りの日など、ふつうの日とはちがうめでたい日）の食べ物でした。感謝《かんしゃ》や祈《いの》りをこめて田の神にもちをそなえ、さらにそのもちを食べることによって、からだの中に新しい強い力が生まれると考えられていました。

　雑煮《ぞうに》には、西日本では主に丸もち、東日本では主に切りもちがつかわれています。「もち」という呼《よ》び名には、調和《ちょうわ》がとれたおだやかな状態《じょうたい》をあらわす「望《もち》」という意味もあったといわれています。

6
福井《ふくい》県

もち	丸もち
だし	みそ仕立て
主な具	とり肉、カブなど

丸い もちをつかう地域《ちいき》

京都《きょうと》の文化を受けた
土地で、主に西日本。

四角い 切りもちをつかう地域《ちいき》

江戸《えど》の文化を受けた
土地で、主に東日本。

13
鹿児島《かごしま》県

もち	丸もち
だし	すまし仕立て
主な具	エビ、シイタケなど

12
長崎《ながさき》県

もち	丸もち
だし	すまし仕立て
主な具	ブリ、とり肉、カキなど

11
広島《ひろしま》県

もち	丸もち
だし	すまし仕立て
主な具	ブリ、ハマグリなど

2 新潟県《にいがたけん》

もち	切りもち（焼《や》いたもの）
だし	すまし仕立て
主な具	サケ、サトイモ、ダイコン、イクラ、ホウレンソウなど

3 茨城県《いばらきけん》

もち	切りもち（焼《や》いたもの）
だし	すまし仕立て
主な具	とり肉、かまぼこ、ダイコン、ニンジン、ゴボウなど

4 東京都《とうきょうと》

もち	切りもち（焼《や》いたもの）
だし	すまし仕立て
主な具	とり肉、かまぼこ、コマツナ、焼《や》きのりなど

1 秋田県《あきたけん》

もち	切りもち（焼《や》いたもの）
だし	すまし仕立て
主な具	とり肉、ワラビなどの山菜《さんさい》、キノコ、ニンジンなど

5 三重県《みえけん》

もち	切りもち（焼《や》いたもの）
だし	すまし仕立て
主な具	ハマグリ、サトイモなど

7 京都府《きょうとふ》

もち	丸もち
だし	みそ仕立て
主な具	とり肉、サトイモ、ダイコン、ニンジン、コマツナなど

10 鳥取県《とっとりけん》

もち	丸もち
だし	あん仕立て
主な具	アズキなど

9 香川県《かがわけん》

もち	丸もち（あん入り）
だし	みそ仕立て
主な具	ダイコン、青のりなど

8 大阪府《おおさかふ》

もち	丸もち
だし	みそ仕立て
主な具	サトイモ、かつお節《ぶし》など

（全国餅工業協同組合、鳥取県庁）

米にまつわる文字とことわざ

わたしたちがふだんつかっている漢字《かんじ》や、昔からつたえられてきたことわざの中にも、米にまつわるものがたくさんあります。
米が、昔から日本人の生活に深く根ざしたものであったことがわかります。

米へんの漢字《かんじ》

籾（もみ）
刀の刃《は》のようにとがったのぎがついたものをあらわす
➡イネなどの穀物《こくもつ》の実

粋（スイ、いき）
「米」に「つく」という意味をもつ「卆」を組み合わせ、ついて不純物《ふじゅんぶつ》を取りのぞいた米をあらわす
➡まじり気のないようす

粒（リュウ、つぶ）
「米」に「はなればなれ」という意味をもつ「立」を組み合わせ、ばらばらになった米つぶをあらわす
➡小さくて丸いもの

粉（フン、こな）
こまかく分けた米をあらわす ← 米に関係する成り立ち
➡くだいたもの ← 漢字の意味

粘（ネン、ねば(る)）
「米」に「くっつく」という意味をもつ「占」を組み合わせ、ねばりつく米をあらわす
➡ねばねばする状態《じょうたい》

糊（コ、のり）
「米」に「かためる」という意味をもつ「胡」を組み合わせ、ねばつくものをかためることをあらわす
➡接着剤《せっちゃくざい》の役割《やくわり》をするもの

精（セイ、ショウ）
「米」に「清《きよ》い」という意味をもつ「青」を組み合わせ、きれいに精米《せいまい》した米をあらわす
➡まじり気がないようす

下の漢字《かんじ》も、みんな米に関係《かんけい》があるよ。どんな意味を持っているか調《しら》べてみよう。

料 粕 粗 粟 粥 粧 粳
類 糀 糞 糠 糖 糧 糟

米にまつわることわざ

おぼしめしより米の飯《めし》
口先だけの親切より、実際《じっさい》に役にたつもののほうがよいということ。

あるときは米の飯《めし》
将来《しょうらい》のことは考えずに、ゆとりがあるときには思いきりぜいたくをすること。

うちの米の飯《めし》よりとなりの麦飯《むぎめし》
他人のものは、なんでもよくみえ、うらやましく思えること。

同じ釜《かま》の飯《めし》を食う
いっしょに生活して、苦しいことも楽しいことも、ともにすること。

米をかぞえて炊《かし》ぐ
ごはんをたくときに米つぶの数をかぞえるように、つまらないことに手間をかけて、大事をなすことができないこと。

粉米《こごめ》もかめば甘《あま》くなる
「粉米《こごめ》」とは、精米《せいまい》するときにくだけた安い米。つまらなく思えることでも、じっくり考えると、よいところをみつけだすことができるということ。

⑥章 米と歴史《れきし》

弥生《やよい》時代にはじまった米づくりは、日本人の主食となり、
現代《げんだい》もわたしたちの食生活をささえています。
米が生みだした富《とみ》によってムラが成立《せいりつ》し、
その後、米は租税《そぜい》として国家の基盤《きばん》となり、
政治《せいじ》や経済《けいざい》に深くかかわるようになります。

弥生《やよい》時代の人々の暮《く》らしと稲作《いなさく》のようすをつたえる佐賀《さが》県・吉野ヶ里《よしのがり》遺跡《いせき》

米づくりの伝《でん》来《らい》

日本の米づくりは、どこからつたわって、いつごろはじまったのでしょうか。日本各地《かくち》の遺跡《いせき》の調査《ちょうさ》によって、どのように米づくりが広がっていったのか、しだいに明らかになってきています。

米づくりは、いつどこからつたわった？

米づくりの起源《きげん》には、2つの説《せつ》があります。1つは、今から約《やく》7000～1万年前にインドのアッサム地方から中国《ちゅうごく》の雲南《ユンナン》地方にかけての山地ではじまったというもの。もう1つは、中《ちゅう》国《ごく》の長江《ちょうこう》（揚子江《ようすこう》）下流の地域《ちいき》ではじまったというものです。長江下流《ちょうこうかりゅう》にある河姆渡遺跡《かぼといせき》からは、約《やく》6000年前の水田跡《あと》のほか、動物の骨《ほね》でできた農具や、米を調理するための土器《どき》などもみつかっています。

米づくりはこれらの地域《ちいき》からさまざまな土地へ広まっていきました。日本には、アジアの国々の中でもっとも遅《おそ》い、紀元前《きげんぜん》4世紀《せいき》ごろにつたわったといわれています。まず、九州《きゅうしゅう》で米づくりがはじまり、その後、じょじょに北のほうへ広まっていったことが弥生《やよい》時代の遺跡《いせき》からわかっています。弥生《やよい》時代の中期《ちゅうき》には、本州北端《ほくたん》でも米がつくられていたことがわかっています。

日本に米づくりがつたわったルート

日本に米づくりの技術《ぎじゅつ》がつたわったルートには、下の3つの説《せつ》があります。とくに有力なのが、1の中国《ちゅうごく》北部から朝鮮《ちょうせん》半島を通って北九州につたわったというもの。九州《きゅうしゅう》北部と朝鮮《ちょうせん》半島の遺跡《いせき》から、同じ形の石包《いしぼう》丁《ちょう》（イネの穂《ほ》を刈《か》るのにつかった道具）がみつかっているためです。

1 中国《ちゅうごく》北部→朝鮮《ちょうせん》半島→九州《きゅうしゅう》北部
2 長江《ちょうこう》下流の地域《ちいき》→九州《きゅうしゅう》北西部
3 中国《ちゅうごく》南部→台湾《たいわん》→沖縄《おきなわ》・奄美群島《あまみぐんとう》→九州《きゅうしゅう》南部

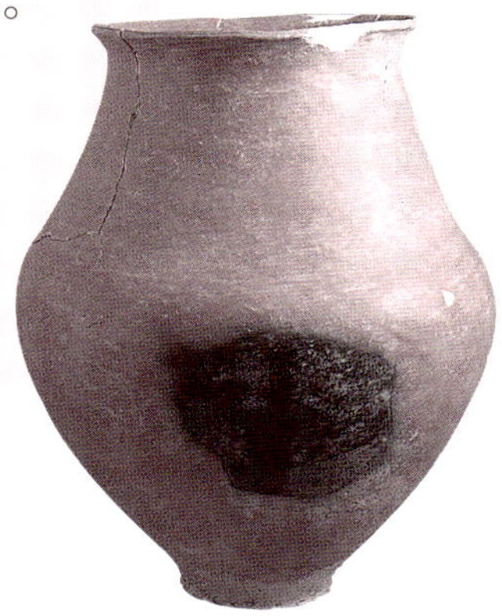

▶板付遺跡《いたづけいせき》で発見《はっけん》された弥生土器《やよいどき》。弥生《やよい》時代でもっとも古い形式の土器《どき》で、「板付式土器《いたづけしきどき》」とよばれる。

▶福岡《ふくおか》県・板付遺跡《いたづけいせき》では、弥生《やよい》時代初期《しょき》の水田跡《あと》のほか、用水路や水を調節《ちょうせつ》するためのせきなどの跡《あと》も発見された。

（福岡市埋蔵文化財センター）

日本各地《かくち》に広がる米づくり

日本に米づくりが広まっていったようすは、各地《かくち》で発掘《はっくつ》されている水田跡《あと》などの遺跡《いせき》の調査《ちょうさ》によって明らかにされてきました。日本でもっとも古い水田として知られているのが、約《やく》2400年前のものとされる佐賀《さが》県の菜畑遺跡《なばたけいせき》です。遺跡《いせき》からは、炭化《たんか》した米、すき、くわなどの農具がみつかっています。

また、弥生《やよい》時代の水田の中でもっとも北にあるのが、青森《あおもり》県の垂柳遺跡《たれやなぎいせき》や砂沢遺跡《すなざわいせき》です。これらの遺跡《いせき》が発見される前は、北の寒い地域《ちいき》で米づくりがおこなわれるようになったのは、もっとあとの時代になってからだと考えられていました。しかし現在《げんざい》では、約《やく》2200年前には、北海道《ほっかいどう》をのぞく日本各地《かくち》で米づくりがおこなわれていたことがわかっています。

▲青森《あおもり》県・垂柳遺跡《たれやなぎいせき》にある、弥生《やよい》時代中ごろの水田跡《あと》。低《ひく》いあぜで、田が小さく区切られている。（田舎館村教育委員会）

▼弥生《やよい》時代後期《こうき》の遺跡《いせき》、静岡《しずおか》県・登呂《とろ》遺跡《いせき》の水田跡《あと》から矢板《やいた》とよばれる板がたくさんみつかった。この板を土に打ちこみ、あぜを補強《ほきょう》した。ほかに住居《じゅうきょ》、倉庫《そうこ》などの跡《あと》がみつかった。

（静岡市立登呂博物館）

▲佐賀《さが》県・菜畑遺跡《なばたけいせき》の水田跡《あと》。現在《げんざい》、日本で発見されている水田跡《あと》の中でもっとも古い。（唐津市教育委員会）

米づくりの歴史《れきし》を証明《しょうめい》するもの

ある時代のある場所で米づくりがおこなわれていたかどうかを知る方法《ほうほう》のひとつに、「プラント・オパール」の調査《ちょうさ》があります。プラント・オパールとは、植物の葉にふくまれる細胞《さいぼう》の中のケイ素《そ》の結晶《けっしょう》で、分解《ぶんかい》せずに化石化して、何千年たっても土の中にのこるという特徴《とくちょう》があります。

つまり、ある時代の地層《ちそう》の中からイネのプラント・オパールがたくさんみつかれば、その時代にその場所で、米がたくさんつくられていたと考えられるのです。

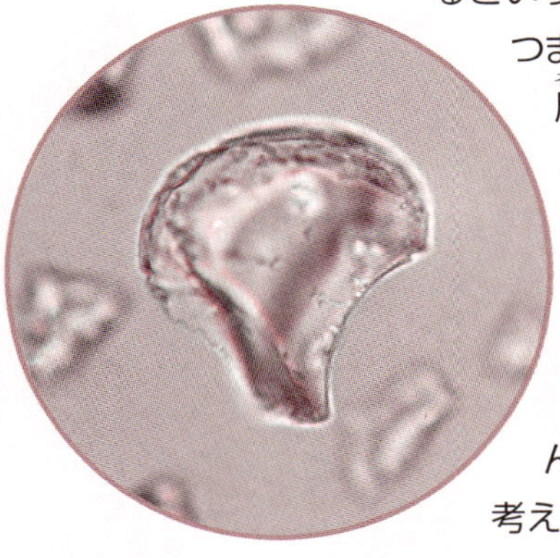

▲イネのプラント・オパール。植物の種類《しゅるい》によって、プラント・オパールの形や大きさはことなる。（古環境研究所）

弥生《やよい》時代の稲《いな》作《さく》技《ぎ》術《じゅつ》

イネの伝来《でんらい》とともに、日本には、さまざまな農具や農業技術《ぎじゅつ》がつたわりました。
弥生《やよい》時代には、低《ひく》い湿地《しっち》などに田がつくられ、
田植えや水の管理《かんり》などもおこなわれていました。

すきやくわをつかった田おこし、田植え

米づくりは、田の土をほりおこす「田おこし」からはじまります。まず、すきやくわをつかって土を深くほり、細《こま》かくくだきます。その後、えぶりをつかって表面を平らにならし、苗代《なわしろ》で育てておいたイネの苗《なえ》を植えます。以前《いぜん》は、弥生《やよい》時代には田に直接《ちょくせつ》種《たね》をまいていたと考えられていましたが、イネの株《かぶ》跡《あと》がきちんと並《なら》んだ水田跡《あと》がみつかったことなどから、現在《げんざい》では、弥生《やよい》時代にはすでに田植えがおこなわれていたと考えられています。

弥生《やよい》時代の田は、川の下流などの低《ひく》くてじめじめした場所につくられていました。田は1枚《まい》ずつ小さく区切られ、あぜや川などから水を引くための水路が、矢板《やいた》とよばれる木の板やくいで補強《ほきょう》されていました。

人々は、水路に田舟《たぶね》という舟《ふね》を浮《う》かべてものをはこび、ぬかるんだ田の中では、足が土にもぐらないようにするために田げたをはいていました。

石《いし》包《ぼう》丁《ちょう》をつかった収《しゅう》穫《かく》から脱《だっ》穀《こく》まで

秋になってイネがみのると、イネ刈《か》りがはじまります。この時代は同じ田でいろいろな種類《しゅるい》のイネをつくっていたため、みのる時期もまちまちでした。そのため、今のようにイネを茎《くき》ごと刈《か》り取るのではなく、石包丁《いしぼうちょう》をつかって、1本ずつ穂《ほ》だけをつみ取っていました。栽培《さいばい》していたイネの種類《しゅるい》は、現在《げんざい》は古代米《こだいまい》とよばれている赤米《あかまい》、黒米《くろまい》、香《かお》り米《まい》など、もち米《ごめ》に近い性質《せいしつ》の米が多かったと考えられています。

刈《か》り取った穂《ほ》はむしろの上に広げて乾燥《かんそう》させ、穂《ほ》のまま高床倉庫《たかゆかそうこ》（191ページ参照《さんしょう》）で保管《ほかん》しました。食べるときは、必要《ひつよう》な分だけ木のうすに入れ、きねでついて脱穀《だっこく》（穂《ほ》からもみをはずす作業）ともみすり（もみをすって米を取りだす作業）をしました。そのあと、竹の皮などでつくった箕《み》とよばれるざるにのせてもみをふるい落とし、米粒《こめつぶ》をのこしました。

弥生《やよい》時代の農具図鑑《ずかん》

弥生《やよい》時代には、木や石でつくられた農具がつかわれていました。くわやすきなどの道具は、現在《げんざい》つかわれているものとほとんど形がかわっていないことがわかります。

くわ

地面に打ちおろし、土を深くほりおこしたり、土のかたまりを細《こま》かくくだいたりする。

この部分に柄《え》を入れてつかう。

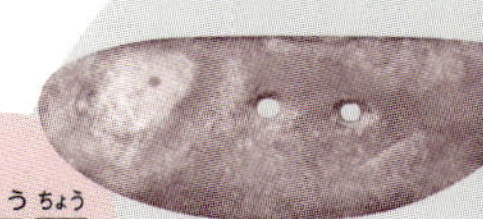

石包丁《いしぼうちょう》

穴《あな》にひもを通してむすび、ひもを手の甲《こう》にかけるようにもって、イネの穂《ほ》をつみとる。

田げた

穴《あな》にひもを通して足にむすびつけると、土に接《せつ》する面積《めんせき》が広くなるため、ぬかるんだ土に足がしずみにくくなる。

すき

みつまたすき

シャベルのように地面につきさし、土を深くほりおこす。

えぶり

土をほりおこしたあとの田の表面を、平らにならす。

うす

きね

うすに乾燥《かんそう》させたイネの穂《ほ》を入れてきねでつき、脱穀《だっこく》やもみすりをする。

（稲築町教育委員会、静岡市立登呂博物館、前原市教育委員会）

米づくりでかわった人々の暮《く》らし

米づくりが生活の中心になると、
共同《きょうどう》で農作業をするために、人々が集《あつ》まって暮《く》らす集落《しゅうらく》が生まれました。
暮《く》らしが安定する一方で、集落《しゅうらく》どうしの争《あらそ》いもおこるようになりました。

集落《しゅうらく》の誕生《たんじょう》

米づくりがつたわる前、人々は食べ物をもとめて移動《いどう》する生活をしていました。しかし、米づくりがおこなわれるようになると、人々は協力《きょうりょく》しあって田をつくり、1年を通して田の近くに住むようになりました。

米づくりがさかんになると、収穫《しゅうかく》した米をたくわえるようになります。その結果《けっか》、人口がだんだんふえていき、「集落《しゅうらく》」が形成《けいせい》されるようになりました。そして、共同《きょうどう》で農作業をする集落《しゅうらく》の人々をまとめる指導者《しどうしゃ》もあらわれました。

人々が暮《く》らすたて穴住居《あなじゅうきょ》

地面を円形または四角形に浅《あさ》くほり、そのまわりに柱を立てて屋根をつけた家。内部には火を燃《も》やすための炉《ろ》もあった。

集落《しゅうらく》のようす

物見《ものみ》やぐら

敵《てき》の襲来《しゅうらい》にそなえて遠くまでみわたせるようにした背《せ》の高い建物《たてもの》。

集落《しゅうらく》のまわりの田や畑

イネを育てる田のほか、アワ、キビ、ヒエなどをつくるための畑もあった。

集落《しゅうらく》どうしの争《あらそ》い

あちこちに集落《しゅうらく》ができると、食べ物や田に引く水などをめぐって、集落《しゅうらく》と集落《しゅうらく》のあいだに争《あらそ》いがおこるようになりました。まわりの集落《しゅうらく》をしたがえて、たくさんの人を支配《しはい》する力をもった指導者《しどうしゃ》もでてきました。

高床倉庫《たかゆかそうこ》
物見《ものみ》やぐら
敵《てき》をふせぐため木の先端《せんたん》をとがらせた柵《さく》。逆茂木《さかもぎ》とよばれる。
ほり

▼弥生《やよい》時代の集落《しゅうらく》を復元《ふくげん》した佐賀《さが》県・吉野ヶ里遺跡《よしのがりいせき》。大型《おおがた》の建物《たてもの》、高床倉庫《たかゆかそうこ》、物見《ものみ》やぐらなどが建《た》ちならんでいる。敵《てき》の攻撃《こうげき》にそなえるため集落《しゅうらく》のまわりには、ほりがめぐらされている。当時、最大《さいだい》の集落《しゅうらく》のひとつであったとされる。(吉野ヶ里公園管理センター)

食物をたくわえる高床倉庫《たかゆかそうこ》

収穫《しゅうかく》した米は、高床倉庫《たかゆかそうこ》に保管《ほかん》された。高《たか》床倉庫《ゆかそうこ》は、湿気《しっけ》や洪水《こうずい》、ネズミなどから米を守るため、高い柱を立ててその上に床《ゆか》をもうけた建物《たてもの》で、柱の本数や高さなどはさまざま。

集落《しゅうらく》を守るほり

ほかの集落《しゅうらく》からの攻撃《こうげき》にそなえて、集落《しゅうらく》のまわりはほりで囲《かこ》まれていた。ほりには水をたくわえたり洪水《こうずい》をふせぐ役割《やくわり》もあった。

ネズミから米を守るくふう

高床倉庫《たかゆかそうこ》の柱の上部には、大きな丸い板が取りつけてある。これはネズミが倉庫《そうこ》に侵入《しんにゅう》するのをふせぐためのもので、「ネズミがえし」とよばれる。

クニの誕生《たんじょう》と土地制度《せいど》

鉄製《てつせい》の農具が広まったことによって田がふえ、ため池や用水路も整備《せいび》されました。生活が豊《ゆた》かになると同時に社会のしくみも大きくかわり、人々が税《ぜい》として米をおさめるしくみもつくられました。

鉄製《てつせい》の農具の普及《ふきゅう》

田や用水路をつくったり、田を管理《かんり》したりするためには、人々が協力《きょうりょく》しあう必要《ひつよう》があります。そのため、集落《しゅうらく》の指導者《しどうしゃ》はますます力をもち、さらに強い集落《しゅうらく》が弱い集落《しゅうらく》を支配《しはい》するようになっていきました。やがて日本各地《かくち》に、集落《しゅうらく》のまとまりである「クニ」と、クニを支配《しはい》し強い権力《けんりょく》をもつ王があらわれます。

古墳《こふん》時代になると、本格的《ほんかくてき》に鉄がつくられ、木製《もくせい》のくわやすきの先に鉄の刃《は》をかぶせたものや、鉄製《てつせい》の刃《は》をもつかまなどが普及《ふきゅう》していきました。鉄製《てつせい》の農具は木製《もくせい》のものよりじょうぶなため、土を深くたがやしたり、かわいた地面をほることができます。その結果《けっか》、新しい田がどんどんつくられ、米の生産《せいさん》量《りょう》もふえていきました。

▼日本に鉄が入ってきたのは弥生《やよい》時代だが、朝鮮《ちょうせん》半島などからもたらされた貴重《きちょう》品《ひん》であったため、集落《しゅうらく》の指《し》導者《どうしゃ》が管理《かんり》していた。

大和政権《やまとせいけん》による土地の支配《しはい》

4世紀《せいき》ごろになると、強い権力《けんりょく》をもつ豪族《ごうぞく》が手をむすんでたくさんのクニを統一《とういつ》し、大和政権《やまとせいけん》（大和《やまと》朝廷《ちょうてい》）が成立《せいりつ》しました。8世紀《せいき》初《はじ》め大和政権《やまとせいけん》は律令《りつりょう》制度《せいど》のもとで、国家が所有する土地を人々に分けあたえる「班田収授《はんでんしゅうじゅ》の法《ほう》」という決まりをつくりました。この決まりによって、6歳以上《さいいじょう》のすべての人に「口分田《くぶんでん》」とよばれる決まった広さの田があたえられ、亡《な》くなると国にかえすことになりました。

口分田《くぶんでん》をあたえられた人は、そこでとれた米の一部を、税《ぜい》として国家におさめなければなりませんでした。また、年齢《ねんれい》や性別《せいべつ》によっては特産物《とくさんぶつ》や布《ぬの》などをおさめる義務《ぎむ》もあったため、重い税《ぜい》の負担《ふたん》にたえきれず、口分田《くぶんでん》を捨《す》てて逃《に》げてしまう人もいました。米を税《ぜい》としておさめるしくみは、この時代から「地《ち》租改正《そかいせい》」（202ページ参照《さんしょう》）がおこなわれる1873（明《めい》治《じ》6）年までつづくことになります。

▼米は税《ぜい》としてその土地の役人におさめられ、土地の特産物《とくさんぶつ》などは奈良《なら》の都《みやこ》へはこばれた。

人々が国家におさめた税《ぜい》

税《ぜい》の種類《しゅるい》	内容《ないよう》
租《そ》	口分田《くぶんでん》でとれたイネの約《やく》3%をおさめる。1反《たん》（約《やく》10アール）あたり2束《そく》2把《わ》のイネをおさめることが決められていた。
調《ちょう》	その土地の特産物《とくさんぶつ》をおさめる。絹《きぬ》、糸、綿《わた》、布《ぬの》などが中心で、鉄、塩《しお》、染料《せんりょう》などをおさめることも認《みと》められていた。
庸《よう》	都《みやこ》で10日間はたらくかわりに、布《ぬの》、綿《わた》、米、塩《しお》などをおさめる。
雑徭《ぞうよう》	1年のうち最長《さいちょう》で60日まで、地方の役人のもとではたらく。道路や堤防《ていぼう》の修築《しゅうちく》などをおこなった。
兵役《へいえき》	都《みやこ》の警備《けいび》（衛士《えじ》）や地方の防衛《ぼうえい》（防人《さきもり》）などの仕事につく。

田の私有《しゆう》のはじまり

8世紀《せいき》中ごろには、人口がふえて口分田《くぶんでん》が足りなくなっていきました。そのため大和《やまと》政権《せいけん》は、743（天平《てんぴょう》15）年に「墾田永年私財法《こんでんえいねんしざいほう》」をだし、国家の許可《きょか》を得《え》ていれば、新しくつくった田は永久《えいきゅう》に自分のものにしてよいことにしました。すると、力のある貴族《きぞく》や寺《てら》が、自分の土地をはなれた貧《まず》しい人をやとって新しい田をつくり、私有地《しゆうち》をふやすようになりました。

このころから、田の水を管理《かんり》するための土木工事《どぼくこうじ》がさかんになり、ため池や用水路の整備《せいび》が進み、川から離《はな》れたところや、少し高い土地でも米づくりができるようになりました。

荘園《しょうえん》の誕生《たんじょう》

「墾田永年私財法《こんでんえいねんしざいほう》」によって生まれた私有地《しゆうち》は「荘《しょう》園《えん》」とよばれました。これらの荘園《しょうえん》の持ち主である領主《りょうしゅ》たちは、朝廷《ちょうてい》にはたらきかけ、税《ぜい》の一部を免《めん》除《じょ》される権利《けんり》を手に入れます。

平安《へいあん》時代の中期以降《ちゅうきいこう》になると、地方の豪族《ごうぞく》や力のある農民は、自分が開墾《かいこん》した土地からとれたものの一部を寺社や貴族《きぞく》などに寄進《きしん》し、その保護《ほご》のもとで、荘園《しょうえん》の実質的《じっしつてき》な管理者《かんりしゃ》となり、大きな力をふるいました。

荘園《しょうえん》がふえるのにともない、ほかの荘園領主《しょうえんりょうしゅ》や地方の役人との争《あらそ》いがふえ、荘園《しょうえん》の土地を守るために武器《ぶき》をもって戦《たたか》う武士《ぶし》があらわれます。こうして土地の支配権《しはいけん》は、朝廷《ちょうてい》から、力のある武士《ぶし》へとうつっていきます。

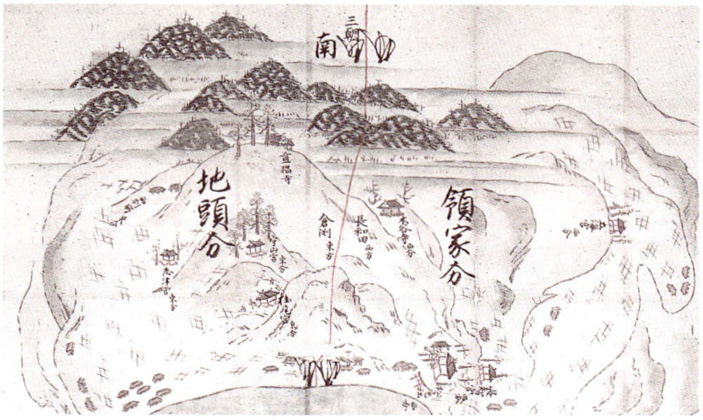

▲鎌倉《かまくら》時代の『伯耆国河村郡東郷庄之図《ほうきのくにかわむらぐんとうごうしょうのず》』（部分）。地頭《じとう》（荘《しょう》園《えん》の管理者《かんりしゃ》）と領家《りょうけ》（荘園《しょうえん》の持ち主）のあいだで、荘園《しょうえん》の土地などの権利《けんり》を2つに分けたようすをあらわしている。

（東京大学史料編纂所）

満濃池《まんのういけ》

香川《かがわ》県の満濃池《まんのういけ》は、農業用のため池としては日本最大《さいだい》。8世紀《せいき》のはじめにつくられたあと、何度も改修《かいしゅう》がくりかえされた。改修《かいしゅう》は、空海《くうかい》（弘法大師《こうぼうだいし》）が中国《ちゅうごく》からもち帰った仏教教典《ぶっきょうきょうてん》とともにつたえられた農学にもとづいておこなわれた。スリランカのかんがい技術《ぎじゅつ》がもとになったといわれる。（香川県満濃町役場）

鎌倉《かまくら》・室町《むろまち》時代の米づくりの技術《ぎじゅつ》

水をくみ上げる水車や、家畜《かちく》を利用《りよう》した農作業《のうさぎょう》の普及《ふきゅう》などによって米づくりの技術《ぎじゅつ》はさらに進歩し、収穫量《しゅうかくりょう》もふえていきました。米の収穫《しゅうかく》を終えた田でムギをつくる二毛作《にもうさく》もはじまりました。

二毛作《にもうさく》のはじまり

鎌倉《かまくら》時代になると、米を収穫《しゅうかく》したあとの田でムギをつくる「二毛作《にもうさく》」が各地《かくち》でおこなわれるようになりました。収穫《しゅうかく》した米の多くは年貢《ねんぐ》（税《ぜい》）としておさめなければなりませんでしたが、イネのあとにつくったムギはすべて自分のものにすることができました。

こうした農業の発達《はったつ》によって、農民たちは用水や肥料《ひりょう》をとる草刈《くさか》り場《ば》などを共同《きょうどう》で管理《かんり》するようになり、村の指導者《しどうしゃ》を中心に「惣《そう》（惣村《そうそん》）」とよばれる組織《そしき》をつくり、協力《きょうりょく》しあって農作業をおこなうようになります。惣《そう》にはさまざまな決まりがあり、人々はそれにしたがって生活していました。自分たちの生活を守るために、惣《そう》で団結《だんけつ》して領主《りょうしゅ》などに立ちむかうこともありました。

進歩する農業技術《のうぎょうぎじゅつ》

同じ土地でイネとムギをつくることができるようになったのは、用水路など、かんがいや排水設備《はいすいせつび》の整備《せいび》が進んだり、「水車」や「竜骨車《りゅうこつしゃ》」など、低《ひく》い土地から高い土地へ水をくみ上げる道具がつかわれるようになったためです。

この時代には、農作業に家畜《かちく》をつかうのが一般的《いっぱんてき》になり、牛や馬にひかせてつかう「まぐわ」や「からすき」といった農具が広まりました。また、イネの品種《ひんしゅ》に関《かん》する知識《ちしき》も深まり、土地の条件《じょうけん》にあった種類《しゅるい》のイネを育てたり、刈《か》り取《と》った草をくさらせた「刈敷《かりしき》」や、家畜《かちく》のふんとわらをまぜたもの、人間のふん尿《にょう》などの肥料《ひりょう》もつかわれるようになりました。すきやくわなど、鉄製《てつせい》の農具をつくる鍛冶《かじ》の仕事を専門《せんもん》におこなう人もあらわれました。

二毛作《にもうさく》のカレンダー
春
夏
秋
冬
水を入れた田で育てるイネ（夏作）、かわいた田で育てるムギ（冬作）を組み合わせる。一部の地域《ちいき》では、イネ、ムギ、ダイズなどの三毛作《さんもうさく》もおこなわれた。
ムギをつくる
ムギの収穫《しゅうかく》
イネの田植え
米をつくる
イネの収穫《しゅうかく》
ムギの種《たね》まき
ムギをつくる

鎌倉《かまくら》・室町《むろまち》時代の農具図鑑《ずかん》

鎌倉《かまくら》・室町《むろまち》時代には、低《ひく》い土地から水をくみ上げるための道具や、牛や馬にひかせてつかう道具が生まれ、鉄製《てつせい》の農具も、さらに普及《ふきゅう》していきました。

農具に鉄がつかわれるようになってからも、木製《もくせい》のくわやすきはつかわれていた。

くわ

すき

かま

手でもつ部分は木、刃《は》は鉄でつくられている。上の写真はかまの刃《は》の部分。

竜骨車《りゅうこつしゃ》

▼ペダルをふんでまわし、足ぶみ式の竜骨車《りゅうこつしゃ》で水を水田にくみ上げるようす。

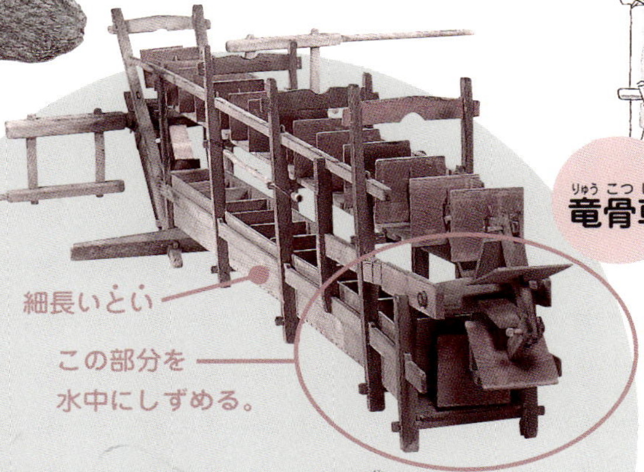
細長いとい
この部分を水中にしずめる。

◀下部は細長いといのようになっていて、そこに水が入る。写真奥《おく》のハンドルのような棒《ぼう》をまわすと、連《つら》なる板がといの中の水をかき上げる。

からすき

牛や馬にひもをかけ、ひかせてつかうすき（模型《もけい》）。

すき先

土をほりおこす部分にかぶせた鉄の刃《は》。

すきへら

すきへらの一部。じょうぶな鉄がつかわれた。すき先でほり上げた土をかきわける。

（刈谷市郷土資料館、広島県立歴史博物館）

検地《けんち》による土地と農民の支配《しはい》

米にはお金と同じような価値《かち》があったため、各地《かくち》の戦国大名《せんごくだいみょう》は、米の収穫量《しゅうかくりょう》と貯蔵量《ちょぞうりょう》をふやすことに力をそそぎました。同時に、年貢《ねんぐ》をきちんと取り立てるための検地《けんち》もおこなわれるようになりました。

進む農地の整備《せいび》や治水《ちすい》

15世紀《せいき》の後半になると、戦乱《せんらん》の中で力をもった戦国大名《せんごくだいみょう》とよばれる有力者たちが、自分の領地《りょうち》を広げるために各地《かくち》で争《あらそ》うようになりました。戦国大名《せんごくだいみょう》は、新しい田をどんどんつくり、領地内《りょうちない》の米の収穫量《しゅうかくりょう》をふやすことに力を入れました。洪水《こうずい》の被害《ひがい》を受けやすい低地《ていち》など、耕地《こうち》にむかない土地も田として利用《りよう》されたため、この時代には、田を水害《すいがい》から守る大がかりな工事がおこなわれるようになりました。よく知られているものに、16世紀《せいき》の中ごろに甲斐国《かいのくに》（山梨県《やまなし》）の武田信玄《たけだしんげん》がつくった「信玄堤《しんげんづつみ》」や、16世紀末《せいきまつ》に肥後国《ひごのくに》（熊本《くまもと》県）の加藤清正《かとうきよまさ》がつくった「乗越堤《のりごえづつみ》」などの堤防《ていぼう》があります。

▼山梨《やまなし》県の釜無《かまなし》川に現在《げんざい》ものこる信玄《しんげん》堤《づつみ》。川の中にならぶ木で組んだものは「聖牛《せいぎゅう》」とよばれ、堤防《ていぼう》にあたる水の力を弱めるはたらきをしている。

（国土交通省甲府河川国道事務所）

太閤検地《たいこうけんち》の開始《かいし》

新しい田がふえると、戦国大名《せんごくだいみょう》は自分の領地《りょうち》にある田や畑の面積《めんせき》や持ち主、収穫量《しゅうかくりょう》などを調べる「検地《けんち》」をはじめました。検地《けんち》の結果《けっか》をもとに、土地の持ち主がおさめる年貢《ねんぐ》の量《りょう》が定められました。地域《ちいき》により検地《けんち》の方法《ほうほう》や年貢《ねんぐ》の計算のしかたはまちまちでしたが、16世紀《せいき》後半、豊臣秀吉《とよとみひでよし》が天下《てんか》を統一《とういつ》すると、全国統一《ぜんこくとういつ》の基準《きじゅん》がつくられました。

豊臣秀吉《とよとみひでよし》は、土地の測量《そくりょう》や穀物《こくもつ》の計量《けいりょう》につかう道具や単位《たんい》を統一《とういつ》し、土地が作物をつくるのに適《てき》しているかどうかを「上・中・下・下々」などの等級であらわしました。さらに、土地の持ち主は、ひとつの田畑につきひとりとし、「名請人《なうけにん》」として「検地帳《けんちちょう》」に記録《きろく》しました。名請人《なうけにん》は土地の権利《けんり》が保証《ほしょう》されるかわりに、年貢《ねんぐ》として米をおさめる義務《ぎむ》を負うことになりました。豊臣秀吉《とよとみひでよし》がおこなった検地《けんち》は「太閤検地《たいこうけんち》」とよばれています。

検地《けんち》のようす

検地《けんち》は村ごとにおこなわれ、役人が縄《なわ》をつかい、決められた方法《ほうほう》で田畑の面積《めんせき》をはかりました。そして、米をつくる田か、ムギなどをつくる畑なのか、土地の種類《しゅるい》を区別し、さらに、水はけの具合や地形のようすなどから田畑の質《しつ》をみきわめ、その土地の収穫高《しゅうかくだか》（石高《こくだか》）を決めていきました。この石高《こくだか》をもとに年貢《ねんぐ》の量《りょう》が定められ検地《けんち》をおこなうときにつかう、ものさしや枡《ます》などの道具も、全国的《ぜんこくてき》に統一《とういつ》されました。

江戸《えど》時代の検地《けんち》のようすを表した絵図。水《みず》縄《なわ》をはり田の面積《めんせき》をはかっている。四角形ではない田をはかるための基準《きじゅん》も決められていた。太閤検地《たいこうけんち》も同じような方法《ほうほう》でおこなわれた。（玄福寺『検地絵図』より）

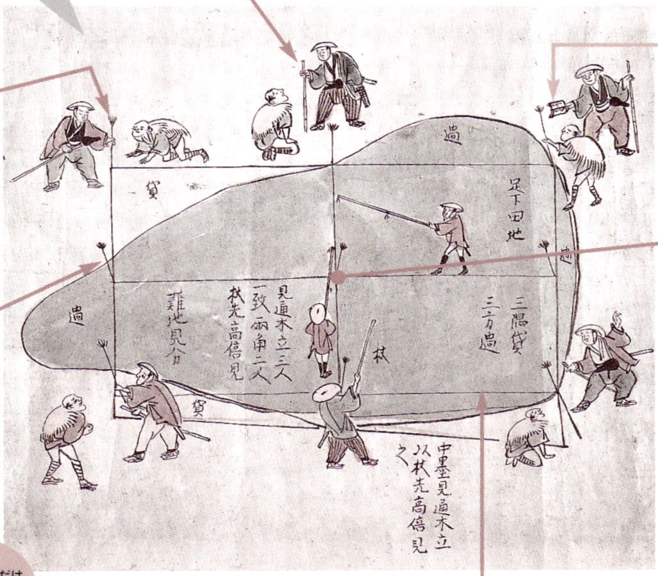

間竿《けんざお》

水縄《みずなわ》の長さをはかる。1尺《しゃく》ごとに線が入っている。

持ち主の名前とともに検地帳《けんちちょう》に記録《きろく》する。

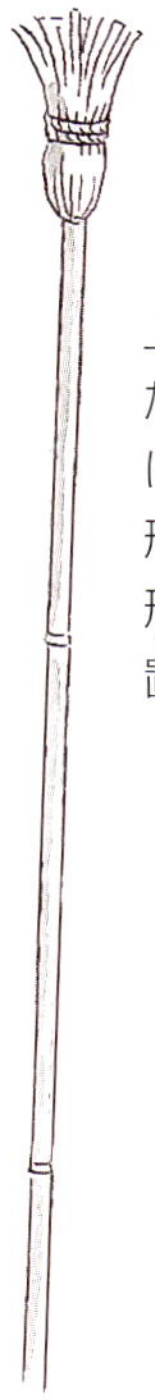

細見竹《さいみだけ》

上部にわらの束《たば》をつけたさお。土地の四すみに立てる。土地が四角形でない場合は、四角形にみたて、立てる位《い》置《ち》を決めた。

十字《じゅうじ》（十字木《じゅうじぎ》）

図の部分でもちいる。田畑の中央でまじわる水縄《みずなわ》にあて、2本の水《みず》縄《なわ》が直角にまじわっているかたしかめる。

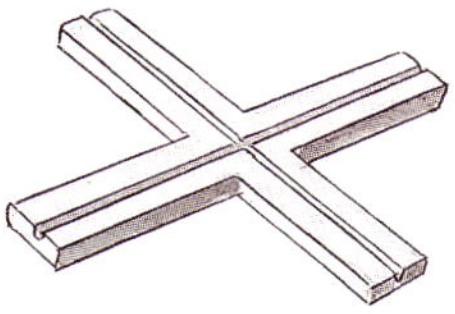

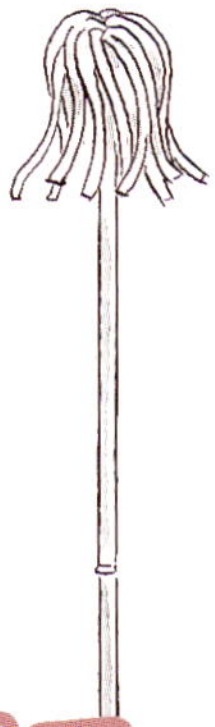

梵天竹《ぼんてんだけ》

上部に切り紙をつけたさお。水縄《みずなわ》をはるために、細見竹《さいみだけ》の中間点に立てた。

水縄《みずなわ》

面積《めんせき》をはかるのにもちいた目《め》盛《も》りをつけた縄《なわ》。麻縄《あさなわ》に渋《しぶ》（渋柿《しぶがき》などの汁《しる》からつくった塗料《とりょう》）をぬり、のびちぢみしないようにしてある。

太閤検地《たいこうけんち》でつかわれた単位《たんい》

長さをあらわすのにつかわれた単位《たんい》

1分《ぶ》 ＝約《やく》0.303cm

10分《ぶ》＝ 1寸《すん》 ＝約《やく》3.03cm

100分《ぶ》＝ 10寸《すん》 ＝ 1尺《しゃく》 ＝約《やく》30.3cm

面積《めんせき》をあらわすのにつかわれた単位《たんい》

1歩《ぶ》※1（坪《つぼ》）＝約《やく》3.65m^2

30歩《ぶ》＝ 1畝《せ》※2 ＝約《やく》109m^2

300歩《ぶ》＝ 10畝《せ》 ＝1反《たん》（段《たん》）＝約《やく》1094m^2

3000歩《ぶ》＝100畝《せ》＝ 10反《たん》 ＝ 1町《ちょう》 ＝約《やく》10944m^2

容量《ようりょう》をあらわすのにつかわれた単位《たんい》

1升《しょう》 ＝約《やく》1796mℓ＝約《やく》1.8ℓ

10升《しょう》 ＝ 1斗《と》 ＝約《やく》18ℓ

100升《しょう》＝ 10斗《と》 ＝ 1石《こく》 ＝約《やく》180ℓ

※1　1歩《ぶ》は1間《けん》×1間《けん》の正方形の面積《めんせき》。1間《けん》は曲尺《かねじゃく》の6尺《しゃく》3寸《ずん》（約《やく》191cm）。

※2　1畝《せ》は約《やく》1アール。

江戸《えど》時代の新田開発《しんでんかいはつ》

**幕藩体制《ばくはんたいせい》のもと、大名《だいみょう》たちは、多くの年貢《ねんぐ》をまかなうため、新田開発《しんでんかいはつ》を進めました。
人々の努力《どりょく》により農地はふえたものの、
自然災害《しぜんさいがい》などによって大規模《だいきぼ》なききんに苦しめられることもありました。**

新田開発《しんでんかいはつ》の広がり

江戸《えど》時代になると、幕府《ばくふ》と各藩《かくはん》の大名《だいみょう》の主従関係《しゅじゅうかんけい》を中心に人々をおさめる、「幕藩体制《ばくはんたいせい》」とよばれるしくみができあがりました。幕府《ばくふ》の主な収入《しゅうにゅう》は、石高《こくだか》が約《やく》400万石以上《まんごくいじょう》ある幕府領《ばくふりょう》（天領《てんりょう》）からの年貢米《ねんぐまい》です。年貢米《ねんぐまい》を確保《かくほ》するため、幕府《ばくふ》や藩《はん》は、新しい田の開発《かいはつ》にますます力を入れるようになりました。

海や湖を堤防《ていぼう》でしきって中の水をぬく干拓《かんたく》や、川の流れをかえる大がかりな工事もおこなわれました。東京湾《とうきょうわん》にそそぎ、たびたびはんらんしていた利《と》根《ね》川の流れを千葉《ちば》の銚子《ちょうし》にむかわせたり、湿地帯《しっちたい》だった越後平野《えちごへいや》には、よぶんな水を海に流す水路をつくりました。こうした開発《かいはつ》によって、江戸《えど》時代がはじまってから100年ほどのあいだに、全国の田や畑の面積《めんせき》が約《やく》2倍になりました。

▲干満《かんまん》の差《さ》が大きい九州《きゅうしゅう》北西部の有明海《ありあけかい》は干拓《かんたく》に適《てき》しており、江戸《えど》時代には大規模《だいきぼ》な干拓《かんたく》がおこなわれた。
（農林水産省九州農政局）

農民《のうみん》にかかる重い年貢《ねんぐ》

江戸《えど》時代、人々は「士農工商《しのうこうしょう》」の身分に分けられていました。士《し》は武士《ぶし》、農《のう》は農民《のうみん》、工《こう》は職人《しょくにん》、商《しょう》は商人《しょうにん》をさし、武士《ぶし》が支配階級《しはいかいきゅう》となるしくみでした。中でも、幕府《ばくふ》や藩《はん》の財政《ざいせい》をささえる農民《のうみん》の暮《く》らしは、きびしく管理《かんり》されました。田畑を売買することは禁止《きんし》され、決められた穀物以外《こくもついがい》の作物をつくることはできませんでした。17世紀《せいき》中ごろには、「慶安《けいあん》の御触書《おふれがき》」で生活のしかたまで細《こま》かく定められました。

農民《のうみん》は、収穫《しゅうかく》した米の4〜5割《わり》を年貢《ねんぐ》として藩《はん》におさめなければなりませんでした。大名《だいみょう》や武士《ぶし》は、幕府《ばくふ》から給料《きゅうりょう》として支給《しきゅう》された米を町で売ってお金にかえ、生活に必要《ひつよう》なものを買いました。

農民《のうみん》の暮《く》らしかたを定めた「慶安《けいあん》の御触書《おふれがき》」

1649（慶安《けいあん》2）年に、農民《のうみん》の暮《く》らしの心がまえをしめした「慶安《けいあん》の御触書《おふれがき》」が定められました。「お酒、お茶、たばこをのんではいけない」「朝は草刈《くさか》り、昼は農作業、夜は縄《なわ》をなって、一日中しっかりはたらくこと」など、毎日の心がまえについて細《こま》かくいましめています。「慶安《けいあん》の御触書《おふれがき》」は、江戸幕《えどばく》府《ふ》が農民《のうみん》を徹底的《てっていてき》に管理《かんり》して、確実《かくじつ》に年貢《ねんぐ》を取り立てるためにだされたものでした。

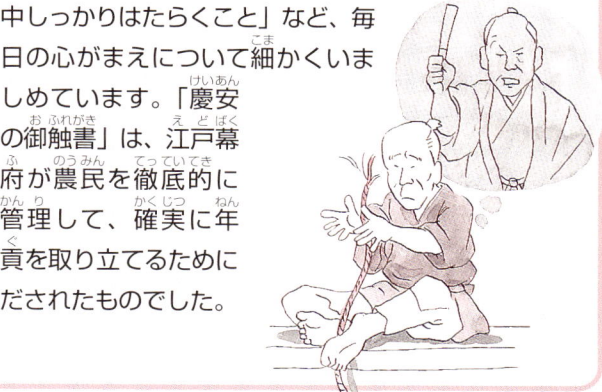

きききんに苦しむ人々

開発《かいはつ》によって農地がふえたとはいえ、米をたくさん収穫《しゅうかく》するためには自然条件《しぜんじょうけん》にめぐまれることが必要《ひつよう》です。江戸《えど》時代には、災害《さいがい》や害虫《がいちゅう》に関する知識《ちしき》がじゅうぶんでなかったこともあり、風水害《ふうすいがい》や冷害《れいがい》、虫の害《がい》などによって、何度もききんがおこりました。中でも被害《ひがい》が大きかったのが、「三大ききん」といわれる享保《きょうほう》・天明《てんめい》・天保《てんぽう》のききんです。

ききんがおこると、多くの人々が飢《う》えに苦しんで亡《な》くなりました。重い年貢《ねんぐ》にたえかねていた農民《のうみん》のあいだには不満《ふまん》が広まり、農民《のうみん》が団結《だんけつ》して重い年貢《ねんぐ》に抗議《こうぎ》する「百姓一揆《ひゃくしょういっき》」がたびたびおこりました。また都市では、力のある商人が米を買いしめたため、物価《ぶっか》が異常《いじょう》に上がり、暮《く》らしにこまった人たちが集《しゅう》団《だん》で米屋や豪商《ごうしょう》、高利貸《こうりが》しなどをおそう「打ちこわし」がおこりました。

江戸《えど》時代の三大ききん

享保《きょうほう》のききん

●1732（享保《きょうほう》17）年

長雨やイナゴの大発生などによって西日本におこったききん。1万2000人以上《いじょう》の死者がでた。

天明《てんめい》のききん

●1782（天明《てんめい》3）年～

冷害《れいがい》や水害《すいがい》、浅間《あさま》山の噴火《ふんか》などの災害《さいがい》がつづいたため、全国的に農作物の収《しゅう》穫量《かくりょう》がへり、深刻《しんこく》なききんとなった。とくに東北《とうほく》地方の被害《ひがい》が大きく、餓死《がし》者《しゃ》は東北《とうほく》だけで13万人ともいわれる。

天保《てんぽう》のききん

●1833（天保《てんぽう》4）年～

冷害《れいがい》や洪水《こうずい》などによって農作物の収穫《しゅうかく》量《りょう》がへり、全国的《ぜんこくてき》なききんが数年間つづき、10万人以上《いじょう》の死者をだした。米の値段《ねだん》が異常《いじょう》に上がり、全国各地《かくち》で百姓一揆《ひゃくしょういっき》や打ちこわしがおこった。

▼『幕末江戸市中騒動図《ばくまつえどしちゅうそうどうず》』にみられる打ちこわしのようす。米屋が買いだめしていた米俵《こめだわら》が投げだされ、いちめんに米がこぼれている。（東京国立博物館）

江戸《えど》時代の農業技術《ぎじゅつ》

江戸《えど》時代には、収穫量《しゅうかくりょう》をふやし、農作業を効率《こうりつ》よくおこなうためのさまざまな農具が登場しました。また、イネの品種改良《ひんしゅかいりょう》も進み、質《しつ》のよい米を生産《せいさん》する米の産地《さんち》もあらわれました。

農業技術《ぎじゅつ》の広がり

新田《しんでん》の開発《かいはつ》が進むのにともない、新しい農具や技《ぎ》術《じゅつ》もつぎつぎに生まれました。土を深くたがやすことができる「備中《びっちゅう》ぐわ」や、一度にたくさん脱穀《だっこく》することができる「千歯《せんば》こき」、浅《あさ》い水路からも効率《こうりつ》よく水をくみ上げる「踏《ふ》み車《ぐるま》」などが発明され、全国に広まっていきました。

また、寺子屋《てらこや》で勉強して読み書きができる農民《のうみん》がふえたため、農業の技術《ぎじゅつ》をまとめた『農業全書《のうぎょうぜんしょ》』などの「農書《のうしょ》」とよばれる本も出版《しゅっぱん》され、多くの人に読まれるようになりました。農書《のうしょ》には作物の育て方や道具のつかい方などが絵入りでわかりやすく紹《しょう》介《かい》されており、農民《のうみん》は本からさまざまな知識《ちしき》を得《え》ることができました。

品種改良《ひんしゅかいりょう》の努力《どりょく》

米の収穫量《しゅうかくりょう》をふやすため、江戸《えど》時代にはイネの品《ひん》種改良《しゅかいりょう》も進められました。イネの中でとくによくみのっているものを選《えら》び、何年もかけてそのイネをふやしていったのです。人々のこうした努力《どりょく》によって、さまざまな新しい品種《ひんしゅ》が生まれました。田の条件《じょうけん》や気候《きこう》に合った品種《ひんしゅ》を選《えら》ぶことができるようになったため、米の収穫量《しゅうかくりょう》も大幅《おおはば》にふえました。

年貢《ねんぐ》として藩《はん》におさめられた米の一部は、大坂《おおさか》（大阪《おおさか》）や江戸《えど》にはこばれ、町で売られました。遠方から大都市へ米をはこぶときには船がつかわれ、17世紀《せいき》の中ごろには、東北《とうほく》・北陸《ほくりく》地方からの航路《こうろ》（北前船《きたまえぶね》）も発達《はったつ》しました。その結果《けっか》、大都市にますます多くの米が集まるようになり、おいしい米がとれる地域《ちいき》は、米の産地《さんち》として名前が知られるようになりました。

18世紀《せいき》前半の米の産地《さんち》

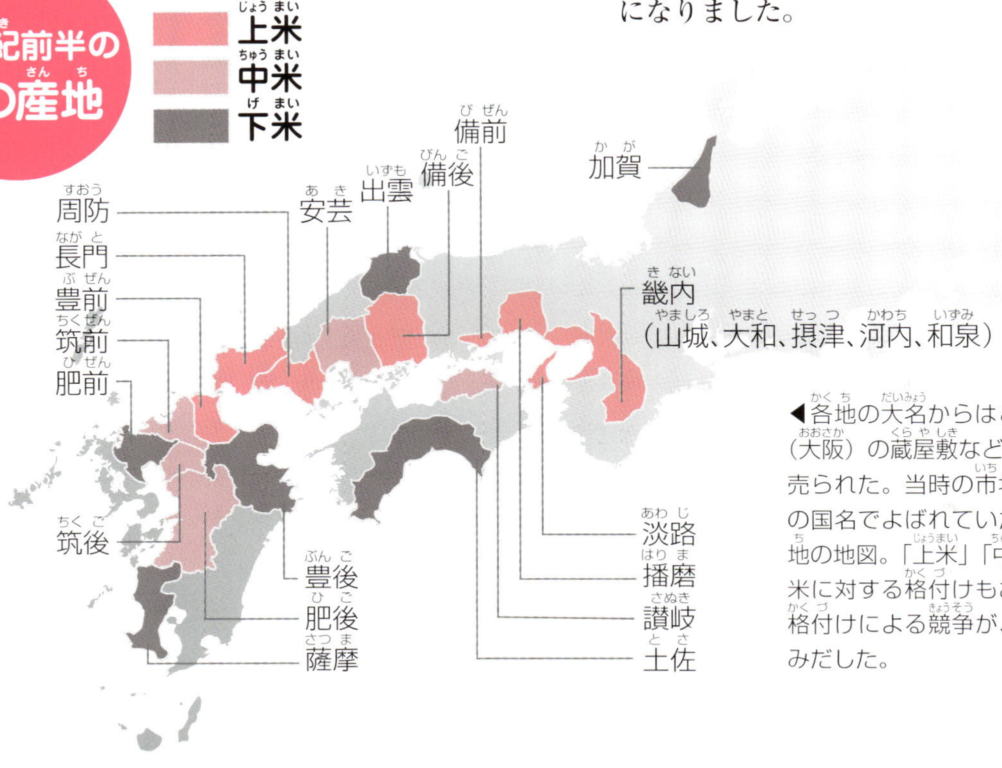

上米《じょうまい》
中米《ちゅうまい》
下米《げまい》
備前《びぜん》
備後《びんご》
出雲《いずも》
安芸《あき》
加賀《かが》
周防《すおう》
長門《ながと》
豊前《ぶぜん》
筑前《ちくぜん》
肥前《ひぜん》
畿内《きない》
（山城《やましろ》、大和《やまと》、摂津《せっつ》、河内《かわち》、和泉《いずみ》）
筑後《ちくご》
豊後《ぶんご》
肥後《ひご》
薩摩《さつま》
淡路《あわじ》
播磨《はりま》
讃岐《さぬき》
土佐《とさ》

◀各地《かくち》の大名《だいみょう》からはこばれてきた米は、大坂《おおさか》（大阪《おおさか》）の蔵屋敷《くらやしき》などを経《へ》て、大都市の市場《いちば》で売られた。当時の市場《いちば》では、米の銘柄《めいがら》は各地《かくち》の国名でよばれていた。左は、当時の米の産《さん》地《ち》の地図。「上米《じょうまい》」「中米《ちゅうまい》」「下米《げまい》」と、各地の米に対する格付《かくづ》けもおこなわれていた。この格付《かくづ》けによる競争《きょうそう》が、新しい農具や技術《ぎじゅつ》を生みだした。

江戸《えど》時代の農具図《ず》鑑《かん》

江戸《えど》時代には、千歯《せんば》こきや備中《びっちゅう》ぐわなど、農作業の能率《のうりつ》を上げるのに役だつ便利《べんり》な道具が登場し、各地《かくち》でつかわれるようになりました。

備中《びっちゅう》ぐわ

刃先《はさき》が3、4本に分かれているので刃《は》に土がつきにくく、しめった重い土でも、より深くたがやすことができる。

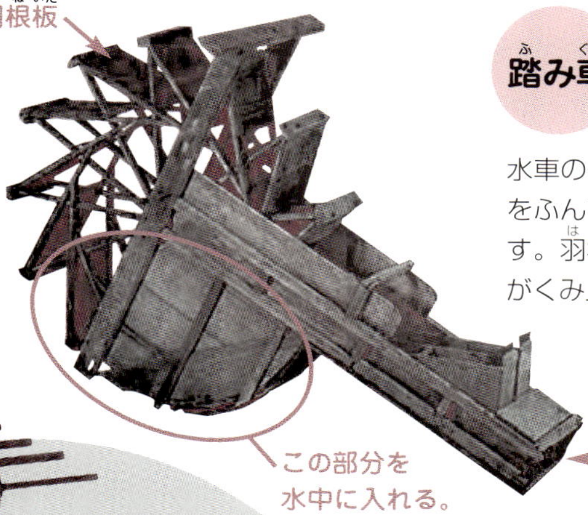

羽根板《はねいた》
この部分を水中に入れる。
くみ上げた水がでてくる。

踏《ふ》み車《ぐるま》

水車の一種で、羽根板《はねいた》をふんで羽根車《はねぐるま》をまわす。羽根板《はねいた》によって水がくみ上げられる。

田植え定規《じょうぎ》

田の土の上におき、定規《じょうぎ》についた印《しるし》にそって苗《なえ》を植える。苗《なえ》をまっすぐ、等間隔《とうかんかく》に植えることができる。

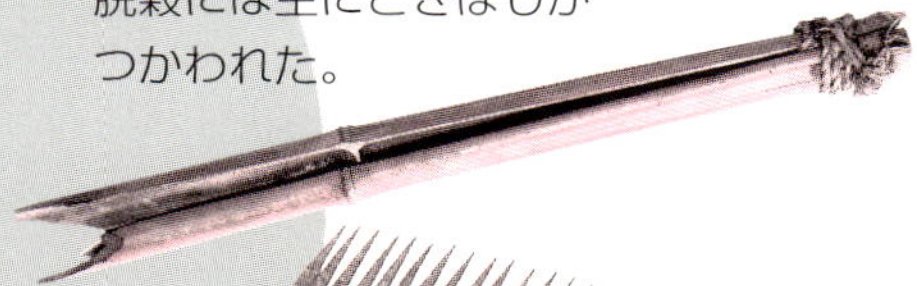

こきばし

2本の竹の一方をわらなどでむすび、竹のあいだに穂先《ほさき》をはさんでしごき、もみを落とす。千歯《せんば》こきが登場するまで、脱穀《だっこく》には主にこきばしがつかわれた。

唐箕《とうみ》

上からもみを入れ、ハンドルのような部分を手でまわして風をおこす。風の力で、重くて質《しつ》のよいもみと、中身のない軽いもみやもみがら、ごみを吹《ふ》き分けることができる。

イネの束《たば》がつかえると動いてしまうので、この部分を足でふんで固定《こてい》する。

千歯《せんば》こき

くし状にならんだ竹の歯と歯のあいだにイネの茎《くき》をはさみ、手前にひいて、穂《ほ》からもみをそぎ落とし脱穀《だっこく》する。のちに改良《かいりょう》され、鉄製《てつせい》の歯になった。

（旭市役所、奈良県立民俗博物館）

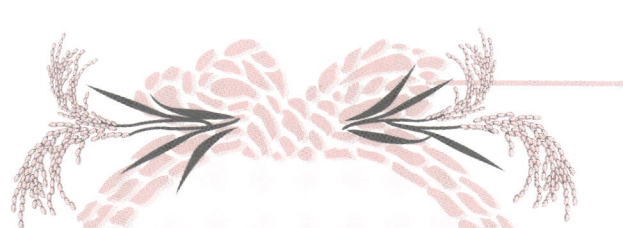

地《ち》租《そ》改《かい》正《せい》と
かわる農民の暮《く》らし

明治《めいじ》時代になると、米などで税《ぜい》をおさめる制度《せいど》が廃止《はいし》され、かわりに土地に対する税《ぜい》を現金《げんきん》でおさめるようになりました。重い税金《ぜいきん》を支払《しはら》うことができず、自分の土地を売って小作農《こさくのう》になる人もふえました。

年貢《ねんぐ》から税金《ぜいきん》へ

1867（慶応《けいおう》3）年、江戸幕府《えどばくふ》による支配《しはい》が終わり、1868年に天皇《てんのう》を中心とする明治政府《めいじせいふ》ができました。明治政府《めいじせいふ》は国の収入《しゅうにゅう》を安定させるために1873（明治《めいじ》6）年「地租改正《ちそかいせい》」をおこない、土地と税《ぜい》の制度《せいど》をあらためました。地租改正後《ちそかいせいご》は、米でおさめる年貢《ねんぐ》のかわりに、土地の持ち主が土地の値段《ねだん》の3%の税《ぜい》（地租《ちそ》）をお金でおさめることになりました。年貢《ねんぐ》のようにその年の収穫量《しゅうかくりょう》に左右されることがないので、政府《せいふ》は毎年ほぼ一定の税金《ぜいきん》を集められるようになりました。

しかし農民《のうみん》にとって、この税金《ぜいきん》の負担《ふたん》は、江戸《えど》時代の年《ねん》貢《ぐ》と同様に重いものでした。高い税金《ぜいきん》に不満《ふまん》をもった人々による地租改正《ちそかいせい》反対の一揆《いっき》が各地《かくち》でおこり、1877年税率《ぜいりつ》は2.5%にひき下げられました。とはいえ、農民《のうみん》の負担《ふたん》はそれほど軽くはなりませんでした。

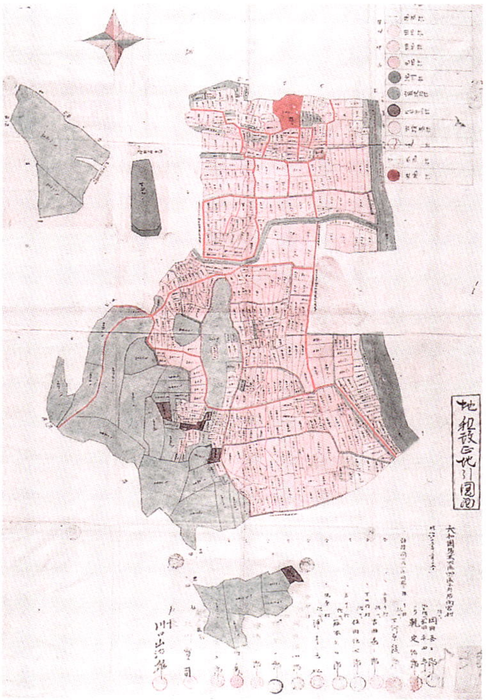

▶1880（明治《めいじ》13)年に作成された『地租改正地引絵図《ちそかいせいじびきえず》』。土地の測量《そくりょう》がおこなわれ、所有者などを記入した「地引絵図《じびきえず》」とよばれる地図が作成された。

（税務大学校租税史料館）

地主と小作農《こさくのう》

地租改正《ちそかいせい》後は、土地の持ち主に土地の値段《ねだん》を定めた「地券《ちけん》」という証書《しょうしょ》が発行され、土地を所有する権利《けんり》が正式にみとめられました。土地の所有者は、税金《ぜいきん》をはらう義務《ぎむ》を負わされましたが、同時に、農《のう》民《みん》が田畑を売ることを禁止《きんし》した法律《ほうりつ》が廃止《はいし》されたので、自分の土地を自由に売買することができるようになりました。そのため、重い税金《ぜいきん》からのがれようと、自分の土地を売る人もでてきました。

土地を売った農民《のうみん》は、多くの場合その後、土地を買い集めた「地主」から農地を借《か》りて作物をつくり、収穫《しゅうかく》の一部や現金《げんきん》を「小作料《こさくりょう》」としておさめる「小作農《こさくのう》」になりました。小作農《こさくのう》が年々ふえる一方で、裕福《ゆうふく》な地主もあらわれました。

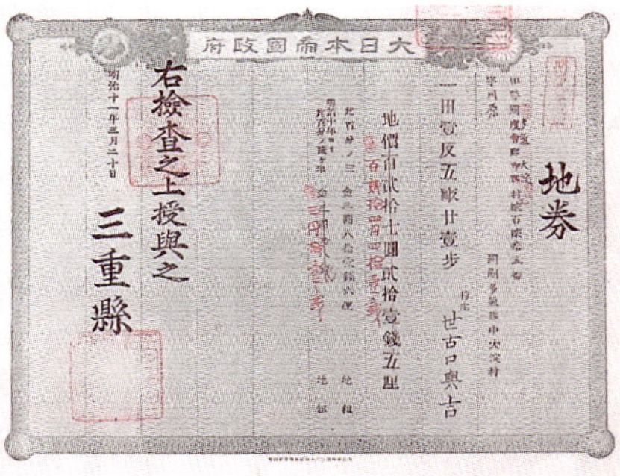

▲1878（明治《めいじ》11)年、三重《みえ》県で発行された「地券《ちけん》」。地券《ちけん》に名前がしるされた人は、土地の持ち主としてみとめられるかわりに、税金《ぜいきん》をおさめる義務《ぎむ》を負った。

（税務大学校租税史料館）

海外の農業技術《ぎじゅつ》の導入《どうにゅう》

明治《めいじ》時代には、西洋の風俗《ふうぞく》や習慣《しゅうかん》を取り入れようとする「文明開化《ぶんめいかいか》」の動きがおこりました。欧米《おうべい》の農業技術《ぎじゅつ》が積極的《せっきょくてき》に取り入れられるようになり、東京《とうきょう》と北海道《ほっかいどう》には「西洋農学」を学ぶ農学校もつくられました。また、交通の発達《はったつ》によって各地《かくち》の農学者どうしの交流がさかんになりました。農学者たちは、品種改良《ひんしゅかいりょう》を進めたり、農業に関《かん》する知識《ちしき》を一般《いっぱん》に広めることに力をそそぎました。

明治《めいじ》時代の中ごろには、化学薬品による除草《じょそう》がはじまり、その後、化学肥料《かがくひりょう》もつかわれるようになりました。明治《めいじ》時代の終わりごろには、石油や電気を動力とするエンジンや電動機《でんどうき》が国内でつくられるようになり、人や家畜《かちく》の力にたよっていたさまざまな農具は、大正《たいしょう》時代に大きく機械化《きかいか》されました。

▼1920（大正《たいしょう》9）年ごろスイスから輸入《ゆにゅう》されたロータリ式動力耕耘機《こううんき》。エンジンの力で土をたがやす。（長崎県総合農業試験場）

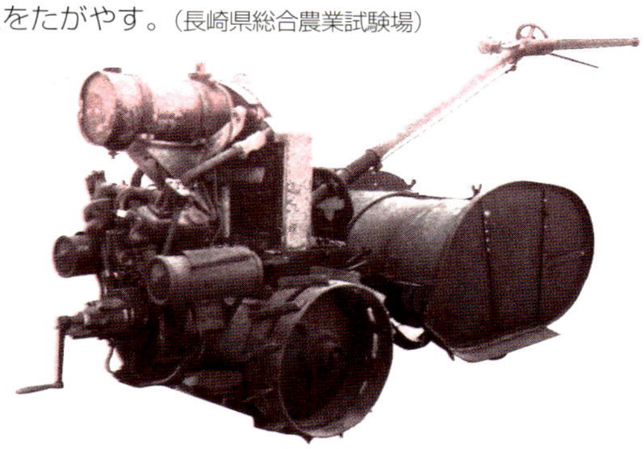

◀1926（大正《たいしょう》15）年に発売された、全自動もみすり機《き》（複《ふく》製《せい》）。それまでうすときねなどをつかっていたもみすりを、全自動でおこなった。（井関農機）

第《だい》1次《じ》世《せ》界《かい》大《たい》戦《せん》と米《こめ》騒《そう》動《どう》

1914（大正《たいしょう》3）年に第《だい》1次《じ》世界大戦《せかいたいせん》がおこると、軍《ぐん》需産業《じゅさんぎょう》がさかんになり、国内の工業生産《こうぎょうせいさん》が活発になりましたが、景気《けいき》の上昇《じょうしょう》と同時に物価《ぶっか》が高くなり、かえって人々の生活は苦しくなりました。

そんな中、日本は1918年にロシア革命《かくめい》に干渉《かんしょう》するため軍隊《ぐんたい》をシベリアにおくりこむことを決めました。軍《ぐん》が大量《たいりょう》の米を買い入れ、米が不足《ふそく》すると予想《よそう》した商人が米を買いしめたため、米の値段《ねだん》が異常《いじょう》に高くなりました。7月、米が買えずにこまった富山《とやま》県魚津《うおづ》町（当時）の女性《じょせい》たちが、米屋が米を県外にはこびだすのを止めようとした事件《じけん》をきっかけに、人々が米屋をおそう「米騒動《こめそうどう》」が全国的《ぜんこくてき》に広がりました。米騒動《こめそうどう》は約《やく》2か月間にわたってつづき、70万人以上《いじょう》の人が加《くわ》わりました。政府《せいふ》は警察《けいさつ》や軍隊《ぐんたい》を出動させ、さらに外国から安い米を輸入《ゆにゅう》するなどして、米騒動《こめそうどう》をしずめました。

米騒動《こめそうどう》絵巻《えまき》

『米騒動絵巻《こめそうどうえまき》』（桜井清香《さくらいせいこ》筆）。富山《とやま》県でおこったできごとが新聞などで報道《ほうどう》されたのをきっかけに、全国各地《かくち》で民衆《みんしゅう》が米の安売りをもとめて米屋をおそう米騒動《こめそうどう》がおこった。（徳川美術館）

昭和《しょうわ》の戦争《せんそう》と食料不足《しょくりょうぶそく》

昭和《しょうわ》時代の初期《しょき》～中期、不景気《ふけいき》や戦争《せんそう》の影響《えいきょう》で食料不足《しょくりょうぶそく》がつづき、人々の生活はとても苦しい状態《じょうたい》にありました。終戦後《しゅうせんご》に「農地改革《のうちかいかく》」がおこなわれ、ようやく人々の暮《く》らしは安定していきました。

昭和恐慌《しょうわきょうこう》と圧迫《あっぱく》される農家の暮《く》らし

1930（昭和《しょうわ》5）年、前年におこったニューヨーク株式市場《かぶしきしじょう》の大暴落《だいぼうらく》の影響《えいきょう》で、「昭和恐慌《しょうわきょうこう》」とよばれる不景気《ふけいき》がはじまりました。この年は米が大豊作《だいほうさく》でしたが、そのために米の値段《ねだん》が下がり、農家の人々の収入《しゅうにゅう》が大幅《おおはば》にへりました。それに加《くわ》えて、翌《よく》1931年と1934年には東北《とうほく》地方で冷害《れいがい》がおこって米の収穫量《しゅうかくりょう》が落ちこんだため、東北《とうほく》地方では多くの人々が食べるものにこまり、苦しみました。

▲1931（昭和《しょうわ》6）年、冷害《れいがい》におそわれた東北《とうほく》地方では深刻《しんこく》な食料不足《しょくりょうぶそく》がおこり、人々は草の葉をまぜたおかゆなどを食べて飢《う》えをしのいだ。（毎日新聞社）

地主から土地を借《か》りて作物をつくっている小作農《こさくのう》の中には、収入《しゅうにゅう》がへったために小作料《こさくりょう》がはらえなくなる人もいました。生活を守るため、小作農《こさくのう》が小《こ》作料《さくりょう》を軽くすることや条件《じょうけん》の改善《かいぜん》などを要求《ようきゅう》して地主と争《あらそ》う「小作争議《こさくそうぎ》」がはげしくなりました。

戦争《せんそう》による食料不足《しょくりょうぶそく》

1937（昭和《しょうわ》12）年に日中戦争《にっちゅうせんそう》がはじまりました。多くの男性《だんせい》が兵隊《へいたい》に取られたため、農家では働《はたら》き手が不足《ふそく》して米の生産量《せいさんりょう》がへっていきました。戦争《せんそう》の影響《えいきょう》で食料《しょくりょう》の輸入《ゆにゅう》もむずかしく、1940年には砂糖《さとう》、マッチの切符制《きっぷせい》がしかれ、1941年には、米は国が管《かん》理《り》し、国民に配給《はいきゅう》するという形になりました。

1941年にアジア・太平洋戦争《たいへいようせんそう》がはじまり、食料不《しょくりょうぶ》足《そく》がますます深刻《しんこく》になると、「食糧管理法《しょくりょうかんりほう》」という法律《ほうりつ》がつくられ、米以外《こめいがい》の麦《むぎ》、イモなど、主食となる作物もすべて国が統制《とうせい》するようになりました。しかし、食料不足《しょくりょうぶそく》の解決《かいけつ》にはつながらず、戦争《せんそう》がはげしくなるにつれて、人々の生活は苦しさをましていきました。

▼1945（昭和《しょうわ》20）年、サツマイモの配《はい》給《きゅう》に長い行列《ぎょうれつ》をつくる人々。（毎日新聞社）

1946（昭和《しょうわ》21）年におこった「米よこせ区民大会」のデモ。東京都世田谷区《とうきょうとせたがや》でおこなわれた食料不足《しょくりょうぶそく》をうったえる区民集会に参加した人々の一部が、皇居《こうきょ》におしかけた。（毎日新聞社）

戦後の食料難《しょくりょうなん》と農地改革《のうちかいかく》

アジア・大平洋戦争《たいへいようせんそう》は1945（昭和《しょうわ》20）年8月に終わりましたが、敗戦後《はいせんご》の日本では、農家の労働力《ろうどうりょく》が不足《ふそく》し、米不足《こめぶそく》もつづきました。国からの配給《はいきゅう》も十分ではなく、1946年には、人々が食料不足《しょくりょうぶそく》の不満《ふまん》を天皇《てんのう》にうったえる「食糧《しょくりょう》メーデー」などのデモ活動《かつどう》がおこりました。

こうした中、1947年から連合国最高司令官総司令部《れんごうこくさいこうしれいかんそうしれいぶ》（GHQ《ジーエイチキュー》）の指示《しじ》で政府《せいふ》による「農地改革《のうちかいかく》」がおこなわれ、国が地主から土地を買い取って小作農《こさくのう》に安く売りわたしました。その結果《けっか》、日本の農地の約《やく》90%は自分の田畑をもつ自作農《じさくのう》のものとなり、しだいに食料不足《しょくりょうぶそく》は解消《かいしょう》されていきました。

進む機械化《きかいか》と米の自給《じきゅう》

1948（昭和《しょうわ》23）年ごろから米の生産量《せいさんりょう》がふえはじめ、しだいに安定していきました。田の整備《せいび》や農作業の機械化《きかいか》も順調《じゅんちょう》に進み、1960年代なかばごろには、必要《ひつよう》な量《りょう》の米を生産《せいさん》することができるようになりました。このころから田植え機《き》や乗用トラクター（人が乗って運転する、田おこしなどにつかう機械《きかい》）などが普及《ふきゅう》し、さらに刈《か》り取りや脱穀《だっこく》の機能《きのう》もそなえたコンバインがつかわれるようになりました。品種《ひんしゅ》改良《かいりょう》や栽培技術《さいばいぎじゅつ》の研究も進み、短い労働時間《ろうどうじかん》で効率《こうりつ》よく米をつくることができるようになりました。

ところが、1970年代になると、米があまるようになりました。米の収穫量《しゅうかくりょう》がふえたにもかかわらず、食事の洋風化などによって、米を食べる量《りょう》がへったことが原因《げんいん》でした。

日本のイネ（水稲《すいとう》）の作付面積《さくつけめんせき》と10アールあたりの平年収量《へいねんしゅうりょう》

農作業の機械化《きかいか》やイネの品種改良《ひんしゅかいりょう》が進み、同じ広さの土地で1年間につくれる米の量《りょう》（平年収量《へいねんしゅうりょう》）が年々ふえた。

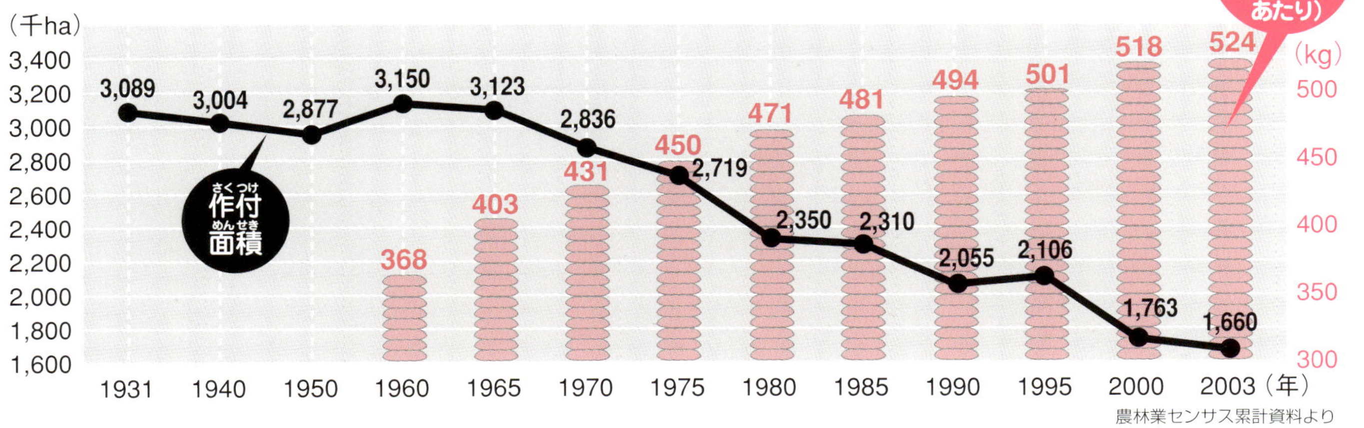

農林業センサス累計資料より

＊作付面積とは田の耕地面積のうち実際にイネを栽培した耕地。＊1931〜1950年の平年収量のデータはありません。

米の食べ方のうつりかわり

米は、収穫《しゅうかく》したままの状態《じょうたい》では食べることができません。今では炊飯器《すいはんき》でごはんをたくのが一般的《いっぱんてき》ですが、昔の人はどうしていたのでしょうか。お米の食べ方も、時代とともにかわってきています。

弥生《やよい》時代

土器《どき》で蒸《む》したもち米《ごめ》や、水といっしょに土器《どき》に入れてやわらかくなるまで煮《に》た「かゆ」を食べていた。

◀ひとりひとりの食器《しょっき》にしゃくしなどで取り分けて食べた。

古墳《こふん》時代

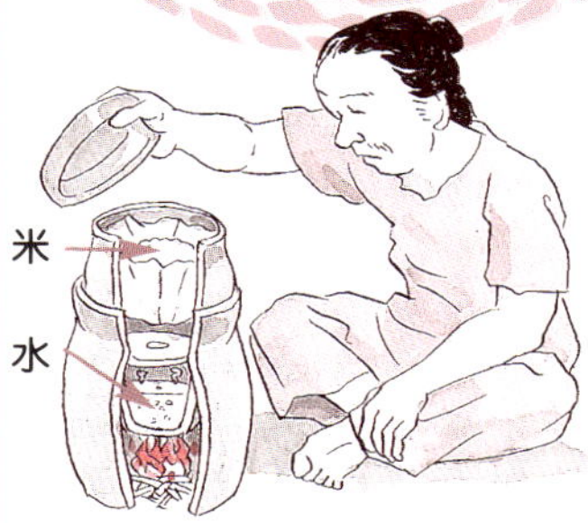

◀「こしき」は、現在《げんざい》の蒸《む》し器《き》と同じようなつくりをしている。

「こしき」という土器《どき》で米を蒸《む》した「強飯《こわいい》」というかためのごはんを食べていた。

奈良《なら》時代

強飯《こわいい》やかゆのほか、蒸《む》した米を乾《かん》燥《そう》させた「乾飯《ほしいい》」なども食べていた。乾飯《ほしいい》は、水にひたしてやわらかくして食べた。米をいつも食べていたのは貴族《きぞく》だけで、一般《いっぱん》の人々は主に雑穀《ざっこく》を食べた。

▶下級役人の食事は、玄《げん》米《まい》に塩《しお》、魚の煮《に》つけや野《や》菜《さい》の漬物《つけもの》、汁《しる》など3、4種類《しゅるい》のおかずが一般的《いっぱんてき》。

平安《へいあん》時代

主に強飯《こわいい》やかゆを食べていたが、中でもかためのかゆが好《この》まれ、「姫飯《ひめいい》」とよばれるようになった。焼《や》き米《ごめ》や乾飯《ほしいい》、玄米《げんまい》の強飯《こわいい》をおにぎりにした「屯食《とんじき》」など、いろいろな食べ方をするようになった。

▶貴族《きぞく》の宴《うたげ》などでは、蒸《む》した米を高く盛《も》り上げたものや、たくさんのおかずがならんだ。

鎌倉《かまくら》時代

武士《ぶし》や一般《いっぱん》の人々は強飯《こわいい》、貴族《きぞく》は姫飯《ひめいい》を食べていたが、鎌倉《かまくら》時代の終わりになると、武士《ぶし》も姫飯《ひめいい》を食べるようになった。一部の貴族《きぞく》は精白米《せいはくまい》、武士《ぶし》は主に玄米《げんまい》、一般《いっぱん》の人々は玄米《げんまい》や雑穀《ざっこく》を食べていた。

▶武士《ぶし》の食事は、玄《げん》米《まい》に魚や肉、野菜《やさい》など2、3種類《しゅるい》のおかずをそえたもの。

はしは いつからつかわれた？

2、3世紀《せいき》ごろの日本人は、「高坏《たかつき》」という長いあしのついた食器《しょっき》に食べ物を盛《も》り、手をつかって食べていました。はしをつかうようになったのは、古墳《こふん》時代の終わりごろといわれています。この時代のはしは、2本の棒《ぼう》ではなく、1本の棒《ぼう》をピンセットのようにおりまげたものでした。今と同じ形のはしがつかわれるようになったのは、平安《へいあん》時代に入ってから。金属《きんぞく》製《せい》のものや木製《もくせい》のものがつかわれていました。平安《へいあん》時代の貴族《きぞく》の宴《うたげ》では、右手にはしをもち、左手に柄《え》の長いさじ（スプーン）をもつのが正式な作法《さほう》でした。

室町《むろまち》～安土《あづち》桃山《ももやま》時代

主に姫飯《ひめいい》を食べるようになった。この食べ方が現在《げんざい》のごはんのもとになる。一般《いっぱん》の人々も、米を食べることができるようになってきた。もち、ちまき、だんごなど、米の加工食品《かこうしょくひん》もふえた。

江戸《えど》時代

江戸《えど》時代初期《しょき》、農民《のうみん》は米を食べるのを禁《きん》じられ、雑穀《ざっこく》に野菜《やさい》をまぜた雑炊《ぞうすい》を食べていた。武士《ぶし》や町人（職人《しょくにん》と商人《しょうにん》）は、主に米に麦《むぎ》をまぜたごはんを食べた。末期《まっき》には農民《のうみん》が米を食べることもふえてきた。

明治《めいじ》～大正《たいしょう》時代

外国の文化が入り、食生活の洋風化が進んだ。梅干《うめぼ》し入りのおにぎりや弁当《べんとう》などがあらわれ、都市では外食をする習慣《しゅうかん》も広まった。

▶カレーライスなどの洋食が広まり、大正《たいしょう》時代後期《こうき》にはちゃぶ台がつかわれるようになった。

昭和《しょうわ》時代～現在《げんざい》

アジア・太平洋戦争《たいへいようせんそう》～終戦《しゅうせん》直後は食料《しょくりょう》が不足《ふそく》し、雑穀《ざっこく》やいも類《るい》が多く食べられた。1950年代中ごろにはガスや電気《でんき》の炊飯器《すいはんき》が普及《ふきゅう》しはじめた。食生活の洋風化がさらに進んで、米の消費量《しょうひりょう》はへっていった。

▲商人《しょうにん》の食事は、麦《むぎ》をまぜた米のごはんに、みそ汁《しる》、煮物《にもの》、漬物《つけもの》などが一般的《いっぱんてき》だった。

▼最近《さいきん》ではさまざまな加《か》工技術《こうぎじゅつ》によって、便利《べんり》で手軽なレトルト食品などが開発されている。

▲自動炊飯器《じどうすいはんき》の普及《ふきゅう》で、食事の準備《じゅんび》にかかる手間《てま》がはぶけるようになった。

6章 米と歴史

これからの米づくり

現在《げんざい》では暮《く》らしが豊《ゆた》かになり、毎日、米を食べられるようになりました。
農業技術《ぎじゅつ》が発達《はったつ》し、農作業の効率化《こうりつか》も進みましたが、新《あら》たな問題《もんだい》も生まれています。
わたしたちの暮《く》らしをささえる米づくりは、今後、どのようにかわっていくのでしょうか。

食料難《しょくりょうなん》の時代から 米あまりの時代へ

1970年代になると、米があまるようになります。当時政府《せいふ》は「食糧管理法《しょくりょうかんりほう》」により、収穫《しゅうかく》された米を一定の値段《ねだん》ですべて買い取って管理《かんり》していました。しかし、できた米をすべて農家から高く買い取り、国民《こくみん》に安く売っていたため、米の消費量《しょうひりょう》の低下《ていか》にともない政府《せいふ》の赤字が増加《ぞうか》したのです。

そこで政府《せいふ》は、「減反政策《げんたんせいさく》（米生産調整政策《こめせいさんちょうせいせいさく》）」をおこない、米の生産量《せいさんりょう》をへらします。各都道府県《かくとどうふけん》に減反目標面積《げんたんもくひょうめんせき》（米をつくらない田の面積《めんせき》）を割《わ》りあて、かわりに助成金《じょせいきん》をだしました。こうした減反政策《げんたんせいさく》は、食糧管理法《しょくりょうかんりほう》が「食糧法《しょくりょうほう》」に移行《いこう》した1995（平成《へいせい》7）年までつづきました。現在《げんざい》は、減反目標面積《げんたんもくひょうめんせき》の割《わ》りあては廃止《はいし》され、各地域《かくちいき》の米の売り上げに合わせて生産量《せいさんりょう》を調整《ちょうせい》します。

全国の田の耕地面積《こうちめんせき》のうつりかわり

戦争《せんそう》の影響《えいきょう》によってへった水田の面積《めんせき》は、戦後《せんご》ふえていった。しかし、1970年を境《さかい》にへりつづけている。

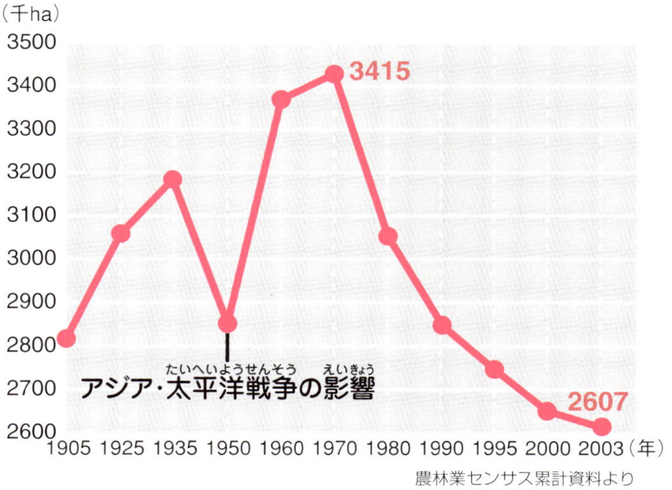

農林業センサス累計資料より

新しい米づくりにむけて

1995（平成《へいせい》7）年からは米あまりという状態《じょうたい》に加《くわ》え、外国産《がいこくさん》の安い米の輸入《ゆにゅう》もはじまりました。WTO《ダブリューティーオー》（世界貿易機関《せかいぼうえききかん》）の取り決めにより、一定量《いっていりょう》の米の輸入《ゆにゅう》が義務《ぎむ》づけられたのです。また、高齢化《こうれいか》などによって、米づくりをやめる農家もふえています。

また、食糧法《しょくりょうほう》が施行《しこう》・改正《かいせい》され、生産者《せいさんしゃ》が消費者《しょうひしゃ》に米を直接《ちょくせつ》売ることができるようになりました。現在《げんざい》では、農家は化学肥料《かがくひりょう》や農薬《のうやく》の使用《しよう》を少なくした安全でおいしい米をつくるなど、消費者《しょうひしゃ》のニーズに合わせ、さまざまな努力《どりょく》をしています。また、2003年に一部の地域《ちいき》に「農業特区《のうぎょうとっく》」がもうけられ、農家だけでなく民間《みんかん》の企業《きぎょう》などが米づくりに参加《さんか》できるようになってからは、休耕田《きゅうこうでん》を利用《りよう》した米づくりがはじまっています（70〜73ページ参照《さんしょう》）。

今、わたしたちは食料《しょくりょう》の多くを外国から輸入《ゆにゅう》しています。しかし、米は国内で自給《じきゅう》できる数少ない食料《しょくりょう》であり、日本人のたいせつな財産《ざいさん》です。米づくりを守ることは、わたしたちの生活の安定につながるといえます。

▶農薬《のうやく》や化学肥料《かがくひりょう》をつかわないで栽培《さいばい》されたことを証明《しょうめい》する有機農産物認定書《ゆうきのうさんぶつにんていしょ》。現在《げんざい》では、多少価格《かかく》が高くても安全な米をもとめる消費者《しょうひしゃ》がふえている。（OCIAジャパン）

もっと調べてみよう

米に関《かん》する資《し》料《りょう》のページ

米についてもっと調べてみたいと思ったら、博物館《はくぶつかん》やインターネットをつかって情報《じょうほう》を集めてみましょう。ここでは、米づくりや農具などについてわかりやすく展示《てんじ》している全国の博物館《はくぶつかん》や、調べ学習に役だつホームページを紹介《しょうかい》します。

米のことがよくわかる施設《しせつ》

稲作《いなさく》がさかんな日本には、日本各地《かくち》に米づくりの方法《ほうほう》や農具の歴史《れきし》から、
イネの生態《せいたい》や水田の生き物などを紹介《しょうかい》してくれる
さまざまな施設《しせつ》があります。

＊入館料《にゅうかんりょう》はそれぞれの施設《しせつ》に問い合わせてください。
＊連絡先《れんらくさき》やホームページアドレスは、2017年6月現在《げんざい》のものです。

大潟村干拓博物館《おおがたむらかんたくはくぶつかん》

【住所】秋田県《あきたけん》南秋田郡《みなみあきたぐん》大潟村《おおがたむら》字西《あざにし》5-2
【電話番号】0185-22-4113
【開館時間】9：00〜16：30
【休館日】毎月第2、第4火曜日（4月〜9月）
毎週火曜日（10月〜3月）
（祝日の場合はその翌日）
12月31日〜1月3日
【ホームページ】
http://ac.ogata.or.jp/museum/

▲博物館《はくぶつかん》は「頭上の海面」「潟《かた》の記憶《きおく》」「大地創造劇場《そうぞうげきじょう》」「新生の大地」「豊《ゆた》かなる大地」「大地との共生《きょうせい》」の6エリアに分かれていて、干潟《ひがた》を水田にかえるまでの苦労《くろう》がよくわかる。

この博物館《はくぶつかん》では、日本第《だい》2の湖《みずうみ》だった八郎潟《はちろうがた》を埋《う》め立てる工事（干拓事業《かんたくじぎょう》）のようすや、村での米づくりのようすなどを知ることができます。

▲「豊《ゆた》かなる大地」では、干拓地《かんたくち》への初期《しょき》の入植者《にゅうしょくしゃ》の暮《く》らしぶりが再現《さいげん》される。

▲八郎潟《はちろうがた》の干拓事業《かんたくじぎょう》のようすがパネルで展示《てんじ》されている。

お米《こめ》ギャラリー 庄内米歴史資料館《しょうないまいれきししりょうかん》

【住所】山形県《やまがたけん》酒田《さかた》市山居《さんきょ》町1-1-8

【電話番号】0234-23-7470

【開館時間】9：00～17：00（3月～11月）
9：00～16：30（12月）

【休館日】12月29日～2月末日

▼昔、山居倉庫《さんきょそうこ》でおこなわれていた、農家からもちこまれた米の検査《けんさ》のようすなどを、ジオラマで再現《さいげん》している。

お米ギャラリー庄内《しょうない》では、米に関《かん》するさまざまな情報《じょうほう》をビデオなどでみることができるほか、コンピュータによる食生活診断《しんだん》もできます。また、庄内米歴史資料館《しょうないまいれきししりょうかん》は、1893（明治《めいじ》26）年に酒田米穀取引所《さかたべいこくとりひきじょ》の付属倉庫《ふぞくそうこ》として建造《けんぞう》された「山居倉庫《さんきょそうこ》」を利用《りよう》してつくられた資料館《しりょうかん》です。ここでは、庄内《しょうない》平野での米づくりのようすを知ることができます。

▲庄内米歴史資料館《しょうないまいれきししりょうかん》は、山居倉庫《さんきょそうこ》の建物《たてもの》を利用《りよう》してつくられている。

▼「お米くんシアター」では、最近《さいきん》の庄内《しょうない》平野の米づくりや昭和《しょうわ》30年代の米づくりのようすが上映《じょうえい》されている。

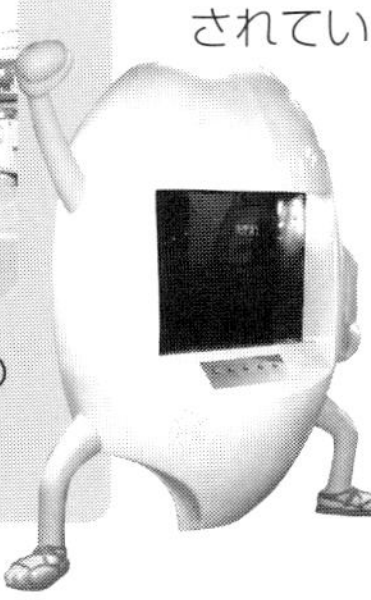

宇和米博物館《うわこめはくぶつかん》

【住所】愛媛県《えひめけん》西予《せいよ》市宇和町卯之町《うわちょううのまち》2-24

【電話番号】0894-62-6517

【開館時間】9：00～17：00

【休館日】月曜日（月曜日が祝祭日《しゅくさいじつ》の場合は火曜日が休館《きゅうかん》)、年末年始《ねんまつねんし》

▲昔の農作業のようすをつたえる復元模型《ふくげんもけい》や農具。

旧宇和町《きゅううわちょう》小学校を移築《いちく》してつくられた博物館《はくぶつかん》です。館内には、国内外のイネ約《やく》80種類《しゅるい》の実物標本《じつぶつひょうほん》や、宇和《うわ》地方でつかわれていた農《のう》具《ぐ》などが展示《てんじ》されています。実験《じっけん》田《でん》では、国内外の赤米《あかまい》・黒米《くろまい》を中心に160種《しゅ》ほどのイネが栽培《さいばい》されています。

▲小学校を移築《いちく》した木造《もくぞう》の博物館《はくぶつかん》。

▶さまざまな品種《ひんしゅ》のイネが展示《てんじ》されている。

米のことがよくわかる施設《しせつ》

大阪府立弥生文化博物館《おおさかふりつやよいぶんかはくぶつかん》

【住所】大阪《おおさか》府和泉《いずみ》市池上《いけがみ》町4-8-27

【電話番号】0725-46-2162

【開館時間】9：30〜17：00

【休館日】月曜日（月曜日が祝日《しゅくじつ》の場合は火曜日）、
年末年始

【ホームページ】http://www.kanku-city.or.jp/yayoi/

▲弥生《やよい》時代の農具をはじめ、人々のくらしのようすが紹介《しょうかい》されている。

弥生《やよい》文化に関するさまざまな資《し》料《りょう》を集め、展示《てんじ》した博物館。弥生《やよい》時代の稲作《いなさく》を再現《さいげん》した模型《もけい》がみどころで、春の田起こしから、秋の収穫《しゅうかく》にいたるまでの当時の農作業のようすが復元《ふくげん》されています。

◀春の水田の農作業のようすを復元《ふくげん》した模型《もけい》。

岩手県立農業《いわてけんりつのうぎょう》ふれあい公園《こうえん》
農業科学博物館《のうぎょうかがくはくぶつかん》

【住所】岩手《いわて》県北上《きたかみ》市飯豊《いいとよ》3-110

【電話番号】0197-68-3975

【開館時間】9：00〜16：30

【休館日】月曜日（月曜日が祝日《しゅくじつ》の場合は火曜日）、
年末年始

【ホームページ】
http://www2.pref.iwate.jp/~hp2088/park/

▲「農業れきし館」では、さまざまな農具が展示《てんじ》されている。

江戸《えど》時代以降《いこう》の農業の歴史を伝える農具や生活用具などが展示《てんじ》されている「農業れきし館」と、現《げん》在《ざい》の農業をゲームなどで楽しく学べる「農業かがく館」の、ふたつの展示室《てんじしつ》があります。

◀「農業かがく館」にある、水田を20倍に拡大《かくだい》した模型《もけい》。水田の中にくらす生き物と同じ目線で土の中をのぞくことができる。

食《しょく》と農《のう》の科学館《かがくかん》

【住所】茨城《いばらき》県つくば市観音台《かんのんだい》3-1-1
【電話番号】029-838-8980
【開館時間】9：00～16：00
【休館日】年末年始
【ホームページ】http://www.naro.affrc.go.jp/tarh/

◀作物見本園《さくもつみほんえん》では、日本や世界で栽培《さいばい》されているイネ約《やく》40品種《ひんしゅ》が栽培《さいばい》されている。アワやヒエなどの見本《みほん》園《えん》もある。

農林水産業《のうりんすいさんぎょう》の最近《さいきん》の研究成果《けんきゅうせいか》や、新しい技術《ぎじゅつ》などを紹介《しょうかい》する博《はく》物館《ぶつかん》です。「農業技術発達資料館《のうぎょうぎじゅつはったつしりょうかん》」では、古代《こだい》から現代《げんだい》にいたるまでの稲作《いなさく》の道具《どうぐ》などが展示《てんじ》されています。稲作技術《いなさくぎじゅつ》の発達《はったつ》が、農業者《のうぎょうしゃ》の負担《ふたん》を減《へ》らし米の収穫量《しゅうかくりょう》を増《ふ》やしてきた歴史《れきし》を知ることができます。

▲つくば学園都市内《がくえんとしない》にある食《しょく》と農《のう》の科学館《かがくかん》ギャラリー。土・日曜日、祝日ならつくば駅前から7か所の施設《しせつ》を巡回《じゅんかい》する「つくばサイエンスツアーバス」がある。

▲米の中の様子《ようす》がよく分かる拡大模《かくだいも》型《けい》。館内《かんない》には米だけでなく畜産《ちくさん》や野《や》菜《さい》・果物《くだもの》に関《かん》する最新《さいしん》の研究成果《けんきゅうせいか》が模型《もけい》や写真《しゃしん》を使い展示《てんじ》されている。

新潟県立歴史博物館《にいがたけんりつれきしはくぶつかん》

【住所】新潟《にいがた》県長岡《ながおか》市関原町《せきはらまち》1丁目字権現堂《あざごんげんどう》2247-2
【電話番号】0258-47-6130
【開館時間】9：30～17：00
【休館日】月曜日（月曜日が祝日の場合は火曜日）、
12月28日～1月3日
【ホームページ】http://nbz.or.jp/

ジオラマや模型《もけい》・パネルなどを通じ、新潟《にいがた》の「米づくり」について紹介《しょうかい》しています。昔の人々《ひとびと》の努《ど》力《りょく》によって、新潟《にいがた》が全国一《ぜんこくいち》の米どころとなるまでの歴史《れきし》がわかります。米づくりの道具《どうぐ》や、米づくりと生活の関《かか》わりなどについても知ることができます。

▲広大《こうだい》な低湿地帯《ていしっちたい》の水をぬいて、日本海《にほんかい》に流すための工事を再現《さいげん》している。こうした人《ひと》々《びと》の努力《どりょく》の結果《けっか》、低湿地帯《ていしっちたい》は美田《びでん》に生まれ変わった。

◀「米づくり」のほかにも、雪・縄文《じょうもん》をテーマに新潟県《にいがたけん》の歴史民《れきしみん》俗《ぞく》を楽しく紹介《しょうかい》。企画展《きかくてん》も年数《ねんすう》回開催《かいかいさい》されている。

米のことがよくわかる施設《しせつ》

田舎館村埋蔵文化財《いなかだてむらまいぞうぶんかざい》センター 田舎館村博物館《いなかだてむらはくぶつかん》

▲遺構露出展示室《いこうろしゅつてんじしつ》では、約《やく》2100年前の水田の上を実際《じっさい》に歩くことができる。

【住所】青森《あおもり》県南《みなみ》津軽郡《つがるぐん》田舎館村《いなかだてむら》大字《おおあざ》高樋《たかひ》字《あざ》大曲《おおまがり》63

【電話番号】0172-43-8555

【開館時間】10：00 ～ 17：00

【休館日】月曜日、年末年始《ねんまつねんし》

【ホームページ】http://www.vill.inakadate.lg.jp/_common/themes/inakadate/maibun_hp/

埋蔵文化財《まいぞうぶんかざい》センターでは、弥生《やよい》時代の垂柳遺跡《たれやなぎいせき》から出土した土器《どき》や石器《せっき》のほか、水田跡《あと》が展示《てんじ》されています。博物館《はくぶつかん》では、絵画や彫刻《ちょうこく》のほか生活道具も見ることができます。

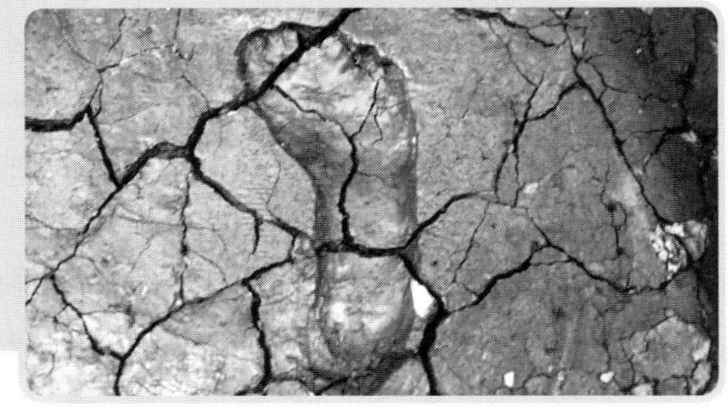

◀展示室《てんじしつ》では、弥生人《やよいじん》の足跡《あしあと》も見ることができる。

稲生民俗資料館《いのうみんぞくしりょうかん》

▲風力を利用《りよう》して、もみからもみがらを取りのぞく、「唐箕《とうみ》」という農具。

【住所】三重《みえ》県鈴鹿《すずか》市稲生西《いのうにし》2-24-18

【電話番号】059-386-4198

【開館時間】10：00～16：00

【休館日】毎週月曜日、火曜日、第3水曜日（ただし、月曜日のみ休日の場合は開館）、年末年始

「稲生《いのう》」という地名にちなんで、イネや農業に関係《かんけい》ある資料《しりょう》を中心に展示《てんじ》しています。水車や唐箕《とうみ》などの農具《のうぐ》の展示《てんじ》や、イネの品種改良《ひんしゅかいりょう》に功績《こうせき》のあった人物の紹介《しょうかい》、古代米《こだいまい》の一種《いっしゅ》の赤米《あかまい》や黒米《くろまい》、めずらしい紫米《むらさきまい》も展示《てんじ》しています。

▶刈《か》り取った穂《ほ》からもみを取る、「千歯《せんば》こき」という昔の農具。

▲水車など、今ではみかけることが少なくなった古い農具《のうぐ》なども展示《てんじ》されている。

体験交流型農業公園《たいけんこうりゅうがたのうぎょうこうえん》
アグリパーク竜王《りゅうおう》

【住所】滋賀《しが》県蒲生郡竜王《がもうぐんりゅうおう》町山之上《やまのうえ》6526
【電話番号】0748-57-1311
【開館時間】9：00～17：00
（7月末～8月末は18：00まで）
【休館日】月曜日（月曜日が祝日《しゅくじつ》の場合は火曜日）
7月～9月は無休
【ホームページ】http://www.biwa.ne.jp/~aguri-p/

▲農作業体験《たいけん》教室のようす。農家の人に教わりながら苗《なえ》を植えていく。

昔の農家が再現《さいげん》された「農村田園資料館《のうそんでんえんしりょうかん》」では、昭和初期《しょうわしょき》の農作業のようすなどがパネル展示《てんじ》されているほか、当時の農具《のうぐ》などもみることができます。また、年に数回ひらかれている農作業体験《たいけん》教室では、田植えやイネ刈《か》りを体験《たいけん》することもできます。

◀「農村田園資料館《のうそんでんえんしりょうかん》」の内部には、昭和初期《しょうわしょき》の農家の暮《く》らしが再現《さいげん》されている。ほかにも農園、産地直売店《さんちちょくばいてん》などがある。

大仙市《だいせんし》仙北民具資料館《せんぼくみんぐしりょうかん》
餅《もち》の館《やかた》

【住所】秋田《あきた》県大仙《だいせん》市板見内字一ツ森《いたみないあざひとつもり》418
【電話番号】0187-69-3311（史跡《しせき》の里交流《さとこうりゅう》プラザ柵《さく》の湯《ゆ》）
【開館時間】9：00～16：00
【休館日】毎週月、火曜日

▲約《やく》400種類《しゅるい》のさまざまなもちが展示《てんじ》されている。

農村地域《ちいき》では昔、1年をとおしてたくさんのもちを食べていました。しかし、今はもちをつくことはもちろん、食べる機会《きかい》もかなりへっています。「餅《もち》の館《やかた》」では、約《やく》400種類《しゅるい》のもちを実際《じっさい》につくり、シリコン加《か》工《こう》して展示《てんじ》しています。予約《よやく》をすればもちつき体験《たいけん》も楽しめます。

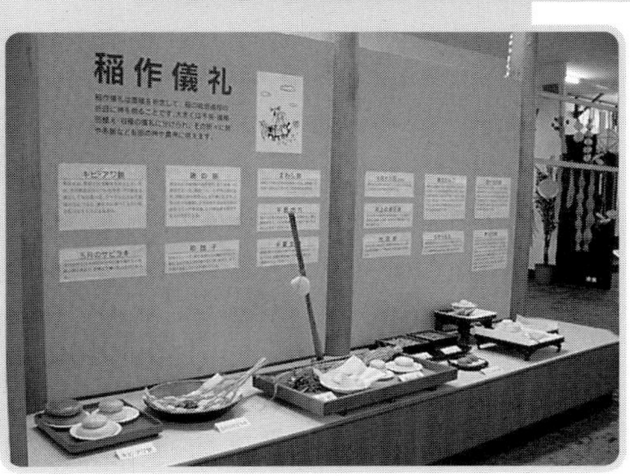

◀もちにまつわる民俗行事《みんぞくぎょうじ》が模型《もけい》やパネルをつかい紹《しょう》介《かい》されている。

インターネットで調べてみよう！

農家や博物館《はくぶつかん》に行くことができなくても、
インターネットをつかえば、日本各地《かくち》の米づくりのようすから
世界の米事情《じじょう》まで、さまざまな情報《じょうほう》を知ることができます。
ここでは、みなさんが調べ学習をするときに
参考《さんこう》になるホームページを紹介《しょうかい》します。

米に関連《かんれん》する統計《とうけい》データや日本各地《かくち》の米づくりのようすなどが知りたいときは

公共機関《こうきょうきかん》/JA《ジェーエー》

【農林水産省《のうりんすいさんしょう》】

http://www.maff.go.jp/

「子どものためのコーナー」では、米づくりをはじめとする日本の農業について、くわしく知ることができる。グラフや表などの統計《とうけい》データも充実《じゅうじつ》している。

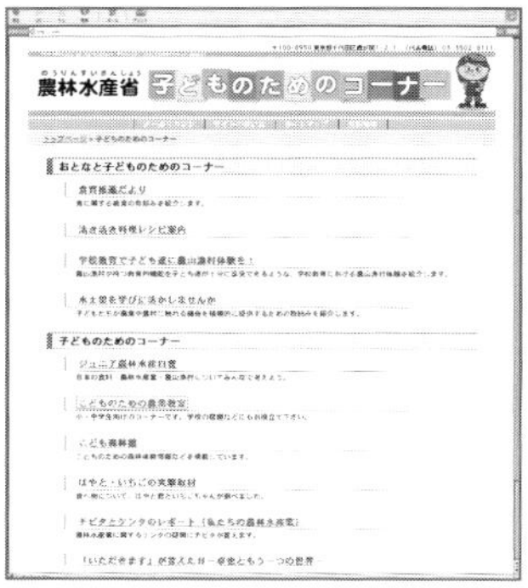

【ふくいごはん党《とう》（JA福井県《ジェーエーふくいけん》中央会）】

http://www.fukuigohan.jp/

旬《しゅん》の食材を生かしたごはん料理《りょうり》など、さまざまなごはん料理《りょうり》のレシピをみることができる。レシピはたいへん充実《じゅうじつ》しているので、これをみてぜひごはん料理《りょうり》にチャレンジしてみよう。

【JA全農山形《ジェーエーぜんのうやまがた》】

http://shonai.zennoh-yamagata.or.jp/

山形県《やまがた》庄内《しょうない》地方の米づくりのようすや、庄内米《しょうないまい》に関《かん》するデータなどをみることができる。庄内米《しょうないまい》に関《かん》する「庄内米《しょうないまい》おもしろ質問箱《しつもんばこ》」のコーナーもある。

【子どものための農業教室《のうぎょうきょうしつ》（農林水産省《のうりんすいさんしょう》）】

http://www.maff.go.jp/j/agri_school/

「昔といまのコメづくり」では、江戸時代《えどじだい》から現在《げんざい》までの米づくりの変化《へんか》を知ることができる。

【NHK　おこめゲーム】

http://www.nhk.or.jp/school/okome/yatte/class1.html

バケツ稲《いね》の育て方、田んぼのつくり方など、米づくりに関《かん》することや、米料理《りょうり》のことを、ゲームをしながら学ぶことができる。田んぼと環境問題《かんきょうもんだい》について考えるゲームもある。

よりくわしく米づくりが知りたいとき、また農業に興味《きょうみ》をもったときは

農業全般《のうぎょうぜんぱん》

【農薬工業会】

http://www.jcpa.or.jp/

農薬《のうやく》に関《かん》する基本的《きほんてき》な知識《ちしき》や、作物に害《がい》をあたえる病害虫《びょうがいちゅう》をふせぐ歴史《れきし》などが紹介《しょうかい》されている。

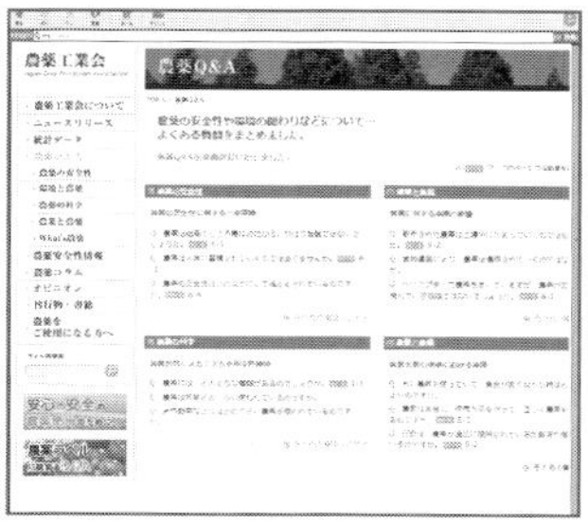

【農業技術《ぎじゅつ》ヴァーチャルミュージアム（農業・生物系特定産業技術研究機構）】

http://mmsc.ruralnet.or.jp/v-museum/

「目で見る農業技術《ぎじゅつ》の発達《はったつ》」のコーナーや、バイオテクノロジー技術《ぎじゅつ》、世界と日本の技術《ぎじゅつ》交流の現状《げんじょう》などが紹介《しょうかい》されている。

米の歴史《れきし》から流通《りゅうつう》、料理《りょうり》まで、米に関連《かんれん》するさまざまなことを知りたいときは

米、ごはん関係《かんけい》

【お米の学習】

http://www.tamagawa.ac.jp/sisetu/kyouken/rice/

「質問《しつもん》コーナー」が充実《じゅうじつ》していて、玉川学園《たまがわがくえん》の多賀譲《たがじょう》治《じ》先生が米にまつわるさまざまな疑問《ぎもん》にこたえてくれる。全国各地《かくち》の米づくりもくわしく紹介《しょうかい》している。

【米穀機構《べいこくきこう》・米ネット (米穀安定供給確保支援機構《べいこくあんていきょうきゅうかくほしえんきこう》)】

http://www.komenet.jp/

「お米ものしりゾーン」では、米の歴史《れきし》から料理《りょうり》までの情報《じょうほう》のほか、「質問《しつもん》コーナー」も充実《じゅうじつ》。米の消費量《しょうひりょう》や価格《かかく》などの最新情報《さいしんじょうほう》も知ることができる。

【お米の国の物語 (亀田製菓株式会社《かめだせいかかぶしきがいしゃ》)】

http://www.kamedaseika.co.jp/knowledge/knowledgeRice.html

米の歴史《れきし》や新潟《にいがた》の米づくり、米の栄養《えいよう》、お米のおいしい食べ方など、もりだくさんの内容《ないよう》。

【ごはんを食べよう国民運動 (ごはんを食べよう国民運動推進協議会《すいしんきょうぎかい》)】

http://www.gohan.gr.jp/

地方色豊《ゆた》かな日本全国のおにぎりやすし、どんぶりが紹介《しょうかい》されている。世界の米事情《じじょう》についてのコーナーなどもある。

【ワールドゴハンガイド (象印《ぞうじるし》マホービン株式会社《かぶしきがいしゃ》)】

http://www.ricemile.jp/gohan/world/

世界各国《かっこく》の米事情《じじょう》とごはん料理《りょうり》に関《かん》する情報《じょうほう》がひと目でわかる。

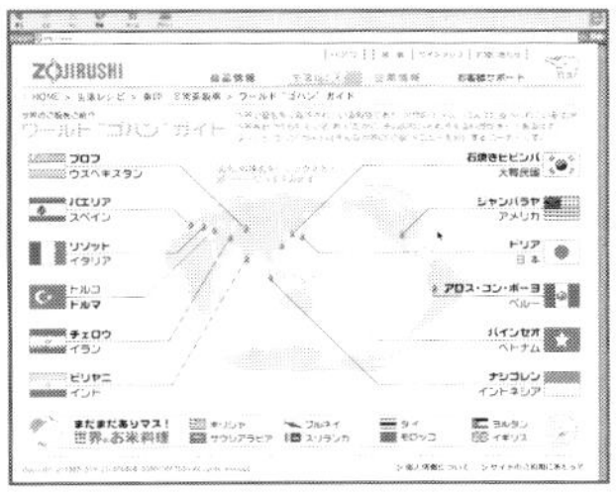

水田のしくみを知りたいとき、水田に行ってみたいときは

水田

【くぼたのたんぼ】

http://www.tanbo-kubota.co.jp/

水田のしくみや水田がもつ環境保全機能《かんきょうほぜんきのう》など、水田に関《かん》する基礎知識《きそちしき》が紹介《しょうかい》されている。全国の小学校の米づくり体験学習《たいけんがくしゅう》レポートもある。

【NPO《エヌピーオー》法人《ほうじん》棚田《たなだ》ネットワーク】

http://www.tanada.or.jp/

棚田《たなだ》についての情報《じょうほう》を知ることができるほか、全国にある棚田《たなだ》を調べることができる。

【田んぼの学校】

http://www.tanbonogakko.net/

水田での農作業や遊びをとおして、水田や農業のたいせつさを教えてくれるホームページ。

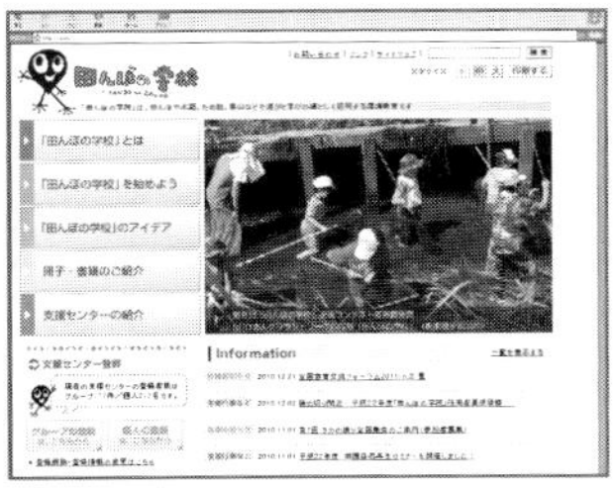

水田の動物や植物について知りたいときは

生物

【植物雑学事典《ざつがくじてん》／水田雑草《ざっそう》ツアー (岡山理科大学総合情報学部生物地球《おかやまりかだいがくそうごうじょうほうがくぶせいぶつちきゅう》システム学科植物生態研究室《がっかしょくぶつせいたいけんきゅうしつ》)】

http://had0.big.ous.ac.jp/plantsdic/zatsugakujiten.htm

水田に生えるさまざまな雑草《ざっそう》を、写真でみることができる。春の七草《ななくさ》、秋の七草《ななくさ》についてもくわしく紹介《しょうかい》されている。

【田《た》んぼの生《い》きもの図鑑《ずかん》 (一般社団法人地域環境資源《いっぱんしゃだんほうじんちいきかんきょうしげん》センター)】

http://www.acres.or.jp/Acres/tanbonoikimono/

水田にくらす昆虫《こんちゅう》のからだの特徴《とくちょう》や、日本のどこで見られるかがわかる。基本的な生き物調査のやり方も紹介《しょうかい》されている。

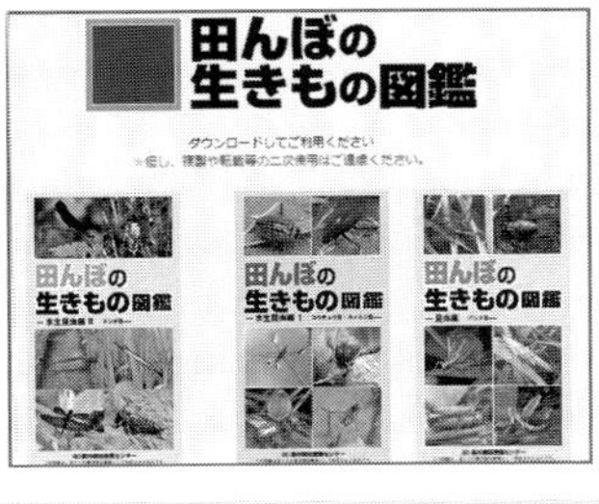

あ

ＩR-8《アイアールエイト》……102
アイガモ農法《のうほう》……23,60
あえのこと……173,175
赤潮《あかしお》……83
赤米《あかまい》……22,87,188
あきたこまち……18,19,52
秋田《あきた》平野……27
アジアイネ……14,103,106
アフリカ……14,97,100,102,103,160
アフリカイネ……103
あま酒《ざけ》……149,157
アミラーゼ……144
アミロース……117,145,146,147,161
アミロペクチン……117,146,147,161
アメリカ……16,94,96,99,100,101,107,143,160,163
あられ……21,156
アルゼンチン……15
α《アルファ》-デンプン……144
アロス・コン・レチェ……168
アワ……151,190

い

いかめし……153
育苗《いくびょう》センター……33,56
育苗箱《いくびょうばこ》……28,31,32,35,37
石垣《いしがき》水田……119
石包丁《いしぼうちょう》……23,186,188,189
板付遺跡《いたづけいせき》……186
イタリア……15,94,99,143,162,165
遺伝子《いでんし》……54,103,104
遺伝子《いでんし》組みかえ……50,54
イナゴ……129,199
イネ刈《か》り……44,64,65,172,188
イネゲノム……55
イネミズゾウムシ……39
いもち病……39
イラン……99,100,107
インディカ種《しゅ》……87,106
インディカ米《まい》……12,13,15,94,100,101,146,160,161,165,166
インド……12,94,98,99,100,106,146,161,165,186
インドネシア……10,12,98,99,100,101,102,163,167

う

魚沼《うおぬま》地方……26,27
浮《う》きイネ……10,12
うす……177,188,189,203
打ちこわし……199
産立《うぶた》て飯《めし》……177
ウルグアイ……99,101
ウルグアイラウンド……96,97
うるち米《まい》（白米《はくまい》）……86,90,117,146
ウンカ……39,60,127

え

えい……107,108,114,115,117
エジプト……98,99
NTWP加工法《かこうほう》……83
FTA《エフティーエー》（自由貿易協定《じゆうぼうえききょうてい》）……97
えぶり……175,188
塩害《えんがい》……17,102,124
塩基《えんき》……55
塩水選《えんすいせん》……30
えんつこ……181
えんぶり……175

お

オーストラリア……17,96,160
大田植《おおたう》え（花田植《はなだう》え）……173
おかき……156
おかぼ⇒陸稲《りくとう》
おかゆ……151,163,204
お食《く》い初《ぞ》め……177
おこし……156
おこわ……151
お雑煮《ぞうに》……171,182,183
オタマジャクシ……126,128
お茶……150
おにぎり……104,137,148,151,207
温湯消毒《おんとうしょうどく》……30

か

外国米……87
外食……92
外食産業《がいしょくさんぎょう》……72
害虫《がいちゅう》(病害虫《びょうがいちゅう》)……23,28,39,58,135,170,173,174,199
開発途上国《かいはつとじょうこく》……102
カエル……127,128
香《かお》り米《まい》……53,188

き

く

け

こ

さ

さくいん INDEX

し

す

せ

そ

た

ち

つ

て

と

な

に

ぬ

ね

の

さくいん
INDEX

は

ひ

ふ

へ

ほ

ま

み

む

め

も

や

ゆ

よ

ら

り

れ

ろ

わ

監　修　**石《いし》谷《たに》孝《たか》佑《すけ》**　日本食品包装研究協会会長

1943年鳥取県生まれ。1967年東京農工大学農学部農芸化学科卒、農林省食糧研究所（現・食品総合研究所）入所、食品保全研究室にて米等の保存研究に従事。1980年食品包装研究室長。1981年農水省農林水産技術会議事務局研究調査官。1990年農業研究センタープロジェクトチーム長、「スーパーライス計画」推進リーダー。1995年作物生理品質部長、「次世代稲作」チームリーダー。1996年東北農業試験場企画連絡室長。1998年国際農林水産業研究センター企画調整部長。2002年中国農業科学院日中農業技術研究開発センター首席顧問、2005年日本食品包装研究協会会長。主な編著書に「食品加工工程図鑑」（建帛社1989）、「米の科学」（朝倉書店1995）、「美味しい米」（農林水産技術情報協会1996）、「やませ気候に生きる」（東北農業試験場1999）、「食品加工総覧」（農山漁村文化協会1999）、「食材図典」（小学館2001）、「米の事典」（幸書房2002）、他多数。

編集・制作　（株）童夢
装　丁　細野綾子
本文デザイン　森孝史●江島孝子●細野綾子
イラスト　魚住理恵子●坂川知秋（AD・CHIAKI）●田沢春美●永田勝也●結城 繁
撮　影　田中史彦
撮影協力　武藤傳太郎
編集協力　検見﨑聡美（栄養計算）●筑波君枝●野口久美子●舟橋左斗子●山内ススム
写真・資料提供（五十音順・敬称略）

青森市役所●青森市歴史民俗展示館 稽古館●秋田県産業経済労働部観光課●秋田市役所●アグリフューチャー・じょうえつ●浅野紘臣●旭市役所●味の素●（有）新しい村●安藤和夫（あしがら農の会）●EICネット（源氏田尚子）●NPO法人ひがし大雪アーチ橋友の会●石谷孝佑●伊豆フォルメンテマル●井関農機●伊勢惣菜●板橋区役所●田舎館村教育委員会●稲築町教育委員会●魚沼交流ネットワーク●越中八尾観光協会●NPO法人あしがら農の会●榎本貴英●OCIAジャパン●大阪ヘルスメイトの会（大阪府食生活改善連絡協議会、大阪市食生活改善推進員協議会）●沖縄観光コンベンションビューロー●小柳津清一商店●香川県農政水産部農業経営課普及・研究グループ●鹿児島パールライス●鹿島市役所●かじわら米穀●かどまさや●河北新報社●からさわ珈琲店●唐津市教育委員会●川邊透●川光物産●韓国観光公社●カントリーエレベーター協会●菊乃香酒造●喜多品●北広島町役場●喜多流大島能楽堂●紀和町役場●キング酒造●倉持正実●栗東歴史民俗博物館●群馬製粉●玄福寺●ケンミン食品●高知市観光協会●神戸市教育委員会●古環境研究所●国際農林水産業研究センター●国土交通省　甲府河川国道事業所●国土交通省　中国地方整備局●国土交通省　東北地方整備局●国連開発計画東京事務所●小張精米店●小峰米店●サタケ●サカタニ農産●佐藤食品●静岡市立登呂博物館●JA全農庄内（全国農業協同組合連合会庄内本部）●JO●しめなわ本舗●神宮司庁●神明マタイ●新日本製鐵株式会社●鈴木公治●スペイン政府観光局●税務大学校租税史料館●城北麺工●全国農業協同組合中央会（JA全中）●全国米穀販売事業協同組合●全国無洗米協会●全国餅工業協同組合●全農パールライス東日本●象印●大仙市仙北民具資料館／餅の館●台湾観光協会●たかの●宝酒造●武田義明●たけや製パン●辰間本家酒造●棚田倶楽部●田渕俊雄●田和楽●秩父観光協会●中央農業総合研究センター　北陸研究センター●中国通信社●築野食品工業●東京ゲンジボタル研究所　古河義仁●東京国立博物館●東京大学史料編纂所●東京山手食糧販売組合●東北農業研究センター●徳川美術館●徳島市観光協会●鳥取県庁●富山県観光連盟●トルコ共和国大使館文化広報参事官室●長崎県総合農業試験場●中原茂樹（あしがら農の会）●名古屋観光コンベンションビューロー 観光部●奈良県立民俗博物館●新潟市西川教育事務局●西尾食品●西春日井農業協同組合●ニチレイフーズ●日本アセアンセンター●日本ケロッグ●日本相撲協会●日本農業新聞●日本はきもの博物館●日本民謡協会●農業・生物系特定産業技術研究機構●農林水産省　関東農政局 東京農政事務所／九州農政局●能登町役場●白鹿記念酒造博物館●八戸市役所●日置市役所●姫路市立水族館●市川憲平●福岡市埋蔵文化財センター●伏見稲荷大社●広島県立歴史博物館●藤井勝彦（JICA）●藤井製麺●船尾修（JICA）●米穀安定供給確保支援機構情報部●ボーソー油脂●北海道観光連盟●ホットプラン●毎日新聞社●前原市教育委員会●松井雅之●マルマン●満濃町役場●ミツカン●宮城県観光課●みやざき観光コンベンション協会●宮崎県えびの市役所●森島啓司●モンテ物産●山崎勝久●山印譲造●ヤマタネ●ヤンマー●吉野ヶ里公園管理センター●吉野家ディー・アンド・シー●リアル●若松憲昭●ワタミ

ポプラディア情《じょう》報《ほう》館《かん》
米《こめ》

発　行　2006年3月　第1刷 ©
　　　　　2017年6月　第8刷

監　修　石谷孝佑
発行者　長谷川 均
編　集　山口竜也
発行所　株式会社ポプラ社　〒160-8565　東京都新宿区大京町 22-1
電　話　03-3357-2212（営業）　03-3357-2635（編集）
振　替　00140-3-149271
ホームページ　www.poplar.co.jp（ポプラ社）　www.poplar.co.jp/poplardia/（ポプラディアワールド）
印刷・製本　凸版印刷株式会社

ISBN978-4-591-09045-9　N.D.C. 616/223P/29cm x 22cm　Printed in Japan

落丁本・乱丁本は送料小社負担でお取り替えいたします。小社製作部宛にご連絡ください。
電話0120-666-553　受付時間は月～金曜日、9：00～17：00（祝日・休日は除く）
読者の皆さまからのお便りをお待ちしております。いただいたお便りは編集部から監修・執筆・制作者へお渡しします。